全国高等职业教育食品类专业
国家卫生健康委员会"十三五"规划教材

供食品类专业用

食品加工技术

主　编　黄国平

副主编　钟旭美　田艳花　赵荣敏　张海涛

编　者　（以姓氏笔画为序）

田艳花　（山西药科职业学院）　　　　黄巧娟　（广东省食品药品职业技术学校）

张海涛　（辽宁农业职业技术学院）　　黄国平　（广东食品药品职业学院）

赵荣敏　（石家庄职业技术学院）　　　梁志理　（广东食品药品职业学院）

钟旭美　（阳江职业技术学院）

人民卫生出版社

图书在版编目（CIP）数据

食品加工技术／黄国平主编.—北京：人民卫生
出版社，2018
 ISBN 978-7-117-26468-6

 Ⅰ.①食… Ⅱ.①黄… Ⅲ.①食品加工－高等职业教
育－教材 Ⅳ.①TS205

 中国版本图书馆 CIP 数据核字（2018）第 191153 号

人卫智网 www.ipmph.com	医学教育、学术、考试、健康，购书智慧智能综合服务平台	
人卫官网 www.pmph.com	人卫官方资讯发布平台	

食品加工技术

主　　编：黄国平
出版发行：人民卫生出版社（中继线 010-59780011）
地　　址：北京市朝阳区潘家园南里 19 号
邮　　编：100021
E - mail：pmph @ pmph.com
购书热线：010-59787592　010-59787584　010-65264830
印　　刷：三河市潮河印业有限公司
经　　销：新华书店
开　　本：850×1168　1/16　　印张：21
字　　数：494 千字
版　　次：2018 年 11 月第 1 版　　2023 年 8 月第 1 版第 7 次印刷
标准书号：ISBN 978-7-117-26468-6
定　　价：58.00 元

打击盗版举报电话：010-59787491　E-mail：WQ @ pmph.com
　（凡属印装质量问题请与本社市场营销中心联系退换）

全国高等职业教育食品类专业国家卫生健康委员会"十三五"规划教材出版说明

《国务院关于加快发展现代职业教育的决定》《高等职业教育创新发展行动计划（2015—2018年）》《教育部关于深化职业教育教学改革全面提高人才培养质量的若干意见》等一系列重要指导性文件相继出台，明确了职业教育的战略地位、发展方向。食品行业是"为耕者谋利、为食者造福"的传统民生产业，在实施制造强国战略和推进健康中国建设中具有重要地位。近几年，食品消费和安全保障需求呈刚性增长态势，消费结构升级，消费者对食品的营养与健康要求增高。为实施好食品安全战略，加强食品安全治理，国家印发了《"十三五"国家食品安全规划》《食品安全标准与监测评估"十三五"规划》《关于促进食品工业健康发展的指导意见》等一系列政策法规，食品行业发展模式将从量的扩张向质的提升转变。

为全面贯彻国家教育方针，跟上行业发展的步伐，将现代职教发展理念融入教材建设全过程，人民卫生出版社组建了全国食品药品职业教育教材建设指导委员会。在该指导委员会的直接指导下，经过广泛调研论证，人民卫生出版社启动了首版全国高等职业教育食品类专业国家卫生健康委员会"十三五"规划教材的编写出版工作。本套规划教材是"十三五"时期人卫社重点教材建设项目，教材编写将秉承"五个对接"的职教理念，结合国内食品类专业教育教学发展趋势，紧跟行业发展的方向与需求，重点突出如下特点：

1. **适应发展需求，体现高职特色**　本套教材定位于高等职业教育食品类专业，教材的顶层设计既考虑行业创新驱动发展对技术技能型人才的需要，又充分考虑职业人才的全面发展和技术技能型人才的成长规律；既集合了我国职业教育快速发展的实践经验，又充分体现了现代高等职业教育的发展理念，突出高等职业教育特色。

2. **完善课程标准，兼顾接续培养**　本套教材根据各专业对应从业岗位的任职标准优化课程标准，避免重要知识点的遗漏和不必要的交叉重复，以保证教学内容的设计与职业标准精准对接，学校的人才培养与企业的岗位需求精准对接。同时，本套教材顺应接续培养的需要，适当考虑建立各课程的衔接体系，以保证高等职业教育对口招收中职学生的需要和高职学生对口升学至应用型本科专业学习的衔接。

3. **推进产学结合，实现一体化教学**　本套教材的内容编排以技能培养为目标，以技术应用为主线，使学生在逐步了解岗位工作实践、掌握工作技能的过程中获取相应的知识。为此，在编写队伍组建上，特别邀请了一大批具有丰富实践经验的行业专家参加编写工作，与从全国高职院校中遴选出的优秀师资共同合作，确保教材内容贴近一线工作岗位实际，促使一体化教学成为现实。

4. **注重素养教育，打造工匠精神**　在全国"劳动光荣、技能宝贵"的氛围逐渐形成，"工匠精神"在各行各业广为倡导的形势下,食品行业的从业人员更要有崇高的道德和职业素养。教材更加强调要充分体现对学生职业素养的培养,在适当的环节,特别是案例中要体现出食品从业人员的行为准则和道德规范,以及精益求精的工作态度。

5. 培养创新意识,提高创业能力 为有效地开展大学生创新创业教育,促进学生全面发展和全面成才,本套教材特别注意将创新创业教育融入专业课程中,帮助学生培养创新思维,提高创新能力、实践能力和解决复杂问题的能力,引导学生独立思考、客观判断,以积极的、锲而不舍的精神寻求解决问题的方案。

6. 对接岗位实际,确保课证融通 按照课程标准与职业标准融通、课程评价方式与职业技能鉴定方式融通、学历教育管理与职业资格管理融通的现代职业教育发展趋势,本套教材中的专业课程,充分考虑学生考取相关职业资格证书的需要,其内容和实训项目的选取尽量涵盖相关的考试内容,使其成为一本既是学历教育的教科书、又是职业岗位证书的培训教材,实现"双证书"培养。

7. 营造真实场景,活化教学模式 本套教材在继承保持人卫版职业教育教材栏目式编写模式的基础上,进行了进一步系统优化。例如,增加了"导学情景",借助真实工作情景开启知识内容的学习;"复习导图"以思维导图的模式,为学生梳理本章的知识脉络,帮助学生构建知识框架。进而提高教材的可读性,体现教材的职业教育属性,做到学以致用。

8. 全面"纸数"融合,促进多媒体共享 为了适应新的教学模式的需要,本套教材同步建设以纸质教材内容为核心的多样化的数字教学资源,从广度、深度上拓展纸质教材内容。通过在纸质教材中增加二维码的方式"无缝隙"地链接视频、动画、图片、PPT、音频、文档等富媒体资源,丰富纸质教材的表现形式,补充拓展性的知识内容,为多元化的人才培养提供更多的信息知识支撑。

本套教材的编写过程中,全体编者以高度负责、严谨认真的态度为教材的编写工作付出了诸多心血,各参编院校为编写工作的顺利开展给予了大力支持,从而使本套教材得以高质量如期出版,在此对有关单位和各位专家表示诚挚的感谢! 教材出版后,各位教师、学生在使用过程中,如发现问题请反馈给我们(renweiyaoxue@ 163. com) ,以便及时更正和修订完善。

人民卫生出版社

2018 年 3 月

全国高等职业教育食品类专业国家卫生健康委员会
"十三五"规划教材
教材目录

序号	教材名称	主编
1	食品应用化学	孙艳华
2	食品仪器分析技术	梁 多　段春燕
3	食品微生物检验技术	段巧玲　李淑荣
4	食品添加剂应用技术	张 甦
5	食品感官检验技术	王海波
6	食品加工技术	黄国平
7	食品检验技术	胡雪琴
8	食品毒理学	麻微微
9	食品质量管理	谷 燕
10	食品安全	李鹏高　陈林军
11	食品营养与健康	何 雄
12	保健品生产与管理	吕 平

全国食品药品职业教育教材建设指导委员会
成员名单

主任委员： 姚文兵　中国药科大学

副主任委员： 刘　斌　天津职业大学　　　　　　马　波　安徽中医药高等专科学校

冯连贵　重庆医药高等专科学校　　　　袁　龙　江苏省徐州医药高等职业学校

张彦文　天津医学高等专科学校　　　　缪立德　长江职业学院

陶书中　江苏食品药品职业技术学院　　张伟群　安庆医药高等专科学校

许莉勇　浙江医药高等专科学校　　　　罗晓清　苏州卫生职业技术学院

昝雪峰　楚雄医药高等专科学校　　　　葛淑兰　山东医学高等专科学校

陈国忠　江苏医药职业学院　　　　　　孙勇民　天津现代职业技术学院

委　　员（以姓氏笔画为序）：

于文国　河北化工医药职业技术学院　　杨元娟　重庆医药高等专科学校

王　宁　江苏医药职业学院　　　　　　杨先振　楚雄医药高等专科学校

王玮瑛　黑龙江护理高等专科学校　　　邹浩军　无锡卫生高等职业技术学校

王明军　厦门医学高等专科学校　　　　张　庆　济南护理职业学院

王峥业　江苏省徐州医药高等职业学校　张　建　天津生物工程职业技术学院

王瑞兰　广东食品药品职业学院　　　　张　铎　河北化工医药职业技术学院

牛红云　黑龙江农垦职业学院　　　　　张志琴　楚雄医药高等专科学校

毛小明　安庆医药高等专科学校　　　　张佳佳　浙江医药高等专科学校

边　江　中国医学装备协会康复医学装　张健泓　广东食品药品职业学院
　　　　备技术专业委员会　　　　　　张海涛　辽宁农业职业技术学院

师邱毅　浙江医药高等专科学校　　　　陈芳梅　广西卫生职业技术学院

吕　平　天津职业大学　　　　　　　　陈海洋　湖南环境生物职业技术学院

朱照静　重庆医药高等专科学校　　　　罗兴洪　先声药业集团

刘　燕　肇庆医学高等专科学校　　　　罗跃娥　天津医学高等专科学校

刘玉兵　黑龙江农业经济职业学院　　　郏枝花　安徽医学高等专科学校

刘德军　江苏省连云港中医药高等职业　金浩宇　广东食品药品职业学院
　　　　技术学校　　　　　　　　　　周双林　浙江医药高等专科学校

孙　莹　长春医学高等专科学校　　　　郝晶晶　北京卫生职业学院

严　振　广东省药品监督管理局　　　　胡雪琴　重庆医药高等专科学校

李　霞　天津职业大学　　　　　　　　段如春　楚雄医药高等专科学校

李群力　金华职业技术学院　　　　　　袁加程　江苏食品药品职业技术学院

前　言

　　《食品加工技术》是全国高等职业教育食品类专业国家卫生健康委员会"十三五"规划教材,可供食品营养与检测、食品质量与安全、食品加工技术、食品生物技术等专业学生使用,是高等职业院校食品类专业学生必修的一门课程。

　　全书内容包括:果蔬制品、淀粉制糖与糖制品、饮料、烘焙食品、膨化食品、豆制品、肉制品、乳制品、水产品、功能性食品等十大类食品加工技术。各章内容以典型食品加工技术为主线,在了解食品加工原理的基础上,重点突出食品加工原辅料及特性、设备选择、工艺流程、产品质量指标与常见质量问题的控制方法。

　　本书注重将生产专业知识与质量管理要素有机融合,有利于学生在学习各类食品生产工艺技术的同时,了解食品生产工艺与食品质量安全的关系,以适应食品生产、食品质量管理、食品检验、产品研发等岗位的专业实际需求。

　　为了适应新的教学模式的需要,本教材同步建设以纸质教材内容为核心的多样化的数字教学资源,从广度、深度上拓展纸质教材内容。通过在纸质教材中增加二维码的方式"无缝隙"的链接视频、动画、PPT、文档等数字资源,丰富了纸质教材。

　　参加本书编写的有:广东食品药品职业学院黄国平、梁志理(第一章、第二章、第三章、第四章、第十二章和实训项目、扫一扫同步练习题),阳江职业技术学院钟旭美(第八章、第十章),山西药科职业学院田艳花(第二章第五节、第十一章)、石家庄职业技术学院赵荣敏(第五章、第六章、第七章)、辽宁农业职业技术学院张海涛(第九章),广东省食品药品职业技术学校黄巧娟参与了习题编写和数字资源制作。

　　由于编者水平有限,教材中难免有疏漏之处,敬请使用本教材的师生们提出宝贵意见和建议,便于今后进一步完善。

黄国平

2018 年 3 月

目 录

第一章 绪论 　1

第一节 食品加工技术概述 　1

一、食品工业常用基本术语 　1

二、食品的分类 　2

三、我国食品行业现状与发展前景 　6

第二节 食品职业与食品行业分类 　7

一、食品职业分类 　7

二、食品行业分类 　9

第二章 果蔬加工技术 　11

第一节 果蔬贮藏与保鲜 　11

一、果蔬的种类及常用品种 　11

二、果蔬加工保藏基本原理 　12

三、果蔬采收及采后生理变化 　15

四、果蔬保鲜技术 　17

五、果蔬采后处理 　20

第二节 果蔬糖制品加工 　22

一、糖制品分类 　22

二、糖渍原理 　23

三、糖制品的加工工艺 　25

四、工艺要点 　25

五、糖制品常见质量问题及控制 　28

第三节 蔬菜腌制技术 　29

一、腌制品分类 　29

二、腌制原理 　30

三、蔬菜腌制品加工工艺 　32

四、蔬菜腌制过程中常见的质量问题及控制措施 　34

第四节 果蔬罐头加工技术 　35

一、罐头食品的分类 　35

二、罐藏的原理 　36

三、罐藏容器   38

四、果蔬罐头加工工艺   39

五、果蔬罐头加工过程中常见的质量问题及控制措施   41

第五节 果蔬发酵技术   43

一、果酒酿造   43

二、果醋酿造   50

第三章 淀粉制糖与糖果加工技术   57

第一节 淀粉制糖技术   57

一、淀粉糖的种类   58

二、淀粉糖的性质   59

三、淀粉糖生产原理与工艺   60

第二节 糖果生产技术   68

一、糖果的定义与分类   68

二、糖果生产所用的主要原辅料   69

三、糖果制作原理   72

四、生产设备   73

五、糖果的生产配方与工艺流程   73

第四章 饮料加工技术   78

第一节 饮料的定义与分类   78

一、饮料定义   78

二、饮料分类   78

三、我国饮料行业现状   79

第二节 饮料用水及水处理   80

一、饮料用水分类与水质要求   81

二、饮料用水处理   82

第三节 包装饮用水加工技术   86

一、包装饮用水分类   86

二、包装饮用水的生产工艺   87

第四节 碳酸饮料生产技术   90

一、概念与分类   90

二、碳酸饮料生产工艺   91

三、工艺要点   91

第五节 果蔬汁饮料加工技术   98

　　一、果蔬汁饮料的概念与分类　　　　　　98

　　二、果蔬汁饮料的加工工艺　　　　　　　98

　第六节　蛋白饮料生产技术　　　　　　　103

　　一、概念与分类　　　　　　　　　　　　103

　　二、植物蛋白类饮料生产工艺　　　　　　104

　　三、主要生产设备　　　　　　　　　　　106

　　四、豆奶生产的质量控制　　　　　　　　106

　第七节　茶饮料生产技术　　　　　　　　107

　　一、概念与分类　　　　　　　　　　　　109

　　二、茶饮料生产工艺流程　　　　　　　　110

　　三、工艺要点　　　　　　　　　　　　　110

第五章　焙烤食品加工技术　　　　　　　　115

　第一节　焙烤食品概述　　　　　　　　　115

　　一、焙烤食品的分类　　　　　　　　　　116

　　二、焙烤食品的主要原料　　　　　　　　116

　　三、焙烤生产主要设备　　　　　　　　　119

　第二节　面包加工工艺和关键技术　　　　120

　　一、面包的分类　　　　　　　　　　　　120

　　二、面包的发酵原理　　　　　　　　　　121

　　三、工艺流程　　　　　　　　　　　　　121

　　四、操作要点　　　　　　　　　　　　　122

　第三节　蛋糕加工工艺和关键技术　　　　124

　　一、蛋糕的分类　　　　　　　　　　　　125

　　二、工艺流程　　　　　　　　　　　　　125

　　三、操作要点　　　　　　　　　　　　　125

　第四节　饼干加工工艺和关键技术　　　　127

　　一、饼干的分类　　　　　　　　　　　　127

　　二、工艺流程　　　　　　　　　　　　　128

　　三、操作要点　　　　　　　　　　　　　128

　第五节　糕点加工工艺和关键技术　　　　132

　　一、糕点的分类　　　　　　　　　　　　132

　　二、操作要点　　　　　　　　　　　　　134

第六章　膨化休闲食品加工技术　　　　　　138

第一节　膨化食品的分类与原理 138
　　一、挤压膨化食品的定义 138
　　二、膨化食品的特点 139
　　三、膨化的形成机制 139
　　四、膨化方法的分类 140
　　五、膨化食品的分类 141
第二节　方便面加工工艺和关键技术 141
　　一、方便面生产的工艺流程 142
　　二、方便面生产的操作要点 142
第三节　典型膨化食品工艺和关键技术 145
　　一、挤压食品工艺 145
　　二、高温膨化法 146
　　三、直接膨化法 146
　　四、间接膨化法 146

第七章　豆制品加工技术 148
第一节　概述 148
　　一、豆制品的种类 148
　　二、豆制品营养 149
　　三、豆制品加工原辅料 149
第二节　豆腐及腐乳加工技术 150
　　一、豆腐加工技术 150
　　二、腐乳的加工技术 153
第三节　大豆蛋白及腐竹生产技术 155
　　一、大豆蛋白的生产技术 155
　　二、腐竹的加工技术 158

第八章　肉制品加工技术 162
第一节　冷鲜肉加工技术 163
　　一、冷鲜肉加工基础知识 163
　　二、冷鲜肉加工工艺 165
　　三、工艺操作要点 166
　　四、冷鲜肉的品质管理 168
　　五、冷鲜肉加工过程中常见质量问题及控制 169
第二节　中西式香肠、火腿加工技术 170

　　　　一、中西式香肠、火腿概述　　　　　　　　　　　171

　　　　二、香肠、火腿加工用原辅料　　　　　　　　　　171

　　　　三、西式香肠加工工艺与关键技术　　　　　　　　178

　　　　四、中式香肠加工工艺与关键技术　　　　　　　　180

　　　　五、西式火腿加工工艺与关键技术　　　　　　　　183

　　　　六、中式火腿加工工艺与关键技术　　　　　　　　187

　　第三节　肉制品干制技术　　　　　　　　　　　　　　189

　　　　一、肉制品干制原理　　　　　　　　　　　　　　189

　　　　二、肉干制品加工工艺与关键技术　　　　　　　　191

　　　　三、肉松制品加工工艺与关键技术　　　　　　　　193

　　　　四、肉脯制品加工工艺与关键技术　　　　　　　　194

　　　　五、肉制品干制加工过程中常见质量问题及控制　　196

　　第四节　腌腊制品加工技术　　　　　　　　　　　　　197

　　　　一、腌腊制品特点及分类　　　　　　　　　　　　197

　　　　二、典型腌腊制品加工工艺与关键技术　　　　　　198

第九章　乳制品加工技术　　　　　　　　　　　　　　　204

　　第一节　乳制品概述　　　　　　　　　　　　　　　　204

　　　　一、牛乳的化学成分　　　　　　　　　　　　　　205

　　　　二、牛乳的物理性质　　　　　　　　　　　　　　210

　　　　三、异常乳　　　　　　　　　　　　　　　　　　211

　　　　四、原料乳的验收　　　　　　　　　　　　　　　214

　　第二节　液态乳加工技术　　　　　　　　　　　　　　216

　　　　一、液态乳概述　　　　　　　　　　　　　　　　216

　　　　二、巴氏杀菌乳　　　　　　　　　　　　　　　　217

　　　　三、UHT 灭菌乳　　　　　　　　　　　　　　　　223

　　第三节　乳粉加工技术　　　　　　　　　　　　　　　227

　　　　一、乳粉分类　　　　　　　　　　　　　　　　　228

　　　　二、乳粉的成分　　　　　　　　　　　　　　　　229

　　　　三、乳粉的加工工艺　　　　　　　　　　　　　　229

　　　　四、工艺要点　　　　　　　　　　　　　　　　　231

　　　　五、全脂乳粉常见质量问题及控制　　　　　　　　236

　　第四节　酸乳加工技术　　　　　　　　　　　　　　　238

　　　　一、酸乳分类　　　　　　　　　　　　　　　　　239

　　　　二、酸乳的营养价值　　　　　　　　　　　　　　240

三、发酵剂 241

四、酸乳的加工工艺 243

五、工艺要点 244

六、酸乳常见质量问题及控制 246

第五节　冰淇淋加工技术 248

一、冰淇淋的概念和分类 248

二、原辅料的选择 249

三、冰淇淋的加工工艺 250

四、工艺要点 251

五、冰淇淋常见质量问题及控制 253

第十章　水产品加工技术 259

第一节　水产品保活、保鲜与干制技术 260

一、水产品加工现状与发展趋势 260

二、水产品保活技术 261

三、水产品保鲜技术 261

四、水产品干制方法 263

五、干制水产品加工工艺与关键技术 264

六、干制水产品的质量问题及控制 265

第二节　水产调味料和海藻食品加工技术 266

一、水产调味料 266

二、海藻食品 268

第三节　鱼糜及鱼糜制品加工技术 270

一、鱼糜概述与分类 270

二、鱼糜制品加工原理 271

三、冷冻鱼糜加工工艺与关键技术 272

四、典型鱼糜制品加工工艺与关键技术 274

第十一章　功能性食品 278

第一节　功能性食品概述 278

一、功能性食品及基本特征 279

二、功能性食品的类型 279

三、功能性食品的功能 280

四、功能性食品的功能因子 280

五、功能性食品相关法律法规 281

六、我国保健食品发展历史及趋势　　　　283

第二节　功能性食品生产技术　　　　284

一、生物工程技术　　　　284

二、分离纯化技术　　　　285

三、干燥技术　　　　286

四、超微粉碎技术　　　　286

五、微胶囊技术　　　　287

第十二章　创新创业项目计划书训练　　　　289

一、项目任务　　　　289

二、任务要求　　　　289

三、创业计划书内容要求　　　　289

四、大学生创业计划书参考目录　　　　291

实训项目　　　　293

实训一　果脯的制作　　　　293

实训二　四川泡菜的制作　　　　294

实训三　豆奶的加工实训　　　　296

实训四　甜面包的制作　　　　298

实训五　海绵蛋糕的制作　　　　301

实训六　曲奇饼干的制作　　　　302

实训七　月饼的制作　　　　303

实训八　冰淇淋的制作　　　　304

参考文献　　　　307

目标检测参考答案　　　　309

食品加工技术课程标准　　　　317

第一章

绪　论

ER-01章PPT

民以食为天,食品工业与人民生活密切相关。食品工业的发展水平,标志着一个国家人民的生活水平,直接关系到民族和国家的盛衰。许多国家都把发展食品工业作为战略性的决策,把发展食品工业同人口问题、能源问题、生态问题列在一起,作为当今世界需要重点探讨的一个战略问题。

第一节　食品加工技术概述

我国食品加工和保藏历史悠久,劳动人民在长期的生产实践中积累、创造了许多食品加工经验和技术。我国劳动人民创造的丰富多彩的传统食品风味独特,驰名中外,形成了灿烂的中华饮食文化。直至现在仍然是我们食品工业和食品科学工作者值得借鉴和研究继承的宝库。我国有"药食同源"的传统,古代中国医药宝库中的食疗方法也为我们提供了开发功能性保健食品的宝贵资源。

人类为维持生命,必须从外界获得物质与能量。能够供给人体正常生理功能所必需的营养和能量的物质称为营养素,如蛋白质、糖类、脂肪、矿物质、维生素和水等都是我们维持正常生理活动所必需的营养素。

我们把人类为维持正常生理功能而经口摄入体内的含有营养素的物料称为食物,通常人们把食物也叫做食品。但现在大多数的人类食物都是经过加工以后才食用的,所以我们为区别起见,把经过加工的食物称为食品。

食品作为商品应符合下述要求:卫生安全,营养,方便,有良好的外观、风味和耐贮运性。

一、食品工业常用基本术语

根据《食品工业基本术语》(GB/T 15091-1994),食品工业常用的一些基本术语有:

1. **食品(food)**　可供人类食用或饮用的物质,包括加工食品、半成品和未加工食品,不包括烟草或只作药品用的物质。

2. **传统食品(traditional food)**　生产历史悠久,采用传统工艺加工制造,反映地方和(或)民族特色的食品。

3. **天然食品(natural food)**　生长在自然界,经粗(初)加工或不加工即可食用的食品。

4. **模拟食品(imitation food)**　用人工方法加工制成的、具有类似某种天然食品感官特性,并具有一定营养价值的食品,也即人造食品。

5. **食品制造(food manufacturing)**　将食品原料或半成品加工制成可供人类食用或饮用的物质的全部过程。

1

6. **食品加工**(food processing) 改变食品原料或半成品的形状、大小、性质或纯度,使之符合食品标准的各种操作。

7. **食品工业**(food industry) 主要以农业、渔业、畜牧业、林业或化学工业的产品或半成品为原料,制造、提取、加工成食品或半成品,具有连续而有组织的经济活动工业体系。

8. **原料**(raw material) 加工食品时使用的原始物料。

9. **配料**(ingredient) 在制造或加工食品时使用的并存在(包括以改性形式存在)于最终产品的任何物质。包括水和食品添加剂。

10. **主料**(major ingredient/major material) 加工食品时使用量较大的一种或多种物料。

11. **辅料**(minor ingredient) 加工食品时使用量较小的一种或多种物料。

二、食品的分类

人类的食物是多种多样的,自然界生长的各种动物、植物、微生物很多都可以作为人类的食物。食品的分类方法大致有以下几种。

1. **按原料分类** 按照食品原料的来源可以将食品分为植物性食品、动物性食品、矿物性食品、微生物性食品等类型。

2. **按加工制品分类** 可以将食品分为粮/油加工类制品、肉制品、乳制品、糖果/焙烤制品、传统名特食品、肉类/水产冷冻冷藏制品、果蔬制品、软饮料、罐头食品和其他食品。

3. **按照我国食品生产许可分类** 详见表1-1。

表1-1 食品质量安全市场准入制度生产许可食品分类

序号	食品类别名称	食品品种	品种明细
1	粮食加工品	小麦粉	小麦粉(通用,专用)
		大米	大米
		挂面	挂面(普通挂面、花色挂面、手工面)
		其他粮食加工品	谷物加工品
			谷物碾磨加工品
			谷物粉类制成品
2	食用油、油脂及其制品	食用植物油	食用植物油(半精炼、全精炼)
		食用油脂制品	食用油脂制品[食用氢化油、人造奶油(人造黄油)、起酥油、代可可脂等]
		食用动物油脂	食用动物油脂(猪油、牛油、羊油等)
3	调味品	酱油	酿造酱油、配制酱油
		食醋	酿造食醋、配制食醋
		味精	味精[谷氨酸钠(99%味精)、味精]
		酱类	酱
		调味料产品	调味料(液体)
			调味料(半固态)
			调味料(固态)
			调味料(调味油)

序号	食品类别名称	食品品种	品种明细
4	肉制品	肉制品	腌腊肉制品
			酱卤肉制品
			熏烧烤肉制品
			熏煮香肠火腿制品
			发酵肉制品
5	乳制品	乳制品	液体乳（巴氏杀菌乳、高温杀菌乳、灭菌乳、酸乳）
			乳粉（全脂乳粉、脱脂乳粉、全脂加糖乳粉、调味乳粉、特殊配方乳粉、牛初乳粉）
			其他乳制品（炼乳、奶油、干酪、固态成型产品）
		婴幼儿配方乳粉	婴幼儿配方乳粉（湿法工艺、干法工艺）
6	饮料	饮料	瓶（桶）装饮用水类
			碳酸饮料（汽水）类
			茶饮料类
			果汁及蔬菜汁类
			蛋白饮料类
			固体饮料类
			其他饮料类
7	方便食品	方便食品	方便面
			其他方便食品
8	饼干	饼干	饼干
9	罐头	罐头	畜禽水产罐头
			果蔬罐头
			其他罐头
10	冷冻饮品	冷冻饮品	冷冻饮品（冰淇淋、雪糕、雪泥、冰棍、食用冰、甜味冰）
11	速冻食品	速冻食品	速冻面米食品
			速冻其他食品
12	薯类和膨化食品	膨化食品	膨化食品
		薯类食品	薯类食品
13	糖果制品（含巧克力及制品）	糖果制品	糖果
			巧克力及巧克力制品（含巧克力、巧克力制品、代可可脂巧克力和代可可脂巧克力制品）
		果冻	果冻
14	茶叶及相关制品	茶叶	茶叶
			边销茶
		含茶制品和代用茶	含茶制品（速溶茶类、其他类）
			代用茶

序号	食品类别名称	食品品种	品种明细
15	酒类	白酒	白酒、白酒（液态）、白酒（原酒）
		葡萄酒及果酒	葡萄酒及果酒
		啤酒	啤酒（熟啤酒、生啤酒、鲜啤酒、特种啤酒）
		黄酒	黄酒
		其他酒	配制酒
			其他蒸馏酒
			其他发酵酒
16	蔬菜制品	蔬菜制品	酱腌菜
			蔬菜干制品（自然干制蔬菜、热风干燥蔬菜、冷冻干燥蔬菜、蔬菜脆片、蔬菜粉及制品）
			食用菌制品（干制食用菌、腌渍食用菌）
			其他蔬菜制品
17	水果制品	蜜饯	蜜饯
		水果制品	水果干制品
			果酱
18	炒货食品及坚果制品	炒货食品及坚果制品	炒货食品及坚果制品（烘炒类、油炸类、其他类）
19	蛋制品	蛋制品	再制蛋类
			干蛋类
			冰蛋类
			其他类
20	可可及焙炒咖啡产品	可可制品	可可制品
		焙炒咖啡	焙炒咖啡
21	食糖	糖	糖（白砂糖、绵白糖、赤砂糖、冰糖、方糖、冰片糖等）
22	水产制品	水产加工品	干制水产品
			盐渍水产品
			鱼糜制品
		其他水产加工品	水产调味品
			水生动物油脂及制品
			风味鱼制品
			生食水产品
			水产深加工品
23	淀粉及淀粉制品	淀粉及淀粉制品	淀粉
			淀粉制品
		淀粉糖	淀粉糖（葡萄糖、饴糖、麦芽糖、异构化糖等）
24	糕点	糕点食品	糕点（烘烤类糕点、油炸类糕点、蒸煮类糕点、熟粉类糕点、月饼）

序号	食品类别名称	食品品种	品种明细
25	豆制品	豆制品	发酵性豆制品
			非发酵性豆制品
			其他豆制品
26	蜂产品	蜂产品	蜂蜜
			蜂王浆（含蜂王浆冻干品）
			蜂花粉
			蜂产品制品
27	保健食品	片剂	具体品种（批准文号或备案号）
		粉剂	具体品种（批准文号或备案号）
		颗粒剂	具体品种（批准文号或备案号）
		茶剂	具体品种（批准文号或备案号）
		冲剂	具体品种（批准文号或备案号）
		丸剂	具体品种（批准文号或备案号）
		膏剂	具体品种（批准文号或备案号）
		硬胶囊剂	具体品种（批准文号或备案号）
		软胶囊剂	具体品种（批准文号或备案号）
		口服液	具体品种（批准文号或备案号）
		饮料	具体品种（批准文号或备案号）
		酒剂	具体品种（批准文号或备案号）
		糖浆	具体品种（批准文号或备案号）
		滴剂	具体品种（批准文号或备案号）
		饼干类	具体品种（批准文号或备案号）
		糖果类	具体品种（批准文号或备案号）
		糕点类	具体品种（批准文号或备案号）
		液体乳类	具体品种（批准文号或备案号）
		其他类别	具体品种（批准文号或备案号）
28	特殊医学用途配方食品	特殊医学用途配方食品	全营养配方食品
			特定全营养配方食品
			非全营养配方食品
		特殊医学用途婴儿配方食品	无乳糖配方或低乳糖配方
			乳蛋白部分水解配方
			乳蛋白深度水解配方或氨基酸配方
			早产/低出生体重婴儿配方
			母乳营养补充剂
			氨基酸代谢障碍配方
29	婴幼儿配方食品	婴幼儿配方食品	婴儿配方奶粉
			较大婴儿配方奶粉
			幼儿配方奶粉

续表

序号	食品类别名称	食品品种	品种明细
30	特殊膳食食品	婴幼儿谷类辅助食品	婴幼儿谷物辅助食品
			婴幼儿高蛋白谷物辅助食品
			婴幼儿生制类谷物辅助食品
			婴幼儿饼干或其他婴幼儿谷物辅助食品
		婴幼儿罐装辅助食品	泥(糊)状罐装食品
			颗粒状罐装食品
			汁类罐装食品
		其他特殊膳食食品	其他特殊膳食食品(辅助营养补充品、其他)
31	其他食品	其他食品	其他食品(具体品种明细)
32	食品添加剂	食品添加剂	食品添加剂产品名称(使用 GB 2760、GB 14480 或国家卫生健康委员会公告规定的名称,不包括食品用香精和复配食品添加剂)
		食品用香精	食品用香精[液体、乳化、浆(膏)状、粉末(拌和、胶囊)]
		复配食品添加剂	复配食品添加剂明细(使用 GB 26687 规定的名称)

三、我国食品行业现状与发展前景

1. 我国食品行业现状　食品工业在国民经济中具有重要地位,食品工业是永不衰败的工业,是国民经济中最重要的支柱产业。在我国,食品工业总产值在全国工业总产值中所占的比重已上升到第一位。我国是一个农业大国,食品工业也肩负着推动农业结构优化和农业产业化的重任。

近年来,我国食品工业得到了长足的发展。但是我们也应该看到,我国的食品工业与发达国家相比尚处于落后状态,农产品资源利用率低,加工程度浅,半成品多,制成品少,直接进入人们一日三餐的加工食品密度很低,加工程度仅 20%～30%,而发达国家为 70%～92%;食品工业总产值与农林牧渔业总产值之比,目前我国为 1.1∶1,而发达国家为(1.6～2.4)∶1。我国食品工业"规模小、管理水平低、布局分散、包装和质量差"的落后状况尚未根本改变。

2. 食品行业发展前景　现在人们对食品安全卫生的要求越来越高,要求食品是"安全卫生、营养保健、美味方便、回归自然"。这也是食品工业的发展方向。

作为供给人类食用的产品,首先应该保证食用者的安全。因此在食品原料的生产和食品的加工制造以及贮运中都应该注意食品的安全与卫生。从食品原料的卫生到加工工艺条件,加工设备、环境及操作人员的卫生,贮藏运输过程的卫生,都应遵照有关的标准和法规,以确保食品的安全卫生。我国的国家标准中的食品卫生标准属于强制性标准,这也是为了保证广大人民群众的身体健康。

食品营养化、功能化是食品工业发展的又一个重要趋势。随着生活水平的提高和饮食观念的改变,人们对食品的追求,已从原来的吃饱、吃好,发展到吃得营养、吃得健康、吃得科学。美国对上市的食品要求必须有"营养标签"即在标签上标明各种营养成分的含量,让消费者可以自由地选择和安排膳食,保证自己的营养需要。人们对食品要求营养丰富、味美可口的同时还追求食品的营养平衡和对人体具有某些功效,"功能食品"在经济发达国家中的年递增率均在 15% 以上,被视为 21 世纪食品的发展方向。食品的营养化、功能化已成为当今世界食品科学工作者研究的新课题。

随着人们生活水平的提高和生活节奏的加快,要求食品更加美味方便。营养是人类(动物)对于食品的一种本能的需求,而感官嗜好特性则是人类对于食品的高级心理需求。随着人类社会的发展和进步,人们对食品的感官要求也越来越高,人们要求食品在色、香、味、形态和质地等方面都越来越好,满足人们各方面的不同需求。因此我们食品行业的从业人员必须注意到这一要求。方便食品的特点是注重包装、运输、储存、携带和开启食用简便,以适应当今人们快节奏、高效率的生活和工作。世界上的方便食品现已超过 1.2 万种,在欧美工业发达国家,方便食品已占国民膳食的 2/3,随着社会的发展进步,方便食品、烹调食品的半成品、速冻食品和微波食品等将有很好的市场前景。

食品的回归自然是人们的生活水平提高到一定程度后对食品提出的新要求。在人类社会工业化的进程中环境污染也导致食品被污染,给人们的健康带来了一定的威胁,因此现代的人们崇尚食品的返璞归真、回归自然。在食品的选择方面,天然食品、绿色食品大行其道,绿色食品的市场需求量和售价都远远高于普通食品。"绿色食品"是无污染、安全、优质、营养的食品的统称。从国际市场来看,绿色食品是当前国际食品的一大潮流,欧洲近年来生产绿色食品的企业就有近 2 万家。专家们预言,21 世纪的农业是生态农业,21 世纪的主导食品是绿色食品。目前值得开发的绿色食品主要有:藻类食品、昆虫食品、野生植物等。

点滴积累

1. 食品工业基本术语:食品、食品工业、食品加工、主料、配料等概念。
2. 食品的分类:按原料分类、按加工制品分类、按照我国食品生产许可分类。
3. 我国食品工业现状与发展前景。

第二节 食品职业与食品行业分类

一、食品职业分类

根据中国职业分类标准,食品行业主要职业分类如下:

1. 食品工程技术人员 从事罐头食品、烘焙食品、发酵制品、饮料、乳品、糖果、糕点等食品营养卫生研究和食品加工、储运养护等工艺技术开发与应用的工程技术人员。

从事的工作主要包括:

(1)研究农、牧、渔业及化学工业产品或半制品等食品原料,开发动植物食品资源;

(2)研究、设计食品加工工艺,并进行加工技术指导;

(3)进行食品营养和卫生检测与分析;

(4)研究、开发食品包装机械和材料;

（5）研究、开发食品储运养护技术，并指导应用；

（6）根据营养学的人体健康原理，利用天然资源和人造材料开发新型食品。

2. 营养与食品卫生医师　从事卫生监测、监督，保证食品卫生质量，指导人群营养、改善膳食结构的专业人员。

从事的工作主要包括：

（1）对食品卫生质量进行检查、监测、监督；

（2）对食品生产经营单位进行预防性和经常性的卫生监测、监督；

（3）对食品从业人员进行上岗和定期的身体检查；

（4）对食物中毒、食源性疾患、食品污染事故进行调查处理；

（5）调查、研究人群营养，指导改善膳食结构。

3. 商业、服务业人员　从事商业、餐饮、旅游娱乐、运输、医疗辅助及社会和居民生活等服务工作的人员。包括：购销人员、仓储人员以及果脯蔬菜贮藏保鲜员。

4. 餐饮服务人员　在餐饮服务场所，为顾客提供餐饮服务的人员。

5. 营养配餐人员　根据用餐人员的不同特点和要求，运用营养知识，配制符合营养要求的餐饮产品的人员。

6. 农、林、牧、渔业生产人员　从事农业、林业、畜牧业、渔业及水利业生产、管理、产品初加工的人员。包括：果类产品加工工、茶叶加工工、蔬菜加工工、蜂产品加工工、水产品加工工等。

7. 粮油、食品、饮料生产加工人员　从事粮、油、乳、肉、蛋、糖及饮料生产加工的人员。

（1）粮油生产加工人员：操作粮油加工机械及辅助设备，将稻谷、小麦、玉米、大豆、油菜籽等加工成成品粮油的人员。包括：制米工、制粉工、制油工等。

（2）制糖和糖制品加工人员：从事食糖和糖果、巧克力等糖制品加工的人员。包括：食糖制造工、糖果制造工、巧克力制造工、小食品制作工等。

（3）乳品、冷食品及罐头、饮料制作人员：从事乳品预处理、加工，冷食品、速冻食品及食品罐头、饮料加工制作的人员。包括乳品预处理工、乳品加工工、冷食品制作工、速冻食品制作工、食品罐头加工工、饮料制作工等。

8. 酿酒人员　从事白酒、啤酒等酒类酿造的人员。包括白酒酿造工、啤酒酿造工、黄酒酿造工、果露酒酿造工、酒精制造工等。

9. 食品添加剂及调味品制作人员　从事酶制剂、柠檬酸等食品添加剂及酱油、味精等食用调味品生产的人员。包括：酶制剂制造工、柠檬酸制造工、酱油酱类制作工、食醋制作工、酱腌菜制作工、食用调料制作工、味精制作工以及其他食品添加剂及调味品制作人员。

10. 粮油食品制作人员　以粮食、油脂等原料，通过不同加工工艺和设备，生产粮油食品的人员。包括：糕点面包烘焙工、糕点装饰工、米面主食制作工、油脂制品工、植物蛋白制作工、豆制品制作工以及其他粮油食品制作人员。

11. 屠宰加工人员　从事畜禽屠宰、加工、分割及副产品整理等的人员。包括：猪屠宰加工工、牛羊屠宰加工工、肠衣工、禽类屠宰加工工以及其他屠宰加工人员。

12. **肉、蛋食品加工人员**　以肉类和鲜蛋为主要原料,生产肉、蛋食品的人员。包括:熟肉制品加工工、蛋品及再制蛋品加工工以及其他肉、蛋食品加工人员。

13. **食品检验人员**　从事产品或商品的成品、半成品、原材料、在制品、中间产品、外购件及包装材料质量的检验、检测、检查、鉴定、测试、测定、装试、装校、试验、实验、化验、抽验、抽查、验收、验配、分类、分级、分析、分测探伤、鉴别、监督、监测等工作的人员。包括食品检验工、化学检验工等。

14. **包装人员**　使用金属或非金属包装物进行物体包装的人员。包括:食品包装工、鲜活易腐、易碎商品包装工、制粉分装工、水产品烘干制品包装工等。

二、食品行业分类

食品行业详细分类按照我国《国民经济行业分类标准》(GB/T 4754-2017),具体见表 1-2 和表 1-3。

表 1-2　食品制造业分类

代码	行业名称	说明
13	**农副食品加工业**	
131	谷物磨制	也称粮食加工,指将稻子、谷子、小麦、高粱等谷物去壳、碾磨及精加工的生产活动
132	饲料加工	指适用农场、农户饲养牲畜、家禽的饲料生产加工,包括宠物食品的生产活动
133	植物油加工	包括食用植物油加工,非食用植物油加工
134	制糖业	指以甘蔗、甜菜等为原料制作成品糖,以及以原糖或砂糖为原料精炼加工各种精制糖的生产活动
135	屠宰及肉类加工	包括畜禽屠宰,肉制品及副产品加工
136	水产品加工	包括水产品冷冻加工,鱼糜制品及水产品干腌制加工,水产饲料制造,鱼油提取及制品的制造,其他水产品加工
137	蔬菜、水果和坚果加工	指用脱水、干制、冷藏、冷冻、腌制等方法,对蔬菜、水果和坚果的加工
139	其他农副食品加工	包括淀粉及淀粉制品的制造,豆制品制造,蛋品加工,其他未列明的农副食品加工
14	**食品制造业**	
141	焙烤食品制造	包括糕点、面包制造,饼干及其他焙烤食品制造
142	糖果、巧克力及蜜饯制造	包括糖果、巧克力制造,蜜饯制作
143	方便食品制造	包括米、面制品制造,速冻食品制造,方便面及其他方便食品制造
144	液体乳及乳制品制造	以生鲜牛(羊)乳机器制品为主要原料,经加工制成液体乳和固体乳(乳粉、炼乳、乳脂肪、干酪等)制品的生产活动
145	罐头制造	包括肉、禽类罐头制造,水产品罐头制造,蔬菜、水果罐头制造,其他罐头食品制造
146	调味品、发酵制品制造	包括味精制造,酱油、食醋及类似制品的制造,其他调味品、发酵制品制造
149	其他食品制造	包括营养、保健食品制造,冷冻饮品及食用冰制造,盐加工,食品及饲料添加剂制造,其他未列明的食品制造

续表

代码	行业名称	说明
15	**酒、饮料和精制茶制造业**	
151	酒的制造	指酒精、白酒、啤酒及其专用麦芽、黄酒、葡萄酒、果酒、配制酒以及其他酒的生产
152	饮料制造	包括碳酸饮料制造,包装饮用水制造,果菜汁及果菜汁饮料制造,含乳饮料和植物蛋白饮料制造,固体饮料制造,茶饮料及其他软饮料制造
153	精制茶加工	对毛茶或半成品原料茶进行筛分、轧切、分选、干燥、匀堆、拼配等精制加工茶叶的生产活动

表 1-3 食品类其他行业

代码	行业名称	说明
512	**批发业** 食品、饮料及烟草制品批发	经过加工和制造的食品、饮料及烟草制品的批发和进出口活动,以及蔬菜、水果、肉、蛋、奶及水产品的批发和进出口活动
522	**零售业** 食品、饮料及烟草制品专门零售	指专门经营粮油、食品、饮料及烟草制品的店铺零售活动
62	**餐饮业**	包括正餐服务、快餐服务、饮料及冷饮服务以及其他小吃服务、配送服务等
745	**专业技术服务业** 质检技术服务	指通过专业技术手段对动植物、工业产品、商品等其他需要鉴定的物品所进行的检测、检验、测试、鉴定等活动,还包括产品的质量、计量、认证和标准的管理活动

点滴积累

1. 食品职业分类与工作内容:食品工程技术人员,营养与食品卫生医师,粮油、食品、饮料生产加工人员等。
2. 食品行业分类:农副产品加工业、食品制造业、餐饮业等。

目标检测

简答题

1. 什么是食品?食品工业在我们的日常生活和国民经济中有什么作用?食品工业的发展趋势是什么?

2. 食品行业和食品职业分类有哪些?设想将来你准备从事哪一个职业?

第二章

果蔬加工技术

ER-02章PPT

导学情景

情景描述

　　果业大省陕西 2017 年迎来苹果丰收，总产量达 770 多万吨，约占全国总产量的 1/3。 本应进入尾声的苹果销售，却面临价格暴跌、严重滞销的难题，大量苹果堆放在农户家中难以出手。 记者最近在陕西果区调查发现，由于国际、国内消费市场萎靡，目前仍有大约四成苹果压在果农手中，远远低于往年销售进度，苹果"烂市"风险加大。

学前导语

　　目前我国居民水果消费大多停留在生食和厨房、餐馆烹饪等初级加工方式上，水果加工业的深度和技术水平与发达国家相比还存在较大差距。 数据显示，"大而不强，多而不优"已成为我国果品产业真实写照：我国果品总收获面积、总产量以及多种水果产量均居世界首位，但是我国并非是果品贸易强国。 有行业分析师指出：果品产业是我国种植业中的第三大产业，是我国农村经济发展的支柱产业之一，但种植结构单一增加了市场风险。

　　本章我们将带领同学们学习果蔬保鲜基本知识和典型的果蔬深加工技术。

　　水果、蔬菜是人们日常生活不可缺少的副食品，是仅次于粮食的世界第二重要的农产品，同时也是食品工业重要的加工原料。众所周知，新鲜的果蔬不仅为人体健康提供多种营养物质，同时也是重要的疗效食品。但是，水果蔬菜属鲜活易腐农产品，因此，搞好水果蔬菜的采后加工越来越受到普遍重视。

第一节　果蔬贮藏与保鲜

一、果蔬的种类及常用品种

　　果蔬的种类不同，其耐藏性和加工特性也不同。有的种类既适合于贮藏又适合于加工，有的种类适合于加工而不适合于贮藏。同一种类的果蔬不同品种之间也有很大的差异，多数品种既能够长期贮藏，又能加工出品质好的加工产品，部分品种耐藏性较差，但其加工品质很好。因此，选择适宜的贮藏加工原料是保证贮藏加工品质的前提。

　　果品的种类依果实构造分为仁果类、核果类、浆果类、柑橘类、坚果类和柿枣类；蔬菜依食用部位

11

不同分为根菜类、茎菜类、叶菜类、果菜类及其他类。

果品中仁果类如苹果、梨、海棠、山楂等,大多耐贮藏,也适合加工各类加工产品;浆果类中的葡萄、猕猴桃较耐贮藏,并适合加工果酒、罐头、果干等;柑橘类果品耐藏性依次为:柚、柠檬最强,甜橙、柑次之,宽皮橘类耐藏性较差,但柑橘类果品是加工果汁的主要原料;核果类如桃、杏、李等不耐贮藏,但核果类果品是加工罐头、果脯的主要原料;浆果类如草莓、无花果不耐贮藏,但采后尽快加工品质上佳。

蔬菜类可食器官多种多样,耐藏性不一致,加工品质也不尽相同。两年生及多年生蔬菜,如结球白菜、马铃薯、洋葱、大蒜、萝卜和胡萝卜耐藏性较强;果菜类如黄瓜、丝瓜、番茄和菜豆不耐贮藏,而冬瓜、南瓜耐藏性较强;绿叶菜类如菠菜、莴苣、芹菜、芫荽和不结球白菜等,可食器官生命活动极为旺盛,耐藏性极差。蔬菜中的根菜类如萝卜、胡萝卜等,茎菜类如土豆、洋葱等,叶菜类如大白菜、菠菜、芹菜和芫荽等,果菜类如番茄、黄瓜、菜豆、冬瓜和南瓜等不管其耐藏性如何,都可以加工出品质优良的加工品。

二、果蔬加工保藏基本原理

果蔬加工品是利用食品工业的各种加工工艺处理新鲜果蔬而制成的产品。果蔬加工是食品工业的重要组成部分。果蔬在加工过程中已丧失了生理机能。果蔬加工原理是在充分认识食品败坏原因的基础上建立起来的。

1. 食品的败坏 食品变质、变味、变色、生霉、酸败、腐臭、软化、膨胀、混浊、分解、发酵等现象统称败坏。败坏后的产品外观不良,风味减损,甚至成为废物。造成食品败坏的原因是复杂的,往往是生物、物理、化学等多种因素综合作用的结果。起主导作用的是有害微生物的危害。因此,保证食品质量便成为食品生产中最重要的课题,自始至终注意微生物的问题就是一件十分重要的事情。

(1)生物性败坏:我们把微生物引起的食品败坏称为生物性败坏。

(2)物理性败坏:由于光、温度、机械伤等物理因素直接引起的败坏称为物理性败坏。例如,日光直射促使加工品成分的分解,引起变色,变味和抗坏血酸的损失;受机械伤的果蔬会引起腐烂变质。

(3)化学性败坏:由于化学因素的作用引起的败坏称为化学性败坏。例如,铁皮罐头的腐蚀穿孔、维生素被破坏等都是由氧化还原反应所致。

2. 微生物 是指细菌、酵母菌,霉菌、放线菌、立克次体、支原体和病毒等。微生物大量存在于空气、水和土壤中。

影响微生物生长的因素有:温度、水分、气体、酸碱度、光照等。

(1)温度:每一种微生物都有其所能忍受的最高温度和最低温度。绝大多数微生物在100℃时容易被杀死。按其生存的适宜温度可将细菌分为:嗜热菌(49~77℃)、嗜温菌(21~43℃)和嗜冷菌(2~10℃)3种。

(2)水分:微生物生命活动离不开水。大多数腐败菌适宜在水分活度0.9以上生长。在干燥的环境中其生命活动会停止,较长时间处于干燥环境将导致其死亡。

（3）气体:微生物的生存对气体有要求,高二氧化碳、低氧对大多数微生物有害。

（4）酸碱度:微生物有其最适酸碱度,用 pH 值表示。一般微生物的生长活动范围在 pH 5~9 之间。

（5）光照:光和射线也会影响微生物的生命活动,如紫外线对微生物有强杀菌力,X 射线、γ 射线对微生物有致死作用。

（6）其他:汞、银、铜等重金属盐;醛、醇、酚等有机化合物;碘、氯等卤族元素化合物;表面活性物质如肥皂等都对微生物有致死作用。

在微生物生长的某种环境中,某一因素的改变具有主导作用,影响微生物的生命活动。

3. 褐变　在果蔬加工品中加工制品变褐这一现象称为褐变。褐变影响产品外观,降低其营养价值。褐变可分为酶促褐变(生化褐变)和非酶褐变(非生化褐变)。

（1）酶促褐变:是指在有氧存在时,酚酶(多酚氧化酶、儿茶酚酶)很容易将果蔬中含有的酚类物质氧化成醌,再进一步形成羟醌,羟醌进行聚合,形成黑色素物质。

酶是一类具有催化活性和高度专一性的特殊蛋白质。影响酶作用的因素有温度、pH 值、底物浓度等。破坏酶活性的方法有以下几种:

1）热处理法:热烫与巴氏消毒可使酚酶失活。关键是要在最短时间内达到钝化酶的要求。水煮和蒸汽是目前最广泛使用的方法。

2）酸处理法:用柠檬酸、苹果酸、抗坏血酸、磷酸控制 pH 值来影响酶的活性。

3）二氧化硫及亚硫酸盐处理:二氧化硫、亚硫酸钠、焦亚硫酸钠等广泛应用于食品加工中酚酶的抑制。但亚硫酸盐含量必须控制在 10ppm 范围以内。

4）其他措施:去除和隔绝氧气以及加酚酶底物类似物,如肉桂酸、对位香豆酸、阿魏酸等酚酸,也可以有效地控制酶促褐变。

（2）非酶褐变:是指在没有酶参与的情况下发生的褐变。

1）非酶褐变的类型

①美拉德反应:又称羰氨反应,该反应为羰基化合物与氨基化合物的反应。由于生成的产物为黑色素(或黑蛋白素、类黑精),故又称黑色素反应。

羰基化合物:包括醛、酮、单糖以及多糖分解或脂质氧化生成的羰基化合物。

氨基化合物:包括游离氨基酸、肽类、蛋白质、胺类。

②焦糖化褐变:糖类在没有氨基化合物存在的情况下加热到其熔点以上时,也会产生黑褐色物质。

③抗坏血酸褐变:抗坏血酸自动氧化,分解为糖醛和二氧化碳的结果。在很大程度上依赖于 pH 值及抗坏血酸的浓度。在 pH 值为 2.0~3.5 范围内,特别是 pH 值接近 2 时更易发生褐变。

2）控制非酶褐变方法

①低温可延缓非酶褐变的过程;

②用亚硫酸盐处理可以抑制羰氨反应;

③羰氨反应在碱性条件下较易进行,降低 pH 值可抑制褐变;

④使用不易发生褐变的糖类,如蔗糖;

⑤适当添加钙盐,钙盐有协同 SO_2 抑制褐变的作用;

⑥降低产品浓度可降低褐变速率。

在果蔬汁生产上降低浓缩比有利于阻止褐变的发生。严格控制外界环境条件,可以防止产品品质发生不良变化。

知识链接

褐变在食品工业中的应用

褐变是食品中普遍存在的一种变色现象,尤其是新鲜果蔬原料进行加工时或经贮藏或受机械损伤后,食品原来的色泽变暗,这些变化都属于褐变。在一些食品加工过程中,适当的褐变是有益的,如酱油、咖啡、红茶、啤酒的生产和面包、糕点的烘烤。而在另一些食品加工中,特别是水果蔬菜的加工过程,褐变是有害的,它不仅影响风味,而且降低营养价值。

美拉德反应是一种普遍的非酶褐变现象,将它应用于食品香精生产应用之中,特别是在肉类香精及烟草香精中有非常好的作用,所形成的香精具天然肉类香精的逼真效果,具有调配技术无法比拟的作用。美拉德反应技术在香精领域中的应用打破了传统的香精调配和生产工艺的范畴,是一全新的香精香料生产应用技术,值得大力研究和推广,尤其在调味品行业。

---

4. 食品保藏方法　根据加工原理,食品保藏方法可以归纳为 5 类:

(1)抑制微生物和酶的保藏方法:利用某些物理化学因素抑制食品中微生物活动和酶的活性,这是一种暂时性的保藏措施。属于这类保藏方法的有冷冻保藏(如速冻食品等)、高渗透压保藏(如腌制品,糖制品,干制品等)。

(2)利用发酵原理的保藏方法:发酵保存又称生物化学保存。利用某些有益微生物生长繁殖过程中积累的代谢产物,来抑制其他有害微生物的活动,如乳酸发酵、酒精发酵、醋酸发酵的产物乳酸、酒精、醋酸,对有害微生物有显著的毒害作用。

(3)运用无菌原理的保藏方法:通过热处理、微波、辐射、过滤等工艺处理食品,使食品中的腐败菌数量减少或消灭到使食品长期保存所允许的最低限度,保证食品的安全性。罐藏是将食品经排气,密封,杀菌保存在不受外界微生物污染的容器中,可长期保存。

(4)应用防腐剂保藏方法:主要用在半成品保存上,利用防腐剂杀死或防止食品中微生物的生长和繁殖。

(5)维持食品最低生命活动的保藏法:采收后的新鲜果蔬仍进行着生命活动,通过创造合适的贮藏环境使正常衰老进程被抑制到最缓慢的程度,尽可能降低其物质消耗水平。

在实际应用中,各种保藏方法应综合地或有机地配合使用。

▶ **课堂活动**

讨论:从"一般的果蔬是如何保鲜"的提问开始,总结果蔬常见保鲜方法,推导出影响果蔬保鲜的因素,启发归纳出果蔬保鲜的理想条件以及如何才能让果蔬保鲜半年以上等问题。

三、果蔬采收及采后生理变化

1. **果蔬采收**　果蔬采收是果蔬生产的最后一个环节。采收时间、成熟度的判断、采收方法、采收质量直接影响果蔬的产量、质量、贮藏期、运输损耗、商品价值和加工品质等。

果实采收成熟度的确定：果实成熟度是确定适宜采收期的重要依据。果实的用途不同，对成熟度的要求不同，采收时期也就不同。果实的成熟度一般可划分为 3 种：

（1）可采成熟度：即果实的生长发育已经达到可以采收的阶段，但还不完全适于鲜食。此时采收的果实适于贮运、罐藏和蜜饯加工。

（2）食用成熟度：此时采收的果实食用品质最佳。表现该品种固有的色、香、味和外形，其化学成分和营养价值也达到最高点，风味最好。此时采收的果实适鲜食、短期贮藏、制汁、酿酒。

（3）生理成熟度：果实在生理上已达到充分成熟，种子颜色变深褐色，果肉开始软绵或溃烂。以食用种子的核桃、板栗及作培育用的种子，宜在此时采收。

2. **果蔬采后生理变化**　要保持采后果蔬的鲜度和品质，就要了解果蔬采后的生理变化规律，从而采取相应的保鲜措施。果蔬采后的主要生理作用是呼吸作用和蒸腾作用。

（1）果蔬呼吸类型：果蔬的呼吸类型可分为呼吸跃变型和无呼吸跃变型。

1）呼吸跃变型：也称呼吸高峰型。此类果蔬在成熟期出现的呼吸强度上升到最高值，随后就下降。在这种呼吸跃变期，果实的风味品质最好，随后变坏。故呼吸跃变期实际是果实从开始成熟向衰老过渡的转折时期。属于此类型的有番茄、网纹甜瓜、苹果、梨、香蕉等（表 2-1）。

2）无呼吸跃变型：又可分为呼吸渐减型和呼吸后期上升型。①呼吸渐减型，指果实在成熟期，呼吸强度逐渐下降，无呼吸高峰出现。此类果实有柑桔、樱桃、葡萄等。②呼吸后期上升型，指果实成熟后期呼吸强度逐渐增加，无下降趋势，此类果实有柿、桃、草莓等。

表 2-1　果蔬呼吸类型分类表

跃变型果实	非跃变型果实
苹果　芒果　番木瓜　梨　香蕉　鳄梨　桃　大蕉 面包果　杏　油桃　释迦果　李子　榴莲　费约果 柿子　无花果　番石榴　甜瓜　石番莲　刺果　番荔枝 番茄　红毛丹　木菠萝果　猕猴桃　人心果　越橘	葡萄　黑莓　葡萄柚　石榴　荔枝　橙子　柠檬 洋桃枣　龙眼　橄榄　西瓜　枇杷　海枣　菠萝 樱桃　树莓　橘子　柑　草莓　黄瓜　辣椒 西葫芦　茄子　豌豆　黄秋葵

跃变型果蔬呼吸的跃变意味着这类果蔬由完熟向衰老的转化，对于跃变型果蔬的保鲜应千方百计推迟其跃变的发生。

非跃变型果蔬是随着果蔬的成熟呼吸强度降低，但当果蔬进入完熟或衰老时呼吸强度依然下降，非跃变型的果实内部的生理生化变化不明显。

（2）影响呼吸作用的主要因素

1）果蔬种类和品种

浆果类>核果类>柑桔类>仁果类

叶菜类>果菜类>根茎菜类

热带、亚热带果实呼吸强度值比温带果实大

遗传特性:晚熟品种>早熟品种

2)成熟度:在整个发育过程中,幼龄时期呼吸强度最大,因为处于生长最旺盛阶段,各种代谢过程都最活跃。表层保护组织尚未发育或结构不完全,气体进入较多,呼吸强度大。蜡质,角质发育完成后,呼吸强度下降。

3)贮藏温度:酶的活性随温度的增加而增加,呼吸也加强。温度升高,酶活性继续上升,达到高峰,呼吸也达到高峰。当温度超过了限度,酶逐渐失活,而呼吸作用也随之下降,因此呼吸出现了"钟"型曲线。

4)湿度:总体来讲,低湿度可抑制呼吸作用。但果蔬的种类不同,情况也不一样。如柑橘类果实,环境湿度过大会促进呼吸;而香蕉,相对湿度低于80%时,果实无呼吸跃变,不能正常成熟。

5)环境气体成分:一般来说,适当提高二氧化碳浓度,降低氧气浓度可以抑制果实的呼吸。乙烯是一种促进果实成熟衰老的植物激素,它可以促进水果,尤其是跃变型水果,如香蕉、猕猴桃、苹果等的呼吸作用,加速果实成熟衰老。

(3)蒸腾作用:果蔬在采收后失去供给水分的来源,但水分的蒸发仍在继续。随着贮藏期的延长,失水达到一定程度就会造成果实萎蔫、失重、鲜度下降,大大降低商品价值,此现象称为果蔬的蒸腾作用。一些常见水果在贮藏中因蒸腾作用而失重的情况见表2-2。

表2-2　一些水果贮藏中的失重率

水果种类	温度(℃)	相对湿度(%)	贮藏时间(周)	失重率(%)
香蕉	12.8~15.6	85~90	4	6.2
伏令夏橙	4.4~6.1	88~92	5~6	12.0
甜橙(暗柳)	20	85	1	4.0
番石榴	8.3~10.0	85~90	2~5	14.0
荔枝	约30	80~85	1	15~20
芒果	7.2~10.0	85~90	2.5	6.2
菠萝	8.3~10.0	85~90	4~6	4.0

影响果蔬蒸腾作用的因素主要有:

1)果品蔬菜自身因素(种类、品种、成熟度、细胞持水力):一般来说,表面积与重量比值大的果实,水分蒸腾量大。水分蒸腾量也与果实表面的表皮结构有关,果皮厚、表皮结构致密且具有蜡质层的果实水分不易蒸腾。通常呼吸强度大的果蔬,其水分蒸腾作用也大。

2)温度:贮藏环境温度越高,水分蒸腾量越大。

3)湿度:空气湿度是影响果实水分蒸腾的最主要因素,一般用相对湿度(RH)表示其大小。贮藏环境的相对湿度越大,果实中水分越不容易蒸腾。对于多数果蔬来说,贮藏合适的相对湿度要求达到85%~95%。

4)空气流速(风速):贮藏环境中,风速越大,果实蒸腾越严重。目前,果蔬贮藏库多采用吊顶风机作为蒸发器,降温的同时会带走大量水分。但如果空气不流通势必会影响降温效果,库内还会积累大量有害气体,也不利于贮藏。因此,要保持库内适宜湿度的同时,合理控制库内空气流速。另外,还可以采用塑料薄膜、瓦楞纸箱等内外包装以及给果实表面涂蜡等措施,减少水分的损失。

四、果蔬保鲜技术

1. 果蔬常温简易贮藏保鲜技术　常温贮藏一般指在构造较为简单的贮藏场所,利用自然温度随季节和昼夜不同时间变化的特点,通过人为措施,引入自然界的低温资源,使贮藏场所温度达到或接近贮藏所要求温度的一类贮藏方式。

这种贮藏保鲜方式简易方便,一般在农村中经常采用。主要有沟藏、堆藏、窖藏、架藏埋藏和假植贮藏等基本形式。

2. 冷藏与冷冻保鲜技术　冷藏与冷冻是在有良好隔热性能的库房中借助机械冷凝系统的作用,把热量由高温物体(被冷却物体)转移到低温物体(环境介质)中去,即将库内的热量传递到库外,使库内温度降低并保持在有利于果蔬长期贮藏的范围内。机械冷藏或冷冻的优点是不受外界环境条件的影响,可以迅速而均匀地降低库温,库内的温度、湿度和通风都可以根据贮藏对象的要求而调节控制,使果蔬在库房中能够达到最适宜贮藏的温度和湿度。

冷藏和冻藏是我国现代果蔬低温保鲜的主要方式。果品的冷藏温度范围为 $0 \sim 15℃$,冷藏可以降低病原菌的发生率和果实的腐烂率,还可以减缓果品的呼吸代谢过程,从而达到阻止衰败,延长贮藏期的目的。冻藏是利用 $-18℃$ 的低温,抑制微生物和酶的活性,延长果品保存期的一种贮藏方式。现代化冷藏机械的出现,使冻藏可以在快速冻结以后再进行,大大改善了冻藏果品的品质。在我国目前现代保鲜措施当中,冷藏所占的比例最大。

3. 气调贮藏保鲜技术　气调贮藏法也称"CA"贮藏(gas storage),是以改变贮藏环境中的气体成分(通常是增加 CO_2 浓度和降低 O_2 浓度)来实现长期贮藏新鲜果蔬的一种方式。

正常空气中,O_2 和 CO_2 的浓度分别为 21% 和 0.03% ,其余为 N_2 等。采后的新鲜果蔬进行着正常的以呼吸作用为主导的新陈代谢活动,表现为吸收消耗 O_2 ,释放大约等量的 CO_2 并释放出一定热量。适当降低 O_2 浓度或增加 CO_2 浓度,就改变了环境中气体成分的组成。

气调贮藏保鲜特点:

(1)新鲜果蔬的呼吸作用会受到抑制,降低其呼吸强度,推迟呼吸高峰出现的时间,延缓新陈代谢的速度,减少营养成分和其他物质的降低和消耗,从而推迟了成熟衰老,为保持新鲜果蔬的质量奠定了生理基础。

(2)较低的 O_2 浓度和较高的 CO_2 浓度能抑制乙烯的生物合成,削弱乙烯刺激生理作用的能力,有利于新鲜果蔬贮藏寿命的延长。

(3)适宜的低 O_2 和高 CO_2 浓度具有抑制某些生理性病害和病理性病害发生发展的作用,减少产品贮藏过程中的腐烂损失。

气调贮藏的优点:

（1）贮藏时间长：气调贮藏综合了低温（冷藏）和调节贮藏环境气体成分两方面的技术，使得果品贮藏期得以较大程度地延长。采用气调贮藏，苹果可以做到周年供应；鸭梨、长把梨、香梨等采用气调贮藏可储存 8~9 个月以上；气调库贮藏猕猴桃比冷藏贮期延长 2~3 个月以上。

（2）保鲜效果好：多数中晚熟苹果及鸭梨、长把梨、香梨等水果经长期贮藏后，仍然色泽艳丽，果柄青绿、风味纯正、外观丰满，与刚采收时相差无几。以苹果为例，气调贮藏后果肉硬度、可滴定酸等指标明显高于同期冷藏的果实。

（3）贮藏损耗低：气调贮藏严格控制库内温、湿度及氧和二氧化碳等气体成分，有效地抑制了果实的呼吸作用、蒸腾作用和微生物的危害，贮藏期间因失水、腐烂等造成的损耗大大降低。据河南生物研究所对猕猴桃的观察，在贮藏期相同的条件下，普通冷藏的损耗高达 15%~20%，而气调贮藏总损失不足 4%。河北某气调库鸭梨贮藏 10 个月，失水率几乎为零。

（4）货架期长：经气调贮藏后的水果由于长期处于低氧和较高二氧化碳作用，在解除气调状态后，仍有一段很长时间的"滞后效应"。据在陕西苹果上的试验表明，一般认为在保持相同质量的前提下，气调贮藏的货架期是冷藏的 2~3 倍。

（5）"绿色"贮藏：在果品气调贮藏过程中，由于低温、低氧和相对较高的二氧化碳的相互作用，基本可以抑制侵染性病害的发生，贮藏过程中基本不用化学药物进行防腐处理。

气调贮藏的唯一缺点是贮藏成本较高。

气调贮藏的方法，按其封闭设备，大体有两种类型。一类是气调冷藏库，即 CA 贮藏。另一类是用塑料薄膜封闭，属限气贮藏，简称 MA 贮藏。

气调冷藏库建筑和设备复杂，投资昂贵，目前尚未大量建筑和普及。当前研究和使用较多的是在恒温库或其他贮藏场所采用塑料袋包装进行贮藏，即果实贮藏在密闭的塑料袋内，由于果实自身的呼吸作用，不断消耗袋内的氧和放出二氧化碳，经过一段时间，便形成一个自发的气调环境，从而抑制果实的呼吸作用，延缓其衰老。薄膜封闭气调法，造价低廉，使用方便，既可配合简易贮藏方式使用，也可在通风库或机械冷藏库内进行。因此目前国内外应用很广，并向自动化方向发展。薄膜封闭的方式主要有塑料薄膜袋封法、硅窗塑膜袋封法和大型塑料薄膜气调帐 3 种。

塑料薄膜袋封法一般是用一定厚度的聚乙烯薄膜袋贮藏果蔬，根据实际需要，使用开启或封闭袋口，或使用气体吸收剂，使薄膜袋中的气体处于果蔬保鲜的最适宜浓度，从而延长果蔬的贮藏时间。

硅窗塑膜袋封法一般采用较厚的（0.18~0.23mm）塑料薄膜袋，在袋上安装硅橡胶薄膜透气窗，利用硅橡胶特有的透气性能，改进透气性能，使袋内二氧化碳和氧含量自然地调节到适宜的水平，从而获得较好的保鲜效果。

大型塑料薄膜气调帐是在大型塑料薄膜帐中，密封堆码果箱创造一种气调条件，可在通风贮藏库内、冷藏库内或土窑洞内贮藏果品或蔬菜，从而达到良好的保鲜效果。

4. 涂膜保鲜技术　涂膜保鲜技术是在果蔬的表面通过浸渍、涂刷、喷洒而涂上一层极薄的膜，以此来抑制果蔬的呼吸作用，阻止果蔬水分散失，防止外界氧气与果蔬内部成分发生氧化作用，提高果蔬抗机械损伤的能力及抵御病菌侵蚀的能力，从而保护果蔬的营养成分、色、香、味、形，延长果蔬的货架期。

涂膜保鲜的成功主要依赖于膜的选择,不同的膜材具有不同的保鲜性能,同一膜材对不同的果蔬品种保鲜效果不一定相同,因此长期以来,涂膜保鲜的研究主要集中在优化膜材性能、开发新型涂膜材料等方面。随着生活水平的提高,生活模式与消费观念的改变,人们更加关注食品的安全性与环境的友好性,因此,寻找安全、天然、可降解的保鲜材料已成为近几年的研究热点。国内应用比较多的涂膜材料一般有果蜡、糖类、蛋白质、多糖类蔗糖脂、聚乙烯醇、单甘酯、壳聚糖类化合物、中草药等。

5. 减压保鲜技术　减压保鲜贮藏是将物品放在一个密闭冷却的容器内,用真空泵抽气,使之取得较低的绝对压力,其压力大小要根据物品特性及贮温而定。当所要求的低压达到后,新鲜空气不断通过压力调节器、加湿器,带着近似饱和的温度进入贮藏室。真空泵不断地工作,物品就不断得到新鲜、潮湿、低压、低氧的空气。一般每小时通风4次,就能除去物品的田间热、呼吸热和代谢所产生的乙烯、二氧化碳、乙醛、乙醇等不利因子,使物品长期处于最佳休眠状态。该方法较好地解决了贮藏物品的失重、萎蔫等问题,不仅物品的水分得到保存,维生素、有机酸、叶绿素等营养物质也减少了消耗。不仅贮藏期比一般冷库延长3倍,产品保鲜指数大大提高,而且出库后货架期也明显增加。

减压保鲜技术具有迅速冷却,快速降氧,随时净化,高效杀菌,消除残留等特点,可将食物失重、腐烂、老化程度减到最小范围。

6. 辐射保鲜贮藏技术　辐射保鲜主要利用钴-60、铯-137发出的γ射线,以及加速电子、X-射线穿透有机体时,使其中的水和其他物质发生电离,生成游离基或离子的原理,对散装或预包装的果蔬起到杀虫、杀菌、防霉、调节生理生化等效应,从而达到对果蔬的保鲜效果。

新鲜水果的辐射处理选用相对低的剂量,一般小于3kGy,否则容易使水果变软并损失大量的营养成分。辐射剂量还与水果的成熟度有关,芒果在室温下贮藏的最适辐射剂量是0.75kGy。

7. 热处理保鲜贮藏技术　热处理是指果蔬采后在适宜温度(一般在35~50℃)下杀死或抑制病原菌的活动处理,以降低酶活性,达到贮藏保鲜的效果。热处理的方式包括热空气、热蒸汽、热水浸泡、远红外线及微波处理等。

采后热处理技术能减少果蔬贮运期间的腐烂,为无毒、无农药残留的采后病害控制提供了一种有效方法。热处理技术已成为近年研究果蔬保鲜的重要课题。

8. 臭氧及负氧离子气体保鲜技术　臭氧的电极电位是2.07eV,是仅次于氟的强氧化剂,具有强烈的杀菌防腐功能。而负氧离子的作用则是进入果蔬细胞内,中和正电荷,分解内源乙烯,钝化酶活性,降低呼吸强渡,从而减缓了营养物质在贮藏期间的转化。

臭氧可刺激果实,使其进入休眠状态。当用一定浓度的臭氧处理果实时,可使果蔬表皮气孔关闭,从而减少蒸腾水分和养分消耗,改变果蔬的采后生理状态。

利用臭氧及负氧离子保鲜可以避免在冷藏和气调贮藏中常常发生的一些生理性病害,如褐变、组织中毒水渍状、烂心及蛰伏耐低温细菌等。此外还具有降解果蔬表面的有机氯、有机磷等农药残留,以及清除库内异味、臭味的优点。

9. 使用乙烯吸收剂或抑制剂保鲜技术　乙烯是一种呈气态的植物激素,是促进成熟的激素。

在植物器官衰老时会自内部释放出来,加速其衰老速度,这就是内源乙烯;在周围环境中,存在各种乙烯来源,对园艺产品的衰败影响很大,这就是外源乙烯。

为了抑制乙烯的负面影响,在储藏库中,使用乙烯吸收剂(如高锰酸钾溶液涤气瓶),吸收周围环境中的乙烯;在果蔬保鲜处理中采用乙烯抑制剂,如STS(硫代硫酸银)、1-MCP等。使用乙烯吸收剂或抑制剂可以调节果蔬保鲜过程中的乙烯含量,从而达到贮藏保鲜的目的。

以上是果蔬贮藏保鲜的一些技术,由于一些技术单独使用很难取得令人满意的效果。目前,多种保鲜技术的结合应用得到广泛研究。因此,多种保鲜技术结合应用具有广阔的发展前景。

五、果蔬采后处理

案例分析

案例

目前我国果蔬生产由于采收不当、采后商品化处理技术落后、贮运条件不妥及贮藏加工能力不足等原因,造成的腐烂损失达总产量的20%~40%,每年果品、蔬菜的产后损失量超过了1.5亿吨。

分析

水果蔬菜生产都具有一定的季节性和区域性,但通过加工手段就可以消除这种季节性和区域性的差别,满足各地消费者对各种果蔬商品的消费需求,从而达到调节市场、实现全年供应的目的。

对于种植者而言,如果将某些水果蔬菜作为原料出售势必价格低廉,而将其加工成加工制品后,其经济效益就会大增,尤其是那些残次落果等不适宜鲜销的果蔬和野生资源,通过加工就可以变废为宝。所以,做好果蔬采后加工,可促进其栽培业的发展,真正实现丰产丰收,特别是对于我国目前人口日益增长和耕地日益减少的今天,更具有特殊的意义。

1. 处理工艺　详见图2-1。

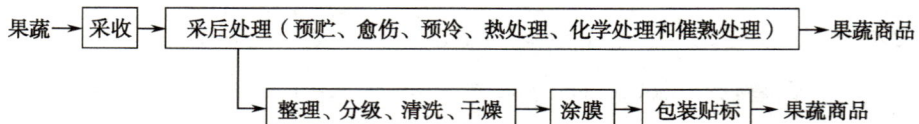

图2-1　果蔬保鲜处理工艺流程图

2. 操作要点

(1)预贮:预贮在柑橘中应用较多。刚采下的橘果,摊放在阴凉、干燥、通风良好的场所,让其正常失水3%~4%,时间约3~7天不等,这个过程叫预贮。橘果预贮有降温、回软、愈伤的作用。

(2)愈伤:愈伤是指采后给果蔬提供高温、高湿的条件,使果蔬的轻微伤口愈合的过程。如马铃薯采收后保持在18.5℃以上两天,然后在7.5~10℃和90%~95%的相对湿度下,保持10~12天,促使伤口愈合。

(3)预冷:果蔬采收后,采取一系列措施将果实的温度尽快降低到接近冷库温度的过程叫预冷。预冷的目的在于降低果蔬的呼吸强度,散发田间热,降低果温,有利于贮藏。预冷温度0~5℃,预冷的方法有自然冷却、水冷、冰冷、强制冷却、真空冷却等。

（4）热处理：在果蔬采后或贮藏过程中，将果蔬放在高于其生长环境温度（一般为38~43℃）进行短期处理，这个过程叫热处理。经热处理后再放在适宜温度环境中贮藏，可以增加果蔬的贮藏品质和耐藏性。如：桃采收后38~43℃进行热处理，贮藏30天后观察，其冷害程度比对照明显减轻，烂果减少，果实品质、耐藏性明显增强。

（5）化学处理：果蔬采后，使用化学药剂进行防腐保鲜处理的过程叫化学处理。

（6）催熟处理：果蔬采后，用乙烯或乙烯利处理，使果实由绿熟（初熟）转为成熟，由不宜食用变为适合食用的过程叫催熟处理。催熟处理主要应用在香蕉、番茄、李子、鄂梨等果蔬中。如：乙烯催熟香蕉，在密闭的催熟室内，1m³可容纳25~50kg香蕉，保持室内18~22℃，相对湿度85%~90%，用0.1%~0.2%的乙烯气体通入室内，每隔1小时通一次乙烯气体，共2~3次，一般4~5天即可催熟。

（7）整理：果蔬采收后，经过适当的整理，可以提高果蔬的商品规格、标准和商品质量。果品中的葡萄整理主要包括：剪掉果穗上的病虫果、小青果、烂果和裂果等；蔬菜中的叶菜类整理内容有：去掉叶中杂草、黄叶、烂叶、老叶及病虫叶等，留下新鲜、幼嫩的可食部分进行适当的捆绑，以待下一步处理工序。

（8）分级：分级是根据果蔬的大小、重量、色泽、形状、成熟度、新鲜度、清洁度、营养成分以及病虫和机械伤等进行严格的挑选，依照国家果品质量等级规格标准分成若干等级。

蔬菜由于供食用的器官不同，成熟标准不一致，所以没有固定的统一规格。一般根据坚实度、清洁度、大小、重量、颜色、形状、成熟度、新鲜度以及病虫害和机械伤等，分为3级，即特级、一级和二级。

分级方法主要是凭感官进行手工操作，在进行大量果蔬分级时，可采用分级机依果实的大小、重量来进行，如番茄、苹果、梨、柑橘等。一些国家利用光电原理，根据果实表面叶绿素含量多少、对光的反射波高低，不同成熟度、色泽、内部缺陷对光的透过能力不同，进行果实分级。

（9）清洗：目的是除去果蔬表面的污物和农药残留以及杀菌防腐。最简单的办法是用流水喷淋，去除污物常用1%稀盐酸加1%石油醚，浸洗1~3分钟，或0.2~0.5g/L的高锰酸钾溶液，清洗2~10分钟。水中可适量放入化学药剂，如用1%~5%氯化钙可防治生理病害。

（10）干燥：清洗后的果蔬带有很多浮水，这些水分如果不及时去掉，就会造成病菌感染，引起大量腐烂。干燥的方法有自然干燥和人工干燥。自然干燥是将清洗完的果蔬放在清洁、阴凉、干燥、通风的场所，使其自然阴干；人工干燥是利用鼓风干燥机将果蔬表面的浮水吹干，同时，不损失果蔬内部的水分。干燥是果蔬商品化处理的重要环节。

（11）涂膜：在果蔬表面涂上一层食用蜡、胶等，形成一层薄膜，阻碍了果蔬与环境的接触，从而起到抑制呼吸作用，防止水分蒸发，减少病菌侵染等作用。因此，在一定时间内，保持果蔬的新鲜状态，增加光泽，改善外观，提高商品价值，延长贮藏寿命。涂膜最先用于柑橘、苹果、梨，现在番茄、黄瓜、青椒等果菜上也开始使用。广东省植物研究所利用紫胶涂料处理甜橙，获得了较好的保鲜效果。

（12）包装：包装是实现果蔬商品标准化的重要措施，也是提高贮藏效果的重要环节。包装容器主要有用柳条、荆条、竹篾、铁丝和白蜡条编的筐；用木板、胶合板、纤维板、瓦楞纸或塑料制的箱；蔬菜多用麻袋、草袋或蒲包包装;近年来,采用塑料薄膜小包装。

(13)贴标:贴标是商品化处理的最后一道程序。商标上要写明商品的名称、重量、价格、生产日期、生产厂家、产地、贮藏的适宜条件、保质期和食用方法等主要信息。以便供消费者挑选食用。树立品牌意识、名牌意识,接受消费者的监督,防止假冒伪劣商品。

点滴积累 ∨

1. 褐变分为酶促褐变、非酶褐变。
2. 食品保藏方法可归纳为抑制微生物和酶的保藏方法;利用发酵原理的保藏方法;运用无菌原理的保藏方法;应用防腐剂保藏方法;维持食品最低生命活动的保藏法 5 类。
3. 影响果蔬贮藏的主要环境因素有温度、湿度、气体成分。
4. 果蔬常用保鲜技术有果蔬常温简易贮藏保鲜技术;冷藏与冷冻保鲜技术;气调贮藏保鲜技术;涂膜保鲜技术;减压保鲜技术;辐射保鲜贮藏技术等。

第二节　果蔬糖制品加工

糖渍食品主要是以鲜果(包括部分蔬菜品种)、食糖、蜂蜜等为原料,经过加工精制而成的具有一定的色、香、味、形的食品,其种类非常多。从形式上和习惯上讲,南方主要称蜜饯,北方则叫果脯。我国的果蔬糖渍技术历史悠久,并在发展过程中逐步形成了风味、色泽独特的以北京、苏州、广州、福州为代表的传统蜜饯 4 大流派。

与其他食品加工业相比,糖渍食品加工有其独特的优势:可以扩大利用自然资源,改进和提高果蔬的食用价值和经济价值,对不适合直接食用的果蔬或酸涩果、藩果、残次果等,可通过精制加工改善其口感,提高其品质;由于新鲜果蔬具有很强的季节性和地域性,不便长期贮存和长途运输,制成糖渍制品则可调节市场供应;对于新鲜果蔬,仅供鲜食则风味单一,通过不同工艺条件可制成各种口感的产品,大大增加果蔬制品的花色品种;在生产上,其加工工艺易掌握,加工设备器具少,资金投入少,生产规模可大可小,投产快,见效快。因而国内果脯蜜饯加工业蒸蒸日上,蓬勃发展。

▶▶ **课堂活动**

讨论:你知道哪些果蔬糖制品? 果脯的保质期一般是一年,是如何防腐的? 糖可以保藏食品吗? 糖在保藏中起到什么作用? 可用于食品保藏的糖有哪些?

一、糖制品分类

糖制品按其加工方法和状态分为两类,即果脯蜜饯类和果酱类。

1.果脯蜜饯类　属于高糖食品,保持果实或果块原形,大多含糖量在 50%~70%。主要包括:

(1)湿态蜜饯:果蔬原料糖制后,按罐藏原理保存于高浓度糖液中,果形完整,饱满,质地细软,味美,呈半透明。如蜜饯海棠片、冬瓜条、糖藕片等。

（2）干态蜜饯：又称返砂类，糖制后晾干或烘干，不黏手，有些产品表面裹一层半透明糖衣或结晶糖粉。如橘饼、蜜李子、蜜桃果脯蜜饯类和果酱类。

（3）凉果及甘草制品类：指用咸果坯为主原料的甘草制品。果品经盐腌、脱盐、晒干，加配调料蜜制，再晒干而成。制品含糖量不超过35%，属低糖制品，外观保持原果形，表面干燥，皱缩，有的品种表面有层盐霜，味甘美、酸甜、略咸，有原果风味。如陈皮梅、话梅、橄榄制品等。

（4）果脯类：糖制后晾干或烘干，外干内湿，呈琥珀色半透明状，不黏手的制品。如杏脯、桃脯、苹果脯、梨脯、枣脯等。

2. 果酱类　属于高糖高酸食品，不保持原来的形状，含糖量多在40%~65%，含酸量约在1%以上。主要包括：

（1）果酱：呈黏糊状，带有细小果块，含糖55%以上，含酸1%左右。倾倒在平面上要求"站得住，不流汁，展得开"，甜酸适口，口感细腻。如桃酱、杏酱、草莓酱等。

（2）果菜泥：果菜煮软、磨碎打浆，加糖浓缩而成。制品呈酱糊状，糖酸含量稍低于果酱，口感细腻。如苹果酱、枣泥、南瓜糊、胡萝卜泥等。

（3）果膏：以果汁加糖浓缩制成。含糖在60%以上，呈浓糖浆状。如梨膏、桑葚膏、山楂膏、金樱子膏等。这类制品多数作为疗效食品。

（4）果冻：用含果胶丰富的果品为原料，经压榨取汁，加糖、酸浓缩，冷却成型而成。含糖60%~65%，酸1%以上，果胶15%以上。倾倒在平面上，能保持原来形态，呈透明的冻胶状，不流汁，下刀切面光滑能成型。如山楂冻、苹果冻、柑橘冻、猕猴桃冻等。

知识链接

北京果脯起源

　　北京的果脯蜜饯制作来源于皇宫御膳房。为了保证皇帝一年四季都能吃上新鲜果品，厨师们就将各季节所产的水果，分类泡在蜂蜜里，好让皇帝随时食用。后来，这种制作方法从皇宫里传出来，北京就有了专门生产果脯的作坊。

　　北京所产的果脯称为京式果脯，是北京特产，中外闻名。我国用蜂蜜腌制水果、蔬菜历史悠久，早在春秋战国就见诸文字记载，到三国时期已有莲子、藕片、冬瓜条等蜜饯。唐代宫廷为了贮存入贡水果，采用蜂蜜泡浸，开始有"蜜煎"之称。宋代蔗糖生产多起来，增添了糖渍橘饼、甜姜等。为了区别，用蜜做的叫蜜饯，用糖做的叫果脯。

二、糖渍原理

　　糖制品是以食糖的保藏作用为基础的加工保藏法，食糖的保藏作用在于其强大渗透压。高浓度的糖液通过渗透和扩散作用，渗入到果蔬组织内部，从而降低水分活度，有效抑制微生物的生长繁殖，防止腐败变质。一般糖制品最终糖浓度都在65%以上，而中、低浓度的糖制品，则需利用糖、盐的渗透压或辅料产生抑制微生物的作用，使制品得以保藏。

1. 食糖的保藏作用

（1）高渗透作用：糖溶液都具有一定的渗透压，糖液的渗透压与其浓度和分子量大小有关，浓度越高，渗透压越大。糖制品一般含60%～70%的糖，按蔗糖计，可产生相当于4.3～4.9MPa的渗透压，而大多数微生物细胞的渗透压只有0.36～1.69MPa。糖液的渗透压远远超过微生物的渗透压。当微生物处于高浓度的糖液中，其细胞里的水分就会通过细胞膜向外流出，形成反渗透现象，微生物则会因缺水而出现生理干燥，失水严重时可出现质壁分离现象，从而抑制了微生物的发育。

（2）降低水分活度：食品的水分活度（Aw）值，表示食品中游离水的数量。大部分微生物要求适宜生长的Aw值在0.9以上。当食品中可溶性固形物增加时，游离含水量则减少，即Aw值变小，微生物就会因游离水的减少而受到抑制。如干态蜜饯的Aw值在0.65以下时，能抑制一切微生物的活动，果酱类和湿态蜜饯的Aw值在0.80～0.75时，霉菌和一般酵母菌的活动被阻止。对耐渗透压的酵母菌，需借助热处理、包装、减少空气或真空包装才能被抑制。糖的浓度和水分活度的关系见表2-3。

表2-3　不同糖浓度与水分活度关系（25℃）

糖浓度（%）	Aw	糖浓度（%）	Aw
8.5	0.995	48.2	0.940
15.4	0.990	58.4	0.900
26.1	0.980	67.2	0.850

（3）抗氧化作用：糖溶液的抗氧化作用是糖制品得以保存的另一原因。其主要作用是由于氧在糖液中溶解度小于在水中的溶解度，糖浓度越高，氧的溶解度越低。如浓度为60%的蔗糖溶液，在20℃时，氧的溶解度仅为纯水的1/6。由于糖液中氧含量的降低，有利于抑制好氧型微生物的活动，也利于制品色泽、风味和维生素的保存。

（4）糖的返砂与吸湿

1）糖的返砂：当糖制品中液态部分的糖，在某一温度下其浓度达到过饱和时，即可呈现结晶现象，称为晶析，也称返砂。返砂降低了糖的保藏作用，有损于制品的品质和外观。但果脯加工上亦有利用这一性质，适当地控制过饱和率，给有些干态蜜饯上糖衣，如冬瓜条、糖核桃仁等。

防止返砂的措施：①常加入部分饴糖、蜂蜜或淀粉糖浆。因为这些食糖和蜂蜜中含有多量的转化糖、麦芽糖和糊精，防糖结晶。②糖制时加入少量果胶、蛋清等非糖物质。因为这些物质能增大糖液的黏度，抑制糖的结晶过程，增加糖液的饱和度。③适当提高酸的含量，在加热熬煮的过程中，使部分蔗糖转化为转化糖。

2）糖的吸湿：糖具有吸湿性。糖的吸湿性对果蔬糖制的影响，主要是糖制品吸湿以后降低了糖浓度和渗透压，因而削弱了糖的保藏作用，引起制品败坏和变质。各种糖的吸湿性不尽相同，一般还原糖吸湿性较强。果糖的吸湿性最强，其次是葡萄糖和麦芽糖，蔗糖为最小。

2. 果胶及其凝胶作用　果胶是一种多糖类物质。果胶物质常以原果胶、果胶和果胶酸3种形态存在于果蔬组织中。原果胶在酸或酶的作用下能分解为果胶，果胶进一步水解变成果胶酸。果胶具有凝胶特性，而果胶酸的部分羧基与钙、镁等金属离子结合时，亦形成不溶性果胶酸钙（或镁）的凝胶。

果糕、果冻以及凝胶态的果酱、果泥等,都是利用果胶的凝胶作用来制取的。果胶制备的方法和使用的材料不同,可将它分为高甲氧基果胶(HMP)和低甲氧基果胶(LMP)。

通常将甲氧基含量高于7%的果胶称高甲氧基果胶,低于7%的称低甲氧基果胶。

(1)高甲氧基果胶凝胶:多为果胶-糖-酸凝胶。果品所含的果胶是高甲氧基果胶,用果汁或果肉浆液加糖浓缩制成的果冻、果酱、果糕等属于这种凝胶。果胶、糖、酸三者最佳条件为糖65%~70%,pH 2.8~3.3,果胶 0.6%~1%。

(2)低甲氧基果胶凝胶:属于离子结合型凝胶。蔬菜中主要含低甲氧基果胶,与钙盐结合制成的凝胶制品,属于此种凝胶。

三、糖制品的加工工艺

1. 果脯蜜饯类加工工艺　工艺流程见图2-2。

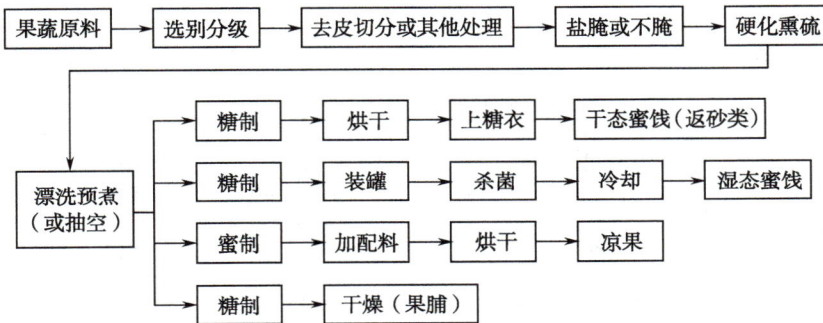

图2-2　果脯蜜饯加工工艺流程图

2. 主要加工设备

(1)糖煮设备:夹层锅、真空夹层锅。

(2)干燥设备:烘房、逆流式干燥机、顺流式干燥机、混流式干燥机、带式连续干燥机、烘箱等。

(3)果蔬预处理设备:分级机、淋碱去皮机、磨皮机、连续预煮机等。

(4)包装设备:真空包装机、塑料薄膜自动连续封口机。

部分设备结构与示意图见图2-3~图2-5。

四、工艺要点

1. 果脯蜜饯原料预处理　原料选别分级、切分及去皮详见本章第1节。

2. 盐腌　用食盐腌制的盐坯(果坯),常作为半成品保存方式来延长加工期限。同时盐腌后可以改变果实原有品质使其组织变得柔软,有利于以后糖制加工并可去除许多不良风味(如苦味、涩味、异味及过酸味等)。然而,该操作只能用于南方凉果制品的原料。盐坯腌渍包括腌渍、干燥、回软和再干燥4个过程。干腌法用盐量一般为原料重的14%~18%。

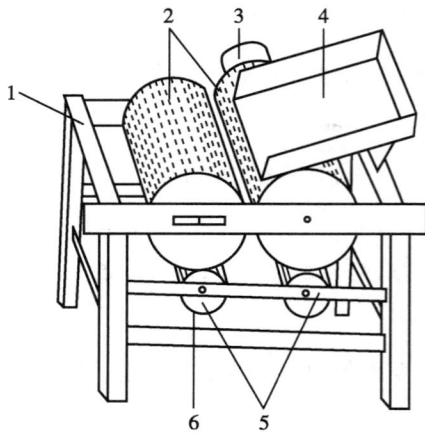

图 2-3　刺孔机
1. 机架针　2. 刺辊　3. 皮带轮
4. 料斗　5. 毛刷　6. 辊接料盘

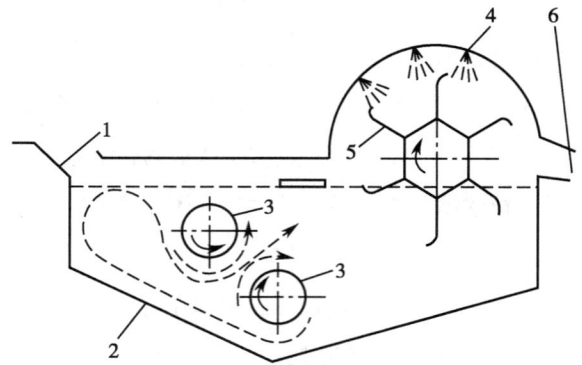

图 2-4　洗果机
1. 进料口　2. 洗槽　3. 刷辊
4. 喷头　5. 出料翻斗　6. 出料口

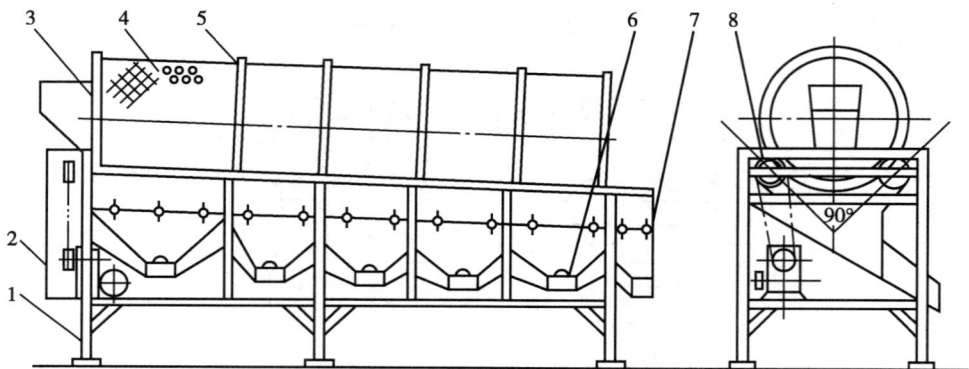

图 2-5　滚筒式分级机
1. 机架　2. 传动系统　3. 进料斗　4. 滚筒　5. 滚圈　6. 收集料斗　7. 铰链　8. 摩擦轮

3. 保脆和硬化　为了提高原物料的硬度,增强耐煮性和酥脆性,在糖制前需对原料进行硬化处理。常用硬化剂有:石灰、明矾、氯化钙、亚硫酸氢钙或氢氧化钙等水溶液。其原理是钙、镁离子与物料中的果胶物质生成不溶性盐类,使细胞间相互黏结在一起,提高硬度和耐煮性。经硬化剂浸泡后要捞出投入清水中反复漂洗,以除去多余的硬化剂。

硬化剂的选用、用量及处理时间必须适当,若过量会生成过多钙盐或导致部分纤维素钙化,使产品质地粗糙,品质变劣。

4. 护色　为抑制原料氧化变色、获得色泽清淡而半透明的制品,在糖制前进行硫处理。其方法是在原料整理后,浸入含 $0.1\% \sim 0.2\%$ SO_2 的亚硫酸盐溶液中 $10 \sim 30$ 分钟,再经脱硫除去残留的硫。

5. 染色　加工过程中为防止樱桃、草莓失去红色,青梅失去绿色,常用染色剂进行染色处理。染色应选无毒的染色剂。当前主要的染色剂有天然色素和人工合成色素两大类。天然色素如姜黄素、胡萝卜素、叶绿素等,因着色效果差,使用不便,成本较高,生产上应用较少。因此实际生产上多使用人工合成色素。我国规定只允许用苋菜红(苋紫)、胭脂红(大红 4K)、柠檬黄(阱黄)、靛蓝(酸性靛蓝)和苏丹黄等。绿色可用柠檬黄与靛蓝按 6：4 或 7：3 比例调配。所有色素使用量不许超过

0.05g/kg。

6. 糖制（又称糖渍）　糖制是果脯蜜饯类加工的主要工艺。糖制过程是果蔬原料排水吸糖过程,糖液中糖分依赖扩散作用进入组织细胞间隙,再通过渗透作用进入细胞内。最终达到所要求的含糖量。

糖制方法有蜜制（冷制）和煮制（热制）两种。蜜制适用于皮薄多汁、质地柔软的原料;煮制适用于质地紧密,耐煮性强的原料。

（1）蜜制:蜜制是指用糖液进行糖渍,使制品达到要求的糖度。糖青梅、糖杨梅、樱桃蜜饯、无花果蜜饯以及多数凉果,都采用蜜制法制成的。此法的基本特点在于分次加糖,不进行加热,能很好保存产品的色泽、风味、营养价值和应有的形态。

（2）煮制:加糖煮制有利糖分迅速渗入,缩短加工期,但色香味较差,维生素损失多。目前国内多数果脯品种都是糖煮制品,尤其是北方果脯基本上都是采用这种传统工艺。煮制分常压煮制和减压（真空）煮制两种。常压煮制又分一次煮制、多次煮制和快速煮制 3 种。减压煮制分减压煮制和扩散法煮制。

1）一次煮制法:将预处理好的物料,只经过一次加糖煮制而成的方法。如苹果脯、蜜枣等。其方法是先配好 30%~40% 的糖液入锅,倒入处理好的果实,加大火使糖液沸腾,果实内水分外渗,糖液浓度渐稀,然后分 2~3 次加糖,使糖浓度缓慢增高至 60%~65%,果实呈肥厚发亮即可停火。在煮制过程中注意糖液要保持微沸状态,以防果实煮烂。

此法快速省工,但持续加热时间长,原料易烂,色香味差,维生素破坏严重,有时会出现原料因失水过多而干缩的现象。

2）多次煮制法:将预处理好的物料,经 3~5 次完成煮制的方法。其方法是先用 33%~40% 的糖溶液煮到原料稍软时,放冷糖渍 24 小时。其后,每次煮制均增加糖浓度 10%,煮沸 2~3 分钟直到糖浓度达 60% 以上。多次煮制法,每次加热时间短,辅以放冷糖渍,逐步提高糖浓度,因而可获得较满意的产品质量。适用于细胞壁较厚难于渗糖（易发生干缩）和易煮烂的柔软原料或含水量高的原料;但加工时间过长,煮制过程不能连续化,费工、费时、占容器。

3）快速煮制法:是一种让果实在糖液中交替进行加热糖煮和放冷糖渍的方法,该法可使果蔬内部水气压迅速消除,糖分快速渗入而达平衡。处理方法是将原料装入网袋中,先在 30% 热糖液中煮 4~8 分钟,取出立即浸入等浓度的 15℃冷糖液中冷却。如此交替进行 4~5 次,每次提高糖浓度 10%,最后完成煮制过程。

此法可连续进行,时间短、产品质量高,但需备有足够的冷糖液和容器。

4）减压煮制法（真空煮制法）:原料在真空和较低温度（约为 60℃）下煮沸,因组织中不存在大量空气,糖分能迅速渗入达到平衡。温度低,时间短,制品色香味形都比常压煮制优。

7. 烘晒与上糖衣　除糖渍蜜饯外,多数制品在糖制后需行烘晒,除去部分水分,使表面不黏手,利于保藏。烘烤温度不宜超过 65℃,烘烤后的果脯蜜饯,要求保持完整、饱满、不皱缩、不结晶,质地柔软,含水量在 18%~22%,含糖量达 60%~65% 以上。

制糖衣果脯蜜饯,可在其干燥后用蔗糖、淀粉和水的混合液（其比例是 3：2：1,按比例混合于锅中加热搅拌,煮沸至113~115℃,停止加热,冷却至93℃左右使用)或过饱和糖液中浸泡一下取出冷却晾干或烘干,使糖液在制品表面上凝结成一层晶亮的糖衣薄膜,使制品不黏结、不返砂,增强保藏性;或在干燥快结束的果脯蜜饯表面,撒上结晶糖粉或白砂糖,拌匀,筛去多余糖粉,即得糖衣果脯蜜饯。

8. 整形、包装　干燥后蜜饯应及时整理或整形,然后按商品包装要求进行包装。包装既要防潮、防霉,便于转运和保藏,又要在市场竞争中具备美观、大方、新颖和反映制品面貌的特点。

带汁的糖渍蜜饯则采用罐头包装形式,在装罐、密封后,用90℃进行巴氏杀菌20~30分钟取出冷却。

五、糖制品常见质量问题及控制

1. 变色　糖制品在加工过程及贮存期间都可能发生变色,在加工期间的前处理中,变色的主要原因是氧化引起酶促性褐变,其控制办法是做好护色处理,即去皮后要及时浸泡在盐水或亚硫酸盐溶液中;有的含气高的还需进行抽空处理,在整个加工工艺中尽可能地缩短与空气接触时间,防止氧化;还可以尽可能将 pH 值调到 3~4,以抑制氧化酶的活性。而非酶促褐变则伴随在整个加工过程和贮藏期间,其主要影响因素是温度,即温度越高变色越深。因此控制办法在加工中要尽可能缩短受热处理的过程,而果脯类加工要配合使用好足量的亚硫酸盐或可进行必要的热烫处理,在贮存期间要控制温度在较低的条件下如 12~15℃。对于易变色品种最好采用真空包装,在销售时要注意避免阳光曝晒,减少与空气接触的机会。

另外微量的铜、铁等金属的存在也能使产品变色,因此加工用具一定要用不锈钢制品。

2. 返砂和流汤(流糖)　果脯中的还原糖与总糖之间有一定比例关系。当还原糖含量占总糖含量的30%以下时,容易出现"返砂"现象,使得产品表面出现结晶,失去光泽,质地变硬而粗糙,容易破损;而当还原糖含量占总糖含量的70%以上时。则出现"流糖"现象,使产品表面形不成糖衣而发黏,易造成产品变质。因此要控制糖煮的时间及糖液的 pH 值保持在 2.5~3 之间,促进部分蔗糖转化。

此外,在贮藏条件中一定要注意控制恒定的温度,且不能低于 12~15℃,否则由于糖液在低温条件下溶解度下降引起过饱和而造成结晶(或返砂)。同时对于散装糖制品一定要注意贮藏环境的湿度不能过低,即要控制在相对湿度为70%左右。如果相对湿度太低,糖液易造成结晶(返砂);反之,如果相对湿度太高,则又会引起吸湿回潮(流汤)。糖制品一旦发生返砂或流汤(流糖)都将不利于长期贮藏,也影响制品的外观质量。

3. 微生物败坏　糖制品在贮藏期间最易出现的微生物败坏是长霉和发酵产生酒精味。这主要是由于制品含糖量没有达到要求的浓度即65%~70%以上,致使耐高渗透压的霉菌和酵母菌繁殖的结果。控制办法即加糖时一定要按要求糖度添加,必须使糖度达60%以上和适当的酸度;含水量要达到20%以下;但对于低糖制品一定要采取防腐措施如添加防腐剂,采用真空包装,必要时加入一定的抗氧化剂;要保证较低的贮藏温度和适宜的空气湿度;对于罐装果酱一定要注意封口严密,以防表层残氧过高为霉菌提供生长条件,另外,杀菌要充分;尽量避免手工包装,防止包装时微生物污染,并要注意包装材料选气密性好的,包装容器及袋要做好消毒处理。

点滴积累 ∨ ....

1. 果蔬糖制保藏原理为利用高浓度糖液的高渗透压作用,抑制微生物生长。

2. 果蔬糖制的方法分为蜜制、煮制。

3. 果脯常见质量问题与控制有变色;返砂和流汤(流糖);微生物败坏。

第三节 蔬菜腌制技术

案例分析

案例

涪陵榨菜是选用重庆市涪陵区特殊土壤和气候条件种植的青菜头,经独特的加工工艺制成的鲜嫩香脆的一种风味产品。它与法国酸黄瓜、德国甜酸甘蓝并称世界三大名腌菜,也是中国对外出口的三大名菜(榨菜、薇菜、竹笋)之一。其传统制作技艺被列入第二批国家级非物质文化遗产名录。榨菜以及同类的老干妈产品,虽然都只是一种佐餐配菜,但是现在它们都从一个小食品变成了国际知名的大品牌。

分析

蔬菜腌制,是中国应用最普遍、最古老的蔬菜加工方法。蔬菜腌制是一种利用高浓度盐液、乳酸菌发酵来保藏蔬菜,并通过腌制,增进蔬菜风味的一种保藏蔬菜并赋予其新鲜滋味的方法。发酵蔬菜、泡菜、榨菜都是蔬菜腌制。一种传统的家庭作坊食品,经过现代食品加工技术的改造升级,也同样可以发展成为一个大产业。

腌制是早期保存蔬菜的一种非常有效的方法。现今,蔬菜的腌制已从简单的保存手段转变为独特风味蔬菜产品的加工技术。酱腌菜这一传统食品是我国人民历代智慧的结晶,是祖国宝贵文化财富的一部分。早在南北朝时期的《齐民要术》一书中就记载了许多不同酱菜的制作方法,如甜酱、酱油等加工的酱菜、酒糟做的糟菜、糖蜜做的甜酱菜等。唐代我国酱菜技术不仅有了很大的发展,而且传到了日本,现今日本著名的奈良酱菜就是源于那时。经过长期的生产实践,到明清时期,我国酱腌菜工艺和品种都有了很大的发展,很多书籍都有详尽记载,其中一些品种和工艺一直流传至今。

现代蔬菜腌制品的发展方向是低盐、增酸和微甜。腌制品具有增进食欲、帮助消化、调节肠胃功能等作用,被誉为健康食品。

一、腌制品分类

蔬菜腌制品种类繁多,根据腌制工艺和食盐用量的不同、成品风味等的差异,可分为发酵性腌制品和非发酵性腌制品两大类。

1. 发酵性腌制品 该类产品用盐量较少或不用盐,在腌渍过程中都有比较旺盛的乳酸发酵现象,一般还伴随有微弱的酒精发酵与醋酸发酵,利用发酵所产生的乳酸与加入的食盐、香料、调味料等的防腐力使产品得以保藏,并增进其风味,产品一般都具有明显的酸味。代表产品为泡菜和酸菜等。

2. 非发酵性腌制品　该类腌制品的特点是腌制时食盐用量较大,在腌制过程中,产品的发酵作用不显著,产品含酸量很低,而含盐量较高,通常感觉不出有酸味。非发酵性腌制品依据配料和风味不同,分为咸菜、酱菜和糖醋菜 3 大类。

(1)咸菜类:利用较高浓度的食盐溶液进行腌制保藏。并通过腌制改变风味,由于味咸,故称为咸菜。代表品种有咸萝卜、咸雪里蕻、咸大头菜等。

(2)酱菜类:将蔬菜经盐渍成咸坯后,再经过脱盐、酱渍而成的制品。如什锦酱菜、扬州八宝菜、乳黄瓜等。制品不仅具有原产品的风味,同时吸收了酱的色泽、营养和风味,因此酱的质量和风味将对酱菜有极大影响。

(3)糖醋菜类:将蔬菜制成咸坯并脱盐后,再经糖醋渍而成。糖醋汁不仅有保藏作用,同时使制品酸甜可口。代表品种有糖醋萝卜、糖醋蒜头等。

二、腌制原理

蔬菜腌制主要是利用食盐的保藏、微生物的发酵及蛋白质的分解等一系列的生物化学作用,达到抑制有害微生物的活动。

1. 食盐的保藏作用

(1)高渗透压作用:食盐溶液具有较高渗透压,1%的食盐溶液可以产生 61.7kPa 的渗透压,而大多数细胞内的渗透压为 30.7~61.5kPa。在高渗的环境下,细胞的原生质因脱水而与细胞壁发生质壁分离,从而微生物活动受到抑制,甚至会由于生理干燥而死亡。

一般说来,各种微生物均有一定耐盐能力。当盐浓度在 0.9%,微生物生长活动不会受到影响。当盐浓度在 1%~3%时,微生物生长活动会受到暂时性抑制;而当盐浓度在 10%时,大多数微生物不能生长(表 2-4)。

表 2-4　各种微生物对盐的耐受力

菌种名称	大肠埃希菌	沙门菌	肉毒杆菌	球菌	霉菌
盐浓度%	6~8	6~8	6~8	15	20~25

(2)降低水分活度:食盐溶于水就会电离成 Na^+ 和 Cl^-,每个离子都迅速和周围的自由水分子结合成水合离子,使水分离子化,自由水变成了结合水,导致水分活度降低,因此微生物生长繁殖受到抑制。

(3)抗氧化作用:高盐溶液造成缺氧环境,使得一些需氧微生物的生长受到抑制。

2. 微生物发酵作用　在腌制品中有不同程度的微生物发酵作用,有利于保藏的发酵作用有乳酸发酵、微量的酒精发酵和醋酸发酵,不但能抑制有害微生物的活动,同时对制品形成的特有风味起到一定的作用;也有不利于保藏的发酵作用,如丁酸发酵等,腌制时要尽量抑制。

(1)乳酸发酵:乳酸发酵是发酵性蔬菜腌制品加工中最重要的生化过程,它是指在乳酸菌的作用下将单糖(葡萄糖、果糖等)和双糖(蔗糖、麦芽糖等)分解生成乳酸等物质。根据发酵生成产物的不同可分为正型乳酸发酵和异型乳酸发酵。

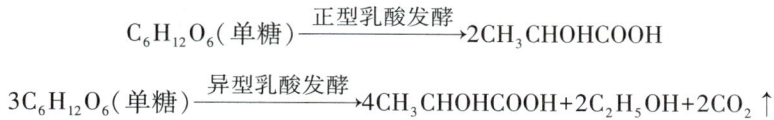

$$C_6H_{12}O_6(单糖)\xrightarrow{\text{正型乳酸发酵}}2CH_3CHOHCOOH$$

$$3C_6H_{12}O_6(单糖)\xrightarrow{\text{异型乳酸发酵}}4CH_3CHOHCOOH+2C_2H_5OH+2CO_2\uparrow$$

（2）影响乳酸发酵的因素

1）食盐浓度：实验证明，腌制时盐液浓度较低时，乳酸发酵启动早、进行快，发酵结束也早；随着盐液浓度的增加，发酵启动时间拉长，且发酵延续时间较长。在3%~5%的盐液中，发酵产酸最为迅速，乳酸生成量亦多；盐浓度在10%以上时，乳酸发酵作用大为减弱，生成的乳酸也少；盐浓度在15%以上时，乳酸发酵作用几乎停止。

从防腐方面考虑，腌制时所用食盐的浓度越高，腌制品的保藏性就越好。用盐量低时，产品则容易受到有害微生物的污染。

2）温度：乳酸菌生长的适温为20~30℃，在这个范围内，腌制品发酵快、成熟早。但此温度也利于腐败菌的繁殖，因此发酵温度最好控制在15~20℃，使乳酸发酵更安全。

3）pH值：由表2-5可看出，不同微生物所适应的最低pH是不同的，腐败菌、丁酸菌和大肠埃希菌的耐酸能力均较差，而乳酸菌的耐酸能力较强，在pH为3的环境中仍可发育，至于抗酸力强的霉菌和酵母菌，因为它们都是好气微生物，只有在空气充足条件下才能发育，在缺氧条件下则难以繁殖。

表2-5 几种主要微生物生长的最低pH值

种类	腐败菌	丁酸菌	大肠埃希菌	乳酸菌	酵母	霉菌
最低pH	4.4~5.0	4.5	5.0~5.5	3.0~4.4	2.5~3.0	1.2~3.0

4）空气：乳酸发酵需要在厌氧条件下进行，这种条件能抑制霉菌等好氧性腐败菌的活动，且有利于乳酸发酵，同时减少维生素C的氧化。所以在腌制时，要压实密封，并立即用盐水淹没原料以隔绝空气。

5）含糖量：乳酸发酵是将蔬菜原料中的糖转变成乳酸。1g糖经过乳酸发酵可生成0.5~0.8g乳酸，一般发酵性腌制品中乳酸含量为0.7%~1.5%，蔬菜原料中的含糖量常为1%~3%，基本可满足发酵的要求。有时为了促进发酵作用的顺利进行，发酵前可加入少量糖。

在蔬菜腌制过程中，微生物发酵作用主要为乳酸发酵，其次是酒精发酵，醋酸发酵极轻微。腌制泡菜和酸菜要利用乳酸发酵，腌制咸菜及酱菜时则必须抑制乳酸发酵。

3. 蛋白质的分解作用 蛋白质的分解及其氨基酸的变化是腌制过程和后熟期中重要的生化反应，它是蔬菜腌制品色、香、味的主要来源。蛋白质在酶的作用下，逐步分解为氨基酸。而氨基酸本身具有一定的鲜味和甜味。如果氨基酸进一步与其他化合物作用可形成更复杂的产物。

（1）鲜味的形成：蛋白质分解所生成的各种氨基酸都具有一定的鲜味，但蔬菜腌制品的鲜味还主要在于谷氨酸与食盐作用生成的谷氨酸钠。

除了谷氨酸有鲜味外，另一种鲜味物质天冬氨酸的含量也较高，其他的氨基酸如甘氨酸、丙氨酸、丝氨酸等也有助于鲜味的形成。

（2）香气的形成：有些蔬菜中含有糖苷类物质，如十字花科蔬菜中一般都含有黑芥子苷，这些苷类物质带有一定的苦辣味，使很多人会产生一种不愉快的感觉。在腌制过程中，这些苷类物质经酶解后可生成有芳香气味的物质（如黑芥子苷水解后可生成有芳香气味的芥子油）而苦味消失。腌制使蔬菜的原有风味得到改善。除苷类经酶解可形成一些香味物质外，蔬菜本身含有的一些有机酸及挥发油，如醇、酯、醛、酮、烯萜等成分也都具有浓郁的香气，是腌制品风味物质的重要来源。

此外，腌制品发酵的生成物有乳酸、醋酸、乙醇等物质，它们对腌制品除具有防腐作用外，还可给制品带来爽口的酸味和乙醇的香气，乙醇还可与各种有机酸生成具有芳香气味的酯类，增加产品的风味。

（3）色泽的形成：蛋白质水解生成的酪氨酸在酪氨酸酶或微生物的作用下，可氧化生成黑色素，这是腌制品在腌制和后熟过程中色泽变化的主要原因。同时氨基酸与还原糖之间发生的美拉德反应形成黑色物质，叶绿素在酸性介质中脱镁呈黄褐色或黑褐色，也使腌制品色泽改变。此外，在蔬菜腌制中添加香辛料也可以赋予腌制品一定的香味和色泽。

（4）质地变化：质地脆嫩是蔬菜腌制品的重要指标之一。在腌制过程中如处理不当会使腌制品变软，因此蔬菜原料在腌制前通常需要保脆处理。保脆方法主要是选择成熟适度的蔬菜原料，并在腌制前添加 $CaCl_2$、$CaCO_3$ 等硬化剂，其用量为菜重的 0.05%。

三、蔬菜腌制品加工工艺

1. 泡菜的制作

（1）工艺流程：详见图 2-6。

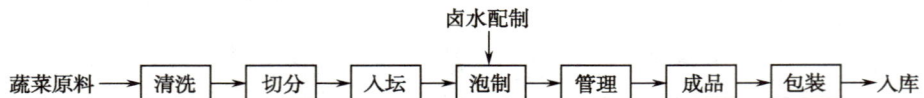

蔬菜原料 → 清洗 → 切分 → 入坛 → 泡制（卤水配制）→ 管理 → 成品 → 包装 → 入库

图 2-6　泡菜腌制工艺流程图

（2）工艺要点

1）原料选择：根据其原料的耐贮性，可将制作泡菜的原料分为 3 类：①可泡 1 年以上的原料：子姜、藠头、大蒜、苦瓜、洋姜等；②可泡 3~6 个月的原料：萝卜、胡萝卜、青菜头、草食蚕、四季豆、辣椒等；③随泡随吃的原料：黄瓜、莴笋、甘蓝等。绿叶菜类中的菠菜、苋菜、小白菜等，由于叶片薄，质地柔嫩，易软化，一般不适宜用做泡菜的原料。

2）泡菜坛——泡菜容器：泡菜坛子一般是以陶土为原料两面上釉烧制而成，坛形两头小中间大，坛口有坛沿为水封口的水槽，槽深 5~10cm。泡菜坛子的体积有大有小，小的不到 1L，大的可达几百升。除陶瓷的坛子外，亦可用玻璃钢，涂料铁等制成泡菜坛子，但要求使用材料的卫生安全性符合食品的要求，材料自身不与泡菜盐水和蔬菜起化学反应。

3）原料的预处理：原料在泡制前要进行适宜的整理，去掉不可食及病虫腐烂部分，然后进行洗涤和晾晒，通过晾晒去掉原料表面的明水后即可入坛泡制。也有的晾晒时间长一些，使原料的表面萎蔫后再入坛泡制。

4)卤水配制:按水量加入食盐6%~8%,为了增进色、香、味,可加入2.5%黄酒、0.5%白酒、1%米酒、3%白糖或红糖、3%~5%鲜红辣椒,直接与盐水混合均匀,其他的香料如花椒、八角、甘草、草果、橙皮、胡椒,其加入量一般为盐水用量的0.05%~0.1%,或按喜好加入。为了增加盐水的硬度还加入0.5% $CaCl_2$。

5)泡制与管理

①入坛泡制:将预处理的原料先装入坛中,要装得紧实,装到一半时将香料袋放入,再装入其他原料,装到离坛口6~8cm时,用竹片将原料卡住,再加入盐水淹没原料。盐水加到液面距坛口3~5cm为止,切忌原料露出液面,否则易变质。泡制1~2天后,原料因水分渗出而下沉,这时可再补加原料。如果是用老盐水泡制时,可直接加入原料,并适当补加食盐、调味料或香料。

②泡制中的管理:首先注意水槽的清洁卫生,用清洁的饮用水或10%的食盐水,放入坛沿槽3~4cm深,坛内的发酵后期,易造成坛内部分真空,使坛沿水倒灌入坛内。虽然槽内为清洁水,但常暴露于空间,易感染杂菌甚至蚊蝇滋生,如果被带入坛内,一方面可增加杂菌,另一方面也会降低盐水浓度,以加入盐水为好。使用清洁的饮用水,应注意每天轻揭盖1~2次,以防坛沿水倒灌。

6)成品管理:泡菜成熟后一般要求及时取食,但对那些较耐贮的原料如大蒜、藠头和某些根菜类,成熟后若能加强管理,也可以较长期保存。对要保存的泡菜一般要求1种原料装1个坛,不要混装,泡制盐水的盐浓度要适当提高,即宜咸不宜淡,并向坛内加入适量白酒、糟水要保持清洁,并保持坛内良好的密封条件。

2. 酱菜的制作

(1)工艺流程:详见图2-7。

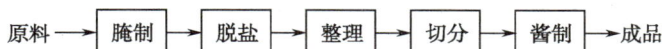

原料 → 腌制 → 脱盐 → 整理 → 切分 → 酱制 → 成品

图2-7　酱菜制作工艺流程图

(2)操作要点

1)盐腌处理:原料经充分洗净后应削去其粗筋须根黑斑烂点,然后根据原料的种类和大小形态可对其剖成两半或切成条状、片状或颗粒状。亦有不改变形态者,如小型萝卜、小嫩黄瓜、大蒜头、藠头、甜酸藠头及草食蚕等。

原料准备就绪后即可进行盐腌处理。盐腌的方法分干腌和湿腌两种。干腌法就是用占原料鲜重14%~16%的干盐直接与原料拌和或与原料分层撒腌于缸内或大池内。此法适合于含水量较大的蔬菜如萝卜、莴苣及菜瓜等。湿腌法则用25%的食盐溶液浸泡原料。盐液的用量约与原料质量相等。适合于含水量较少的蔬菜如大头菜、苤蓝、藠头及大蒜头等。盐腌处理的期限随蔬菜种类不同而异,一般为7~20天不等。

2)酱菜的酱渍处理:酱渍是将盐腌的菜坯脱盐后浸渍于甜酱或豆酱(咸酱)或酱油中,使酱料中的色香味物质扩散到菜坯内,也即是菜坯、酱料各物质的渗透平衡的过程。酱菜的质量决定于酱料好坏。优质的酱料酱香突出,鲜味浓,无异味,色泽红褐,黏稠适度。

在酱制期间,白天每隔2~4小时须搅拌1次,搅拌可使缸内的菜均匀地吸收酱液。搅拌时用酱把在酱缸内上下搅动,使缸内的菜(或袋)随着酱把上下更替旋转,把缸底的翻到上面,把上面的翻到缸底,使缸上的一层酱体由深褐色变成浅褐色。约经2~4小时,缸面上一层又变成深褐色,即可进行第2次搅拌。依此类推,直到酱制完成。

3. 酱腌菜小包装生产工艺　自从榨菜小包装方便食品诞生以来,以其食用方便、风味鲜美、便于携带、安全卫生等优点被广大的消费者所接受。目前,酱腌菜小包装得到了迅速的发展,成为蔬菜加工的支柱产业之一。

(1)工艺流程:详见图2-8。

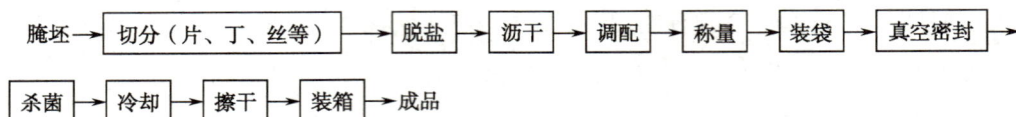

腌坯 → 切分(片、丁、丝等) → 脱盐 → 沥干 → 调配 → 称量 → 装袋 → 真空密封 →

杀菌 → 冷却 → 擦干 → 装箱 → 成品

图2-8　酱腌菜小包装生产工艺流程图

(2)操作要点

1)切分、脱盐:用做酱腌菜小包装的腌坯,盐量一般在10%以上,高的达20%以上,在预处理中根据加工需要进行切分,如块、片、丁、丝等。经切分后的腌坯,在水中进行脱盐,方法同以上酱菜加工,在脱盐水中可以加入0.1%的$CaCl_2$,以防止加热杀菌后蔬菜组织的软化。

2)沥干:现常用离心机甩干蔬菜表面的水分。

3)调配:根据不同配方的要求将调配料加入经处理的蔬菜中,充分混合均匀,静置,使调味料充分渗透到蔬菜组织中去。

4)称量、装袋:根据包装要求准确称量,然后装入包装袋中。注意:要保持袋口的清洁与干燥,否则影响封口的质量。

5)真空密封:用真空包装机,注意调节真空度(一般在0.09MPa以上),热封的温度和时间,保证封口质量。

6)杀菌、冷却:根据不同原料和加工要求,杀菌温度一般控制在80~90℃,时间10~15分钟。杀菌结束后迅速冷却至38~40℃。

通过以上加工工艺处理,注意各工艺环节的条件控制,一般其产品能达到6个月的保质期。

四、蔬菜腌制过程中常见的质量问题及控制措施

在腌制过程中,若制品遭受有害微生物的污染,就会导致腌制品质量下降,甚至出现败坏或产生一些有害物质的现象称为腌制品的劣变,因此对质量问题要严格控制。

知识链接

蔬菜腌制品的出厂检验项目

包括:净含量、外观及感官、水分、食盐含量、总酸、氨基态氮、总糖、重金属含量、亚硝酸盐、大肠菌群、致病菌。

1. **丁酸发酵**　由丁酸菌引起,这种菌为专性厌氧细菌,寄居于空气不流通的污水及腐败原料中,可将糖和乳酸发酵生产丁酸、二氧化碳和氢气,可使制品产生强烈的不愉快气味。

控制措施:保持原料和容器的清洁卫生,防止带入污染物,原料压紧压实。

2. **细菌的腐败作用**　腐败菌分解原料中的蛋白质等营养物质,产生吲哚、硫化氢等恶臭物质。此种菌只能在浓度为6%以下的食盐中活动,腐败菌主要来自于土壤。

控制措施:保持原料的卫生清洁,减少病原菌;可加入浓度高于6%的食盐来抑制。

3. **有害酵母的作用**　一种为在腌制品的表面生长一层灰白色有皱纹的膜,称为"生花";另一种为酵母分解氨基酸生成的高级醇,并放出臭气。

控制措施:采用隔绝空气和加入3%以上的食盐、大蒜等可以抑制此种发酵。

4. **起旋生霉腐败**　腌制品长时间暴露在空气中,好氧微生物滋生,产品起旋,并长出各种霉,如青霉、黑霉、曲霉等。

控制措施:使原料淹没在卤水中,防止接触空气,使此菌不能生长。

点滴积累　∨

1. 腌制品的分类包括发酵性腌制品;非发酵性腌制品。
2. 腌制原理有食盐保藏作用;微生物发酵作用;蛋白质分解作用。
3. 蔬菜腌制品加工包括泡菜、酱菜制作和酱腌菜小包装生产工艺。
4. 蔬菜腌制过程中常见的质量问题及控制措施。

第四节　果蔬罐头加工技术

罐头食品的起源始于战争中食品保藏的需要。19世纪初,法国国王拿破仑为解决军队在作战时的食物供应问题,悬赏征求保藏食品的解决方法。1805年法国人阿佩尔(Nicolas Appert,1749—1841)将食品在沸水中加热半小时以后,趁热将软木塞塞紧,并用蜡封口,成功研究出可以长期贮存的玻璃瓶装食品,并获得了大奖。不久后,他在巴黎建立了世界第一个罐头食品装瓶厂。1810年,英国的彼特·杜兰德(Peter Durand)发明了镀锡薄板金属罐,并在英国获得了发明专利权,拉开了马口铁罐头时代的帷幕。1864年,法国著名微生物学家巴斯德(Louis Pasteur)发现食品的腐败是由微生物引起的,从而阐明了罐藏的原理,并制定出科学的罐头生产工艺,从而实现了罐头食品的规模化工业生产。

食品罐藏就是将食品密封在容器中,经高温处理,将大部分微生物消除掉,同时在防止外界微生物再次侵入的条件下,使食品于室温中长期贮存的保藏方法。

一、罐头食品的分类

罐头食品依据其分类方法主要有以下几类:

1. **依罐头原料分**　果品类、蔬菜类、肉类等;

2. **依加工方法分**　糖水类、糖浆类、果浆类、果汁类、什锦类、清蒸类、油渍类；

3. **依罐头容器分**　金属罐、非金属罐(玻璃罐、软包装罐、塑料罐)。

二、罐藏的原理

罐藏食品之所以能长期保藏就在于借助罐藏条件(排气、密封、杀菌)杀灭罐内所引起败坏、产毒、致病的有害微生物,破坏原料组织中的酶活性,同时应用真空使可能残存的微生物在无氧条件下无法生长活动,并保持密封状态使食品不再受外界微生物的污染来实现的。

食品的腐败主要是由微生物的生长繁殖和食品内所含有酶的活动导致的。而微生物的生长繁殖及酶的活动必须要具备一定的环境条件,食品罐藏机制就是要创造一个不适合微生物生长繁殖的基本条件,从而达到能在室温下长期保藏的目的。

1. **罐头与微生物的关系**　微生物的生长繁殖是导致罐制品败坏的主要原因之一。罐头如果杀菌不够,当环境条件适于残存在罐头内的微生物生长时,或密封缺陷而造成微生物再污染时,就能造成罐头的败坏。

食品中常见的微生物主要有霉菌、酵母和细菌。其中霉菌和酵母广泛分布于大自然中,耐低温的能力强,但不耐高温,一般在正常的罐藏条件下均不能生存,因此,导致罐头败坏的微生物主要是细菌。目前所采用的热杀菌理论和标准都是以杀死某类细菌为依据。

不同的微生物具有不同的生长适宜的 pH 范围。pH 值对细菌的重要作用是影响其对热的抵抗能力,pH 值愈低,在一定温度下,降低细菌及芽孢的抗热力愈显著,也就提高了热杀菌的效应。根据食品的酸性强弱,可分为酸性食品(pH 4.5 或以下)和低酸性食品(pH 4.5 以上)。在生产中对 pH 4.5以下的酸性食品(水果罐头、番茄制品、酸泡菜和酸渍食品等),通常热杀菌温度不超过100℃;对 pH 4.5 以上的低酸性食品(如大多数蔬菜罐头等),通常杀菌温度在 100℃ 以上,这个界限的确定就是根据肉毒梭状芽孢杆菌在不同 pH 值下的适应情况而定的,低于此值,生长受到抑制不产生毒素,高于此值适宜生长并产生具有一定毒性的外毒素。

根据微生物对温度的适应范围,细菌分为嗜冷性细菌(10~20℃)、嗜温性细菌(25~36.7℃)和嗜热性细菌(50~55℃)。故嗜温(热)性细菌对罐头食品安全的威胁很大,目前罐头食品的杀菌主要是杀死此类细菌及其芽孢。

2. **罐头杀菌条件的确定**　罐头的杀菌不同于细菌学上的灭菌,不是杀死所有的微生物,前者是在罐藏条件下杀死引起食品败坏的微生物,即达到"商业无菌"状态,同时罐头在杀菌时也破坏了酶活性,从而保证了罐内食品在保质期内不发生腐败变质。

(1)杀菌对象的选择:各种罐头因原料的种类、来源、加工方法和卫生条件等不同,使罐头在杀菌前存在着不同种类和数量的微生物。一般杀菌对象菌选择最常见的耐热性最强的并有代表性的腐败菌或引起食品中毒的细菌。

罐头 pH 值是选定杀菌对象菌的重要因素。不同 pH 值的罐头中常见的腐败菌及其耐热性各不相同。一般来说,在 pH 4.5 以下的酸性罐头食品中,霉菌和酵母菌这类耐热性低的作为主要杀菌对象,在杀菌中比较容易控制和杀灭。而 pH 4.5 以上的低酸性罐头食品,杀菌的主要对象是在无氧或微氧条件下仍然活动而且产生芽孢的厌氧性细菌,这类细菌芽孢的抗热力最强。目前在罐藏食品生产上以能产生毒素的肉毒梭状芽孢杆菌的芽孢作为杀菌对象。

(2)罐头食品杀菌条件的确定:合理的杀菌工艺条件是确保罐头质量的关键,而杀菌工艺条件主要是确定杀菌温度和时间。杀菌工艺条件制定的原则是在保证罐藏食品安全性的基础上,尽可能地缩短杀菌时间,以减少热力对食品品质的影响。

杀菌温度的确定是以杀菌对象菌为依据,一般以杀菌对象的热力致死温度作为杀菌温度。杀菌时间的确定受多种因素的影响,在综合考虑的基础上,通过计算确定。

杀菌条件确定后,通常用杀菌公式的形式来表示,即把杀菌温度、杀菌时间排列成公式的形式。一般杀菌公式见式 2-1:

$$\frac{T_1 - T_2 - T_3}{t} \qquad\qquad 式 2\text{-}1$$

式中　T_1——升温时间,min;

　　　T_2——恒温时间(保持杀菌温度时间),min;

　　　T_3——降温时间,min;

　　　t——杀菌温度。

3. 影响罐头杀菌效果的因素　影响罐头杀菌的因素很多,主要有微生物的种类和数量、食品的性质和化学成分、杀菌的温度、传热的方式和速度等。

(1)微生物的种类和数量:不同种类微生物的抗热能力有很大的差异,嗜热性细菌耐热性最强,芽孢比营养体更加抗热。食品中所污染的细菌数量,尤其是芽孢数越多,同样的致死温度下所需的时间就越长。

食品中细菌数量的多少取决于原料的新鲜程度和杀菌前的污染程度。因此采用的原料要求新鲜清洁,从采收到加工应及时,各加工工序之间要紧密衔接,尤其是装罐以后到杀菌之间不能积压,否则,罐内微生物数量将大幅增加而影响杀菌效果。同时要注意生产卫生管理、用水质量以及与食品接触的一切机械设备和器具的清洁与处理,使食品中的微生物减少到最低限度,否则都会影响罐头食品杀菌的效果。

(2)食品的性质和化学成分

1)食品 pH 值:食品的酸度对微生物耐热性的影响很大,对于绝大多数产生芽孢的微生物在 pH 中性范围内耐热性最强,pH 升高或降低都会减弱微生物的耐热性。特别是偏向酸性,促使微生物耐热性减弱作用更明显。根据 Bigefow 等的研究,好氧菌的芽孢在 pH 4.6 的酸性条件培养基中,121℃时 2 分钟就可杀死,而在 pH 6.1 的培养基中则需要 9 分钟才能杀死。如肉毒杆菌芽孢在不同温度下致死时间的缩短幅度随 pH 值的降低而增大。

由于食品的酸度对微生物及其芽孢的耐热性的影响十分显著,所以细菌或芽孢在低 pH 值条件下是不耐热处理的,因而在低酸性食品中加酸,可以提高杀菌和保藏效果。

2)食品中的化学成分:食品中的糖、淀粉、蛋白质、盐等对微生物的耐热性也有不同程度的影响。糖浓度越高,杀灭微生物芽孢所需的时间越长,浓度很低时,对芽孢耐热性的影响很小;淀粉、蛋白质能增强微生物的耐热性;高浓度的食盐对微生物的耐热性有削弱作用,低浓度的食盐对微生物的耐热性具有保护作用。

(3)传热的方式和传热速度:罐头杀菌时,热的传递主要是以热水或蒸汽为介质,故杀菌时必须使每个罐头都能直接与介质接触。其次是热量由罐头外表传至罐头中心的速度,对杀菌有很大影响,影响罐头传热速度的因素主要有罐藏容器的种类和形式、食品的种类和装罐状态、罐头的初温、杀菌锅的形式和罐头在杀菌锅中的状态等。

4. 罐头真空度及其影响因素

(1)罐头真空度:罐头食品经过排气、密封、杀菌和冷却后,使罐头内容物和顶隙中的空气收缩,水蒸汽凝结成液体或通过真空封罐抽去顶隙空气,从而在顶隙形成部分真空状态。它是保持罐头食品品质的重要因素,常用真空度表示。罐头真空度是指罐外大气压与罐内气压之差,一般要求 26.6~40kPa。

(2)影响罐头真空度的因素

1)排气密封温度:加热排气时,加热时间越长,则真空度越高;罐头密封温度越高,则形成的真空度就越大。

2)罐头顶隙大小:在一定范围内罐头顶隙越大,真空度就越大,但加热排气时,若排气不充分,则顶隙越大,真空度就越小。

3)气温和气压:随着外界气温的上升,罐内残留气体膨胀,真空度降低。海拔越高则大气压越低,使罐内真空度下降,海拔每升高 100m,真空度就会下降 1066~1200Pa。

4)杀菌温度:杀菌温度越高,则使部分物质分解而产生的气体就越多,真空度就越低。

5)原料状况:各种原料均含有一定的空气,空气含量越多,则真空度就越低;原料的酸度越高,越有可能将罐头中的 H^+ 转换出来,从而降低真空度;原料新鲜度越差,越容易使原料分解产生各种气体,降低真空度。

三、罐藏容器

罐藏容器是罐头食品长期保存的重要条件。其材料要求无毒、与食品不发生化学反应、耐高温高压、耐腐蚀、能密封、质量轻、价廉易得、能适合工业化生产等。国内外罐头食品常用的容器主要有马口铁罐、玻璃罐和蒸煮袋。

1. 马口铁罐　马口铁罐由两面镀锡的低碳薄钢板(俗称马口铁)制成。一般由罐身、罐盖、罐底 3 部分焊接而成,常称为三片罐。有些罐头因原料 pH 较低,或含有较多花青素,或含有丰富的蛋白质,故需采用涂料马口铁,以防止食品成分与马口铁发生反应引起败坏。

2. 玻璃罐　玻璃罐应呈透明状,无色或微带黄色,罐身应平整光滑,厚薄均匀,罐口圆而平整,底部平坦,具有良好的化学稳定性和热稳定性。玻璃罐的形式很多,但目前使用最多的是四旋罐,其次是卷封式的胜利罐。

3. 蒸煮袋　蒸煮袋是由一种耐高压杀菌的复合塑料薄膜制成的袋状罐藏包装容器,俗称软罐头。其特点是质量轻、体积小、易开启、携带方便、热传导快,可缩短杀菌时间,能较好地保持食品的色、香、味,可在常温下贮存,且质量稳定、取食方便。蒸煮袋包装材料一般是采用聚酯、铝箔、尼龙、聚烯烃等薄膜借助胶黏剂复合而成,具有良好的热封性能和耐化学性能,能耐121℃高温,又符合食品卫生要求。

四、果蔬罐头加工工艺

1. 工艺流程　详见图2-9。

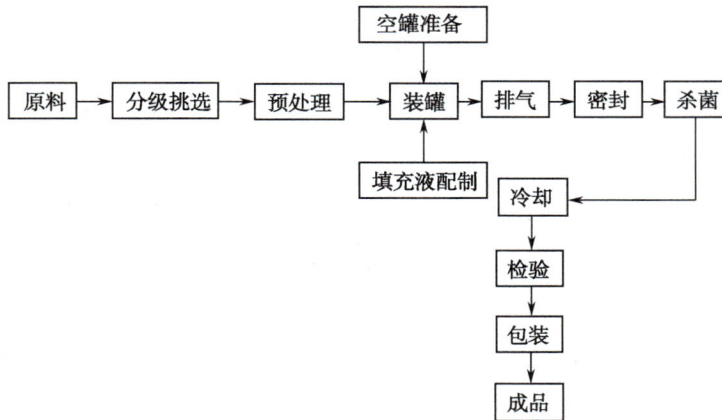

图2-9　果蔬罐头生产工艺流程图

2. 工艺要点

(1)原料的分级挑选及预处理:一般要求原料具备优良的色、香、味,糖、酸比例适当,粗纤维少,无异味,大小适当,形状整齐,耐高温等。

原料的预处理主要包括清洗、选别、分级、去皮、切分、漂烫等。

(2)空罐准备:罐藏容器使用前必须进行清洗和消毒,以清除在运输和存放中附着的灰尘、微生物、油脂等污物,保证容器卫生,提高杀菌效率。

马口铁罐一般先用热水冲洗,然后用100℃沸水或蒸汽消毒30~60分钟,倒置沥干水分备用,罐盖也进行同样处理,或用75%酒精消毒,玻璃罐应先用清水(或热水)浸泡,然后用带毛刷的洗瓶机刷洗,再用清水或高压水喷洗,倒置沥干水分备用。对于回收、污染严重的容器还要用2%~3% NaOH溶液加热浸泡5~10分钟,或者用洗涤剂或漂白粉清洗。洗净消毒后的空罐要及时使用,不宜长期搁置,以免生锈或重新污染微生物。

(3)填充液配制:果蔬罐藏时除了液态(果汁、菜汁)和黏稠态食品(如番茄酱、果酱等)外,一般都要向罐内加注填充液,称为罐液或汤汁。果品罐头的罐液一般是糖液,蔬菜罐头多为盐水。

加注填充液能填补罐内除果蔬以外所留下的空隙,目的在于增进风味,排除空气,以减少加热杀菌时的膨胀压力,防止封罐后容器变形,减少氧化对内容物带来的不良影响,同时能起到保持罐头初温、加强热的传递、提高杀菌效果的作用。

1)糖液配制:糖液的浓度,依水果种类、品种、成熟度、果肉装量及产品质量标准而定。我国目前生产的糖水果品罐头,一般要求开罐糖度为14%~18%。每种水果罐头加注糖液的浓度,可根据式2-2计算:

$$Y = \frac{W_3 Z - W_1 X}{W_2} \qquad \text{式 2-2}$$

式中　W_1—每罐装入果肉质量,g

　　　W_2—每罐注入糖液质量,g

　　　W_3—每罐净重,g

　　　X—装罐时果肉可溶性固形物的含量,%(质量分数)

　　　Y—要求开罐时的糖液浓度,%(质量分数)

　　　Z—需配制的糖液浓度,%(质量分数)

一般糖液浓度在65%以上,装罐时再根据所需浓度用水或稀糖液稀释。另外,对于大部分糖水水果罐头而言,都要求糖液维持一定的温度(65~85℃),以提高罐头的初温,确保后续工序的效果。

2)盐液配制:所用食盐应选用精盐,食盐中氯化钠含量在98%以上。配制时常用直接法按要求称取食盐,加水煮沸过滤即可。一般蔬菜罐头所用盐水浓度为1%~4%。对于配制好的糖液或盐液,可根据产品规格要求,添加少量的酸或其他配料,以改进产品风味和提高杀菌效果。

(4)装罐:装罐要求趁热装罐,以减少微生物的再污染,同时可提高罐头中心温度,以利于杀菌。装罐量依产品种类和罐型大小而异。一般要求每罐的固形物含量为45%~65%,误差为3%。在装罐前首先进行分选,以保证内容物在罐内的一致性,使同一罐内原料的成熟度、大小、色泽、形态基本均匀一致,搭配合理,排列整齐。

装罐时应保留一定的顶隙,即指罐制品内容物表面和罐盖之间所留空隙的距离,一般要求为4~8mm,罐内顶隙的大小直接影响到食品的装罐量、卷边的密封、罐头真空度以及产品的腐败。此外,装罐时还应注意卫生,严格操作,防止杂物混入罐内,保证罐头质量。

由于果蔬原料及成品形态不一,大小、排列方式各异,大多采用人工装罐,对于流体或半流体制品,也可用机械装罐。

(5)排气:排气是指食品装罐后,密封前将罐内顶隙间的、装罐时带入和原料组织内的空气排除罐外的工艺措施,从而使密封后罐制品顶隙内形成部分真空的过程。

排气的目的在于防止或减轻因加热杀菌时内容物的膨胀而使容器变形,影响罐制品卷边和缝线的密封性,防止玻璃罐的跳盖;减轻罐内食品色、香、味的不良变化和营养物质的损失;阻止好氧性微生物的生长繁殖;减轻马口铁罐内壁的腐蚀。

影响排气效果的因素主要有排气温度和时间、罐内顶隙的大小、原料种类及新鲜度、酸度等。具体的方法有热力排气、真空密封排气和蒸汽喷射排气。

1)热力排气:利用空气、水蒸气和食品受热膨胀冷却收缩的原理将罐内空气排除,常用方法有热装罐排气和加热排气。热装罐排气就是先将食品加热到一定温度(75℃以上)后立即趁热装罐密封,主要适用于流体、半流体或组织形态不会因加热而改变的原料。加热排气是将装罐后的食品送入排气箱,在一定温度的排气箱内经一定时间的排气,使罐头的中心温度达到要求温度(一般在80℃左右)。加热排气的设备有链带式排气箱和齿盘式排气箱。

2)真空密封排气:借助于真空封罐机将罐头置于真空封罐机的真空室内,在抽气的同时进行密封的排气方法。此法排气的效果主要取决于真空封罐机室内的真空度和罐头的密封温度,室内的真空度高和罐头密封温度高,则所形成的罐头真空度就高。

3)蒸汽喷射排气:在罐制品密封前的瞬间,向罐内顶隙部位喷射蒸汽,由蒸汽将顶隙内的空气排除,并立即密封,顶隙内蒸汽冷凝后就形成部分真空。

(6)密封:罐制品之所以能长期保存不坏,除了充分杀灭能在罐内环境生长的腐败菌和致病菌外,主要是依靠罐藏容器的密封,使罐内食品与罐外环境完全隔绝,不再受到外界空气及微生物污染而引起腐败。

1)金属罐的密封:金属罐的密封是指罐身的翻边和罐盖的圆边进行卷封,使罐身和罐盖相互卷合,压紧而形成紧密重叠的卷边的过程,所形成的卷边称为二重卷边。通常采用专门的封口机来完成。

2)玻璃罐的密封:玻璃罐的密封不同于金属罐,其罐身是玻璃,而罐盖是金属,一般为镀锡薄钢板制成。它的密封是通过镀锡薄钢板和密封圈紧压在玻璃罐口而形成密封的,由于罐口边缘与罐盖的形式不同,其密封方法也不同,目前主要有卷封式和旋开式。

3)蒸煮袋的密封:蒸煮袋,又称复合塑料薄膜袋,一般采用真空包装机进行热熔密封,它主要是依靠蒸煮袋内层的薄膜在加热时被熔合在一起而达到密封的目的。热熔强度取决于蒸煮袋的材料性能以及热熔时的温度、时间和压力。常用的方法有电加热密封和脉冲密封。

(7)杀菌:罐制品密封后,应立即进行杀菌。常用杀菌方法有常压杀菌和高压杀菌。

1)常压杀菌:适用于 pH 在 4.5 以下(酸性或高酸性)的水果类、果汁类和酸渍菜类等罐制品。常用的杀菌温度为 100℃ 或 100℃ 以下,杀菌介质为热水或热蒸汽。

2)加压杀菌:加压杀菌在完全密封的加压杀菌器中进行,靠加压升温进行杀菌,适用于 pH 大于4.5(低酸性)的大部分蔬菜罐制品。常用的杀菌温度为 115~121℃。在加压杀菌中,依传热介质不同分为高压蒸汽杀菌和高压水杀菌,一般采用高压蒸汽杀菌。

(8)冷却:杀菌完毕后,应迅速冷却,如冷却不及时,就会造成内容物色泽、风味的劣变,组织软烂,甚至失去食用价值。冷却分为常压冷却和反压冷却。

常压冷却:常压杀菌的铁罐制品,杀菌结束后可直接将罐制品取出放入冷却水池中进行常压冷却;玻璃罐制品则采用 3 段式冷却,每段水温相差 20℃。

反压冷却:加压杀菌的罐制品须采用反压冷却,即向杀菌锅内注入高压冷水或高压空气,以水或空气的压力代替热蒸汽的压力,既能逐渐降低杀菌锅内的温度,又能使其内部的压力保持均衡的消降。

一般罐头冷却至 38~43℃ 即可,然后用干净的手巾擦干罐表面的水分,以免罐外生锈。

(9)检验:罐制品的检验是保证产品质量的最后工序,主要是对罐头内容物和外观进行检查。一般包括保温检验、感官检验、理化检验和微生物检验。

五、果蔬罐头加工过程中常见的质量问题及控制措施

罐头生产过程中由于原料处理不当、加工不够合理、操作不慎、成品贮藏条件不适宜等,往往能

使罐制品发生败坏。

1. 胀罐　合格的罐头其底盖中心部位略平或呈凹陷状态。当罐头内部的压力大于外界空气压力时,造成罐头底盖鼓胀,形成胀罐或胖听。根据胀罐成因可分物理性胀罐、化学性胀罐、细菌性胀罐3种。

(1)物理性胀罐:罐头内容物装的太满,顶隙过小;加压杀菌后,降压过快,冷却过速;排气不足或贮藏环境变化等。

控制措施:严格控制装罐量;注意装罐时,顶隙大小要适宜,控制在4~8mm;提高排气时罐内中心温度,排气要充分,封罐后能形成较高的真空度;加压杀菌后降压冷却速度不能过快;控制罐头适宜的贮藏环境。

(2)化学性胀罐(氢胀罐):高酸性罐头中的有机酸与罐藏容器(马口铁罐)内壁起化学反应,产生氢气,导致内压增大而引起胀罐。

控制措施:防止空罐内壁受机械损伤,以防出现露铁现象;空罐宜采用涂层完好的抗酸性涂料钢板制罐,以提高罐藏容器对酸的抗腐蚀性能。

(3)细菌性胀罐:由于杀菌不彻底或密封不严,细菌重新侵入而分解内容物,产生气体,使罐内压力增大而造成胀罐。

控制措施:罐藏原料充分清洗或消毒,严格注意过程中的卫生管理,防止原料及半成品的污染;在保证罐头质量的前提下,对原料的热处理必须充分,以杀灭产毒致病的微生物;在预煮水或填充液中加入适量的有机酸,以降低罐头的 pH 值,提高杀菌效果;严格封罐质量,防止密封不严;严格杀菌环节,保证杀菌质量。

2. 罐藏容器腐蚀　影响罐藏容器腐蚀的主要因素有氧气、酸、硫及硫化合物、环境的相对湿度等。氧气是金属强烈的氧化剂,罐头内残留氧的含量,对罐藏容器内壁腐蚀起决定性因素,氧气量越多,腐蚀作用越强;含酸量越多,腐蚀性越强;当硫及硫化物混入罐制品中,易引起罐内壁的硫化斑;当贮藏环境相对湿度过高时,易造成罐外壁生锈及腐蚀等。

控制措施:排气要充分,适当提高罐内真空度;注入罐内的填充液要煮沸,以除去填充液中的 SO_2;对于含酸或含硫高的内容物,容器内壁一定要采用抗酸或抗硫涂料;贮藏环境相对湿度不能过大,保持在70%~75%为宜。

3. 罐头食品的变色与变味　由于罐头内容物的化学成分之间或与罐内残留的氧气、包装的金属容器等作用而造成变色现象。如桃、杨梅等果实中花青素遇铁呈紫色,甚至使杨梅褪色;绿色蔬菜的叶绿素变色;桃罐头中酚类物质氧化变色等。在罐头加工过程中因处理不当还会产生煮熟味、铁腥味、苦涩味及酸味等异味。

控制措施:选用含花青素及单宁低的原料加工罐制品;加工过程中注意护色处理;采用适宜的温度和时间进行热烫处理,破坏酶活性,排除原料组织中的空气;防止原料与铁、铜等金属器具相接触;充分杀菌,以防止产酸菌引起的酸败等。

4. 罐内汁液的浑浊与沉淀　由于原料成熟度过高;热处理过度;加工用水中钙、镁等离子含量过高,水的硬度大;贮藏不当造成内容物冻结,解冻后内容物松散、破碎;杀菌不彻底或密封不严,微生物生长繁殖等。

控制措施:加工用水进行软化处理;控制温度不能过低;严格控制加工过程中的杀菌、密封等工艺条件;保证原料适宜的成熟度等。

点滴积累 ∨

1. 罐头食品的分类主要依罐头原料分;依加工方法分;依罐头容器分。
2. 罐藏原理有罐藏与微生物生长的关系、杀菌条件的确定、影响杀菌效果的因素、罐藏真空度及其影响因素。
3. 果蔬罐头的加工工艺与操作要点。
4. 果蔬罐头过程中常见的质量问题及控制措施。

第五节 果蔬发酵技术

果蔬发酵是指将生物发酵技术应用于果蔬加工生产中,使原料风味与发酵风味浑然一体,以提升果蔬加工品品质和营养价值的一种加工技术。

一、果酒酿造

果酒为水果经破碎、压榨取汁、发酵或者浸泡等工艺酿制而成的低度饮料酒。果酒含维生素、有机酸、氨基酸和矿物质等多种营养成分,适量饮用,能增加人体营养,又可提神、消除疲劳。另外,果酒在色、香、味上别具风韵,不同的果酒,分别体现出不同的风格,可满足不同消费者的饮酒享受。因此,果酒受到国内外消费者的欢迎。我国的果酒一般以水果名称来命名,如葡萄酒、苹果酒、蓝莓酒等,而国外一般认为只有葡萄酿成的酒才叫 wine,其他水果酿成的酒则名称各异,如苹果酒称为 cider、梨酒称为 perry 等。葡萄酒是果酒中产量和类型最多,也是世界上最古老的酒精性饮料之一,因此本章以葡萄酒为例介绍果酒的酿造技术。

知识链接

葡萄酒的诞生

相传,葡萄酒诞生在波斯古国。 当时波斯国王非常喜欢吃葡萄,但又很小气,担心别人偷吃他的葡萄,便将葡萄藏在一个大陶罐里,还自作聪明地标上"有毒"的字样。 一个无法讨国王欢心的妃子,决定一死寻求解脱,于是她喝光了陶罐内"有毒"的液体,那个妃子不但没有死,反而尝到了人类第一坛葡萄酒,还惊呼"好滋味"。 此后,这样的"毒药"——葡萄酒就流传开了。

1. **葡萄酒的历史** 多数历史学家认为波斯是最早酿造葡萄酒的国家。15～16 世纪,葡萄酒酿造技术传入南非、澳大利亚、日本、新西兰、朝鲜和美洲等地。现在葡萄酒厂家已遍布全球,其中法国和意大利的葡萄酒最负盛名,产量占世界总产量的 40% 以上。我国有 2000 多年的葡萄酒酿造历史,但由于历史条件和消费习惯等的限制,一直未能很好的发展。直到1892年华侨张弼士引进120多个酿酒葡萄品种,在烟台建立"张裕酿酒公司",才使我国的葡萄酒生产走上工业化道路。此后,逐渐在各地建立起了几家葡萄酒厂,如:青岛葡萄酒厂、北京葡萄酒厂、天津果酒厂等。这些葡萄酒厂虽然规模不大,生产方式也落后,产品单一,但当时在国内已初步形成了葡萄酒工业。近年来,我国葡萄酒产业发展迅猛,其中"张裕""长城""王朝"三大品牌的葡萄酒产量及销售额占全国葡萄酒总量的50%以上,初步形成了葡萄原料基地、现代化酿造技术和销售配套的产、供、销体系。

2. 葡萄酒的分类

(1)按原料来源分类

1)山葡萄酒:以野生葡萄为原料酿成的葡萄酒。

2)葡萄酒:以人工栽培的葡萄为原料酿造的葡萄酒。

(2)按酒的色泽分类

1)红葡萄酒:用皮红肉白或皮肉皆红的葡萄带皮发酵而成,酒液中含有果皮或果肉中的有色物质,使之成为以红色调为主的葡萄酒。这类葡萄酒的颜色一般为深宝石红色、宝石红色、紫红色、深红色、棕红色等。

2)白葡萄酒:用白皮白肉或红皮白肉的葡萄经去皮发酵而成,这类酒的颜色以黄色调为主,主要有近似无色、微黄带绿、浅黄色、禾杆黄色、金黄色等。

3)桃红葡萄酒:用带色葡萄经部分浸出有色物质发酵而成,它的颜色介于红葡萄酒和白葡萄酒之间,主要有桃红色、浅红色、淡玫瑰红色等。

(3)按含二氧化碳压力分类

1)平静葡萄酒:也称静止葡萄酒或静酒,是指不含二氧化碳或很少含二氧化碳,在20℃时,二氧化碳的压力小于0.05MPa的葡萄酒。

2)起泡葡萄酒:葡萄酒经密闭二次发酵产生二氧化碳,在20℃时二氧化碳的压力大于或等于0.05MPa。起泡葡萄酒就可以分为低泡葡萄酒(在20℃时二氧化碳的压力在0.05~0.34MPa的起泡葡萄酒)和高泡葡萄酒(在20℃时二氧化碳的压力大于或等于0.35MPa的起泡葡萄酒)。

(4)按含糖量分类

1)干葡萄酒:干葡萄酒是指含糖量(以葡萄糖计)小于或等于4.0g/L的葡萄酒。由于颜色的不同,又分为干红葡萄酒、干白葡萄酒、干桃红葡萄酒。

2)半干葡萄酒:半干葡萄酒是指含糖量4.1~12.0g/L的葡萄酒。由于颜色的不同,又分为半干红葡萄酒、半干白葡萄酒、半干桃红葡萄酒。

3)半甜葡萄酒:半甜葡萄酒是指含糖量12.1~50.0g/L的葡萄酒。由于颜色的不同,又分为半甜红葡萄酒、半甜白葡萄酒、半甜桃红葡萄酒。

4)甜葡萄酒:甜葡萄酒是指含糖量大于或等于50.1g/L的葡萄酒。由于颜色的不同,又分为甜红葡萄酒、甜白葡萄酒、甜桃红葡萄酒。

(5)按酿造方法分类

1)天然葡萄酒:完全采用葡萄原料进行发酵,发酵过程中不添加糖分和酒精,选用提高原料含糖量的方法来提高成品酒精含量及控制残余糖量。

2)加强葡萄酒:发酵成原酒后用添加白兰地或脱臭酒精的方法来提高酒精含量。既加白兰地或酒精,又加糖以提高酒精含量和糖度的叫加强甜葡萄酒。

3)加香葡萄酒:以葡萄原酒为酒基,经浸泡芳香植物或加入芳香植物的浸出液(或蒸馏液)而制成的葡萄酒。

4)葡萄蒸馏酒:采用优良品种葡萄原酒蒸馏,或发酵后经压榨的葡萄皮渣蒸馏,或由葡萄浆经葡萄汁分离机分离得到的皮渣加糖水发酵后蒸馏而得。

3. 葡萄酒酿造原理　葡萄酒的酿造原理是葡萄汁中的葡萄糖等可发酵性糖类经酵母菌等有益微生物的作用,生成酒精和二氧化碳,再经陈酿、澄清等过程进一步酯化、氧化及沉淀,制成清澈透明、色泽鲜美、醇和芳香的产品。

(1)酒精发酵:葡萄汁转换为葡萄酒主要靠酵母菌的作用,将葡萄汁中的可发酵糖分解为酒精、二氧化碳和其他副产物。由于主要反应是酵母菌的发酵,主要产物是酒精,所以此酿造过程称为酒精发酵。

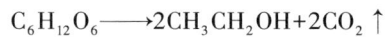

$$C_6H_{12}O_6 \longrightarrow 2CH_3CH_2OH + 2CO_2 \uparrow$$

这是一个生化过程,是在一系列酶的作用下,在无氧条件下完成的。其过程中生成的乙醇(即酒精),在继续陈酿的过程中再与酒中含有的其他有机酸进一步反应形成具有特殊芳香的酯类物质,使酒质更加清晰透明,芳香适口。此过程中,如果有空气存在,酵母菌就不能完全进行酒精发酵,部分进行呼吸作用,就把葡萄汁中的糖转化为二氧化碳和水,使酒精产量减少。

(2)酒精发酵的产物

1)乙醇:乙醇是葡萄酒的主要成分之一,为无色液体,具有芳香和带刺激性的甜味。长期贮存,易与水缔合生成分子团,使人的感官不能感知,缔合度越高,酒味越醇和。

2)甘油:甘油是酵母菌酒精发酵过程中的副产物,对葡萄酒的香气没有贡献,但其黏性和甜味,可使葡萄酒具有圆润、柔滑、甘甜、肥硕、更易入口的特性,也可平衡酒中的酸感,是高品质果酒的重要成分。

3)乙醛:乙醛是酒精发酵过程中,乙醇氧化的产物,游离的乙醛会使葡萄酒具有不良的氧化味,用二氧化硫处理会消除此味道,因为二氧化硫与乙醛结合可形成稳定的亚硫酸乙醛,此种物质不影响果酒的风味。

4)醋酸:主要为乙醇的氧化产物,乙醇可氧化形成醋酸。但在无氧条件下,乙醇的氧化很少。醋酸的味道浓烈,在果酒中含量不宜过多,少量醋酸在陈酿时可以生成酯类物质,赋予葡萄酒香味。

5)乳酸:在葡萄酒中,乳酸含量一般低于 1g/L。

6)琥珀酸:琥珀酸可增加葡萄酒的爽口性,一般葡萄酒中含量低于 1g/L。

7)杂醇:葡萄酒中的杂醇主要有甲醇和高级醇类。甲醇有毒,含量对品质不利。高级醇是构成葡萄酒二类香气(一般把葡萄酒的香气分为 3 类,第 1 类为果香,它是葡萄本身具有的香气;第 2 类为酒香,是发酵过程中形成的香气;第 3 类为陈酒香,是葡萄酒在陈酿过程中形成的香气)的主要成分,但含量不宜太高,太高会使酒具有不愉快的粗糙感,也可使人头痛致醉。杂醇的形成受酵母种类、酒醪中氨基酸的含量、发酵温度、添加糖量等影响。

8)酯类:酯类主要由有机酸和醇发生酯化反应产生的。葡萄酒中的酯类可分为两类,一类是生化酯类,它是在发酵过程中形成的,最重要的是乙酸乙酯,即使含量很少,也会使葡萄酒具有酸味。第二类为化学酯类,它是在葡萄酒陈酿过程中形成的,化学酯类的种类很多,是构成葡萄酒 3 类香气的主要物质。酯类形成的影响因素很多,温度、酸含量、pH 值、菌种及加工条件均会影响酯类的形成。

除以上几种类型物质外,葡萄酒中还存在一些由酒精发酵中间产物所产生的不同味感的物质,如:具有辣味的甲酸、具有烟味的延胡索酸,具有榛子味的乙酸酮酐等。另外,还有一些来自酵母细胞的含氮物质及所产生的高级醇,如异丙醇、正丙醇和丁醇等,这些醇含量很低,但它们是构成葡萄酒香气的主要成分。

4. 葡萄酒酿造的主要微生物　成熟的葡萄原料上附着有大量的酵母细胞,从葡萄汁中分离出来的酵母菌主要有 3 类;第 1 类是葡萄酒酵母,发酵力强,耐酒精性好,产酒精能力强,生产有益的副产物多;第 2 类是野生酵母,发酵能力较弱,但数量较多,与第 1 类酵母的数量比例可高达1000∶1;第 3 类是产膜酵母,是一种好气性酵母菌,当发酵容器未灌满葡萄汁时,产膜酵母便会在葡萄汁液面上生长繁殖,使葡萄酒变质。自然酿造葡萄酒时,主要是附着在葡萄上的酵母起作用。

现代化的葡萄酒工业生产对发酵的质量和产量都要求很高,这是一般野生酵母所无法完成的,因此要通过另行添加经人工筛选和培育的优良酵母菌种来完成;但在一般小型或家庭酿造中还多以自然酵母为主。

知识链接

活性干酵母在葡萄酒酿造中的使用

随着生物技术的进步,当今已利用现代酵母工业技术结合现代干燥技术,将酵母脱水干燥,包装成干粉,这种酵母具有潜在的活性,称为活性干酵母。使用时只需复水活化适应使用环境即可,它弥补了葡萄酒厂扩大培养酵母的烦琐操作和鲜酵母易腐败变质等的缺陷,且活性干酵母使用简便、易储存,为葡萄酒厂提供了很大的方便。目前,美国、法国、德国、荷兰及中国等均已有优良的活性干酵母商品生产,产品除酿酒酵母外,还有增香酵母、杀伤性酿酒酵母、耐高酒精含量酵母等。

5. 葡萄酒酿造工艺

(1)工艺流程:详见图 2-10。

(2)工艺要点

1)葡萄采收:根据葡萄外观(形状、颗粒大小、颜色及风味)及葡萄汁的含糖量和含酸量进行分析。确定适宜的采收期。采收后的葡萄宜在清晨或夜间进行装箱,白天采收的葡萄要在阴凉的场所摊晾,以防葡萄在贮运过程中发生不良变化。

2)葡萄运输:运输时,要避免震动过大而造成葡萄破碎。如果酒厂离葡萄产地很远,则可在种

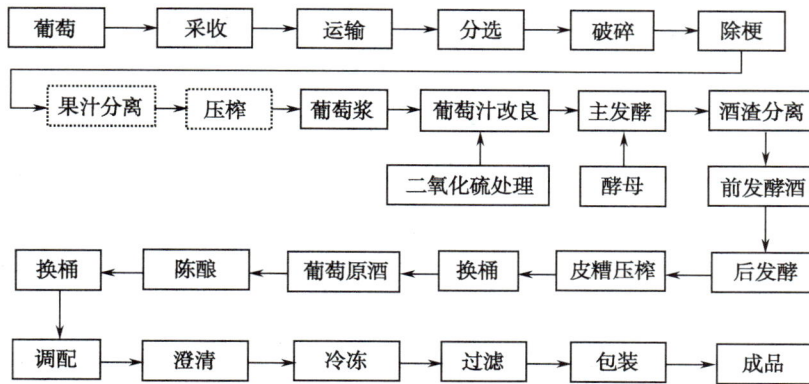

图 2-10　葡萄酒加工工艺流程图

植地生产出果汁,果汁经防发酵处理后装入涂有防腐涂料的槽车或木桶中运送。

3)葡萄分选:分选就是把不同质量的葡萄分别存放。

4)葡萄的破碎:葡萄要经过破碎释放出果汁。要求:每颗葡萄都要破碎;籽不能压破;梗不能压碎;破碎过程中葡萄及汁液不能与铁、铜等金属材料接触。

5)除梗:葡萄破碎后,应尽快除去葡萄梗,以防除梗晚了酒带有青梗味。

6)果汁分离:红葡萄酒带皮发酵,无此步骤。白葡萄酒生产时,葡萄破碎后,应尽快皮渣分离,缩短葡萄汁与皮渣的接触时间,降低葡萄皮中色素、单宁等的溶出量。

7)压榨:红葡萄酒无此步骤。压榨的目的是将葡萄浆中的葡萄汁或初发酵酒充分挤出来。压榨的要求:压榨的压力要适宜,尽可能压出浆果中的果汁而不压出果梗或其他组织的汁;要保证压榨率;压榨操作要简单、均匀;压榨汁要迅速转入发酵设备中,缩短与空气接触的时间。

8)葡萄汁的改良:由于原料品种、气候条件等因素,有时制备的葡萄汁不能满足酿造工艺要求,发酵前需对葡萄汁中部分成分,如糖分、酸度、色度等进行调整,以满足酿造要求。

9)二氧化硫处理:二氧化硫是葡萄酒发酵过程中不可缺少的重要辅料,具有杀菌、澄清、抗氧化、增酸、溶解等重要作用。二氧化硫的添加量一般要根据添加二氧化硫的目的、葡萄品种、葡萄汁及酒的成分、品温以及发酵菌种的活力等来确定。一般葡萄汁或酒中含有万分之一的游离态二氧化硫就足够杀死活性菌类。一般要求成品葡萄酒中化合状态的二氧化硫限量为 250mg/L,游离状态的二氧化硫限量为 30mg/L。二氧化硫的添加方式可通过直接燃烧硫磺、加入液体二氧化硫、加亚硫酸和加入偏重亚硫酸钾等方法来实现。

发酵前二氧化硫的添加方法一般是一边打入葡萄浆,一边滴加二氧化硫或者待发酵容器中装满80%葡萄浆时一次加入全部的二氧化硫。

10)主发酵:将葡萄汁打入发酵设备,然后接入酵母,就进入主发酵阶段。主发酵阶段的工艺管理很重要,尤其要控制好以下几点。

①接种:酵母的接种量一般为 1%～3%,实际生产中要根据酵母特性、发酵温度等来调整酵母的接种量。

②温度控制:发酵时要定期测定发酵温度,红葡萄酒可采用低温发酵,也可采用高温发酵。低温

发酵温度一般为15~16℃,高温发酵温度一般为24~26℃,在天气炎热的地区,发酵温度也最好不超过30℃。白葡萄酒必须低温发酵。发酵适宜的温度为15~18℃,最低温度为14℃,最高温度为20℃,超过20℃或更高温度发酵的白葡萄酒香气不清新、口感不细腻。

③发酵现象观察:发酵初期,液面平静,有少量的皮渣浮在液面。随着发酵的进行,产生的二氧化碳增多,二氧化碳溢出,会把红葡萄酒酿造液中的葡萄皮渣带到葡萄汁表面,造成皮渣中色素不能充分溶解在葡萄汁中,影响葡萄酒的颜色,要使葡萄皮渣中的色素充分溶解在葡萄醪中,则在加工过程中可利用压板或压箅的方法,把葡萄皮渣压在葡萄汁中,以增加葡萄酒的色泽。

④发酵时间控制:发酵时间一般根据发酵温度来定。主发酵温度24~26℃时,时间一般为2~3天;发酵温度为15~16℃时,时间一般为5~7天。

11)酒渣分离:当主发酵结束后,葡萄醪相对密度降到1.020左右时,从主发酵设备中放出前发酵酒,送至密闭的后发酵设备中,为保证皮渣与酒分离效果好,下酒时品温应低于30℃,当自流原酒流完后,皮渣沉淀在发酵设备底部,应溢槽1~2小时,以充分排出渣中的自流酒,增加产量。

12)后发酵:自流原酒在24小时内装满后发酵设备,装满率为95%左右,由于后发酵会产生泡沫,一般在发酵设备上部留出5~15cm的空间。后发酵温度一般控制在18~20℃,pH控制在3.2~3.4。后发酵初期,发酵醪表面由于二氧化碳排出,产生一些泡沫。随着发酵继续进行,泡沫逐渐消失,发酵液开始变得澄清,表明后发酵结束。一般情况,后发酵时间为4~5天。

此过程中,葡萄酒在乳酸菌的作用下,将苹果酸分解成乳酸和二氧化碳,使葡萄酒的化学成分发生变化,葡萄酒的酸度降低,果香、醇香加浓,口感变柔软,同时葡萄酒生物稳定性增加,不易被病菌感染。

13)皮糟的压榨处理:白葡萄酒工艺中无此步骤。红葡萄酒皮糟中含有一部分酒,必须经过压糟,使红葡萄酒与皮糟分离。压榨后的皮糟立即进行蒸馏,得到皮糟蒸馏酒精,用于调整葡萄酒酒精含量或生产白兰地酒。

14)换桶与去渣:换桶就是把一个发酵桶中的酒,全部倒入另一个桶。换桶的目的一是使桶内已澄清的葡萄酒与酒脚分开;二是借换桶的机会放出二氧化碳,并溶解适量的新鲜空气,加速酒的成熟。第1次换桶在后发酵结束后8~10天进行;第2次换桶是在第一次换桶后1.5~2个月,一般在当年的11~12月份进行;第3次换桶在第二年的3月份进行,第4次换桶一般安排在9~10月份进行。生产中也可根据葡萄酒的状况调整换桶的时间和次数。葡萄酒换桶后,储酒桶必须保持满桶。

15)陈酿(贮酒):新酿成的葡萄酒不够细腻,也不稳定,应将新酒放在贮酒桶或贮酒池中,经过一段时间的贮存(陈酿),促进新酒品质的澄清、稳定和成熟。贮酒期间应注意以下几点。

①添桶:由于贮酒期间温度降低或酒中二氧化碳放出、气体蒸发,经常会出现酒桶中液面下降,使酒接触空气而产生氧化、污染杂菌。因此,为避免酒体与空气接触,贮酒期间要随时将桶添满,添桶时要用同年龄、同品种、同质量的原酒,添酒后要用高度白兰地或精制酒精加在液面上层,防止杂菌侵入。

②换桶:经密闭贮存的酒,当酒液澄清时,即进行换桶。

③二氧化硫处理:贮酒期间,使用二氧化硫主要是为了防止酒的过度氧化和微生物侵染,二氧化

硫的添加要结合换桶进行。

④贮酒条件：贮存温度一般为 8~18℃，湿度为 85%~90%，要保持通风，保持室内空气新鲜。

⑤检查：贮酒期间，按时抽样检验澄清度和挥发酸等的变化，若发现不正常及时进行处理。

16）瓶贮：如采用瓶内贮酒，则在第 2 次换桶时，装瓶，压塞，在一定条件下，卧放贮存一段时间，这个过程为瓶贮。它能使葡萄酒在瓶内进行陈化，达到最佳风味，瓶贮是提高葡萄酒品质的重要措施，高档葡萄酒一般都要经过瓶贮后才净化、包装。瓶贮期因酒种和酒质而异，一般至少 4~6 个月。

17）澄清与净化：葡萄酒澄清的方法有自然澄清和人工澄清。自然澄清需要很长时间，因此，一般采用下胶、过滤和冷热处理等人工澄清方法进行处理。

18）脱色：白葡萄酒常需脱色，最常用的脱色剂是活性炭。

知识链接

葡萄酒酿造新工艺

近年来，葡萄酒生产技术不断发展，新技术、新工艺不断出现，主要有以下几种：

1. 低温发酵法　低温发酵，葡萄的香气和风味物质损失少，葡萄酒的氧化程度、成品酒品质好。

2. 碳酸气密封法　在酿造原料破碎前，将整批葡萄密封在碳酸气中，能减少苹果酸、多酚等影响葡萄酒风味的不良成分产生，使酿出的酒醇香爽口。

3. 冷榨过滤法　先将葡萄冷冻，然后压榨挤出果汁，进行发酵，再用极细的网眼过滤葡萄酒，酒液更加澄清。

4. 逆渗透膜浓缩葡萄汁　为了提高葡萄酒的甜度，应用一种逆渗透膜生产葡萄酒。逆渗透膜的直径只有 0.1~0.3μm，可分离出酒液中的水分，使酒浓缩而达到所需的甜度，渗透膜使用不需要加热，不会产生蒸煮味，不发生色素分解和褐变现象，不经过蒸发过程，不损失营养成分，可生产出优质葡萄酒。

---

6. 葡萄酒常见质量问题及控制　原料不合格、酿制过程中环境设备消毒不严以及操作不当，均会引起葡萄酒质量问题。

（1）生膜：生膜又叫生花，主要由酒花菌类繁殖产生，会在葡萄酒表面形成一层灰白色或暗黄色薄膜，振动后膜会破碎成小块，分散在葡萄酒中，使葡萄酒混浊，并产生不良气味。

控制方法：避免酒液表面与空气过多接触，贮酒容器及时添满，密闭贮存；保持葡萄酒周围环境及容器内外的清洁卫生；在酒面经常保持一层高浓度酒精，防止污染；若已生膜，则需用漏斗插入酒中，加入同类的酒充满容器使酒上层的膜轻轻逸出，切不可将膜冲散。严重时需要用过滤法除去膜再另行保存。

（2）变酸：葡萄酒变酸主要是由于醋酸菌发酵引起的，醋酸菌可以使酒精氧化成醋酸，一般醋酸含量超过 0.2%，就有明显刺舌感，不宜饮用。防治方法同"生膜"的方法。

（3）霉味：葡萄酒产生霉味一般是由于生产中器皿、设备或原料清洗除霉不严。霉味可用活性炭处理过滤去除或减轻。防治方法：严选原料，严格器具、设备的除霉。

(4)苦味:苦味大多是由于种子或果梗中的糖苷类物质浸出而引起的。可通过加糖苷酶分解糖苷,或提高酸度使糖苷结晶过滤除去。

有些苦味杆菌也易引起葡萄酒发苦,主要发生在红葡萄酒酿造中,白葡萄酒发生较少。

防止办法:酿制过程中采用二氧化硫杀菌。一旦感染了苦味菌,应立马进行加热杀菌,然后采用下列方法处理:①进行下胶处理1~2次;②也可加入病酒量3%~5%的新鲜酒脚(酒脚洗涤后用)并搅匀,后沉淀分离;③也可将病酒与新鲜葡萄皮渣浸渍1~2天;④也可在病酒中加入新鲜酒脚、酒石酸和砂糖溶液的混合液,同时接种纯酵母发酵,发酵完后隔绝空气过滤即可。

(5)浑浊:葡萄酒浑浊的原因主要有:①葡萄酒发酵完成后或澄清后分离不及时;②有机酸盐结晶析出、色素单宁或蛋白质沉淀导致;③如果可采用下胶过滤,下胶不当也会引起浑浊;④酵母菌体自溶或被腐败性细菌所分解而产生浑浊。前3种原因引起的浑浊可采用下胶过滤法除去,第4种原因引起的浑浊则需先进行巴氏灭菌后再下胶处理。

(6)硫化氢或乙硫醇味:葡萄酒中固体硫被酵母菌还原易产生硫化氢味(臭皮蛋味)和乙硫醇味(大蒜味),可采用加入过氧化氢的方法除去。防止方法:硫处理时切勿将固体硫混入果汁。

(7)其他异味:由于加工不当,葡萄酒有时会产生木臭味、水泥味和果梗味,可采用加入精制的棉籽油、橄榄油和液体石蜡等与酒混合,吸附异味,再利用这些油与酒互不相溶而上浮,分离出油而去除异味。

(8)变色果酒变色的原因:一是生产过程中葡萄汁或葡萄酒与铁质设备或容器接触,使酒中铁含量偏高,铁易与酒中单宁类化合物发生反应生成单宁酸铁,呈现蓝色或黑色;铁与磷酸盐化合物反应,会产生白色沉淀。因此,在生产中应避免铁质器具或设备与葡萄汁或葡萄酒接触。如果铁污染已经发生,则可以通过加明胶与单宁沉淀后消除。二是果汁与果酒同空气接触过多,过氧化物酶会将葡萄酒中的酚类化合物氧化成醌类,从而发生褐变。一般用二氧化硫处理可以抑制过氧化物酶的活性,加入单宁和维生素C等抗氧化剂,也可有效预防果酒发生褐变。

二、果醋酿造

果醋是以水果或果品加工下脚料为主要原料,利用现代生物技术酿制而成的一种营养丰富、风味优良的酸味调味品。科学研究发现,果醋具有促进新陈代谢、调节酸碱平衡、消除疲劳,降血脂、降低胆固醇,有提高机体的免疫力、防癌抗癌、促进血液循环、降压、抑制血糖升高、开胃消食、解酒保肝、抗菌消炎、防治感冒,开发智力,美容护肤、延缓衰老,减肥等多种功能,是集营养、保健、食疗等功能为一体的新型饮品。适合果醋酿造的水果类型很多,因此,果醋的分类主要是按照原料类型,如:苹果醋、山楂醋、柿子醋等。

1. 果醋酿造原理 果醋发酵需经过两个阶段,即酒精发酵和醋酸发酵。若以果酒为原料,则只需进行醋酸发酵。

(1)酒精发酵:酵母菌通过其酒化酶把葡萄糖转化为酒精和二氧化碳,完成酿醋过程中的酒精发酵阶段。酵母菌除能产生酒化酶外,还能产生麦芽糖酶、蔗糖酶、转化酶、乳糖分解酶及脂肪酶等。酒精发酵过程中还生成少量的有机酸、杂醇油、酯类,对形成醋的风味有一定的作用。

酿醋用酵母与生产酒类使用酵母相同,目前果醋酒精发酵常用果酒酵母、葡萄酒酵母或啤酒酵母。为了增加醋的香气,还可使用产酯能力强的产酯酵母与果酒酵母混合发酵。

(2)醋酸发酵:继酒精发酵之后,醋酸菌将酒精转化成醋酸。醋酸菌是醋酸发酵的主要微生物。理论上100g纯酒精可生成130.4g醋酸,或100ml纯酒精可生成103.6g醋酸,实际产生率较低,一般只能达到理论值的85%左右。其原因是醋化时酒精会挥发损失,另外醋化生成物除醋酸外,还有二乙氧基乙烷、高级脂肪酸、琥珀酸等,这些酸类与酒精作用,产生芳香气味。

2. 醋母制备　醋酸菌大量存在于空气中,种类繁多,醋化能力不同,性能不同。生产中,为了提高果醋的产量和质量,避免杂菌污染,一般采用人工接种的方式进行发酵。用于生产果醋的醋酸菌类主要有纹膜醋酸杆菌、白膜醋酸杆菌、许氏醋酸杆菌等。

优良的醋酸菌种,可以从优良的醋酸或未消毒的生醋中采种繁殖,也可用纯种培养的菌种。

(1)固体培养:取浓度为1.4%的豆芽汁100ml、葡萄糖3g、酵母膏1g、碳酸钙1g、琼脂2～2.5g,混合,加热熔化,分装于灭菌的试管中,每管装4～5ml,在9.8×10⁴Pa的压力下杀菌15～20分钟,取出,凝固前加入50%的酒精0.6ml,制成斜面,冷却后,无菌操作下接种优良醋醅中的醋酸菌种,26～28℃恒温下培养2～3天。

(2)液体扩大培养:取浓度为1%的豆芽汁15ml、食醋25ml、水55ml、酵母膏1g及酒精3.5ml配制(酒精在接种前加入)而成。要求醋酸含量为1%～1.5%,醋酸与酒精的总量不超过5.5%。盛于500～1000ml三角瓶中,接入固体培养的醋酸菌种1支。26～28℃恒温下培养2～3天。在培养过程中,每天定时摇瓶或用摇床培养。

制作成的液体醋母,即可接入再扩大20～25倍的准备醋酸发酵的酒液中培养,制成的醋母供生产用。

3. 果醋的酿造方法

(1)液体酿造法

1)酿造工艺:是以果酒或果汁为原料。但果酒必须是酒精发酵完全、澄清。基本工艺见图2-11:

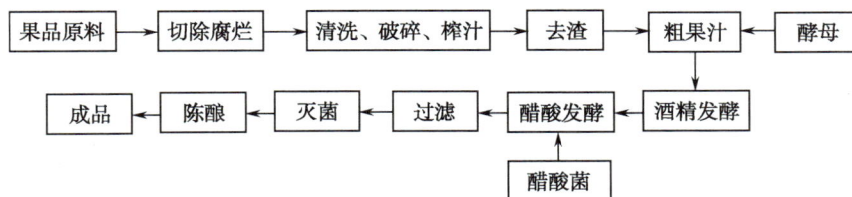

图2-11　果醋液体酿造法工艺流程图

2)技术要点:选择成熟度好的新鲜果实,切除腐烂,用清水洗净。先用破碎机将洗净的果实破碎,再用螺旋榨汁机压榨取汁,在果汁中加入3%～5%的酵母液进行酒精发酵。发酵过程中每天搅拌2～4次,维持品温30℃左右,经过5～7天发酵完成。注意品温不要低于16℃,亦不要高于35℃。将上述发酵液的酒度调整为7%～8%,装入醋化器中,装入量为容积的1/3～1/2,接种醋母液5%左右,醋化器面用纱布遮盖。在醋化期,控温30～35℃,24小时后发酵液面上有醋酸菌膜形成,每天搅拌1～2次,经10天左右即醋化完成。移出大部分果醋,灭菌后进行陈酿,留下的菌膜及少量醋液,补加果酒,可继续醋化。

(2)固体酿造法

1)工艺流程:固体酿造法以果品或残次果品、果皮、果心等为原料,同时加入适量麸皮。其工艺流程见图2-12:

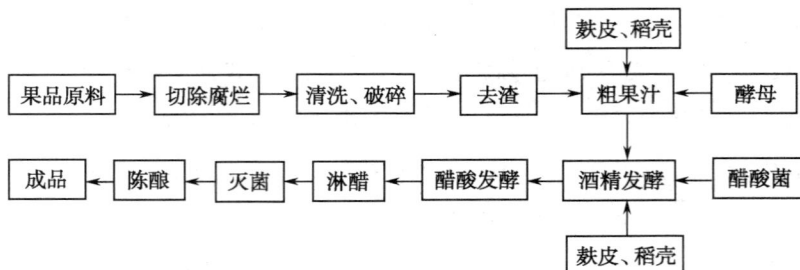

图2-12 果醋固体酿造法工艺流程图

2)技术要点

①酒精发酵:取果品洗净、破碎后,加入酵母液3%~5%,进行酒精发酵,在发酵过程中每天搅拌3~4次,经5~7天发酵完成。

②制醋醅:将酒精发酵完成的果品,加入原料量50%~60%的麸皮、稻壳等,作为蓬松剂,再加入醋酸菌10%~20%,充分搅拌均匀,装入醋化缸中,稍加覆盖,控制温度在30~35℃,进行醋酸发酵,若温度超过37℃时,则将缸中醋醅取出翻料散热,若温度适当,每日定时翻料1~2次,充分供给空气,促进醋化。经过10~15天醋化,加入2%~3%食盐,搅拌均匀,制成醋醅,将醋醅压紧,加盖封严,待陈酿后熟,经过5~6天后熟即可淋醋。

③淋醋:将后熟的醋坯放在淋醋器中。淋醋器可用一个底部有小孔的瓦缸或桶,距缸底6~10cm处放置滤纸板,铺上滤布,从上面淋入约与醋坯等量的冷却沸水,泡4小时后,醋液从缸底小孔流出,这次淋出的醋为头醋。头醋淋完以后,再加入凉开水,再淋,即得到二醋。二醋含醋酸很低,主要供淋头醋使用。

④陈酿:通过陈酿,果醋变得澄清,风味更加纯正,香气更加浓郁。陈酿时将果醋装入桶或坛中,装满,密封,静置1~2个月即完成陈酿。

⑤保藏:陈酿后用过滤设备进行精滤后,在60~70℃下灭菌10分钟,即可装瓶保藏。

4. 果醋常见质量问题及控制

(1)生膜:由于醋的酿制大部分采用开口式的发酵方式,空气中杂菌容易侵入。皮膜酵母及汉逊酵母在高酸、高糖和有氧的条件下,产生酸类的同时,也易上浮形成具有黏性的白色浮膜,且多呈现乳白色至黄褐色。防治方法:保证加工车间、环境卫生,操作人员的规范作业,应用先进的杀菌设备、防止杂菌污染。

(2)浑浊:引起果醋浑浊的原因主要有两个,一是生物性浑浊,即由于杂菌污染,主要是嗜温、耐醋酸、耐高温、厌氧的梭菌引起的。梭菌的污染不仅消耗醋中的各种成分,还会代谢不良物质,如丁酸、丙酮等破坏果醋的风味,而且大量菌体使醋的光密度上升,透光率下降,具有浑浊感。二是非生物性浑浊,非生物性混浊主要是由于在生产、贮存过程中,原辅料未完全降解和利用,存在着多酚、纤维素、半纤维素、果胶、木质素等大分子物质及生产中带来的金属离子。这些物质在氧气和光线作用下发生化合和凝聚等变化,形成混浊沉淀。防止果醋非生物性混浊的有效方法是在发酵之前合理处理果汁,去除或降解其中的果胶、纤维素等引起混浊的物质。防治生物性浑浊的有效方法是保证加工车间、环境卫生,防止杂菌污染。

5. 果蔬发酵主要加工设备 家庭或作坊式葡萄酒制备设备比较简单,大型葡萄酒厂,则需要大型的机械设备,以实现大规模生产。

果蔬发酵最主要的设备是发酵设备。

传统发酵容器包括:

(1)橡木桶:一般为 2000~5000L,内有开孔的压板。

(2)发酵池:方形水泥池,内壁涂有无毒防腐涂料,容量为 $20m^3$,池壁厚度为 20cm 左右。发酵池上部可安装压板,图 2-13 为带压板装置的开放式发酵池。池内可安放冷却装置,发酵池也可配置喷淋装置。图 2-14 为带喷淋装置的开放式发酵池。

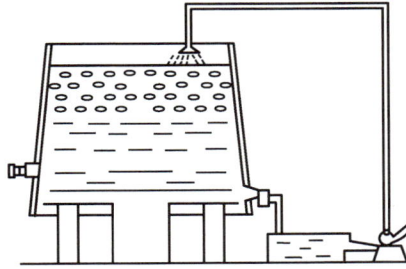

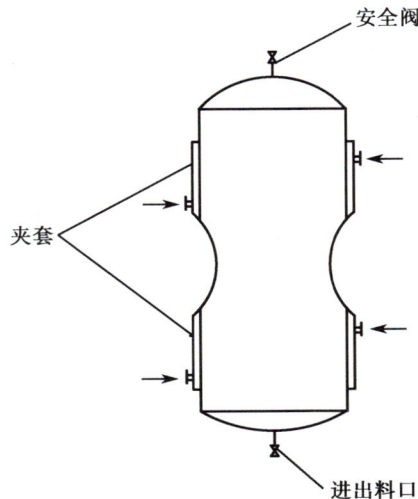

(3)带夹套的发酵罐:在发酵罐外壁附有夹套装置,夹套内可流通制冷剂,以控制发酵醪的温度,如图 2-15 所示。

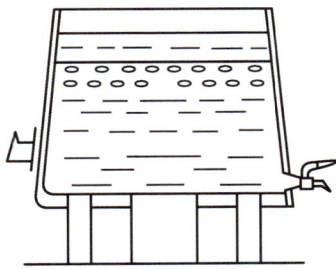

图 2-13 带压板装置的开放式发酵池　　图 2-14 带喷淋装置的开放式发酵池

图 2-15 带夹套装置的发酵罐

点滴积累　∨

1. 葡萄酒的分类可按原料来源、酒的色泽、酒的二氧化碳压力、含糖量、酿造方法分类。

2. 葡萄酒发酵工艺。

3. 果醋固态发酵工艺。

目标检测

一、单项选择题

1. 下面(　　)物质不是酶促褐变发生的必要条件

   A. 氧气　　　　　　B. 金属离子　　　　C. 酚酶　　　　　　D. 多酚类物质

2. 下面(　　)因素不是影响果蔬贮藏的主要环境因素

   A. 温度　　　　　　B. 湿度　　　　　　C. 气体成分　　　　D. 果蔬种类和品种

3. 下列(　　)不是利用美拉德反应的非酶褐变生产的

   A. 烤面包　　　　　B. 香精香料　　　　C. 酱油　　　　　　D. 冰糖葫芦

4. 用于果蔬催熟处理的化学物质主要是(　　)

   A. 乙烯　　　　　　B. 激素　　　　　　C. CO_2　　　　　　D. O_2

5. 抗坏血酸在 pH 为(　　)时,更容易分解,发生褐变

   A. 2　　　　　　　　B. 3　　　　　　　　C. 4　　　　　　　　D. 5

6. 下列(　　)方法不是防止糖制品返砂的方法

   A. 加入部分饴糖　　　　　　　　　　B. 加入部分淀粉糖浆

   C. 加入少量果胶　　　　　　　　　　D. 降低酸的含量

7. 下列(　　)物质不是果胶的存在形态

   A. 原果胶　　　　　　B. 果胶　　　　　C. 果胶原　　　　　D. 果胶酸

8. 下列(　　)产品通常是由煮制方法生产的

   A. 樱桃蜜饯　　　　　B. 蜜枣　　　　　C. 糖青梅　　　　　D. 凉果

9. 下列防止果蔬糖制品变色的措施不包括(　　)

   A. 隔绝氧气　　　　　　　　　　　　B. 生产中盐水浸泡

   C. 加工工具尽量避免使用不锈钢材料　　D. 热烫处理或降低 pH

10. 下列微生物对盐的耐受力最强的是(　　)

   A. 霉菌　　　　　　B. 沙门氏菌　　　　C. 大肠杆菌　　　　D. 肉毒杆菌

11. 在蔬菜腌制过程中,微生物发酵作用主要为(　　)

   A. 酒精发酵　　　　B. 醋酸发酵　　　　C. 乳酸发酵　　　　D. 柠檬酸发酵

12. 蔬菜腌制品中鲜味最为主要的来源是(　　)

   A. 蛋白质分解　　　　　　　　　　　B. 产生的乳酸、醋酸或酒精

   C. 食盐的缓慢作用　　　　　　　　　D. 谷氨酸与食盐作用生成的谷氨酸钠

13. 蔬菜腌制过程中出现"生花"现象主要原因是(　　)

    A. 丁酸发酵   B. 细菌的腐败作用

    C. 有害酵母的作用   D. 起旋生霉腐败

14. 下列说法中哪种说法是错误的(　　)

    A. pH 4.5 以下罐头食品,好氧性细菌和酵母菌这类耐热性低的菌作为主要杀菌对象

    B. pH 4.5 以上罐头食品,杀菌主要对象是在无氧条件下存活且产生芽孢的厌氧性细菌

    C. 目前在罐藏食品生产上以能产生毒素的肉毒梭状芽孢杆菌的芽孢作为杀菌对象

    D. 一般杀菌对象菌选择最常见的耐热性最强的并有代表性的腐败菌或引起食品中毒的
细菌

15. 影响罐头杀菌效果的因素不包括(　　)

    A. 食品的性质和化学成分   B. 传热的方式和传热速度

    C. 微生物的种类和数量   D. 罐头真空度

16. 罐头产品生产流程中,装罐后要进行排气操作的原因不包括(　　)

    A. 减轻马口铁罐内壁的腐蚀

    B. 阻止厌氧性微生物的生长繁殖

    C. 防止或减轻因加热杀菌时内容物的膨胀而使容器变形

    D. 减轻罐内食品色、香、味的不良变化和营养物质的损失

17. 罐头产品生产流程中,生产线未充分清洗干净导致罐头产品胀罐属于(　　)

    A. 物理性胀罐   B. 化学性胀罐   C. 细菌性胀罐   D. 其他原因胀罐

二、多项选择题

1. 影响果蔬贮藏的环境要素是(　　)

    A. 温度   B. 湿度   C. 压强   D. 气体成分

2. 在果脯蜜饯加工中,由于划皮太深,划纹相互交错,成熟度太高等,煮制后易产生(　　)现象

    A. 返砂   B. 流汤   C. 煮烂   D. 皱缩

3. 葡萄酒按色泽分为(　　)

    A. 白葡萄酒   B. 红葡萄酒   C. 桃红葡萄酒   D. 黄葡萄酒

4. 葡萄汁糖含量不足,可采用(　　)方法进行调整

    A. 加白砂糖   B. 加浓缩葡萄汁   C. 加甜味剂   D. 加果葡糖浆

5. 调整葡萄汁酸度可加(　　)进行调整

    A. 柠檬酸   B. 酒石酸   C. 磷酸   D. 碳酸

三、简答题

1. 论述果蔬的呼吸作用对于贮藏保鲜的意义。

2. 跃变型与非跃变型果实在采后生理上有什么区别？在贮藏实践上有哪些措施可调控果蔬采后的呼吸作用？

3. 影响果蔬水分蒸腾的主要因素有哪些？如何控制果蔬的蒸腾作用？

4. 果蔬保藏技术有哪些？

5. 简述果蔬预处理的工艺流程。

6. 名词解释:酶促褐变,美拉德反应。

7. 果蔬气调保鲜的原理是什么？

8. 食糖在果蔬保藏中的作用是什么？

9. 什么是果蔬制品的返砂与流汤？如何控制？

10. 食品腐败变质的主要原因是什么？

11. 什么是商业灭菌？

12. 什么是酸性罐头食品和低酸性罐头食品？它们杀菌的要求有何区别？

13. 热烫的目的是什么？

14. 罐头的顶隙大小对罐头质量有什么影响？

15. 罐头排气的目的是什么？常用方法有哪些？

16. 罐头生产中常见质量问题如何进行控制？

17. 食盐在食品保藏加工中的作用是什么？

18. 如何对蔬菜腌制过程中的质量问题进行控制？

19. 解释什么是平静葡萄酒、干葡萄酒、加强葡萄酒？

20. 简述葡萄酒的分类。

21. 葡萄酒的酿造工艺有哪些？

22. 果酒常见的质量问题有哪些及如何改进和防治？

23. 果酒中添加二氧化硫的作用是什么？

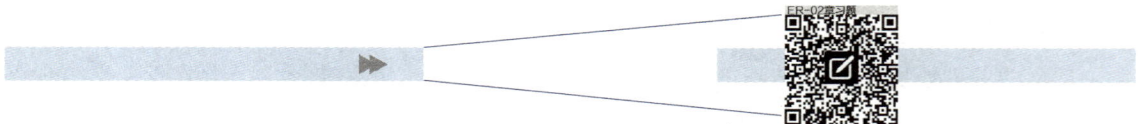

第三章

淀粉制糖与糖果加工技术

导学情景 ∨

情景描述

    全球有两大著名玉米黄金带，分别位于美国和中国。中国是全球第二大玉米生产国，同时也是全球第二大消费国，主要是作为食物和饲料原料。但如今有了巨大变化，除了稳步增长的饲料消费外，玉米深加工业得到了飞速发展。其特点是加工空间大、产业链长、产品极为丰富，包括淀粉、淀粉糖、变性淀粉、酒精、酶制剂、调味品、药用、化工等八大系列，但主要是淀粉及酒精，其他产品多是这两个产品更深层次的加工品或生产的副产品，这些深层次的加工品或副产品其价值相当高即具有较高的附加值，随之便可带来高利润。

学前导语

    富含淀粉的粮食作物还有哪些？淀粉为什么可以做成糖，现在市场上的淀粉糖制品有哪些？淀粉糖的种类有哪些？分别可以应用在哪些领域？本节课，我们将学习淀粉应用最广泛的一种技术——淀粉制糖技术。

第一节　淀粉制糖技术

    淀粉糖是以淀粉为原料，通过酸或酶的催化水解反应生产的糖品的总称，是淀粉深加工的主要产品。淀粉制糖已有很久的历史，但近年来由于若干重大技术突破，淀粉制糖发展迅速，产品种类多，产量大。在美国淀粉已发展成为最重要的制糖原料，淀粉糖品已成为最主要的糖品。远超过由甘蔗和甜菜生产的蔗糖。该国年产淀粉糖已超过 700 万吨，仍在逐年增加中，由甘蔗和甜菜生产的蔗糖年产量约为 200 多万吨，以人口平均计算，美国消用淀粉量每人每年达约 30 公斤。我国淀粉糖工业目前仍处于发展的起步阶段，从 20 世纪 90 年代以来，由于现代生物工程技术的应用，生产淀粉糖所用酶制剂品种的增加及质量的提高，使淀粉糖行业得到快速发展，产量以年均 10% 的速度增长，而且品种也日益增加，形成了各种不同甜度及功能的麦芽糊精、葡萄糖、麦芽糖、功能性糖及糖醇等几大系列的淀粉糖产品。

    与蔗糖生产比较，淀粉糖生产具有若干优点。能用任何种淀粉农作物为原料，生产不受地区限制和季节限制，工厂全年开工，设备利用率高。酶法工艺需要的设备简单，建厂投资费低。生产条件温和，耗能低，自动化程度高，用人工少，生产成本低。淀粉糖在口感、功能性上比蔗糖更能适应不同消费者的需要，并可改善食品的品质和加工性能，如低聚异麦芽糖可以增殖双歧杆菌、防龋齿；麦芽糖浆、淀粉糖浆在糖果、蜜饯制造中代替部分蔗糖可防止"返砂""发烊"等,这些都是蔗糖无可比拟的。

由于这些优点,不仅缺糖的国家在大力发展淀粉制糖,就是蔗糖工业相当发达的国家也在不断发展。淀粉糖将会成为最重要的糖品,具有很好的发展前景。

一、淀粉糖的种类

淀粉糖种类按成分组成来分大致可分为液体葡萄糖、结晶葡萄糖(全糖)、麦芽糖浆(饴糖、高麦芽糖浆、麦芽糖)、麦芽糊精、麦芽低聚糖、果葡糖浆等。

1. 液体葡萄糖 液体葡萄糖是控制淀粉适度水解得到的以葡萄糖、麦芽糖以及麦芽低聚糖组成的混合糖浆,葡萄糖和麦芽糖均属于还原性较强的糖,淀粉水解程度越大,葡萄糖等含量越高,还原性越强。淀粉糖工业上常用葡萄糖值(dextrose equivalent,简称 DE 值)来表示淀粉水解的程度,即糖化液中还原性糖全部当做葡萄糖计算,占干物质的百分率称葡萄糖值。液体葡萄糖按转化程度可分为高、中、低 3 大类。工业上产量最大、应用最广的中等转化糖浆,其 DE 值为 30%~50%,其中 DE 值为 42% 左右的又称为标准葡萄糖浆。高转化糖浆 DE 值在 50%~70%,低转化糖浆 DE 值 30% 以下。不同 DE 值的液体葡萄糖在性能方面有一定差异,因此不同用途可选择不同水解程度的淀粉糖。

2. 葡萄糖 葡萄糖是淀粉经酸或酶完全水解的产物,由于生产工艺的不同,所得葡萄糖产品的纯度也不同,一般可分为结晶葡萄糖和全糖两类,其中葡萄糖占干物质的 95%~97%,其余为少量因水解不完全而剩下的低聚糖,将所得的糖化液用活性炭脱色,再流经离子交换树脂柱,除去无机物等杂质,便得到了无色、纯度高的精制糖化液。将此精制糖化液浓缩,在结晶罐冷却结晶,得含水 α-葡萄糖结晶产品;在真空罐中于较高温度下结晶,得到无水 β-葡萄糖结晶产品;在真空罐中结晶,得无水 α-葡萄糖结晶产品。

3. 果葡糖浆 如果把精制的葡萄糖液流经固定化葡萄糖异构酶柱,使其中葡萄糖一部分发生异构化反应,转变成其异构体果糖,得到糖分组成主要为果糖和葡萄糖的糖浆,再经活性炭和离子交换树脂精制,浓缩得到无色透明的果葡糖浆产品。这种产品的质量分数为 71%,糖分组成为果糖 42%(干基计),葡萄糖 53%,低聚糖 5%,这是国际上在 20 世纪 60 年代末开始大量生产的果葡糖浆产品,甜度等于蔗糖,但风味更好,被称为第 1 代果葡糖浆产品。20 世纪 70 年代末期世界上研究成功用无机分子筛分离果糖和葡萄糖技术,将第 1 代产品用分子筛模拟移动床分离,得果糖含量达 94% 的糖液,再与适量的第 1 代产品混合,得果糖含量分别为 55% 和 90% 两种产品。甜度高过蔗糖分别为蔗糖甜度的 1.1 倍和 1.4 倍,也被称为第 2、第 3 代产品。第 2 代产品的质量分数为 77%,果糖 55%(干基计),葡萄糖 40%,低聚糖 5%。第 3 代产品的质量分数为 80%,果糖 90%(干基计),葡萄糖 7%,低聚糖 3%。

4. 麦芽糖浆 麦芽糖是以淀粉为原料,经酶或酸结合法水解制成的一种淀粉糖浆,和液体葡萄糖相比,麦芽糖浆中葡萄糖含量较低(一般在 10% 以下),而麦芽糖含量较高(一般在 40%~90%),按制法和麦芽糖含量不同可分别称为饴糖、高麦芽糖浆、超高麦芽糖浆等,其糖分组成主要是麦芽糖、糊精和低聚糖。

二、淀粉糖的性质

不同淀粉糖产品在许多性质方面存在差别,如甜度、黏度、胶黏性、增稠性、吸潮性和保潮性,渗透压力和食品保藏性、颜色稳定性、焦化性、发酵性、还原性、防止蔗糖结晶性、泡沫稳定性等等。这些性质与淀粉糖的应用密切相关,不同的用途,需要选择不同种类的淀粉糖品。下面简单的叙述淀粉糖的有关特性。

1. **甜度**　甜度是糖类的重要性质,但影响甜度的因素很多,特别是浓度。浓度增加,甜度增高,但增高程度不同糖类之间存在差别,葡萄糖溶液甜度随浓度增高的程度大于蔗糖,在较低的浓度,葡萄糖的甜度低于蔗糖,但随浓度的增高差别减小,当含量达到40%以上两者的甜度相等。淀粉糖浆的甜度随转化程度的增高而增高,此外,不同糖品混合使用有相互提高的效果。表3-1是几种糖类的甜度。

表 3-1　几种糖类的相对甜度

糖类名称	相对甜度	糖类名称	相对甜度
蔗糖	1.0	果葡糖浆(42型)	1.0
葡萄糖	0.7	淀粉糖浆(DE值42)	0.5
果糖	1.5	淀粉糖浆(DE值70)	0.8
麦芽糖	0.5		

2. **溶解度**　各种糖的溶解度不相同,果糖最高,其次是蔗糖、葡萄糖。葡萄糖的溶解度较低,在室温下浓度约为50%,过高的浓度则葡萄糖结晶析出。为防止有结晶析出,工业上储存葡萄糖溶液需要控制葡萄糖含量42%(干物质)以下,高转化糖浆的糖分组成保持葡萄糖35%~40%,麦芽糖35%~40%,果葡糖浆(转化率42%)的质量分数一般为71%。

3. **结晶性质**　蔗糖易于结晶,晶体能生长很大。葡萄糖也容易结晶,但晶体细小。果糖难结晶。淀粉糖浆是葡萄糖、低聚糖和糊精的混合物,不能结晶,并能防止蔗糖结晶。糖的这种结晶性质与其应用有关。例如,硬糖果制造中,单独使用蔗糖,熬煮到水分1.5%以下,冷却后,蔗糖结晶,破裂,不能得到坚韧、透明的产品。若添加部分淀粉糖浆可防止蔗糖结晶,防止产品储存过程中返砂,淀粉糖浆中的糊精,还能增加糖果的韧性、强度和黏性,使糖果不易破碎。此外,淀粉糖浆的甜度较低,有冲淡蔗糖甜度的效果,使产品甜味温和。

4. **吸湿性和保湿性**　不同种类食品对于糖吸湿性和保湿性的要求不同。例如,硬糖果需要吸湿性低,避免遇潮湿天气吸收水分导致溶化,所以宜选用蔗糖、低转化或中转化糖浆为好。转化糖和果葡糖浆含有吸湿性强的果糖,不宜使用。但软糖果则需要保持一定的水分,面包、糕点类食品也需要保持松软,应使用高转化糖浆和果葡糖浆为宜。果糖的吸湿性是各种糖中最高的。

5. **渗透压力**　较高浓度的糖液能抑制许多微生物的生长,这是由于糖液的渗透压力使微生物菌体内的水分被吸走,生长受到抑制。不同糖类的渗透压力不同,单糖的渗透压力约为二糖的两倍,葡萄糖和果糖都是单糖,具有较高的渗透压力和食品保藏效果,果葡糖浆的糖分组成为葡萄糖和果糖,渗透压力也较高,淀粉糖浆是多种糖的混合物,渗透压力随转化程度的增加而升高。此外,糖液的渗透压力还与浓度有关,随浓度的增高而增加。

6. 黏度 葡萄糖和果糖的黏度较蔗糖低,淀粉糖浆的黏度较高,但随转化度的增高而降低。利用淀粉糖浆的高黏度,可应用于多种食品中,提高产品的稠度和可口性。

7. 化学稳定性 葡萄糖、果糖和淀粉糖浆都具有还原性,在中性和碱性条件下化学稳定性低,受热易分解生成有色物质,也容易与蛋白质类含氮物质起羰氨反应生成有色物质。蔗糖不具有还原性,在中性和弱碱性条件下化学稳定性高,但在 pH 值 9 以上受热易分解产生有色物质。食品一般是偏酸性的,淀粉糖在酸性条件下稳定。

8. 发酵性 酵母能发酵葡萄糖、果糖、麦芽糖和蔗糖等,但不能发酵聚合度较高的低聚糖和糊精。有的食品需要发酵,如面包、糕点等;有的食品不需要发酵,如蜜饯、果酱等。淀粉糖浆的发酵糖分为葡萄糖和麦芽糖,且随转化程度而增高。生产面包类发酵食品应用发酵糖分高的高转化糖浆和葡萄糖为好。

三、淀粉糖生产原理与工艺

淀粉在酸或淀粉酶的催化作用下发生水解反应,其水解最终产物随所用的催化剂种类而异。在酸作用下,淀粉水解的最终产物是葡萄糖,在淀粉酶作用下,随酶的种类不同而产物各异。

1. 酸糖化机理 淀粉乳加入稀酸后加热,经糊化、溶解,进而葡萄糖苷链裂解,形成各种聚合度的糖类混合溶液。在稀溶液的情况下,最终将全部变成葡萄糖。在此,酸仅起催化作用。淀粉的酸水解反应见式 3-1:

$$(C_6H_{10}O_5)_n + nH_2O \longrightarrow nC_6H_{12}O_6 \qquad \text{式 3-1}$$

在糖化过程中,水解、复合和分解 3 种化学反应同时发生,而水解反应是主要的。复合与分解反应是次要的,且对糖浆生产是不利的,降低了产品的收得率,增加了糖液精制的困难,所以要尽可能降低这两种反应。

2. 淀粉的酶液化和酶糖化

(1)淀粉酶:淀粉的酶水解法是用专一性很强的淀粉酶将淀粉水解成相应的糖。在葡萄糖及淀粉糖浆生产时应用 α-淀粉酶与糖化酶(葡萄糖苷酶)的协同作用,前者将高分子的淀粉割断为短链糊精,后者便迅速地把短链糊精水解成葡萄糖。同理,生产饴糖时,则用 α-淀粉酶与 β-淀粉酶配合,α-淀粉酶转变的短链糊精被 β-淀粉酶水解成麦芽糖。

1)α-淀粉酶:α-淀粉酶属内切型淀粉酶,它作用于淀粉时从淀粉分子内部以随机的方式切断 α-1,4 糖苷键,不能水解支链淀粉中的 α-1,6 糖苷键;不能水解麦芽糖,但可水解麦芽三糖及以上的含 α-1,4 糖苷键的麦芽低聚糖。酶作用后,使糊化淀粉的黏度迅速降低,变成液化淀粉,生成糊精及少量葡萄糖和麦芽糖。其最适 pH 值为 5.5~6.5,最适液化温度为 85~90℃。

2)β-淀粉酶:β-淀粉酶是一种外切型淀粉酶,它作用于淀粉时从非还原性末端依次切开相隔的 β-1,4 糖苷键,顺次将它分解为两个葡萄糖基,同时发生瓦尔登转化作用,最终产物全是 β-麦芽糖。所以也称麦芽糖酶。β-淀粉酶能将直链淀粉全部分解,如淀粉分子由偶数个葡萄糖单位组成,最终水解产物全部为麦芽糖;如淀粉分子由奇数个葡萄糖单位组成,则最终 α 水解产物除麦芽糖外,还有少量葡萄糖。但 β-淀粉酶不能水解支链淀粉的 α-1,6 糖苷键,也不能跨过分支点继续水解,故水解支链淀粉是不完全的,残留下 β-极限糊精。β-淀粉酶水解淀粉时,由于从分子末端开始,总有大分子存在,因此黏度下降慢,不能作为糖化酶使用;而 β-淀粉酶水解淀粉水解产物如麦芽糖、麦芽低聚糖时,水解速度很快,可作为糖化酶使用。

β-淀粉酶以大麦芽及麸皮中含量最丰富,最适 pH 5.0~5.4,最适温度 60℃。

3)糖化酶(葡萄糖淀粉酶):糖化酶(葡萄糖淀粉酶)对淀粉的水解作用是从淀粉的非还原性末端开始,依次水解 α-1,4 葡萄糖苷键,顺次切下每个葡萄糖单位,生成葡萄糖。

葡萄糖淀粉酶专一性差,除水解 α-1,4 葡萄糖苷键外,还能水解 α-1,6 葡萄糖苷键和 α-1,3 葡萄糖苷键,但后两种键的水解速度较慢。由于该酶作用于淀粉糊时,糖液黏度下降较慢,还原能力上升很快,所以又称糖化酶,不同微生物来源的糖化酶对淀粉的水解能力也有较大区别。

4)脱支酶:脱支酶是水解支链淀粉、糖原等大分子化合物中 α-1,6 糖苷键的酶,脱支酶可分为直接脱支酶和间接脱支酶两大类,前者可水解未经改性的支链淀粉或糖原中的 α-1,6 糖苷键,后者仅可作用于经酶改性的支链淀粉或糖原,这里仅讨论直接脱支酶。

根据水解底物专一性的不同,直接脱支酶可分为异淀粉酶和普鲁蓝酶两种。异淀粉酶只能水解支链结构中的 α-1,6 糖苷键,不能水解直链结构中的 α-1,6 糖苷键;普鲁蓝酶不仅能水解支链结构中的 α-1,6 糖苷键,也能水解直链结构中的 α-1,6 糖苷键,因此它能水解含 α-1,6 糖苷键的葡萄糖聚合物。

脱支酶在淀粉制糖工业上的主要应用是和 β-淀粉酶或葡萄糖淀粉酶协同糖化,提高淀粉转化率,提高麦芽糖或葡萄糖得率。

(2)液化:液化是使糊化后的淀粉发生部分水解,暴露出更多可被糖化酶作用的非还原性末端。它是利用液化酶使糊化淀粉水解到糊精和低聚糖程度,使黏度大为降低,流动性增高,所以工业上称为液化。酶液化和酶糖化的工艺称为双酶法或全酶法。液化也可用酸,酸液化和酶糖化的工艺称为酸酶法。

由于淀粉颗粒的结晶性结构,淀粉糖化酶无法直接作用于生淀粉,必须加热生淀粉乳,使淀粉颗粒吸水膨胀,并糊化,破坏其结晶结构,但糊化的淀粉乳黏度很大,流动性差,搅拌困难,难以获得均匀的糊化结果,特别是在较高浓度和大量物料的情况下操作有困难。而 α-淀粉酶对于糊化的淀粉具有很强的催化水解作用,能很快水解到糊精和低聚糖范围大小的分子,黏度急速降低,流动性增高。此外,液化还可为下一步的糖化创造有利条件,糖化使用的葡萄糖淀粉酶属于外酶,水解作用从底物分子的非还原尾端进行。在液化过程中,分子被水解到糊精和低聚糖范围的大小程度,底物分子数量增多,糖化酶作用的机会增多,有利于糖化反应。

液化使用 α-淀粉酶,淀粉在酶液化工序中水解到葡萄糖值至 15~20 为合适的水解程度。水解超过此程度,不利于糖化酶生成络合结构,影响催化效率,糖化液的最终葡萄糖值较低。

液化方法有 3 种:升温液化法、高温液化法和喷射液化法。

喷射液化法是目前淀粉液化比较先进的装置,液化效率高。工作原理为先将蒸汽通入喷射器预热到 80~90℃,用位移泵将淀粉乳打入,蒸汽喷入淀粉乳的薄层,引起糊化、液化。蒸汽喷射产生的湍流使淀粉受热快而均匀,黏度降低也快(图 3-1)。液化的淀粉乳由喷射器下方卸出,引入保温桶中在 85~90℃保温约 40 分钟,达到需要的液化程度。此法的优点是液化效果好,蛋白质类杂质的凝结好,糖化液的过滤性质好,设备少,也适于连续操作。马铃薯淀粉液化容易,可用 40%浓度;玉米淀粉液化较困难,以 27%~33%浓度为宜,若浓度在 33%以上,则需要提高用酶量两倍。

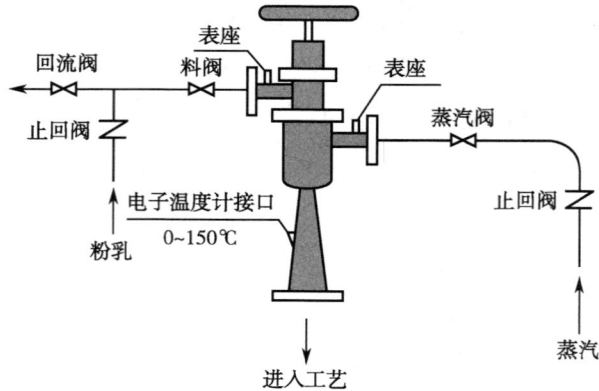

图 3-1 淀粉液化喷射器

(3)糖化:糖化是利用葡萄糖淀粉酶从淀粉的非还原性尾端开始水解 α-1,4 葡萄糖苷键,使葡萄糖单位逐个分离出来,从而产生葡萄糖。它也能将淀粉的水解初产物如糊精、麦芽糖和低聚糖等水解产生 β-葡萄糖。它作用于淀粉糊时,反应液的碘色反应消失很慢,糊化液的黏度也下降较慢,但因酶解产物葡萄糖不断积累,淀粉糊的还原能力却上升很快,最后反应几乎将淀粉 100%水解为葡萄糖。在液化工序中,淀粉经 α-淀粉酶水解成糊精和低聚糖范围的较小分子产物,糖化是利用葡萄糖淀粉酶进一步将这些产物水解成葡萄糖。

不同来源的葡萄糖淀粉酶在糖化的适宜温度和 pH 值上也存在差别。例如曲霉糖化酶为 55~60℃,pH 值 3.5~5.0;根霉的糖化酶为 50~55℃,pH 值 4.5~5.5;拟内孢酶为 50℃,pH 值 4.8~5.0。

3. 精制和浓缩 淀粉糖化液的糖分组成因糖化程度而不同,如葡萄糖、低聚糖和糊精等,另外还有糖的复合和分解反应产物、原存在于原料淀粉中的各种杂质、水带来的杂质以及作为催化剂的酸或酶等,成分是很复杂的。这些杂质对于糖浆的质量和结晶、葡萄糖的产率和质量都有不利的影响,需要对糖化液进行精制,以尽可能地除去这些杂质。

糖化液精制的方法,一般采用碱中和、活性炭吸附、脱色和离子交换脱盐。

(1)中和:采用酸糖化工艺,需要中和,酶法糖化不用中和。使用盐酸作为催化剂时,用碳酸钠中和;用硫酸作为催化剂时,用碳酸钙中和。在这里并不是中和到真正的中和点(pH = 7.0),而是中和大部分催化用的酸,同时调节 pH 值到胶体物质的等电点。糖化液中蛋白质类胶体物质在酸性条件下带正电荷,当糖化液被逐渐中和时,胶体物质的正电荷也逐渐消失,当糖化液的 pH 值达到这些胶体物质的等电点(pH = 4.8~5.2)时,电荷全部消失,胶体凝结成絮状物,但并不完全。若在糖化液中加入一些带负电荷的胶性黏土如膨润土为澄清剂,能更好地促进蛋白质类物质的凝结,降低糖化液中蛋白质的含量。

（2）过滤:过滤就是除去糖化液中的不溶性杂质,目前普遍使用板框过滤机,同时最好用硅藻土为助滤剂,来提高过滤速度,延长过滤周期,提高滤液澄清度。一般采用预涂层的办法,以保护滤布的毛细孔不被一些细小的胶体粒子堵塞。

（3）脱色:糖液中含有的有色物质和一些杂质必须除去,才能得到澄清透明的糖浆产品。工业上一般采用活性炭脱色。活性炭又分颗粒和粉末炭 2 种。一般中小型工厂使用粉末活性炭,重复使用 2~3 次后弃掉,虽然成本高,但设备简单,操作方便。

脱色工艺条件为:糖液的温度一般以 80℃ 为宜,以中和操作的 pH 值作为脱色的 pH 值,脱色时间以 25~30 分钟为好,活性炭用量要恰当掌握,一般采取分次脱色的办法,并且前脱色用废炭,后脱色用好炭,以充分发挥脱色效率。

脱色设备:糖液脱色是在具有防腐材料制成的脱色罐内完成的。罐内设有搅拌器和保温管,罐顶部有排气筒。脱色后的糖液经过滤得到无色透明的液体。

（4）离子交换树脂处理:糖液经脱色处理后,仍有部分无机盐和有机杂质存在,工业上采用离子交换树脂处理糖液,除去蛋白质、氨基酸、羟甲基糠醛和有色物质等。经离子交换树脂处理的糖液,灰分可降低到原来的 1/10,对有色物质去除彻底,因而,不但产品澄清度好,而且久置也不变色,有利于产品的保存。

离子交换树脂分为阳离子交换树脂和阴离子交换树脂两种,目前普遍应用的工艺为阳-阴-阳-阴 4 只滤床,即 2 对阳、阴离子交换树脂滤床串联使用。

（5）浓缩:经过净化精制的糖液,浓度比较低,不便于运输和储存,必须将其中大部分水分去掉,即采用蒸发使糖液浓缩,达到要求的浓度。

淀粉糖浆为热敏性物料,受热易着色,所以在真空状态下进行蒸发,以降低液体的沸点。一般蒸发温度不宜超过 68℃。

4. 主要淀粉糖品的生产工艺流程

（1）液体葡萄糖:液体葡萄糖是我国目前淀粉糖工业中最主要的产品,广泛应用于糖果、糕点、饮料、冷饮、焙烤、罐头、果酱、果冻、乳制品等各种食品中,还可作为医药、化工、发酵等行业的重要原料。主要特点是:该产品甜度低于蔗糖,黏度、吸湿性适中;用于糖果中能阻止蔗糖结晶,防止糖果返砂,使糖果口感温和、细腻;葡萄糖浆杂质含量低,耐储存性和热稳定性好,适合生产高级透明硬糖;该糖浆黏稠性好、渗透压高,适用于各种水果罐头及果酱、果冻中,可延长产品的保存期;液体葡萄糖浆具有良好的可发酵性,适合面包、糕点生产中的使用。

液体葡萄糖常用的生产工艺有酸法、酸酶法和双酶法。

1）酸法工艺:酸法工艺是以酸作为水解淀粉的催化剂,淀粉是由多个葡萄糖分子缩合而成的碳水化合物,酸水解时,随着淀粉分子中糖苷键断裂,逐渐生成葡萄糖、麦芽糖和各种相对分子质量较低的葡萄糖多聚物。该工艺操作简单,糖化速度快,生产周期短,设备投资少。工艺流程图见图 3-2。

2）酸酶法工艺:由于酸法工艺在水解程度上不易控制,现许多工厂采用酸酶法,即酸法液化、酶法糖化。在酸法液化时,控制水解反应,使 DE 值在 20%~25% 时即停止水解,迅速进行中和。调节

淀粉 → 调浆 → 糖化 → 中和 → 第一次脱色过滤 → 离子交换 → 第一次浓缩 → 第二次脱色 → 过滤 →

第二次浓缩 → 成品

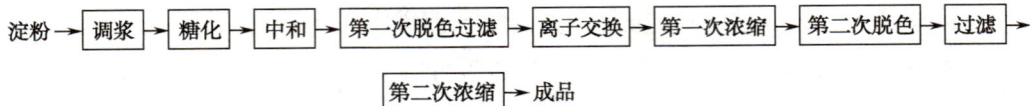

图 3-2　酸法工艺流程

pH 值 4.5 左右,温度为 55~60℃后加葡萄糖淀粉酶进行糖化,直至所需 DE 值,然后升温、灭酶、脱色、离子交换、浓缩。

3)双酶法工艺:酸酶法工艺虽能较好地控制糖化液最终 DE 值,但和酸法一样,仍存在一些缺点,设备腐蚀严重,使用原料只能局限在淀粉,反应中生成副产物较多,最终糖浆甜味不纯,因此淀粉糖生产厂家大多改用酶法生产工艺。其最大的优点是液化、糖化都采用酶法水解,反应条件温和,对设备几乎无腐蚀;可直接采用原粮如大米(碎米)作为原料,有利于降低生产成本,糖液纯度高、得率也高。双酶法工艺流程如图 3-3 所示:

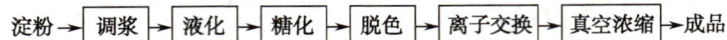

淀粉 → 调浆 → 液化 → 糖化 → 脱色 → 离子交换 → 真空浓缩 → 成品

图 3-3　双酶法生产多糖工艺流程

操作要点:

淀粉乳浓度控制在 30%左右(如用米粉浆则控制在 25%~30%),用 Na_2CO_3 调节 pH 值至 6.2 左右,加适量的 $CaCl_2$,添加耐高温 α-淀粉酶 10u/g 左右(以干淀粉计,u 为活力单位),调浆均匀后进行喷射液化,温度一般控制在 110℃±5℃,液化 DE 值控制在 15%~20%,以碘色反应为红棕色、糖液中蛋白质凝聚好、分层明显、液化液过滤性能好为液化终点时的指标。糖化操作较为简单,将液化液冷却至 55~60℃后,调节 pH 值为 4.5 左右,加入适量糖化酶,一般为 25~100u/g(以干淀粉计),然后进行保温糖化,到所需 DE 值时即可升温灭酶,进入后道净化工序。淀粉糖化液经过滤除去不溶性杂质,得澄清糖液,仍需再进行脱色和离子交换处理,以进一步除去糖液中水溶性杂质。脱色一般采用粉末活性炭,控制糖液温度 80℃左右,添加相当于糖液固形物 1%活性炭,搅拌 0.5 小时,用压滤机过滤,脱色后糖液冷却至 40~50℃,进入离子交换柱,用阳、阴离子交换树脂进行精制,除去糖液中各种残留的杂质离子、蛋白质、氨基酸等,使糖液纯度进一步提高。精制的糖化液真空浓缩至固形物为 73%~80%,即可作为成品。

(2)结晶葡萄糖、全糖:葡萄糖是淀粉完全水解的产物,由于生产工艺的不同,所得葡萄糖产品的纯度也不同,一般可分为结晶葡萄糖和全糖两类。结晶葡萄糖纯度较高,主要用于医药、试剂、食品等行业。葡萄糖结晶通常有 3 种形式的异构体,即含水 α-葡萄糖、无水 α-葡萄糖和无水 β-葡萄糖,其中以含水 α-葡萄糖生产最为普遍,产量也最大。工业上生产的葡萄糖产品除这 3 种外,还有"全糖",为省掉结晶工序由酶法得到的糖浆直接制成的产品。酶法所得淀粉糖化液的纯度高,甜味纯正,经喷雾干燥直接制成颗粒状全糖,或浓缩后凝固成块状,再粉碎制成粉末状全糖。这种产品质量虽逊于结晶葡萄糖,但生产工艺简单,成本较低,在食品、发酵、化工、纺织等行业应用也十分广泛。酶法生产结晶葡萄糖、全糖的生产工艺见图 3-4。

(3)麦芽糖浆:麦芽糖浆是以淀粉为原料,经酶法或酸酶结合的方法水解而制成的一种以麦芽糖为主(40%~50%以上)的糖浆,按制法与麦芽糖含量不同可分为饴糖、高麦芽糖浆和超高麦芽糖浆等(表3-2)。

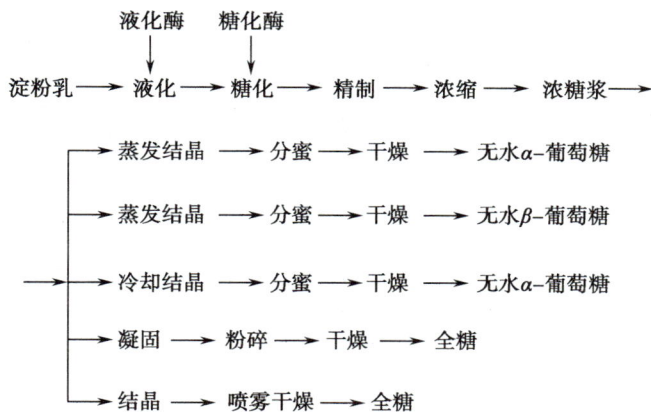

图 3-4　酶法葡萄糖生产工艺流程图

表 3-2　各类麦芽糖浆的主要糖组成成分

类别	DE 值	葡萄糖	麦芽糖	麦芽三糖	其他
饴糖	35~50	10 以下	40~60	10~20	30~40
高麦芽糖浆	35~50	0.5~3	45~70	10~25	
超高麦芽糖浆	45~60	1.5~2	70~85	8~21	

1)饴糖:饴糖为我国自古以来的一种甜食品,以淀粉质原料——大米、玉米、高粱、薯类经糖化剂作用生产的,糖分组成主要为麦芽糖、糊精及低聚糖,营养价值较高,甜味柔和、爽口,是婴幼儿的良好食品。我国特产"麻糖""酥糖",麦芽糖块、花生糖等都是饴糖的再制品。

饴糖生产根据原料形态不同,有固体糖化法与液体酶法,前者用大麦芽为糖化剂,设备简单,劳动强度大,生产效率低,后者先用 α-淀粉酶对淀粉浆进行液化,再用麸皮或麦芽进行糖化,用麸皮代替大麦芽,既节约粮食,又简化工序,现已普遍使用。但用麸皮作糖化剂,用前需对麸皮的酶活力进行测定,β-淀粉酶活力低于 2500u/g(麸皮)者不宜使用,否则用量过多,会增加过滤困难。

饴糖液体酶法生产工艺流程如图 3-5。

图 3-5　饴糖液体酶法生产工艺流程图

2)高麦芽糖浆:麦芽糖浆因含大量的糊精,具有良好的抗结晶性,食品工业中用在果酱、果冻等制造时可防止蔗糖的结晶析出,而延长商品的保存期。麦芽糖浆具有良好的发酵性,也可大量用于面包、糕点及啤酒制造,并可延长糕点的淀粉老化。高麦芽糖浆在糖果工业中用以代替酸水解生产的淀粉糖浆,不仅制品口味柔和,甜度适中,产品不易着色,而且硬糖具有良好的透明度,有较好的抗砂、抗烊性,从而可延长保存期。高麦芽糖浆因很少含有蛋白质、氨基酸等可与糖类发生美拉德反应的物质,故热稳定性好,在制造糖果时比饴糖更适合于用真空薄膜法熬糖和浇铸法成型。

在医药上用纯麦芽糖输液滴注静脉时,血糖可不致升高,适合于作为糖尿病人补充营养之用。麦芽糖氢化后可生成麦芽糖醇,这是一种甜度与蔗糖相当而热量值低的甜味剂。麦芽糖也是制造麦芽酮糖和低聚异麦芽糖的原料,后两者对肠道中有益人体的双歧乳酸菌的繁殖有促进作用,是很好的功能性食品原料。

高麦芽糖浆与饴糖的制法大同小异,只是前者的麦芽糖含量应高于普通饴糖,一般要求在 50% 以上,而且产品应是经过脱色、离子交换精制过的糖浆,其外观澄净如水,蛋白质与灰分含量极微,糖浆熬煮温度远高于饴糖,一般达到 140℃ 以上。

①普通高麦芽糖浆:制造高麦芽糖浆的糖化剂除麦芽外,也常用由甘薯、大麦、麸皮、大豆制取的 β-淀粉酶。为了保证麦芽糖生成量不低于 50%,糖化时常用脱支酶。

高麦芽糖浆制造工艺如下:干物质浓度为 30%~40% 的淀粉乳,在 pH 值 6.5 加细菌 α-淀粉酶,85℃ 液化 1 小时,使 DE 值达 10%~20%,将 pH 值调节到 5.5,加真菌 α-淀粉酶(Fungamyl 800L)(0.4kg/t),60℃ 糖化 24 小时(其时反应物中含麦芽糖 55%,麦芽三糖 19%,葡萄糖 3.8%,其他 2.2%),过滤后经活性炭脱色,真空浓缩成制品。

②超高麦芽糖浆:超高麦芽糖浆的麦芽糖含量超过 70%,其中发酵性糖的含量达 90% 或以上,麦芽糖含量超过 90% 者也称作液体麦芽糖。超高麦芽糖浆的用途不同于一般高麦芽糖浆,主要是用于制造纯麦芽糖,干燥后制成麦芽糖粉,氢化后制造麦芽糖醇等。生产超高麦芽糖浆必须并用脱支酶,为了提高麦芽糖的含量,常使用一种以上的脱支酶和糖化用酶,并严格控制液化程度,DE 值应不超过 10%。考试到黏度因素,因此底物浓度不宜太高,一般控制在 30% 以下,尤其是在制造麦芽糖含量 90% 以上的超高麦芽糖时,液化液的 DE 值应小于 1%,底物浓度也应大大降低,这样的操作必须用喷射液化法来完成。

超高麦芽糖的制法举例如下:

35% 的木薯淀粉粉浆,加入 70mg/kg $CaCl_2$,按干物质计添加 0.06% 耐热性 α-淀粉酶(Termamyl L-120),喷射液化后 DE 值 8.2%,用盐酸调节 pH 值 5.2,加 β-淀粉酶和支链淀粉酶,60℃ 水解 20~110 小时,用高效液相色谱测定糖液的组成,在单独用 β-淀粉酶时,不论酶的用量是 0.2% 或 0.4%,对麦芽糖的生成量无明显影响,即使糖化时间由 20 小时延长到 100 小时,麦芽糖的生成量也只增加 5%,但若糖化时并用支链淀粉酶,则麦芽糖生成量由 60% 增加到 80%。

(4)果葡糖浆:果葡糖浆(高果糖浆)是淀粉经 α-淀粉酶液化,葡萄糖淀粉酶糖化,得到的葡萄糖液,用葡萄糖异构酶(glucose isomerase)进行转化,将一部分葡萄糖转变成含有一定数量果糖的糖浆。如图 3-6

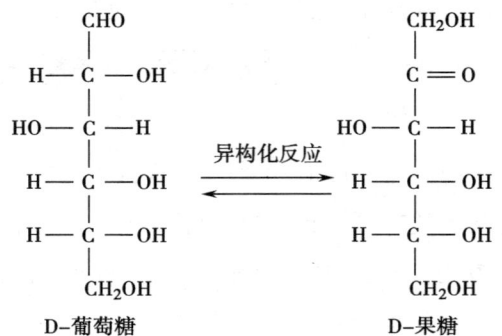

图 3-6　葡萄糖的异构化

所示,反应平衡时,其浓度71%,糖分组成为果糖42%,葡萄糖52%,低聚糖6%,甜度与蔗糖相等,称第1代产品,又称42型高果糖。42型高果糖是20世纪60年代末国外生产的一种新型甜味料,是淀粉制糖工业一大突破。

利用葡萄糖异构酶将葡萄糖转化成果糖的量达平衡状态时为42%,为了提高果糖的含量,20世纪70年代末国外研究将42型高果糖浆通过液体色层分离法分离出果糖与葡萄糖,其果糖含量达到90%,称90型高果糖。将此90型高果糖与42型高果糖比例配制成含果糖55%,称55型高果糖。液体色层分离出的葡萄糖部分再返回至异构化工序制造42型高果糖。液体色层分离法所用的吸附剂,主要为钙型阳离子树脂,近年来国外利用石油化学工业分离碳氢化合物异构体的无机吸附剂能分离出果糖,其果糖收回率达91.5%,纯度达94.3%。55型与90型称第2、第3代产品,其甜度分别比蔗糖甜10%和40%。果糖在水中的溶解度大,因此,制造结晶果糖非常困难。

果葡糖浆是淀粉糖中甜度最高的糖品,除可代替蔗糖用于各种食品加工外,还具有许多优良特性如味纯、清爽、甜度大、渗透压高、不易结晶等,可广泛应用于糖果、糕点、饮料、罐头、焙烤等食品中,提高制品的品质。

果葡糖浆的糖分组成决定于所用原料淀粉糖化液的糖分组成和异构化反应的程度。主要为葡萄糖和果糖,分子量较低,具有较高的渗透压力,不利于微生物生长,具有较高的防腐能力,有较好的食品保藏效果。这种性质有利于蜜饯、果酱类食品的应用,保藏性质好,不易发霉;且由于具有较高的渗透压,能较快地透过水果细胞组织内部,加快渗糖过程。

果葡糖浆的甜度与异构化转化率、浓度和温度有关。一般随异构化转化率的升高而增加,在浓度为15%,温度为20℃时,42的果葡糖浆甜度与蔗糖相同,55的果葡糖浆甜度为蔗糖的1.1倍,90的果葡糖浆甜度为蔗糖的1.4倍。一般果葡糖浆的甜度随浓度的增加而提高。此外,果糖在低温下甜度增加,在40℃以下,温度越低,果糖的甜度越高;反之,在40℃以上,温度越高,果糖的甜度越低。可见,果葡糖浆很适合于冷饮食品。

果葡糖浆吸湿性较强,利用果葡糖浆作为甜味剂的糕点,质地松软,储存不易变干,保鲜性能较好。

果葡糖浆的发酵性高热稳定性低,尤其适合于面包、蛋糕等发酵和焙烤类食品。发酵性好,产品多孔,松软可口。果糖的热稳定性较低,受热易分解,易与氨基酸起反应,生成有色物质具有特殊的风味,因此,使产品易获得金黄色外表并具有浓郁的焦香风味。

果葡糖浆生产工艺流程如图3-7所示。

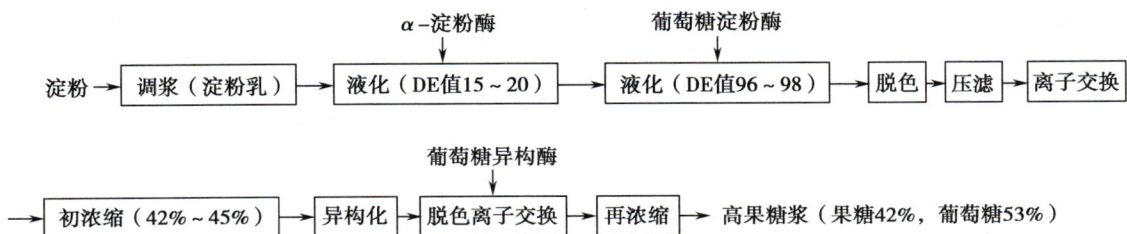

图3-7 果葡糖浆生产工艺流程

点滴积累 ╲╱

1. 常见的淀粉糖有液体葡萄糖、葡萄糖（结晶葡萄糖、全糖）、麦芽糖浆（饴糖、高麦芽糖浆、超高麦芽糖浆）、果葡糖浆等。

2. 淀粉糖加工原理有酸糖化、酶液化和酶糖化。

3. 淀粉糖酶法生产的工艺流程和关键技术包括酶液化、糖化、过滤、脱色、离子交换、浓缩。

4. 常用的淀粉糖生产用酶有 α-淀粉酶、糖化酶（葡萄糖苷酶）、β-淀粉酶等。

第二节 糖果生产技术

➤ 课堂活动

讨论：你知道糖果种类有哪些？ 压片糖果是什么，与保健品有什么关系？

一、糖果的定义与分类

1. **糖果的定义**   糖果虽然是一种很小的产品,但是品种繁多,各类糖果既存在着差异性,又存在着同一性。根据糖果所共有的特性,可以定义如下:糖果是以糖类(含单糖、双糖及功能性寡糖)或非糖甜味剂为基本组成,配以部分食品添加剂、营养素、功能活性成分,经溶解、熬煮、调和、冷却、成型、包装等单元操作,制成不同物态、质构和香味的、精美而又耐保藏的甜味固体食品。糖果是一种方面食品、趣味食品、休闲食品。

2. **糖果的分类**   糖果的花色品种繁多,各类糖果所用原料不同,生产工艺各异,但具体的品种又常常相互交叉彼此影响,所以分类方法很难统一,目前国内有如下几种分类方法:

按照糖果的软硬程度可以分为:硬糖(含水量在 2% 以下)、半软糖(含水量在 5%～10%)和软糖(含水量在 10% 以上)。

按照糖果的组成可以分为:硬糖、乳脂糖、蛋白糖、奶糖、高粱饴糖、淀粉软糖、果胶软糖、水果夹心糖等,这是国内常用的分类方法。

按照目前我国国家标准《糖果分类》(GB/T 23823-2009)将糖果分类如下:

(1)硬质糖果类(硬糖类):硬、脆的糖果。

(2)酥质糖果类(酥糖类):用食糖、碎粒果仁(酱)为主要原料制成的疏松松脆糖果。

(3)焦香糖果类(太妃糖类):以白糖、淀粉糖浆(或其他食糖)、油脂和乳制品为主料制成的,经焦香化处理,具有特殊乳脂香味和焦香味的糖果,如太妃糖。

(4)凝胶糖果类:以食用胶(或淀粉)、白砂糖和淀粉糖浆(或其他食糖)为主要原料制成的有弹性和咀嚼性的糖果。

(5)奶糖糖果类(奶糖类):以白糖、淀粉糖浆(或其他食糖)、乳制品为主料制成的糖果。

(6)胶基糖果类:用白砂糖(或甜味剂)和胶基物质制成的可咀嚼或可吹泡的糖果,如口香糖、泡泡糖等。

（7）充气糖果类：糖体内部有细密、均匀起泡的糖果,如棉花糖、牛轧糖、求斯糖等。

（8）压片糖果类：经造粒、黏合、压制成型的糖果。

（9）流质糖果：糖体呈液态（流质）的糖果,如糖果糖液型、泡沫糖液型、起泡糖液型、吹泡糖液型等。

（10）膜片糖果类：如球珠型膜片糖果。

（11）花式糖果类：如脆性型花式糖果、酥松型花式糖果、砂质型花式糖果等。

（12）其他糖果类：上述分类中未包含的糖果。

知识链接

有关糖认识的误区

糖并不是导致疾病的罪魁祸首,根据流行病学的研究结果表明,糖的摄入量与肥胖的发生率没有直接关系,脂肪的摄入才与肥胖有密切关系,糖尿病与吃糖多少更没有关系,因为糖尿病是由于胰岛的功能受损才引起的。吃糖与血脂升高也没有直接关系,应该说,影响血脂变化的主要膳食因素是饱和脂肪酸,蔗糖或果糖的摄入量很高时,才可能引起血脂升高,这是由于果糖在肝脏中的独特代谢途径所致,因此,在一般摄入量情况下,糖不引起血脂升高。

二、糖果生产所用的主要原辅料

糖果品种繁多,花色各异,所用的原辅材料多种多样,而且随着新型糖果的出现,原辅料的种类也不断更新,归纳起来主要有甜味原料、油脂原料、乳品原料、胶体原料、巧克力、咖啡及果类原料及各类食品添加剂等。对糖果专业技术人员及生产操作人员来说,了解掌握各种原辅料的理化性质、质量标准、规格、要求,以便准确选择和使用各种原辅材料,是生产出高品质产品所必需的。

1. 甜味原料　糖果的主要组成是甜味物质,称为甜味原料。常用的甜味物质有蔗糖、果糖、葡萄糖、麦芽糖、蜂蜜、淀粉糖浆、高果糖浆等天然甜味料和功能性甜味剂,如多元糖醇类、功能性低聚糖以及强力甜味剂(阿斯巴甜、甜菊苷、甘草甜素等)。功能性甜味剂是近些年来研制开发出的新型甜味料,在特殊用途的糖果中应用,如肥胖病、糖尿病、高脂血症患者专用的无糖糖果。甜味原料除了赋予糖果甜味外,还对糖果的色泽、香气、滋味、形态、质构和货架期等质量标准有着重要的影响,因此对糖果生产者来说,在设计配料时必须考虑甜味料的理化性质,即甜度、吸湿性、结晶性、溶解度、熔点、热值等。

2. 酸味剂　酸味剂是指赋予产品酸味的物质,主要应用于水果型糖果中。酸味剂能够降低和平衡糖果中过多的甜味,获得适宜的糖酸比,改善糖果的口感,并且有助于增进糖果的香味,如:柠檬酸可强化柑橘的味道,酒石酸可增加葡萄的风味。另外,酸味剂还能产生防腐作用,抑制微生物生长,产生螯合作用,抑制化学褐变。此外在凝胶型糖果中,酸味剂起到辅助凝固的作用,在高粱饴的生产中,酸剂起转化作用。

在糖果生产中经常使用的酸味剂有柠檬酸、苹果酸、乳酸、酒石酸等,其中应用最多的还是柠檬酸。

3. 胶体物质(增稠剂)　胶体在糖果制造中起着重要的作用。胶体是软糖的骨架,没有胶体就失去了软糖的特性,胶体还可使奶糖具有弹性,使蛋白糖疏松,夹心糖的果酱馅心稠厚。糖果中常用的胶体有:淀粉及变性淀粉、琼脂、果胶、明胶、阿拉伯树胶及卡拉胶等,大多是天然胶体,来源于动植物。软糖所用的主要是凝胶性胶体,具有良好的凝胶力,此外,也有合成的树脂型胶体,如聚乙酸乙烯酯等,是胶基糖的胶基成分之一。胶体种类很多,各种胶体都有各自不同的性质,如淀粉凝胶脆而不透明,琼脂凝胶脆而透明,明胶凝胶透明而富有弹性,树脂凝胶坚硬而质脆。

4. 乳化剂　乳化剂是糖果生产中应用较广的一类添加剂,能有效地降低糖果组织内油水相界面间的表面张力,使油水两相得到均匀的乳化,从而获得相对的稳定性。此外,乳化剂在物料分散,保持水分,延迟淀粉老化,改善泡沫性能,调节黏度,提高成型性能,改善产品的香味与组织的适口性,控制糖果结晶等方面有显著的作用。糖果中常用乳化剂有磷脂、单硬脂酸甘油酯、蔗糖脂肪酸酯、斯潘(Span)、吐温(Tween)等。

5. 发泡剂　发泡剂亦是一种表面活性剂,作用是降低界面间的表面张力,并使发泡剂很快地吸附在气液界面上,使得每个气泡周围形成一层保护膜,从而使气泡稳定而均匀分散。发泡剂是充气糖果的重要组成成分之一,发泡剂产生气泡的功能特性对糖果的充气过程具有极其重要的作用。应用于糖果工业的发泡剂都是不同类型的蛋白质。传统的发泡剂有卵白蛋白和明胶,新型发泡剂有乳蛋白发泡剂、大豆蛋白发泡剂等。

6. 着色剂与香味剂　色、香、味是糖果重要的感官指标,为了得到色、香、味俱佳的产品,往往需要用着色剂、香味剂等进行调配,它们的用量虽少,但对糖果的质量将产生重要的影响,使各类糖果具备各自的特点。

(1)着色剂:在糖果中应用的天然着色剂有:叶绿素铜钠、β-胡萝卜素、甜菜红、姜黄素、红花黄、焦糖色、红曲红、栀子蓝等。人工合成色素价格低廉,色泽鲜艳齐全,染着性强、坚牢度大,稳定性好,但是均有一定的毒性(ADI值一般在0.15~12.5mg/kg)。目前我国允许使用的人工合成着色剂有:苋菜红、胭脂红、赤藓红、新红、柠檬黄、日落黄、亮蓝、靛蓝等。

(2)香味剂(香精香料):能赋予食品以香气或同时赋予特殊滋味的食品添加剂。在糖果制造中,为了使某种糖果显示其风味特征,有时需要添加少量的香精香料。

在糖果生产中应用最广的是香精,并且一般采用热稳性高的油溶性香精,主要有甘草浸膏(硬糖、胶姆糖,用量为130~2900mg/kg)、墨红花浸膏、茉莉浸膏(用量为1.0~3.4mg/kg)、桂花浸膏、桉叶油(130mg/kg)、橙叶油(5.3mg/kg)、玫瑰花油(2.6~15mg/kg)、橘子油(350mg/kg)、丁香油(320~1800mg/kg)、留兰香油或绿薄荷油(830~6200mg/kg)、甜橙油(1000mg/kg)、薄荷油、薄荷素油(0.6mg/kg)、天然薄荷脑(400mg/kg)等。

7. 乳与乳制品　乳与乳制品是糖果和巧克力生产中的一种重要原料。奶糖、焦香糖果、巧克力制品等中含有丰富的乳与乳制品,硬糖中的奶油糖、椰子糖、花生脆、花生牛轧等也含有一定量的乳制品。乳与乳制品赋予糖果诱人的香味,提高糖的营养价值,而且由于乳品具有乳化作用,能使糖果组织细腻。乳固体在熬制过程中,能使黏稠的糖浆乳化,趋于疏松。咀嚼时,溶化的糖浆成为一种浓厚的乳化体,使舌上有滑腻的感觉。

乳与乳制品的种类很多,在糖果中应用的有鲜牛乳、奶油、炼乳、乳粉及酸奶等,不同的糖果选用的乳与乳制品种类不同。

8. 油脂 油脂是许多种糖果和巧克力制品的重要配料,可提高产品的营养价值,改善产品色泽、风味、质构、形态和保存性。糖果所使用的油脂要求具有适宜的硬度、塑性、黏度、口溶性和稳定性,色泽浅且明亮,组织细腻,香气纯正宜人。此外,熔点、碘值、皂化值要适当。糖果中应用较多的油脂有猪脂、氢化油、奶油、人造奶油、可可脂等。

9. 巧克力与咖啡 巧克力是由可可粉或可可脂、砂糖、乳制品、香料和表面活性剂等为基本原料,经过混合、精磨、精炼、调温、浇模、成型等系列工序加工而成的,具有独特的色泽、香气、滋味和精细质感的、精美的甜香固态食品。

牛奶巧克力具有乳的优美香味,在加工过程中,乳蛋白质和糖还产生焦香风味,因此牛奶巧克力兼有可可和乳两大香味物质的特点,受到越来越多消费者的喜爱,其产量占世界巧克力总产量的85%左右。巧克力中还可添加不同香料,如香兰素、乙基香兰素、乙基麦芽酚、麦芽醇,以进一步完善丰富巧克力总的香味特征。

咖啡的抽提浓缩汁,可应用于咖啡硬糖、方登糖等中;咖啡与植物硬脂或可可脂在精磨机中磨成的咖啡酱体,可添加于夹心焦香糖果中;由咖啡制成的速溶咖啡亦可应用于糖果中,获得优美的风味。

10. 干果仁、果脯、果酱、果干 干果仁、果脯、果酱、果干等可作为填充料与夹芯的芯材来配制一些别具风味的花色品种,如:果仁巧克力、猕猴桃夹心软糖、花生酥糖等。在糖果中应用的果品有干果果仁和水果制品两类。

果仁包括核桃仁、杏仁、榛子仁、松子仁、花生仁、芝麻等,一般都富含油脂与蛋白质,具有独特的香气和滋味,是糖果很好的辅料。水果制品包括果酱、果脯、果干、果肉等,由于水果制品的风味且天然,可改善糖果的香味和滋味。

11. 防腐剂 软糖中加入胶体,含水量大,微生物容易生长繁殖,为了延长软糖的货架期,可添加防腐剂来杀死微生物或抑制其增殖。根据《食品添加剂使用标准》(GB 2760-2014),软糖中允许使用的防腐剂为:苯甲酸、苯甲酸钠、山梨酸、山梨酸钾。

12. 缓冲剂 为了使糖果制造过程保持在较小的pH范围内进行,可在加热过程中加入缓冲剂,常用的缓冲剂有:酒石酸氢钾,用量为0.05%~0.25%;柠檬酸钠与柠檬酸钾,用量一般≤1.0%;柠檬酸钙,用量为≤2.0%;葡萄糖酸钙与乳酸钙,用量一般≤0.25%;醋酸钠与亚硫酸氢钠,用量一般≤0.02%。

13. 保湿剂 在糖果中加入保湿剂,可使糖果在制造过程及后期保藏中保持应有的湿润,避免干燥、硬结或脆裂。常用的保湿剂有:甘油(丙三醇),用量不超过1.0%;山梨醇,软糖中用量一般为

2.5%～12.5%,椰子干中用量为 2.5%～8.5%;甘露醇,用量不超过 1.0%;丙二醇,巧克力制品中用量一般不超过 1.4%。

14. 被膜剂　能赋予食品保质、保鲜、上光等作用的被覆盖于食品表面的添加剂称为被膜剂。应用于糖果食品加工的被膜剂,主要作用是防潮防黏,表面上光起装饰作用。常用的被膜剂有石蜡、虫胶、白虫胶。

15. 营养强化剂　为了增强和补充糖果的营养,可在糖果中添加一定量的强化剂。强化剂的使用可参照《食品营养强化剂使用标准》(GB 14880-2012)。糖果中常用的强化剂有维生素、无机盐、氨基酸等。

三、糖果制作原理

1. 返砂或发烊　发烊和返砂是糖果的主要质量变化问题,尤其是硬糖,当发烊、返砂后,其商品价值就要降低。控制产品的发烊和返砂的速度也是衡量工艺技术水平的重要内容。

(1)发烊:当透明似玻璃状的无定形状态的硬糖基体无保护地暴露在湿度较高的空气中时,由于其本身的吸水气性,开始吸收周围的水气分子,在一定时间后,糖体表面逐渐发黏和混浊,这种现象称为轻微发烊。如空气的湿度不再增加,开始发黏的硬糖就继续吸收周围的水气分子,硬糖表面黏度迅速降低,表面呈溶化状态,并失去其固有的外形,这种现象称为发烊。持续发烊的过程实质上就是硬糖从原来过饱和溶液状态变为饱和的溶液状态,至此,硬糖完全溶化,即为严重发烊。

(2)返砂:硬糖的返砂是指其组成中的糖类从无定形状态重新恢复为结晶状态的现象。一般的规律是,经吸收水气并呈发烊的硬糖表面,在周围相对湿度降低时,表面的水分子获得重新扩散到空气中去的机会,水分扩散导致表面溶化的糖类分子重新排列形成结晶体,这是一层细小而坚实的白色晶粒,硬糖原有的透明性完全消失,这种现象称为返砂。

发烊和返砂可以反复交替进行,发烊导致返砂,返砂后的糖体在一定条件下又可继续发烊,再返砂,如此循环不止,直到硬糖的整个糖体完全返砂。这一过程由表及里地进行,形成一层层细小的白色砂层,返砂后的硬糖质构同时失去原来光滑的舌感,变得粗糙。

上述的返砂现象一般是在商品流通过程中发生的,发烊和返砂都是硬糖常见的质变现象。这表明无定形状态的硬糖具有不稳定的双重性:第一,吸水气性;第二,重结晶性。这是一个问题的两个方面,阻止或推迟这两种倾向一直是无定形硬糖生产工艺中的一项重要课题。

但是,在非透明硬糖或其他糖果的工艺过程中这种返砂不能一概视作变质现象,相反,还应在规定的技术条件下控制进行。糖果由于在控制下产生精细的结晶体,是工艺的特定要求,其含义就不同于这里阐述的硬糖因自然返砂而引起的质变。

2. 平衡相对湿度　每种糖果都有自己的平衡相对湿度,简称 Erh 值。包含一定水分的糖果暴露在大气中或把不同吸水气性的糖果放在一起,都会发生释放或吸收水分的倾向。

糖果处于平衡相对湿度时,周围空气中水气的分压与糖果表面的蒸汽压之间建立着平衡关系,空气的相对湿度越大,水气的分压也越大,糖果的平衡相对湿度也越大,直到糖果本身与外界大气或糖果与糖果相互间的蒸汽压相等为止。当达到平衡相对湿度时,糖果就不再吸收或释放水分了。

含水量较低的硬糖,在一般相对湿度下倾向于从周围吸收水分,直至达到平衡相对湿度。随硬糖的基本组成不同,其吸水气性也不同。

影响糖果平衡相对湿度的主要因素为:

(1)糖果基本组成中结晶蔗糖、非结晶糖和水分的百分比;

(2)糖类以外其他物质(如酸、盐等)的存在;

(3)各种可溶性干物质对水分分子量比值间的总和。

硬糖的标准平衡相对湿度应不超过30%,超过这一限度,制品将不同程度地从外界吸收水分,直到建立新的平衡相对湿度为止。试验与实践表明,硬糖吸收外界水汽是从相对湿度30%开始,从相对湿度50%就转而明显,当达到70%以上,吸水性大大加快,当外界的湿度达到饱和时,硬糖因吸水而严重烊化,因此,硬糖的标准平衡相对湿度应低于30%。

四、生产设备

1. **化糖、熬煮设备**　如夹层锅、真空浓缩煮糖锅、真空连续煮糖机。

2. **冷却设备**　如水环式冷却台。

3. **充气设备**　如棉花糖充气搅拌锅等。

4. **混合搅拌设备**

5. **成型设备**　如酥心糖成型机、软糖浇注成型机、棒糖成型机、巧克力豆自动成型机等。

6. **包装设备**　如各种糖果包装机。

五、糖果的生产配方与工艺流程

1. 硬糖、乳脂糖果类

(1)生产工艺:详见图3-8。

砂糖、淀粉糖浆 ⟶ 溶糖 ⟶ 过滤 ⟶ 油脂混合(乳脂糖果) ⟶ 熬煮 ⟶ 充气(充气糖果) ⟶

冷却 ⟶ 调和 ⟶ 成型 ⟶ 冷却 ⟶ 挑选 ⟶ 包装

图 3-8　硬糖、乳脂糖生产工艺流程图

(2)参考配方:详见表3-3、表3-4。

表 3-3　粉质夹心糖配方

原料名称	用量	原料名称		用量
砂糖	22kg	着色剂		微量
果脯糖浆	11kg	糖芯料	糖粉	3kg
柠檬酸	265g		柠檬酸	100g
水果香精	77g		水果香精	10g

表 3-4　真空熬糖配方　　　　　　　　　　　　　　　　　　单位:kg

原料名称	水果味	奶油味	椰子味
砂糖	17.5	18	16
果葡糖浆	8.75	8.25	8.25
奶油	—	0.5	
椰子油	—	—	1
柠檬酸	0.15~0.25		
食盐	—	0.05	—
香兰素	—	0.005	0.005
香精	0.04~0.05	0.02	0.02
着色剂	适量	—	—
乳粉	—	0.25	0.2

2. 凝胶糖果

(1)生产工艺流程:详见图 3-9。

砂糖、淀粉糖浆 → 溶糖 → 过滤 → 凝胶剂熬煮 → 浇模 → 干燥 → (筛分 → 清粉 → 拌砂 →)包装

图 3-9　凝胶糖果生产工艺流程图

(2)生产配方:详见表 3-5~表 3-7。

表 3-5　淀粉软糖配方

原料名称	配方比例%	配方实例%	原料名称	配方比例%	配方实例%
砂糖	42~45	43.5	柠檬酸	0.4~1	0.5
淀粉糖浆	42~45	43.5	香料	0.05~0.1	0.06
变性淀粉	7~15	12.43	着色剂	0.01 以下	0.01 以下

注:配方中不包括拌砂用砂糖,一般约为 25%左右。

表 3-6　琼脂软糖配方

原料名称	配方 1	配方 2	配方 3
砂糖	3kg	16kg	36kg
淀粉糖浆	7kg	32kg	60kg
琼脂	0.25kg	0.9kg	2.2kg
果汁	—	—	3kg
柠檬酸	6g	—	—

续表

原料名称	配方 1	配方 2	配方 3
香精	10ml	115ml	480ml
着色剂	1g	4.5g	—
苯甲酸钠	—	—	80g

表 3-7 明胶软糖配方   单位:kg

原料名称	配方 1	配方 2	原料名称	配方 1	配方 2
砂糖	40	43.5	柠檬酸	0.5	0.35
淀粉糖浆	32.5	35	柠檬酸钠	0.1	—
转化糖浆	15	—	水果香精	适量	适量
明胶	4.8	4	着色剂	0.01 以下	0.01 以下

3. 胶基糖果

(1)工艺流程:详见图 3-10。

胶基预热 ⟶ 搅拌(加入各种原料和添加剂) ⟶ 出料 ⟶ 成型 ⟶ 包装

图 3-10 胶基糖果生产工艺流程图

(2)生产配方:详见表 3-8、表 3-9。

表 3-8 胶姆糖配方   单位:kg

原料名称	国内普通产品	美国里格莱公司	日本乐特公司
胶基	18	19.4	25
糖粉	80	59.7	30
葡萄糖浆	20	19.8	10
香料	0.8	0.6	0.8
甘油	—	0.5	0.5
粉末葡萄糖	—	—	30

表 3-9 泡泡糖配方   单位:kg

原料名称	国内普通产品	美国里格莱公司	日本乐特公司
胶基	15	26	19.8
糖粉	52.5	54.3	57.6
葡萄糖浆	15	17	19.8
香料	0.5	0.7	0.5
甘油	—	2	2

4. 压片糖果

（1）基本工艺流程：详见图 3-11。

制糖粉 → 配料 → 混合 → 造粒 → 干燥 → 整粒 → 压片成型

图 3-11　压片糖果生产工艺流程图

（2）生产配方：详见表 3-10。

表 3-10　泡腾片配方　　　　　　　　　　　　　　单位：g

原料名称	用量	原料名称	用量
碳酸氢钠	700.0	制浆用淀粉	180.0
柠檬酸	650.0	硬脂酸镁	35.0
内加淀粉	1655.2	95%乙醇	390.0

点滴积累 ∨ ....

1. 糖果根据国家标准《糖果分类》（GB/T 23823-2009）进行分类。

2. 糖果制作的主要原辅料与功能。

3. 糖果加工品质需要控制返砂或发烊，平衡相对湿度。

目标检测

一、单项选择题

1. 酵母不能发酵的糖是（　　）

　　A. 果糖　　　　　　　　　　　　B. 麦芽糖

　　C. 蔗糖　　　　　　　　　　　　D. 低聚糖

2. 最易结晶的糖是（　　）

　　A. 蔗糖　　　　　　　　　　　　B. 果葡糖浆

　　C. 果糖　　　　　　　　　　　　D. 麦芽糖

3. 吸湿性最高的糖是（　　）

　　A. 蔗糖　　　　　　　　　　　　B. 葡萄糖

　　C. 果糖　　　　　　　　　　　　D. 麦芽糖

二、简答题

1. 淀粉糖的种类有哪些？

2. 对比各种淀粉糖的性质特点。

3. 酸糖化的机制是什么？影响酸糖化的因素有哪些？

4. 酶法生产淀粉糖为什么要经过液化？液化的机制是什么？液化程度控制在什么范围较好？

5. 糖化的机制是什么？

6. 超高麦芽糖的生产方法有哪几种？

7. 什么是淀粉糖的 DE 值？

8. 淀粉制作成淀粉糖的主要方法有哪些？

9. 什么是硬糖的发烊和返砂？

ER-03章习题

第四章

饮料加工技术

导学情景 ∨ ···

情景描述

    中国饮料业作为一个高速发展的行业，已经从最初的汽水发展成为包括碳酸饮料、果汁饮料、功能饮料、饮用水、含乳饮料等在内的各种饮料体系，生产量和消费量不断攀升，市场规模不断扩大。但是随着各大饮料厂家产能扩大，产能过剩问题已经出现，市场上供过于求的局面已经形成。市场竞争将不断刺激各大企业加强市场研发和创新，开发适应不同消费需求的健康饮品，打造各具特色的饮料品种。

学前导语

    本章内容，我们将学习市场上形形色色的各种饮料是如何加工制造出来的。

第一节　饮料的定义与分类

一、饮料定义

    饮料是指以水为基本原料，由不同的配方和制造工艺生产出来，供人们直接饮用的液体食品。饮料除提供水分外，由于在不同品种的饮料中含有不等量的糖、酸、乳以及各种氨基酸、维生素、无机盐等营养成分，因此有一定的营养。

    硬饮料：酒精饮料，含酒精饮料，如啤酒、香槟等含酒精饮料。

    软饮料：非酒精饮料，无酒精饮料，如碳酸饮料、果汁饮料等。可含 0.5% 酒精作为香料溶剂，另外发酵饮料可能产生微量酒精。

    根据国家标准 GB/T 10789-2015《饮料通则》，其中规定了饮料的定义：

    饮料（或饮品）是经过定量包装的，供直接饮用或按一定比例用水冲调或冲泡饮用的，乙醇含量（质量分数）不超过为 0.5% 的制品。也可为饮料浓浆或固体形态。

二、饮料分类

    根据国家标准 GB/T 10789-2015《饮料通则》，饮料按原料和产品性状分为 11 类：

    1. 包装饮用水　以直接来源于地表、地下或公共供水系统的水为水源，经加工制成的密封于容器中可直接饮用的水，如饮用天然矿泉水、饮用纯净水及其他类饮用水（饮用天然泉水、饮用天然水等）。

2. **果蔬汁类及其饮料**　用水果和(或)蔬菜(包括可食的根、茎、叶、花、果实)等为原料,经加工或发酵制成的饮料,如果蔬汁(浆)、浓缩果蔬汁(浆)、果蔬汁(浆)类饮料等。

3. **蛋白饮料**　以乳或乳制品,或其他动物来源的可食用蛋白,或含有一定蛋白质的植物的果实、种子或种仁等为原料,添加或不添加其他食品原辅料和(或)食品添加剂,经加工或发酵制成的液体饮料,如含乳饮料、植物蛋白饮料和复合蛋白饮料等。

4. **碳酸饮料(汽水)**　以食品原辅料和(或)食品添加剂为基础,经加工制成的,在一定条件下充入二氧化碳气体的液体饮料,如果汁型、果味型和可乐型碳酸饮料等,不包括由发酵自身产生的二氧化碳气体的饮料。

5. **特殊用途饮料**　加入具有特定成分的适应所有或某些人群需要的饮料,如运动饮料、营养素饮料、能量饮料、电解质饮料以及其他特殊用途饮料等。

6. **风味饮料**　以糖(包括食糖和淀粉糖)和(或)甜味料、酸度调节剂、食用香精(料)等的一种或多种作为调整风味的主要手段,经加工或发酵制成的液体饮料,如茶味饮料、果味饮料、乳味饮料、咖啡味饮料、风味水饮料等。注:不经调色处理,不添加糖(包括食糖和淀粉糖)的风味饮料称为风味水饮料,如苏打水饮料、薄荷水饮料、玫瑰水饮料等。

7. **茶(类)饮料类**　以茶叶或茶叶的水提取液或其浓缩液、茶粉(包括速溶茶粉和研磨茶粉)或直接以茶的鲜叶为原料,添加或不添加食品原辅料和(或)食品添加剂,经加工制成的液体饮料,如原茶汁(茶汤)/纯茶饮料、茶浓缩液、果汁茶饮料、奶茶饮料、复(混)合茶饮料、其他茶饮料等。

8. **咖啡(类)饮料**　以咖啡豆和(或)咖啡制品(研磨咖啡粉、咖啡的提取液或其浓缩液、速溶咖啡粉等)为原料,添加或不添加糖(食糖、淀粉糖)、乳和(或)乳制品、植脂沫等食品原辅料和(或)食品添加剂,经加工制成的液体饮料,如浓咖啡饮料、咖啡饮料、低咖啡因咖啡饮料、低咖啡因浓咖啡饮料等。

9. **植物饮料**　以植物或植物提取液为原料,添加或不添加食品原辅料和(或)食品添加剂,经加工或发酵制成的液体饮料,如可可饮料、谷物类饮料、草本(本草)饮料、食用菌饮料、藻类饮料、其他植物类饮料,不包括果蔬汁类及其饮料、茶(类)饮料和咖啡(类)饮料。

10. **固体饮料类**　用食品原料、食品添加剂等加工制成粉末状、颗粒状或块状等,供冲调或冲泡饮用的固态制品,如风味型固体饮料、果蔬固体饮料、蛋白固体饮料、茶固体饮料、咖啡固体饮料、植物固体饮料、特殊用途固体饮料、其他固体饮料等。

11. **其他类饮料**

三、我国饮料行业现状

> **知识链接**
>
> 我国饮料行业发展的 5 次浪潮
>
> 第 1 次碳酸饮料浪潮,20 世纪 90 年代初,以健力宝、天府可乐等中国可乐以及可口可乐、百事可乐为主导;
>
> 第 2 次瓶装饮用水浪潮,20 世纪 90 年代娃哈哈、乐百氏借助瓶装饮用水兴起迅速崛起;

第 3 次茶饮料浪潮，1996 年旭日升冰茶开始热销，康师傅从 1999 年开始在茶饮料市场发力，至今市场形成以康师傅、统一、娃哈哈为主导的三大茶饮料品牌；

第 4 次果汁饮料浪潮，2001 年统一推出鲜橙多果汁饮料一举成功。康师傅、鲜の每日 C、娃哈哈果汁、酷儿、农夫果园等跟进，兴起果汁饮料消费高潮；

第 5 次功能性饮料浪潮，2004 年出现了以乐百氏的"脉动"、娃哈哈的"激活"等运动型饮料为代表的功能性饮料新一波浪潮，此后兴起的王老吉（加多宝）凉茶也带动了整个凉茶品类的浪潮，但是凉茶也应该算是功能性饮料的范畴。

回顾我国饮料产业的发展过程，不难发现，现有的饮料市场强势品牌几乎都是伴随着某一个品类的兴起而成长起来的。

随着消费群体、消费观念以及消费习惯的转变，饮料行业从目前的产品结构的变化趋势看，品种结构不断优化，健康型饮料比重不断上升，碳酸饮料份额呈下降趋势。据中国食品工业协会行业统计调查，2016 年，包装饮用水类饮料的比重继续加大，占到 51.6%；碳酸饮料类比重为 9.6%；果汁和蔬菜汁类比重为 13.1%；除了以上 3 大类饮料以外的饮料比重为 25.7%。而在"非三大"饮料中，2016 年，凉茶行业市场销售收入达 561.2 亿元，同比增长 4.2%，占整个饮料行业市场份额的 8.8%，继续保持较好的增长趋势，已经位居饮料行业第 4 大品类。我国饮料产品结构正趋于合理，低热量饮料和健康营养饮料、凉茶饮料、活菌型含乳饮料等前景良好。

点滴积累

1. 饮料是指以水为基本原料，由不同的配方和制造工艺生产出来，供人们直接饮用的液体食品。
2. 饮料按原料和产品性状分为 11 类。

第二节　饮料用水及水处理

▶ **课堂活动**

长江，作为中华民族的母亲河，是中国经济社会发展的重要支撑，也是连接"丝绸之路经济带"和"21 世纪海上丝绸之路"的重要纽带。但是近年来，由于长江干流和支流的局部地区频频出现严重的农业污染和工业污染，长江中下游的水质已达不到我国生活用水质量标准。请问，如果让长江水变成直饮水，需采用哪些水处理方法？

水是饮料生产的主要原料，占 85%～95%。水质的好坏直接影响着成品的质量，制约着饮料生产企业的生存和发展。因此，全面了解水的各种性质，对于饮料用水的处理工作显得尤为重要。

一、饮料用水分类与水质要求

1. 天然水的分类及其特点

（1）地表水：地表水是指地球表面所存积的水，包括河水、江水、湖水、水库水、池塘水和浅井水等。其中含有各种有机物质及无机物质，污染严重，必须经过严格的水处理方能饮用。

（2）地下水：地下水是指经过地层的渗透和过滤，进入地层并存积在地层中的天然水，主要是指井水、泉水和自流井水等。其中含有较多的矿物质，如铁、镁、钙等，硬度和碱度都比较高。

（3）城市自来水：城市自来水是指地表水经过适当的处理工艺，水质达到生活用水标准、并通过管网输送的一种生活和工业用水，其特点是在理化和卫生指标上都符合一定的标准。

2. 天然水中的杂质及其对水质的影响

天然水中含有许多杂质，按其微粒分散程度，可分为3大类，即悬浮物质、胶体物质和溶解物质（图4-1）。

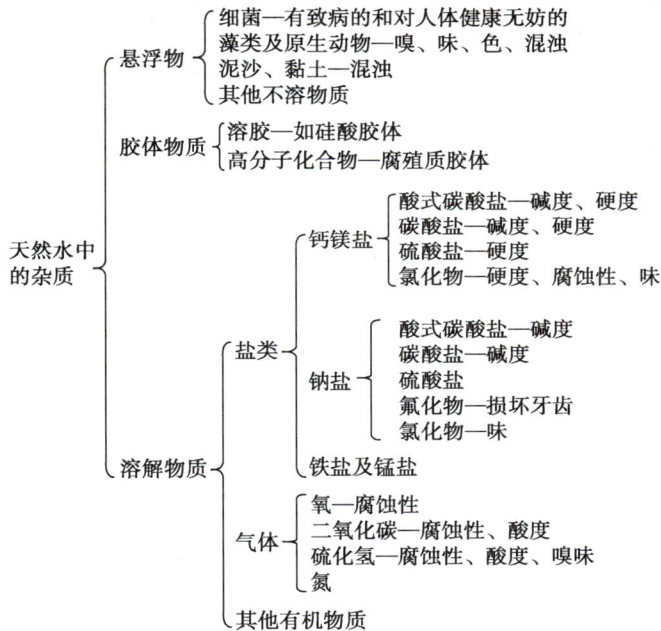

图 4-1 天然水中的杂质及影响

（1）悬浮物质：天然水中凡是粒径大于 $0.2\mu m$ 的杂质统称为悬浮物。这类物质主要包括以下成分：泥沙、微生物、虫类、浮游生物等。

悬浮物质在成品饮料中会升到瓶颈或产生沉淀，结果使成品出现瓶底积垢或絮状沉淀的蓬松性微粒。有害的微生物不仅影响产品风味，而且还会导致产品变质。此外，悬浮物质会使碳酸饮料瓶内二氧化碳迅速消耗，使瓶内汽水高度不一致，影响产品质量。

（2）胶体物质：胶体物质粒径的大小在 $0.001\sim0.2\mu m$。这类物质多数是黏土性无机胶体和一些动植物残骸经过腐蚀分解的腐殖质胶体。

胶体物质在成品饮料中会造成饮料混浊、带色等质量问题。

（3）溶解物质：溶解物质粒径在 $0.001\mu m$ 以下，这类物质以分子或离子状态存在于水中。溶解物主要是盐类、气体和其他有机物。

溶解气体在碳酸饮料中会影响 CO_2 的溶解量及产生异味,溶解盐类构成了水的硬度和碱度。

3. 水的硬度与碱度

(1)水的硬度:硬度是指水中离子沉淀肥皂的能力。

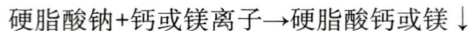

$$硬脂酸钠+钙或镁离子\rightarrow硬脂酸钙或镁\downarrow$$

所以,水的硬度取决于水中钙、镁离子的含量。换句话说,通常水的硬度指的是水中钙、镁离子盐类的含量。

水的硬度分为总硬度、碳酸盐硬度和非碳酸盐硬度。

碳酸盐硬度(又称暂时硬度),主要化学成分是钙、镁的重碳酸盐,其次是钙、镁的碳酸盐。由于这些盐类一经加热煮沸就分解成为溶解度很小的碳酸盐,硬度大部分可除去,故又称暂时硬度。

非碳酸盐硬度(又称永久硬度)表示水中钙、镁的氯化物($CaCl_2$、$MgCl_2$)、硫酸盐($CaSO_4$、$MgSO_4$)、硝酸盐$[Ca(NO_3)_2,Mg(NO_3)_2]$等盐类的含量。这些盐类经加热煮沸不会发生沉淀,硬度不变化,故又称永久硬度。

水的总硬度是暂时硬度和永久硬度之和。

目前水的硬度标准单位是 mmol/L(毫摩尔每升),在国内常用的硬度单位是 mg/L(毫克每升)、mmol/L(毫摩尔每升)。

饮料用水的水质,要求硬度小于 3.03mmol/L。硬度高会产生碳酸钙沉淀,影响产品口味及质量,这样的水要进行软化处理。

(2)水的碱度:水的碱度是指水中能够接受 H^+ 与强酸进行中和反应的物质含量。水中产生碱度的物质主要由碳酸盐产生的碳酸盐碱度和碳酸氢盐产生的碳酸氢盐碱度,以及由氢氧化物存在而产生的氢氧化物碱度。所以,碱度是表示水中 CO_3^{2-}、HCO_3^-、OH^- 及其他一些弱酸盐类的总和。这些盐类的水溶液都呈碱性,可以用酸来中和。通常饮用水的 pH 为 6.5~8.5,碱度过高的水会中和饮料的酸性使饮料变味,又会使饮料中微生物更容易存活,故不适于饮料的生产。

二、饮料用水处理

一般情况下,无论使用哪种水源,都不一定完全符合饮料生产的要求,必须首先进行水的处理,以得到符合工艺和品质要求的原料水。

1. 水处理目的　概括起来,水处理的主要目的有:①保持用水的水质稳定和一致;②除去水中的悬浮物和胶体;③去除异臭异味;④脱色;⑤将水的碱度降到标准限度以下;⑥去除微生物,使微生物指标符合规定标准。水处理的具体方案选择则应根据原水的水质、水的用途、饮料产品的类型(透明与混浊、碳酸与非碳酸等)和包装容器的种类等决定。

2. 水处理方法　水处理的方法有很多,在生产上主要包括 3 个方面:

其一,去除水中不溶性物质的方法,如混凝、沉淀、过滤等。主要是为了去除水中的悬浮物质、胶体物质以及一些浮游生物、微生物菌体。

其二,改变水中溶解性物质的方法,如硬水软化、离子交换、电渗析与反渗透除盐、矿化等。主要是通过降低水中溶解性物体含量或调整原有溶解性物质间比例关系,或掺入新的物质成分,使天然水符合工艺用水标准。

其三,杀灭水中微生物的方法,如氯气消毒、紫外线杀菌、臭氧杀菌等。主要是为了将水中所含的微生物降低到规定所要求的不致对人体产生危害和对饮料质量产生损害的程度。

这些方法各有其特点和要求,应当针对水中杂质的性质以及工艺用水的水质要求和经济许可能力,采用不同的处理方法组合成经济合理的水处理系统以达到最佳的处理效果。其中混凝、沉淀主要适用于地表原水的处理,饮料厂用水更多使用的是地下水和自来水。因此,过滤净化、软化、消毒是饮料生产上水处理的主要环节。

(1)过滤:过滤是利用多孔性或具有孔隙结构的滤料层,对水中的悬浮性物质、胶体物质、部分微生物及其他一些微细颗粒的吸附截留作用,将水中杂质去除的一种水处理方法。一般的软饮料用水均需经过滤处理。

过滤操作中,常用的过滤材料有粒状的石英砂、磁铁矿石、活性炭等,有粉末状的硅藻土、珍珠岩粉等,有纤维状的棉饼等,有滤芯状的砂芯滤棒、不锈钢烧结滤芯及薄膜等。许多新型的滤料还在不断地开发应用之中。一般来说由于滤料在过滤和冲洗过程中,要承受一定的压力和碰撞磨损、所以要求它应具有足够的机械强度。为避免过滤中滤料发生溶解或反应产生有毒有害物质,滤料还应具有良好的化学稳定性。此外,为保证对杂质的有效滤除还要求滤料具有巨大的比表面积和强大的吸附能力。

1)活性炭滤料:活性炭是一种常用的过滤材料,由于活性炭具有巨大的比表面积和极小的孔隙,因而具有强烈的吸附截留杂质的能力,无论是有机物还是无机物都可以被活性炭所吸附,对水中的溶解性气体、胶态固体以及呈色成分等具有良好的去除能力。在软饮料生产中,活性炭主要有3种作用:其一是在水处理中用于过滤去除水中的不溶性杂质,水中可溶性气体,水中异臭和呈色成分;其二是在糖浆净化处理中,用于去除糖中杂质;其三是在二氧化碳净化中用于去除异臭。

2)硅藻土滤料:这也是一种常用的过滤材料,常用于细小粒子的去除。基本使用方法是,先将硅藻土投入原水中搅拌、作用,使水中粒子吸附沉降,然后再经滤层(滤布、滤网)过滤净化。这种方法也适用于澄清果汁的过滤处理。

3)砂棒过滤器:砂棒过滤器是最常用的水过滤装置之一,被广泛应用在饮料生产上。

砂棒过滤的基本原理:砂滤棒又名砂芯,采用细微颗粒的硅藻土和骨灰等可燃性物质,在高温下焙烧使其熔化,可燃性物质变为气体逸散,形成直径 $0.16\sim0.41\mu m$ 的小孔,待处理水在外压作用下,通过砂滤棒的微小孔隙,水中存在的少量有机物及微生物被微孔吸附截留在沙滤器表面。滤出的水,可达到基本无菌状态。

使用中应注意问题:砂滤棒使用一段时间后,砂芯外壁逐渐挂垢而降低滤水量。这时则必须停机,卸出砂芯,对砂芯进行处理。方法是堵住滤芯出水嘴,浸泡在水中,用水砂纸轻轻擦去砂芯表面被污染层,至砂芯恢复原色,即可安装重新使用。

若使用洗涤剂,也可以做到封闭冲洗,不用卸出砂芯。

砂滤棒在使用前均需消毒处理,一般用 75% 酒精或 0.2% 新洁尔灭,或 10% 漂白粉,注入砂滤棒内,堵住出水口,使消毒液和内壁完全接触,数分钟后倒出。安装时,凡是与净水接触的部分都要进行消毒。

(2)软化:水源中占溶解杂质总量比例大的有 6 种离子,即 Ca^{2+}、Mg^{2+}、Na^+、HCO_3^-、SO_4^{2-} 和 Cl^-。通常将只降低水中 Ca^{2+} 和 Mg^{2+} 含量的处理称为水的软化,而将降低全部阳离子和全部阴离子含量的处理称为水的除盐。

1)石灰软化法:在不加热的条件下,向水中投入石灰可以除去 Ca^{2+}、Mg^{2+},达到软化水质的目的,这种方法称为石灰软化法,常用于工业用水的处理。

将生石灰 CaO 配成石灰乳:$CaO+H_2O \rightarrow Ca(OH)_2$

用石灰乳除去水中重碳酸钙、重碳酸镁和二氧化碳:

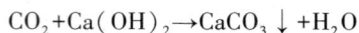

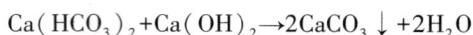

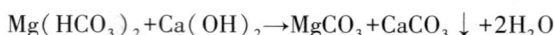

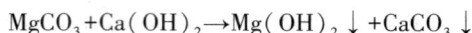

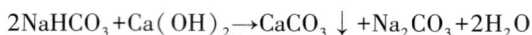

$$CO_2+Ca(OH)_2 \rightarrow CaCO_3 \downarrow +H_2O$$

$$Ca(HCO_3)_2+Ca(OH)_2 \rightarrow 2CaCO_3 \downarrow +2H_2O$$

$$Mg(HCO_3)_2+Ca(OH)_2 \rightarrow MgCO_3+CaCO_3 \downarrow +2H_2O$$

$$MgCO_3+Ca(OH)_2 \rightarrow Mg(OH)_2 \downarrow +CaCO_3 \downarrow$$

$$2NaHCO_3+Ca(OH)_2 \rightarrow CaCO_3 \downarrow +Na_2CO_3+2H_2O$$

石灰的添加量根据经验可按每降低 $1m^3$ 水中暂时硬度 1 度,添加 10g 纯 CaO。

2)离子交换软化法:离子交换法即利用离子交换剂把原水中人们所不需要的离子暂时占有,然后再将它释放到再生液中,使水得到软化。

离子交换树脂是一种球形网状固体的高分子共聚物,不溶于酸、碱和水,吸水后膨胀,根据其所带功能基团的性质,通常可分为阳离子交换树脂和阴离子交换树脂两类。

离子交换树脂本体中带有酸性交换基团的称阳离子交换树脂,在交换过程中,能与水中的阳离子(Ca^{2+}、Mg^{2+}、Na^+)结合,反应式如下:

$$RSO_3H+Na^+ \rightarrow RSO_3Na+H^+$$

离子交换树脂本体中带有碱性交换基团的称阴离子交换树脂,在交换过程中,能与水中的阴离子(HCO_3^-、CO_3^{2-}、SO_4^{2-} 和 Cl^-)结合,反应式如下:

$$R=NOH+Cl^- \rightarrow R=NCl+OH^-$$

水中溶解的阴阳离子被树脂吸附,离子交换树脂中的 H^+ 和 OH^- 进入水中,从而达到水质软化的目的。

离子交换树脂使用一段时间后,交换能力会下降,称为树脂的老化或失效,需进行再生处理;实际上就是进行水处理的逆反应,把树脂暂占的阳、阴离子用酸和碱液洗脱出来,使树脂的离子交换能力又得到再生。

阳树脂用 2~3 倍 5%~7% HCl 再生液进行处理,然后用去离子水洗至 pH 3.0~4.0。阴树脂用 2~3 倍 5%~8% NaOH 再生液进行处理,然后用去离子水洗至 pH 8.0~9.0。

树脂再生前,应先进行反洗,使树脂床层松动无结块,既可以除去停留在树脂上的杂质,又可排除树脂中的气泡,以利树脂的再生。

3)电渗析法:电渗析法是根据同性相斥、异性相吸的原理,利用具有选择透过性和良好导电性的离子交换膜,在外加直流电场的作用下,使原水中阴、阳离子分别通过阴离子交换膜和阳离子交换膜而达到净化作用的一项技术。

该法优点是处理过程连续化、自动化,不需外加任何化学试剂,无须再生剂和再生过程,减少了成本耗费。

4)反渗透法:反渗透技术是 20 世纪 80 年代发展起来的一项新型膜分离技术,以半透膜为介质,对被处理水的一侧施以压力,使水穿过半透膜,而达到除盐的目的。反渗透法可以通过实验加以说明(图 4-2)。在一容器中用一层半透膜把容器分成两部分,一边注入纯水,一边注入盐水,并使两边液位相等,这时纯水会自然地透过半透膜至盐水一侧。盐水的液面达到某一高度后,产生一定压力,抑制了纯水进一步向盐水一侧渗透。此时的压力为渗透压(π)。如果在盐水一侧加上一个大于渗透压的压力,盐水中的水分就会从盐水一侧透过半透膜至纯水一侧,这一现象就称为反渗透。

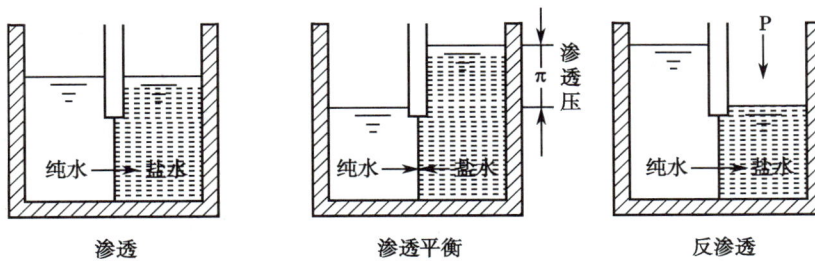

图 4-2　反渗透原理图

(3)饮用水消毒:在水处理过程中,大部分物质如悬浮物质及微生物可被除去,但仍然有部分微生物留在水中,因此还要进行水的消毒。水的消毒是指杀灭水中的病原菌及其他有害微生物,防止水中的致病菌危害消费者健康,但水的消毒并非完全杀灭微生物。

水的消毒方法很多,在饮料水处理中最常用的是氯消毒、臭氧消毒及紫外线消毒。

1)氯和氯胺消毒:氯消毒是传统的饮水消毒方法,一直沿用至今。氯消毒中,氯与水反应时,要产生水解和离解反应,即:

$$Cl_2+H_2O \rightarrow HOCl+H^++Cl^-$$

$$HOCl \rightarrow H^++OCl^-$$

实际上,次氯酸比次氯酸根杀菌能力强得多,如次氯酸杀死大肠埃希菌的能力比次氯酸根要强 80~100 倍。近年来发现,在氯化消毒的同时,许多受有机物污染的水源经过氯化后,能产生三卤甲烷和其他卤化副产物,这些副产物中,三氯甲烷被认为是重要致癌物。但氯消毒亦有不少优点:①氯对微生物杀灭能力较强;②在水中能长时间地保持一定数量的余氯,具有持续消毒作用;③使用方便,成本较低。氯消毒缺点主要表现在:①产生有害消毒副产物;②氯对病毒的灭活能力不如二氧化氯、臭氧等强;③氯气或液氯消毒具有一定的不安全性。近年来,有使用氯胺作为饮水消毒剂,其与氯气相比,可使三卤甲烷生成量减少 50%。为了使饮水中三卤甲烷控制在 0.1mg/L 以内,国外许多水厂已经采用氯胺消毒。我国已有用氯胺消毒的水厂筹建,但最近有研究发现,氯胺亦可能存在致突变性。

2)臭氧消毒:臭氧是强氧化剂,臭氧化和氯化一样,既起消毒的作用,也起氧化作用,但是臭氧的消毒能力和氧化性都比氯强,能氧化水中的有机物,并能杀死病毒、芽孢及细菌。臭氧都是在现场用空气或纯氧通过臭氧发生器制取,产率分别为 1%~3% 和 2%~6%。

臭氧消毒优点:①臭氧消毒反应迅速,杀菌效率高,同时能有效地去除水中残留有机物、色、嗅、味等,受 pH 值、温度的影响很小;②臭氧能够减少水中 THMs(三卤甲烷)等卤代烷类消毒副产物的生成量;③臭氧消毒可以降低水中总有机卤化物的浓度。

3)紫外线消毒:紫外线用于消毒、杀菌已经很多年了,细菌的细胞中含有细菌的遗传信息核酸 DNA 和 RNA,当核酸被紫外线照射时会大量地吸收紫外光,从而就会在体内形成一部分的间二氮杂苯(主要构成为蛋白酶)和间二氮杂苯的异构体。这种物质会使细菌自身的新陈代谢机能出现障碍,并且会导致细菌的遗传性出现问题,而持续的紫外线照射,最后就会导致因为上述原因所造成的细菌群体的死亡。此外,紫外光除了杀菌的用途外,也可用于让微生物降低自身的"活动性",有些细菌在可见光的照射下是比较活跃的,我们称之为"光恢复"特性,也就是说,在波长为 300~500nm 的可见光下,细菌自身有一种光恢复酶素会让细菌种群变得很活跃,自身会大量繁殖。所以,当需要控制这种细菌的数量及种群时,则可以考虑用微弱的紫外线进行照射,将细菌的数量控制在一定范围之内。

现代紫外线消毒技术克服了传统消毒技术的缺点。在消毒过程中,不添加任何化学物质,也不产生或在水体中留下任何有害物质,不腐蚀设备与环境,运行安全、可靠,安装、维修简单,特别是投资及运行维修费用低以及极好的消毒效果。欧洲许多国家以及北美的加拿大和美国已在 20 世纪 90 年代分别修改了环境立法,在饮用水的消毒上,推荐采用紫外消毒技术。

点滴积累 ∨ ···

1. 饮料用水分为地表水、地下水、城市自来水。
2. 水质要求有水的硬度和碱度。
3. 饮料用水处理方法包括过滤(沙滤、碳滤、)、软化(石灰软化法、离子交换、电渗析)、消毒(氯消毒、臭氧消毒及紫外线消毒)。

第三节　包装饮用水加工技术

一、包装饮用水分类

根据 GB/T 10789-2015《饮料通则》,包装饮用水是以直接来源于地表、地下或公共供水系统的水为水源,经加工制成的密封于容器中可直接饮用的水。包括 3 大类:

1. **饮用天然矿泉水**　从地下深处自然涌出的或经钻井采集的,含有一定量的矿物质、微量元素或其他成分,在一定区域未受到污染并采取预防措施避免污染的水。在通常情况下,其化学成分、流量、水温等动态指标在天然周期波动范围内相对稳定。

2. **饮用纯净水**　以直接来源于地表、地下或公共供水系统的水为水源,经适当的水净化加工方法,制成的制品。

3. 其他天然饮用水

(1)饮用天然泉水:以地下自然涌出的泉水或经钻井采集的地下泉水,且未经过公共供水系统的自然来源的水源,制成的制品。

(2)饮用天然水:以水井、山泉、水库、湖泊或高山冰川等,且未经过公共供水系统的自然来源的水源,制成的制品。

(3)其他饮用水:饮用天然泉水和饮用天然水之外的饮用水。如以直接来源于地表、地下或公共供水系统的水为水源,经过适当的加工方法,为调整口感加入一定量的矿物质,但不得添加糖或其他食品配料制成的制品。

二、包装饮用水的生产工艺

1. 饮用天然矿泉水

(1)生产工艺流程:原水(天然水、山泉水)经增压泵进入预处理阶段,再经精密过滤器过滤后,进入超滤主机,生产的矿泉水送入储水罐,同时对储罐中矿泉水进行杀菌,然后进入灌装阶段(大桶灌装机小瓶生产线),最后成品出厂。一般生产流程如图4-3。

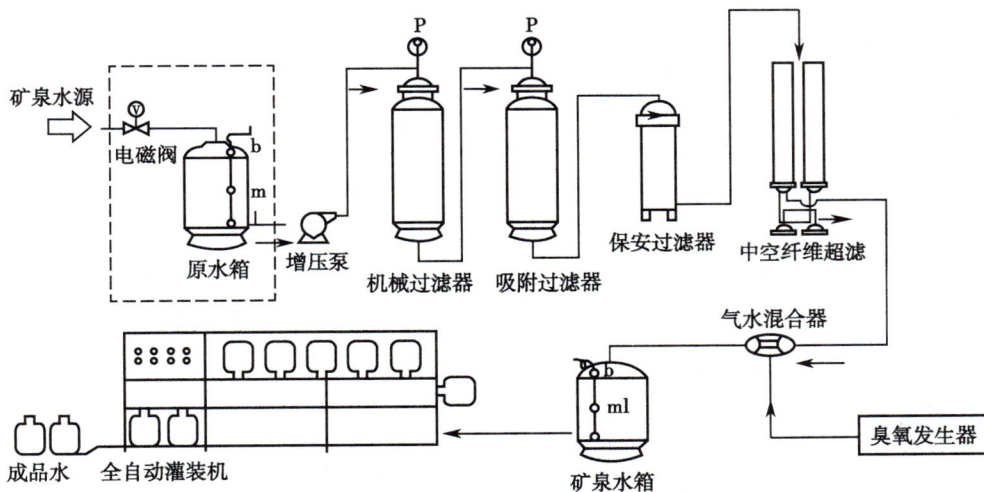

图 4-3　天然矿泉水生产工艺流程图

(2)工艺要点

1)引水:矿泉水引水工程分为地上引水和地下引水两部分。地下部分主要是指从地下引取矿泉水到地上出口的部分,需对通过的矿泉水进行封闭,避免地表水的混入。目前多采用打井引水法,此法对某些类型的矿泉水最为适当。地上部分是指把矿泉水从最适当的深度引到最适当的地表,并进行后续加工工序的部分。在引水工程中,应防止水温变化和水中气体的散失,并防止周围地表水渗入,防止空气中氧气的氧化作用及有害物质的污染。

2)曝气:曝气是使矿泉水原水与经过净化的空气充分接触,使它脱去其中的二氧化碳和硫化氢等气体,并发生氧化作用,通常包括脱气和氧化两个同时进行的过程。矿泉水中因含有大量 CO_2 及

H_2S 等多种气体,呈酸性,所以可溶解大量金属离子。矿泉水露出后如果直接装瓶,由于压力降低,水与空气接触,释放出大量 CO_2,矿泉水由酸性变成碱性,同时由于氧化作用,原水中溶解的金素盐类(如低价的铁、锰离子)就会被氧化成高价的离子,产生氢氧化物絮状沉淀,矿泉水发生混浊,从而影响产品的感官质量;同时水中含有的 H_2S 气体也会给产品带来臭味;而且铁、锰离子含量过高不仅影响产品的口感,也不符合饮用水水质的要求。因此有必要对矿泉水进行曝气处理。通过曝气工艺处理,首先能脱掉多种气体,驱除不良气味,提高矿泉水的感官质量;其次能使矿泉水由原来的酸性变为碱性,使超过一定量的金属(如铁、锰)等氧化沉淀,过滤除去,从而使矿泉水硬度下降,达到饮用水水质标准。

曝气的方法有以下几种:

①自然曝气法:原水在水池中自然曝气。

②喷雾法:原水经喷嘴喷雾,与空气接触曝气。

③梯栅法:原水从梯栅上流下,与空气接触实现曝气。

④焦炭盘法:用深度底部能漏水的盘子,内盛焦炭块,将这种盘上下相间堆叠,使水从上流下而曝气。此法特别适合去除氧化亚铁和亚锰离子。

⑤强制通风法:水槽内装很多层多孔板,水从上而下,空气从下往上压,水气相接触而曝气。

3)过滤:矿泉水的过滤是为了使水中的胶粒、悬浮物被截留在滤层的孔隙中或介质的表面从而除去水中不溶性的杂质和微生物等,使水质清澈透明,清洁卫生。矿泉水过滤通常分为 3 级,即粗滤、精滤和超滤。粗滤一般用沙罐,经过砂层过滤,可滤去水中的大颗粒的矿物盐类结晶、细砂、泥土等。

精滤可采用沙滤棒或微孔烧结管装置过滤,滤掉悬浮物和一些微生物,但不能滤去病毒。

超滤是现代开发的膜分离技术在矿泉水生产中的应用,一般采用中空纤维超滤膜技术装置过滤,选择适当规格孔径的滤膜,可以拦截矿泉水中的有机大分子、藻类、霉菌、细菌、病毒等,而无机组分畅通无阻,并保证水质不变。超滤膜要定期清洗,除去膜表面截留的细菌和杂质,防止水质的二次污染。

4)灭菌:矿泉水生产过程中的灭菌是确保产品安全卫生的关键工序。虽然矿泉水的天然原水清洁卫生,但在取水、导引、贮存、过滤、装瓶的过程中,与大气环境、设备、容器和人员等接触,都可能导致细菌、病毒、芽孢的混入和滋生,必须进行严格可靠的灭菌程序。灭菌包括矿泉水灭菌、生产环境(主要是灌装车间)的灭菌和容器(主要是瓶和盖子)的灭菌。

矿泉水灭菌主要有两种方法:臭氧灭菌和紫外线灭菌。臭氧是一种强氧化剂,臭氧的瞬时灭菌性质比氯化和紫外线照射都好,所以它广泛应用于水的消毒同时也可以除去水臭、水色以及铁和锰。臭氧灭菌是目前一种比较好的灭菌方法,在国内外应用较为普遍。

矿泉水瓶子和盖子是直接和矿泉水接触的,稍有细菌污染,产品就不合格。因此,必须严格有效地进行灭菌处理。国内厂家比较常用的瓶、盖消毒剂有高锰酸钾、双氧水、过氧乙酸等。瓶、盖消毒后,要用无菌矿泉水冲洗干净。也有采用臭氧、紫外线照射等方法对矿泉水瓶和盖子进行灭菌,也可达到良好的灭菌效果。一些实验表明,对瓶、盖的灭菌,采用电子消毒碗柜也很有效。

2. 饮用纯净水 纯水是从原水(自来水等)中部分或完全去除无机离子、有机物、微粒子(包括微生物)等杂质的水。可以说,纯水是高度纯净的水,几乎不存在杂质、离子和细菌,完全由水分子组成的一种无色无味的水。制造纯水的重要指标是电阻率($M\Omega/cm$)或电导率($\mu S/cm$)(电阻与电导率互为倒数)。电导率是决定纯水风味的重要因素,饮用纯水的电导率一般为 $1\sim10\mu S/cm$。微粒子也是纯水的主要指标,饮用纯水的微粒子数一般为 10 个/100ml 左右($1\mu m$ 以上的微粒),其中的无机离子明显低于一般饮用水,其微生物指标极为重要。

目前,直接饮用的纯水,也称为纯净水、太空水、蒸馏水。一般用反渗透的水称为纯水,用微滤或超滤处理的水称为纯净水,蒸馏取得的水为蒸馏水。饮用纯净水以直接来源于地表、地下或公共供水系统的水为生产用源水,采用蒸馏法、电渗析法、离子交换法、反渗透法及其他水净化方法,生产制作原理简单,即过滤掉杂质,而使水中对人体有益的溶解氧等有益物质透过。蒸馏法在降低低分子有机物含量方面没有反渗透有效,从而影响部分口感,且蒸馏法制取的纯水能耗大、成本高。

知识链接

超 纯 水

超纯水是美国科技界为了研制超纯材料(半导体原件材料、纳米精细陶瓷材料等)应用蒸馏、去离子化、反渗透技术或其他适当的超临界精细技术生产出来的水,这种水中除了水分子(H_2O)外,几乎没有什么杂质,更没有细菌、病毒、含氯二噁英等有机物,当然也没有人体所需的矿物质微量元素,一般不可直接饮用,对身体有害,会吸出人体中很多离子。当这种水从纯水系统制造出来的瞬间,即刻开始与其接触的环境产生溶解反应,我们戏称这种水为"hungry water",它会从空气中吸收杂质,如悬浮粉尘,挥发性有机物 VOC(volatile organic compounds)以及微生物等,它也会从容器中吸收化学溶出物来,包含有机或无机物在 ppb 的层级上。

(1)饮用纯净水一般生产工艺流程:目前,许多生产企业都采用二级反渗透系统,具体的生产工艺大同小异。典型的二级反渗透工艺流程图如图 4-4 所示。

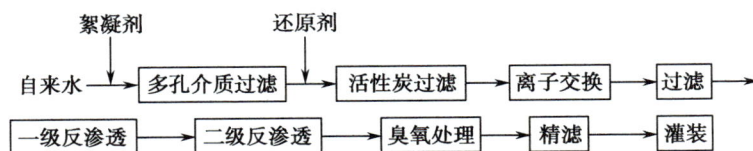

图 4-4　纯净水一般生产工艺流程

工艺过程主要包括水的预处理、反渗透、灭菌、终端过滤、灌装等工序。采用反渗透法生产纯净水,具有脱盐率高、产量大、劳动强度低、水质稳定、终端过滤器寿命较长的特点;缺点是需要高压设备,原水利用率只有 75%~80%,膜需要定期清洗。

除反渗透法外,还可采用蒸馏法,其纯水电导率比反渗透法制取的纯净水要低一些,但蒸馏法纯水能耗高,水的口感没有反渗透的好,不能有效降低水中低分子有机物,生产工艺流程图如图 4-5 所示。

纯水制作系统

(2)工艺要点

1)预处理过滤:预处理过滤系统包括多介质过滤器、活性炭过滤和保安过滤。

原水 → 砂滤 → 活性炭过滤 → 离子交换 → 一级蒸馏 → 微孔过滤 → 灌装 → 封盖

图 4-5　蒸馏水生产工艺流程

多介质过滤一般采用砂滤器,砂滤可以截留水中较大的悬浮物和一些胶体物质等,此过滤器需定期进行反冲洗。

活性炭过滤是利用活性炭在水溶液中对溶质有极强的吸附和除浊作用。因而当水流通过活性炭时,水中的各种有机物、细菌、颜色、微生物、余氯、臭味及部分重金属离子就能被吸附。常安在砂棒过滤器之后。

保安过滤是一道精密过滤,为反渗透膜进水前的保安配置,生产中经常选用 $5\mu m$ 精度的微滤,进一步去除水中的细小胶体及其他污染物,确保水质达到反渗透膜的进水指标。

2)水质软化:水质软化或脱盐主要通过离子交换柱和反渗透系统完成,主要除去水中的无机离子及小分子有机物,反渗透处理可根据水的情况采用一级或二级反渗透系统。在反渗透之前要检测水的 pH 值,使其在 5.0~7.0 之间,否则需要调整。若生产超纯水,可用电渗析装置进一步脱盐软化。

3)灭菌:与矿泉水一样可以通过紫外线、臭氧来完成,也有一些企业通过加热进行杀菌。灌装前的精滤工序一般采用 $0.2\mu m$ 的微滤装置,可除去水中残存的菌体等。其灌装工艺、瓶与盖的消毒、生产设备消毒与灌装车间的净化与矿泉水基本相同。

点滴积累

1. 包装饮用水分为饮用天然矿泉水、饮用纯净水、其他天然饮用水。
2. 瓶装饮用水的生产工艺。

第四节　碳酸饮料生产技术

一、概念与分类

1. **碳酸饮料概念**　碳酸饮料是指以食品原辅料和(或)食品添加剂为基础,经加工制成的,在一定条件下充入二氧化碳气的饮料,不包括由发酵法自身产生的二氧化碳气的饮料。

碳酸饮料中充入的二氧化碳气体可增强饮料的特殊味感。它能使饮料风味突出,口感强烈,还能使人产生清凉舒爽的感觉,是人们在炎热的夏天消热解渴的饮品。

碳酸饮料的风味,不仅取决于饮料内含物的种类,也取决于各种内含物的比例,以及饮料内含物之间的相互作用。采用不同的成分与不同的配比可制成风味各异的碳酸饮料。

2. **碳酸饮料分类**

(1)果汁型碳酸饮料:即含有一定量果汁的碳酸饮料,如橘汁汽水、橙汁汽水、菠萝汁汽水或混合果汁汽水等。

(2)果味型碳酸饮料:以果味香精为主要香气成分,含有少量果汁或不含果汁的碳酸饮料,如橘子味汽水、柠檬味汽水等。

(3)可乐型碳酸饮料:以可乐香精或类似可乐果香型的香精为主要香气成分的碳酸饮料。

(4)其他型碳酸饮料:上述3类以外的碳酸饮料,如苏打水、盐汽水、姜汁汽水、沙士汽水等。

3. 饮料中二氧化碳的主要作用

(1)清凉作用:二氧化碳溶解在饮料中成为一定浓度的碳酸,在人体腹中由于温度升高,压力降低即进行分解。由于该反应是吸热反应,当从人体内排放出来时就会把人体内的热量带出,起到清凉作用。

(2)静菌作用(阻碍微生物生长、延长汽水的货架寿命):碳酸饮料对微生物来说是不完全的培养基。此外,由于酸味强,pH 值在 2.5～4 之间,除耐酸菌外其他微生物难以繁殖,特别因为空气含量非常低,二氧化碳含量高,所以能致死需氧微生物,并由于汽水具有一定的压力,抑制了微生物的生长。国际上认为 3.5～4 倍含气量是汽水的安全区。因这种静菌作用能使制品的保存性能提高,所以,在日本的碳酸饮料中一直利用二氧化碳的作用而不许使用防腐剂。

(3)突出香味:二氧化碳在汽水中逸出时,能带出香味,增强饮料风味。

(4)具有特殊的刹口感:饮用碳酸饮料时,二氧化碳对口腔产生刺激性的刹口感,能给人快感。

二、碳酸饮料生产工艺

目前,国内外生产碳酸饮料的方法有一次灌装法(又称预调式)和二次灌装法(又称现调式)两种。一次灌装法是先将各种原辅料按工艺要求配制成调和糖浆,然后与含二氧化碳的水在配比器内按一定比例进行充分混合,进入灌装机一次灌装。二次灌装法就是先将调和糖浆通过灌装机定量灌入瓶中,再通过灌装机充入碳酸水。碳酸饮料的生产工艺发展趋势为一次灌装法,因为这种方法适合于大型化、自动化、连续化和使用主剂的碳酸饮料生产。

1. 预调式工艺流程(一次灌装) 　详见图 4-6。

2. 现调式工艺流程(二次灌装) 　详见图 4-7。

三、工艺要点

1. 原糖浆的制备

(1)糖的溶解:在生产中,把定量的砂糖溶于水中溶解制备成较高浓度的溶液,一般称为原糖浆(或称单纯糖浆),再加入其他甜味料、酸味剂、果汁、香精、香料、色素等并充分混匀后所得的浓稠状糖浆称为调和糖浆(也称为加香糖浆)。

原糖浆的制备按溶糖的方法可分为冷溶法和热溶法两种。

1)冷溶法:此法是在常温条件下,把砂糖加入水中不断搅拌溶解的方式,浓度一般配成 45～65°Bx。其优点是:设备比加热法简单,省去了加热和冷却过程,减少了费用;成本低;口感好。其缺点是:溶糖所需要的时间长,设备利用率低;由于不经加热,未能杀菌,不利于防止糖液的污染;要经常对工器具和管道等进行定期和不定期的清洗消毒,以保证清洁卫生。

2)热溶法:此法是在不锈钢夹层锅中,将定量的水和糖一起加热,并不断搅拌使糖溶化的方法。

饮用水   砂糖

```
饮用水          砂糖
  │             │
水处理         溶解
  │             │
脱气机         过滤
  │             │
定量调和机 ← 糖浆调和 ← 酸味剂、香精等
      │         │
  带冷却的混合机 ← CO₂气
      │
瓶 → 洗净 → 空瓶检查 → 自动检瓶机 → 装瓶机
                              │
                            压盖机
                              │
                            制品检查
                              │
                            成品
```

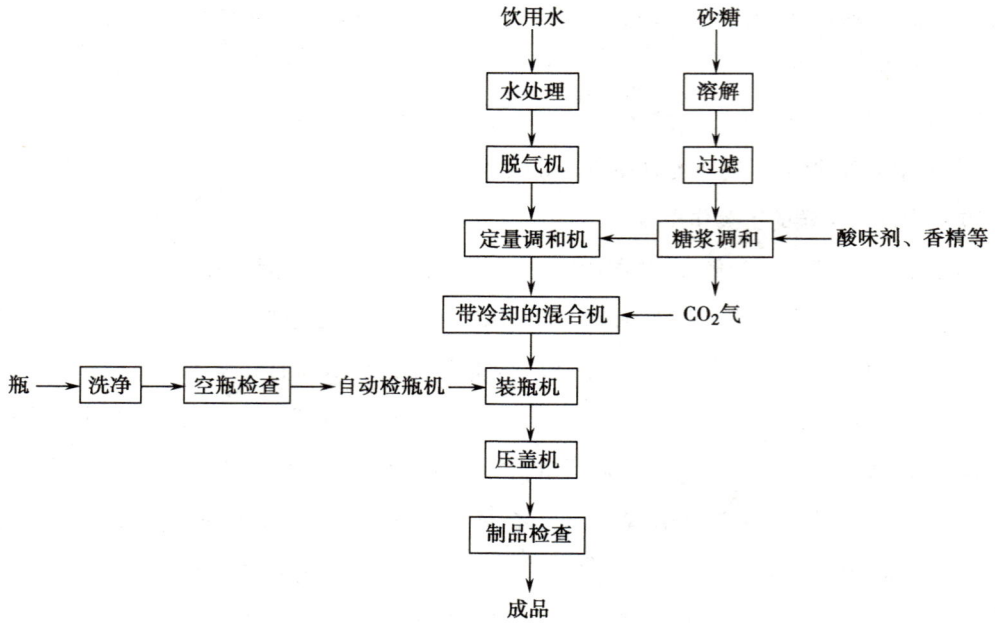

图 4-6　碳酸饮料一次灌装法工艺流程图

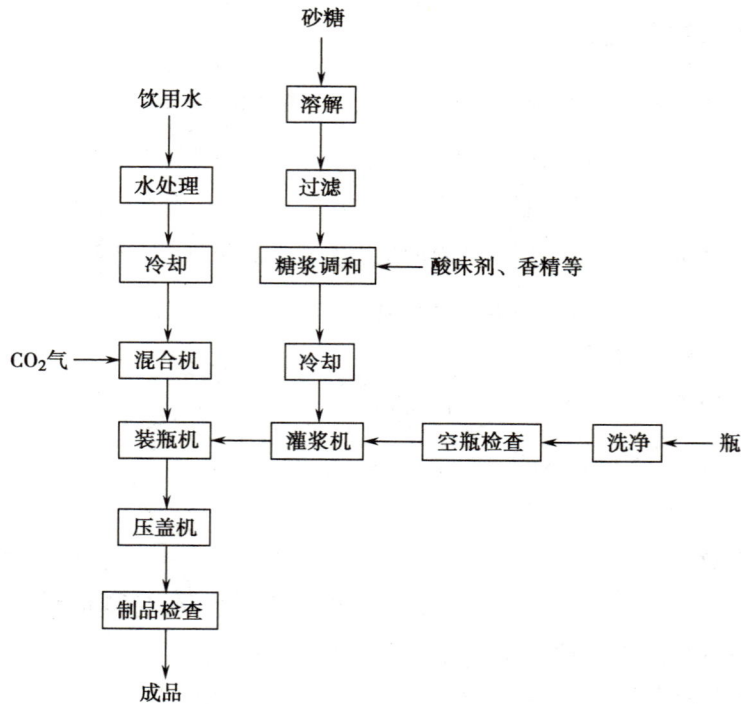

```
              砂糖
               │
饮用水        溶解
  │            │
水处理        过滤
  │            │
冷却        糖浆调和 ← 酸味剂、香精等
  │            │
CO₂气 → 混合机  冷却
  │            │
装瓶机 ← 灌浆机 ← 空瓶检查 ← 洗净 ← 瓶
  │
压盖机
  │
制品检查
  │
成品
```

图 4-7　碳酸饮料二次灌装法工艺流程图

工业生产上多采用此法,糖浆浓度一般为 65°Bx。优点是:能杀灭糖液中的细菌;凝固所含杂物,使之便于分离;溶解迅速,在较短时间内能生产大量糖浆。

（2）糖浆浓度的测定:我国饮料行业所用的糖浆浓度单位有 3 种。

1）白利度（糖锤度,Brix,°Bx）:即重量百分比浓度,白利度为 65°Bx,则表示 100kg 糖液中含糖 65kg,含水量 35kg。白利度随温度而变化,在分析化验时统一校正至 20℃ 以便比较。一般原糖浆的

配制浓度为 65°Bx。

2)波美度(°Bé):把波美比重计浸入所测溶液中,得到的度数就叫波美度。

3)比重(相对密度):密度计法测定糖液浓度,操作简单、快速、准确度较高。其测定方法为将糖液盛放于玻璃量筒中,用密度计进行测量读数。

3 种浓度之间的换算关系为:

$$白利度 \approx 波美度 \times 1.8$$

$$15℃的比重(相对密度) = \frac{144.3}{144.3 - °Bé}$$

(3)糖液的过滤:制得的原糖浆必须进行严格的过滤,除去糖液中的许多微细杂质,常采用不锈钢板框压滤机或硅藻土过滤机过滤糖浆。

硅藻土过滤机性能稳定,适应性强,过滤效率高,可获得很高的滤速和理想的澄清度。硅藻土过滤机正常操作中十分重要的一环就是形成均匀的硅藻土预涂层,从而保证糖液过滤后澄清透明。为了使形成的滤饼更为疏松,保持正常的过滤速度,也可向糖液中加入少量硅藻土作助滤剂(一般每 100L 糖液中加入 0.05～0.1kg 硅藻土)。

若配制原糖浆的砂糖质量较差,则会使饮料产生絮凝物、沉淀物,甚至产生异味,还会在装瓶时产生大量泡沫,影响产品质量和生产速度。因此,应选用优质砂糖。若砂糖质量较差则必须用活性炭进行净化处理。处理方法为用活性炭加入热的糖浆中,活性炭用量根据糖及活性炭的质量而定,一般为糖的重量的 0.5%～1%,添加时用搅拌器不断搅拌,在温度为 80℃下保持 15 分钟后过滤。为了避免活性炭堵塞过滤机的通道,过滤时可添加硅藻土作助滤剂,用量为糖重量的 0.1%。

2. 配方设计 配方设计举例:现拟生产一种橘子汁汽水 1000 瓶,每瓶容量为 250ml,每瓶注糖浆 50ml(1:4)。1000 瓶的总容量为 250L,糖浆注量为 50L。配方设计如下:

原料名称	含量（%）	原料用量
砂糖	10	25kg
苯甲酸钠	0.02	50g
糖精钠	0.01	25g
柠檬酸	0.13	325g
橘子汁(10°)	5	12.5kg
日落黄色素	0.002	5g
胭脂红色素	0.0001	0.25g
橘汁香精	0.15	375g
加水至		50L
糖浆共		50L
每瓶注量 50ml		

3. 调和糖浆的配制　调和糖浆是指已经配合好各种原料,可与碳酸水混合的糖浆。其配制过程是将已过滤的原糖浆转移入配料容器中;容器应为不锈钢材料,内装搅拌器,并有容积刻度。然后在不断搅拌下,将各种所需原料按顺序逐一加入。如果是固体原料须经加水溶解过滤后再添加,加入的顺序是:

(1)原糖浆:测定浓度后加入,并预先计算所需原糖浆的量。

(2)防腐剂:若用苯甲酸钠,则须称量后用温水溶解,配成浓度为 25% 的溶液后再加。

(3)其他甜味剂:如选用糖精钠,应用温水溶解、过滤。

(4)酸味剂:一般常用 50% 的柠檬酸溶液,可乐型采用磷酸。

(5)果汁:多用浓缩果汁。

(6)香精:水溶性。

(7)色素:用热水溶解后制成 5% 溶液

(8)混浊剂:稀释、过滤。

(9)定容:加水到规定体积。

在不断搅拌的情况下依次投入上述的各种原料后,进行糖浆的定量,即加水到规定的容积。糖浆定量是关系到饮料制品质量、产量和成本的关键操作。定量上的误差,会使饮料的风味差异很大,从而影响制品质量及质量的稳定,同时还会影响成本。要使定量准确无误,首先应做到配料的计量必须准确,同时应经常校正糖浆定量器并认真做好生产作业记录。

知识链接

碳酸饮料中的磷酸对人体的影响

可乐型碳酸饮料中的酸味剂是食品级磷酸,因为磷酸可提供一种独特的酸味,且可与可乐型香精很好地混合,风味协调。 通常饮料中磷酸盐含量是 500mg/L。 但现在很多传言说大量饮用碳酸饮料会导致骨质疏松,认为碳酸饮料中含有的磷酸,会极大地影响人体对于钙质的吸收并引起钙质的异常流失,从而导致骨质疏松。 2004 年,美国公共卫生部关于骨骼健康与骨质疏松症的报告再一次对科学数据进行了分析。 报告认为,在正常情况下,磷酸盐对钙吸收的影响是微乎其微的。 在正常饮食的前提下,食物中的磷酸盐和咖啡因不是导致骨质疏松症的主要原因。

---

4. 碳酸化　水和二氧化碳的混合过程就是碳酸化。碳酸化是碳酸饮料生产过程中的关键问题,直接影响着产品的口感和品质。用于碳酸化的设备称为碳酸化器。根据 GB/T 10792-2008《碳酸饮料(汽水)》的要求,碳酸饮料(汽水)中二氧化碳气容量(20℃)应大于 1.5 倍。

影响饮料碳酸化程度的因素有:

(1)混合压力和混合液温度:在一定压力和温度下,二氧化碳在水中的最大溶解量称为溶解度。在温度不变的情况下,气体溶解度随压力增加而增加,在碳酸饮料中,在一般碳酸化压力范围($p <$ 0.8Mpa),溶解的体积与碳酸气的分压成正比。

（2）二氧化碳与水的接触面积和接触时间：在温度和压力一定的情况下，二氧化碳与水的接触面积大，接触时间长，二氧化碳在水中的溶解量则大。

（3）二氧化碳气体的纯度和液体对二氧化碳的容纳力：当二氧化碳含有杂质时，会阻止二氧化碳的溶解。液体中存在的溶质的性质影响二氧化碳的吸收程度，有些液体更容易碳酸化，如水比糖或盐溶液更具有对二氧化碳的溶解力。

（4）饮料中混入空气的影响：当二氧化碳中有空气存在时，不仅影响二氧化碳在水中的溶解，而且空气的存在不会促进霉菌和腐败菌等好气性微生物的生长繁殖，使饮料变质。同时还能氧化香料使风味受到影响。

二氧化碳混合设备主要有薄膜式混合机、喷雾式混合机、喷射式混合机和填料塔式混合机等，目前国内用得较多的是喷射式与喷雾式（图4-8）。

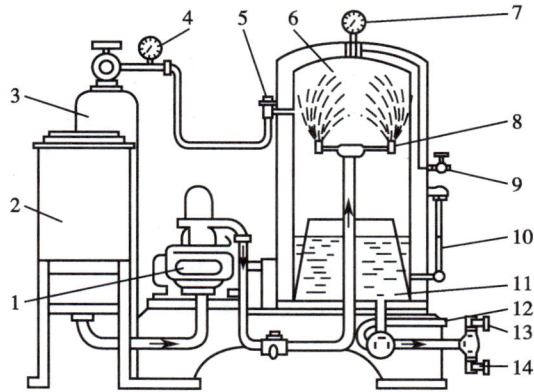

图 4-8　喷雾式碳酸化器示意图
1. 双缸活塞泵；2. 贮水缸；3. 二氧化碳钢瓶；4. 压力表；5. 止逆阀；6. 碳酸化罐；7. 压力表；8. 喷嘴；9. 入气阀；10. 液位显示控制器；11. 碳酸水；12. 接安全阀；13. 放碳酸水截止阀；14. 排放阀

5. 灌装

（1）一次灌装法：又称预调节，是指水与调和糖浆按一定比例先调好，再经冷却碳酸化，将达到一定含气量的成品经灌装机一次灌装入瓶或罐中。

最早的操作方法是将糖浆和处理水按一定比例加到二级配料罐中，搅拌均匀，然后经过冷却、碳酸化后再灌装。这种方法需要大容积的二级配料罐，调和后如不能立即冷却、碳酸化，则由于直接配料、糖度低，易受细菌污染，产品卫生条件难以保证。

对于大型的连续化生产线多采用定量混合方式。就是把处理水和调和糖浆以一定比例做连续的混合，压入碳酸气后灌装。定量混合机一般都装有冷却和压入碳酸气的装置，有各种型号，且其各有特征，但性能差异不大。

目前广泛使用的定量混合机有同步电动混合机、流速混合机、同步混合机及其他混合机等。同步电动混合机可以边连续测量混合糖液和水量，边按规定比例来调和，一时多流进了糖液就会马上流进一定比例的水，因而糖度是稳定的。同步混合机由糖液与水的定量混合装置和混合液的糖度测定操纵装置组成，能连续自动测定混合液的糖度，并作出指示和记录，反馈到糖液的控制阀，即可自动控制混和比例、调节混合液的糖度。并且在混和液糖度超过容许范围、供水量不足、供糖量不足时自动停机，防止出现不合格的制品。

一次灌装法的优点是糖浆和水的比例准确、灌装容量容易控制；当灌装容量发生变化时，不需要改变比例，产品质量一致。灌装时，糖浆和水的温度一致，起泡少，二氧化碳的含量容易控制和稳定。产品质量稳定、含气量足、生产速度快，已成为碳酸饮料生产发展的方向。

（2）二次灌装：又称现调式，是指先将调和糖浆通过灌装机（又称糖浆机或灌浆机）按定量灌入瓶中，再通过另一灌装机（又称灌水机）灌入冷却的碳酸水，在瓶内混合而成碳酸饮料。

采用二次灌装法,设备简单、投资少,比较适合中小饮料厂生产,以卫生角度考虑,采用二次灌装法易于保证产品卫生。因为糖浆和碳酸水各成独立的系统。糖浆含糖浓度高,渗透压高,对微生物能起抑制作用,碳酸水也不易繁殖细菌,其管道也是单独装置,清洗很方便。此外,在灌装机有漏水情况时,只消耗水而不会损失糖浆,造成浪费较小。

对于二次灌装法,由于糖浆与碳酸水的温度不一样,在向糖浆中注灌碳酸水时容易产生过量的泡沫,造成二氧化碳的损失增加及灌装量不足。若在糖浆灌装前通过冷却器使其温度下降,接近碳酸水的温度,则可避免在灌装时起泡。

另外由于糖浆未经碳酸化,与碳酸水混合调成制品会使含气量降低,因此,若采用二次灌装法,为保证成品的含气量达到标准,必须使碳酸水的含气量高于成品的预期含气量。如糖浆和碳酸水的比例为1∶4,若成品含气量为3倍容积,则碳酸水的含气量应为$3 \times 5/4 = 3.75$倍容积,而不是3倍容积。

采用二次灌装法,糖浆是定量灌装,而碳酸水的灌装量会由于瓶子的容量不一致,或灌装后液面高低的不一致而难于准确,从而使成品的质量有差异。

为保证瓶中的糖浆和碳酸水的混合均匀,应在二次灌装的设备后设置一台翻转混匀机,或选用翻转式成品检验机,既便于检查成品中的沉淀杂质,又可起混匀的作用。

目前我国很多地方已禁止使用二次灌装法生产碳酸饮料,二次灌装法总体已进入淘汰阶段。目前只有一些偏远地区和小型企业还在使用。

6. 容器和设备的清洗系统　CIP清洗系统俗称就地清洗系统,被广泛的用于饮料、乳品、果汁、果浆、果酱、酒类等机械化程度较高的食品饮料生产企业中。就地清洗简称CIP,又称清洗定位或定位清洗(cleaning in place)。就地清洗是指其定义为不拆卸设备或元件,在密闭的条件下,用一定温度和浓度的清洗液对清洗装置加以强力作用,使与食品接触的表面洗净和杀菌的方法。CIP清洗不仅能清洗机器,而且还能控制微生物。CIP清洗系统见图4-9。

(1)CIP清洗的优点

1)能使生产计划合理化及提高生产能力。

2)与手洗相比较,不但没有因作业者之差异而影响清洗效果,还能提高其产品质量。

3)能防止清洗作业中的危险,节省劳动力。

4)可节约清洗剂、蒸汽、水及生产成本。

5)能增加机器部件的使用年限。

(2)CIP清洗的作用机制:化学能主要是加入其中的化学试剂产生的,它是决定洗涤效果最主要的因素。一般厂家可根据清洗对象污染性质和程度、构成材质、水质、所选清洗方法、成本和安全性等方面来选用洗涤剂。常用的洗涤剂有酸、碱洗涤剂和灭菌洗涤剂。

酸、碱洗涤剂的优点有:能将微生物全部杀死;去除有机物效果较好。缺点有:对皮肤有较强的刺激性;水洗性差。

灭菌剂的优点有:杀菌效果迅速,对所有微生物有效;稀释后一般无毒;不受水硬度影响;在设备表面形成薄膜;浓度易测定;易计量;可去除恶臭。缺点有:有特殊味道;需要一定的储存条件;不同浓度杀菌效果区别大;气温低时易冻结;用法不当会产生副作用;混入污物杀菌效果明显下降;洒落时易沾污环境并留有痕迹。

酸碱洗涤剂中的酸是指 1%~2% 硝酸溶液,碱指 1%~3% 氢氧化钠在 65~80℃ 使用。灭菌剂为经常使用的氯系杀菌剂,如次亚氯酸钠等。

热能在一定流量下,温度越高,黏度系数越小,雷诺数(Re)越大。温度的上升通常可以改变污物的物理状态,加速化学反应速度,同时增大污物的溶解度,便于清洗时杂质溶液脱落,从而提高清洗效果、缩短清洗时间。

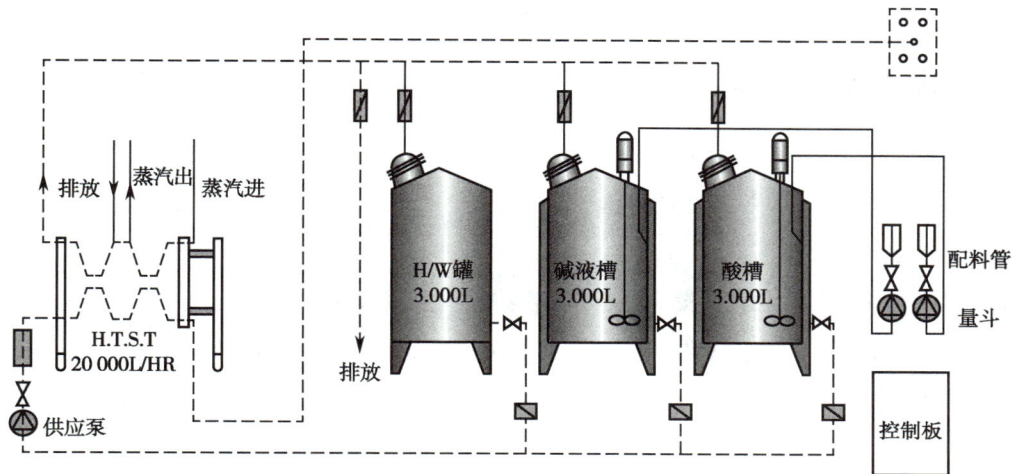

图 4-9　CIP 清洗系统

(3)CIP 清洗操作程序:详见表 4-1。

表 4-1　CIP 清洗操作程序

程序	内容	清洗介质	时间（min）	温度（℃）
1	预冲洗	清洗或工艺用水	3~5	常温或<60
2	碱洗	NaOH,1%~3%	10~20	60~80
3	中间冲洗	工艺用水	5~10	<60
4	酸洗	HNO_3,1%~2%	10~20	60~80
5	最后冲洗	工艺用水	3~10	常温或<60
6	生产前消毒	工艺用水	15~30	92~95

点滴积累

1. 碳酸饮料的概念与分类。

2. 饮料中二氧化碳的作用。

3. 碳酸饮料的生产工艺有预调式工艺流程(一次灌装)、现调式工艺流程(二次灌装)。

4. 碳酸饮料工艺要点有原糖浆的制备、配方设计、调和糖浆的配制、碳酸化、CIP 清洗。

第五节　果蔬汁饮料加工技术

据行业分析统计,中国人均果汁饮料的消费量较低,年消费量还不到 1 公斤,是世界平均水平的 1/10,发达国家平均水平的 1/40。这表明,果汁饮料在中国仍有巨大的发展空间。随着城乡居民生活水平的逐步提高,果汁饮料的消费必将进一步增长,未来中国果汁行业的发展前景看好。"汇源果汁"是中国果汁行业知名品牌,是中国最大的百分百果汁和中浓度果蔬汁生产商,市场份额分别达到 60% 及 39.4%,处于行业领军地位。

一、果蔬汁饮料的概念与分类

1. **基本概念**　果汁和蔬菜汁类饮料是指用水果和(或)蔬菜(包括可食的根、茎、叶、花、果实)等为原料,经加工或发酵制成的液体饮料。

2. **果蔬汁饮料的分类**

(1)果蔬汁(浆):以水果或蔬菜为原料,采用物理方法(机械方法、水浸提等)制成的可发酵但未发酵的汁液、浆液制品;或在浓缩果蔬汁(浆)中加入其加工过程中除去的等量水分复原成的汁液、浆液制品。包括原榨果汁(非复原果汁)、果汁(复原果汁)、蔬菜汁、果酱/蔬菜酱、复合果蔬汁(浆)等。

可使用糖(包括食糖和淀粉糖)或酸味剂或食盐调整果蔬汁(浆)的口感,但不得同时使用(包括食盐和淀粉糖)和酸味剂,调整果蔬汁(浆)的口感。

可回添香气物质和挥发性风味成分,但这些物质或成分的获取方式必须采用物理方法,且只能来源于同一种水果或蔬菜。

可添加通过物理方法冲同一种水果或蔬菜获得的香气物质和挥发性风味成分,和(或)通过物理方法冲同一种水果和(或)蔬菜中获得的纤维、囊胞(来源于柑橘属水果)、果胶、蔬菜粒。

只回添通过物理方法从同一种水果或蔬菜获得的香气物质和挥发性风味成分,和(或)通过物理方法从同一种水果和(或)蔬菜中获得的纤维、囊胞(来源于柑橘属水果)、果胶、蔬菜粒,不添加其他物质的产品可声称 100%。

(2)浓缩果蔬汁(浆):以水果或蔬菜为原料,采用物理方法制取的果汁(浆)、蔬菜汁(浆)中除去一定量的水分制成的、加入其加工过程中除去的等量水分复原后具有果汁(浆)应有特征的制品,包括浓缩复合果蔬汁(浆)等。

(3)果蔬汁(浆)饮料:以果蔬汁(浆)、浓缩果蔬汁(浆)、水为原料,添加或不添加其他食品原辅料和(或)食品添加剂,经加工制成的制品。包括果蔬汁饮料、果肉(浆)饮料、复合果蔬汁饮料、果蔬汁饮料浓浆、发酵果蔬汁饮料、水果饮料等。

二、果蔬汁饮料的加工工艺

1. **一般生产工艺流程**　详见图 4-10。

果蔬原料

清洗、挑选、分级

制汁

分离

杀菌

冷却

调和 | 离心分离 | 离心分离

均质 | 酶法澄清 | 浓缩

脱气 | 过滤 | 调和

杀菌 | 调和 | 灌装

灌装 | 脱气 | 浓缩果蔬汁

混浊果蔬汁 | 杀菌

| 灌装

澄清果蔬汁

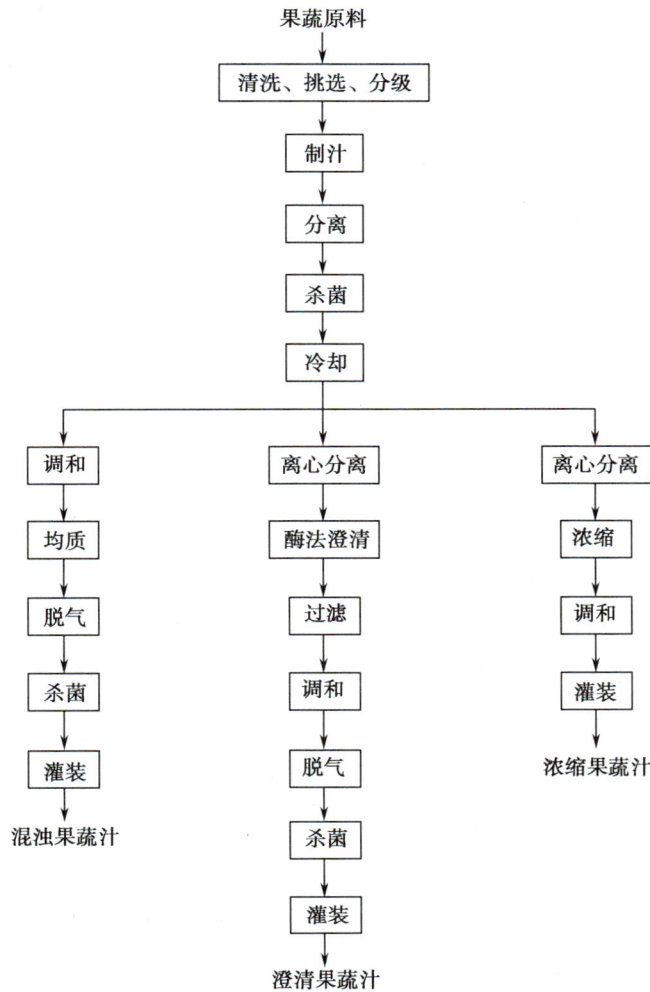

图 4-10 果蔬汁饮料的一般生产工艺流程图

2. 工艺要点

（1）原料的选择：选择优质的制汁原料，是保证产品质量的重要环节，选择制汁果实和蔬菜的质量要求如下：

1）原料新鲜，无烂果。采用干果原料时，干果应该无霉烂果或虫蛀果。

2）供制果蔬汁的原料应有良好的风味和芳香、色泽稳定、酸度适中，并在加工和贮存过程中仍能保持这些优良品质，无明显的不良变化。

3）汁液丰富，取汁容易，出汁率较高。

（2）原料的洗涤：原料洗涤的目的是将原料表面上的泥沙、杂物和残留农药及原料表面大量的微生物洗掉。洗涤方法一般采用漂洗法、喷洗法及转筒滚洗法，具体采用何法要根据原料种类、形状、特性和设置条件确定。对农药残余量较多的果实，可用稀酸溶液或洗涤剂处理后再用清水洗净。洗涤后由专人将病害果、未成熟果、枯果和受伤果剔除。对有些果蔬品种在榨汁前尚需分选，以提高出汁率。

（3）破碎：在榨汁前，许多果蔬原料事先必须破碎，破碎可以提高出汁率，特别是皮、肉致密的果实,更需要破碎。破碎的果块,应大小均匀,太大的果块出汁率低;破碎得太小,在压榨时,外层的果汁很快地被榨出,形成一层厚皮,使内层果汁流出困难,这会影响汁液流出的速度,出汁率下降、榨汁时间长、榨汁压力增高、混浊物质含量增大、澄清成本增加等。不同的榨汁方法所要求的果浆泥的粒度是不相同的,一般要求在 3~9mm,破碎粒度均匀,并不含有粒度大于 10mm 的颗粒。

破碎果实一般使用磨碎机械、锤击机、打浆机等设备,应根据不同的果实选择不同的破碎机械。果实破碎时喷入适量的氯化钠与维生素 C 配制的抗氧化剂,可改善果汁颜色和营养价值。

(4)榨汁前预处理:破碎后的果蔬浆泥中会发生许多氧化反应,例如酶促褐变,会造成果浆泥和果蔬原汁的颜色变化。此外,微生物的活动也大大加强。为了钝化酶、抑制微生物的繁殖、保证果蔬汁的质量、提高果浆泥的出汁率,必须对果浆泥进行处理。

1)加热:直接加热果浆泥(如 85~90℃),保温 90 秒就可以钝化酶,使蛋白质凝聚,使细胞结构松散,有效促进色素溶解反应、原果胶水解反应等各种化学反应,还能杀灭大部分植物性微生物。但是,加热果浆泥时,会提高果浆泥的水溶性果胶含量,使浆泥的排汁通道产生堵塞或变细等不利的变化,从而降低了出汁率。因此,采用果胶含量比较低的原料,尤其是多酚物质含量适中的原料时可以使用加热工艺。

2)酶法处理:果胶酶可以有效地分解果肉组织中的果胶物质,使果汁黏度降低,容易榨汁过滤,提高出汁率。添加果胶酶制剂时,要根据原料品种控制好用量、用法、作用的温度和时间,以达到最佳效果。

(5)榨汁:果汁破碎后,应尽快进行榨汁。未经压榨而流出的果汁,称为直流汁;经过压榨而流出的果汁,称为压榨汁。榨汁通常分冷榨法和热榨法两种。冷榨法是在常温下对破碎的果汁进行压榨取汁,其工艺简单,出汁率低。热榨法是对破碎的原料即刻进行热处理,温度为 60~70℃,并在加热条件下进行榨汁,提高了出汁率。一些果实(如柑橘类、石榴等)有一层很厚的外皮。为避免柑橘类果实外皮中的精油极易氧化成萜品物质,容易生成萜类物质产生萜臭味,以及避免种子中存在的柚皮苷和柠檬碱等导致产生的苦味化合物进入果汁中,应去掉外皮和子后再进行压榨。一般以浆果类出汁率最高,柑橘类和仁果类略低。

榨汁机械分间歇和连续式两类,前者如杠杆式、板框螺旋式、液压式压榨机等,后者有连续式螺旋压榨机等。

(6)粗滤:榨出的果蔬汁中含有种子、果皮和其他悬浮物,不仅影响果蔬汁的外观和风味,而且还会使果蔬汁很快变质,所以要进行粗滤。粗滤的目的是在保存混浊果蔬汁色粒以获得色泽、风味和香味特性的前提下,去除分散于果蔬汁中的粗大颗粒或悬浮粒。对于透明果蔬汁,粗滤后更需精滤,或先行澄清而后过滤,务必除去全部悬浮粒。

粗滤可在榨汁过程中进行或者单机操作。粗滤的设备一般为筛滤机,有水平筛、回转筛、圆筒筛、振动筛等。此类设备的筛孔大小约为 0.5mm 左右。

(7)澄清和过滤:制取澄清果蔬汁时,需通过澄清和过滤除去新鲜榨出汁中的全部悬浮物及胶粒。悬浮物包括发育不完全的种子、果心、果皮和维管束等的颗粒以及色粒。这些物质中除色粒外,主要成分为纤维素、糖苷和酶等,还含有果胶质、树胶质和蛋白质等亲水胶体,它们均能影响果蔬汁的品质和稳定性,故须清除。澄清方法要有以下几种:

1)自然澄清法:将果蔬汁置于密闭容器中,较长时间的静置,使悬浮物沉淀。在长时间静置时,果胶物质逐渐水解而沉淀,降低了果蔬汁的黏性,同时蛋白质和单宁也可以逐渐形成不溶性的单宁酸盐而沉淀,因而果蔬汁得以澄清。

由于果蔬汁营养十分丰富,是微生物的良好培养基,因此果蔬汁长时间静置易引起发酵变质,故要加入防腐剂。此法一般应用在亚硫酸保藏果蔬汁半成品的生产上。

2)加明胶及单宁澄清法:此法是利用单宁与明胶络合成不溶性的鞣酸盐沉淀夹带出果蔬汁中的悬浮物,达到澄清果蔬汁的目的。所用明胶和单宁溶液的浓度各为0.5%或0.1%,使用前先做澄清试验,而后确定使用量。一般单宁的用量为5~10g/100L之间,明胶量为果蔬汁的0.001%~0.002%,是丹宁的2倍,溶液加入后,应于10~15℃下静置6~12小时,令其沉淀。

3)瞬时加热澄清法:此法是将果蔬汁迅速加热80~82℃,维持80~90分钟,然后以同样短的时间冷却至室温,由于温度的剧变,使果蔬汁中的蛋白质和其他胶质变性凝固析出而达到澄清目的。为减少芳香物质的损失,加热必须在无氧的条件下进行,并可与巴氏杀菌同时进行。

4)酶处理法:酶处理法是利用果胶酶制剂或淀粉酶来水解果蔬汁中的果胶物质,使果蔬汁中其他胶体失去果胶的保护作用而沉淀,达到澄清的目的。用来澄清果蔬汁的一些商品果胶酶制剂,使用量约为果蔬汁的0.05%,反应温度为50~55℃,最适宜的pH为3.5~5.5,约4小时后果蔬汁因果胶物质大部分被分解而得以澄清。添加的时间可以在榨汁时加入,也可以在加热杀菌后加入。

不论采用哪一种澄清方法澄清果蔬汁,最后都要通过过滤操作,以分离其中的沉淀和悬浮物,使果蔬汁澄清透明。一般常用的过滤设备有袋滤器、纤维过滤器及板框压滤机等,滤材有帆布、不锈钢丝布、纤维或石棉、棉浆等。过滤器的滤孔大小、液汁压力、果蔬汁黏度、果蔬汁中悬浮物的密度和大小,以及果蔬汁温度等都会影响过滤的速度。果蔬汁的过滤不论采用何种形式的过滤器,都必须能减少可压缩性的果肉淤塞滤孔,以提高过滤效率。在选择和应用过滤器及辅助设备时,应特别注意防止果蔬汁被金属所污染,并尽量减少与空气接触。

(8)均质:均质是生成混浊果蔬汁的必要工序,其目的在于使混浊果蔬汁中的不同粒度、不同相对密度的果肉颗粒进一步破碎并分散均匀,促进果胶渗出,增加果胶与果胶的亲和力,防止果胶分层及沉淀产生,使果蔬汁保持均一稳定。

均质设备有高压式、回转式和超声波式等。国内常用的高压式均质机是在9.8~25MPa压力下,使悬浮粒子受压破碎。

(9)脱气:调和后的果汁中含有多种气体,特别是空气会使果汁氧化,是果汁品质劣化的原因。其中与品质劣化最有关系的是氧气。氧气在榨汁中也会混入,由于过度的搅拌或桨叶的回转而增加,除溶解在果汁中外,还吸附在果肉浆和胶体粒子的表面。因此果汁有必要进行脱气处理。果蔬汁脱气的目的主要有:

1)除去果蔬汁中的空气以抑制色素、维生素C、香气成分和其他物质的氧化,防止品质降低。

2）除去附着于果蔬汁中悬浮粒子上的气体,抑制微粒上浮,保持良好外观。

3）减少装罐和高温瞬间杀菌时起泡;并防止影响杀菌效果。

4）减少对罐内壁的腐蚀。

脱气的缺点是会损失一部分香气成分。

果蔬汁的脱气有真空法、氮交换法、酶法脱气法和抗氧化剂法等。

（10）果蔬汁的糖酸调整与混合:为适合消费者的口味要求,有些果蔬汁需要保持一定的糖酸比例。除采用不同品种的原料混合制汁调配外,也可在鲜果蔬汁中加入少量砂糖及食用酸(柠檬酸或苹果酸)调整糖酸比例,但调整幅度不宜过大,以免失去果蔬汁原有的风味。绝大多数果蔬汁成品的糖酸比例一般在 13∶1~15∶1 左右为宜。

许多水果如苹果、葡萄和柑橘等,虽然能单独制得优良的果汁产品,但与其他品种水果适当配合就会更好。不同品种的果蔬汁相互混合可以取长补短,制成品质良好的混合果蔬汁。如玫瑰香葡萄虽有较好风味,但色度淡、酸度低,可与深色品种相混合;宽皮橘类缺乏酸味和香味,可加入橙类果汁。

（11）浓缩:果蔬汁通过浓缩,可除去大部分水分,可溶性物质含量可达到 65%~68%,能节约包装及运输费用,便于长时间储存,也能解决果蔬季节收获与果蔬汁的常年消费之间的矛盾。

理想的浓缩果蔬汁成品必须保持新鲜果蔬的天然风味及营养价值,加水稀释后,必须具有新鲜果蔬汁相似的品质。在选择某种浓缩果蔬汁的生产工艺时,首先必须考虑其不能对浓缩果蔬汁的质量有不利影响;其次,必须考虑到各种果蔬汁有不同的热稳定性,如葡萄汁加热到 100℃ 时,质量受到影响较小,而苹果汁及菠萝汁的加热温度却不宜超过 55℃。因此,生产工艺中的加热和浓缩温度、果蔬汁在蒸发器内停留时间的确定就显得非常重要。常用浓缩果蔬汁的方法有真空浓缩、冷冻浓缩、反渗透浓缩和超滤浓缩等。

若采用真空薄膜式离心蒸发器,在 50℃ 条件下 1~3 秒即蒸发浓缩完毕。由于是低温浓缩,很好地保持了苹果的风味和营养成分。真空度一般控制在 0.090MPa 以上,在真空条件下当果汁喷射成膜状后,果汁中水分蒸发,气体逸出,这样可有效地抑制果汁褐变及防止色素和营养成分的氧化,但这种蒸发器的能耗很高。

（12）杀菌:果蔬汁的杀菌是杀灭果蔬汁中污染的细菌、霉菌、酵母及钝化酶活性的操作。一般采用高温短时间杀菌法,又称瞬间杀菌法,条件是(93±2)℃ 保持 15~30 秒,特殊情况下可采用 120℃ 以上 3~10 秒。

（13）灌装:果蔬汁饮料的灌装,除纸质容器外,一般都采用热灌装。这种灌装方式由于满量灌装,冷却后体积缩小,容器内形成一定真空,能较好地保持果蔬汁品质。但热灌装的缺陷也很明显:灌装时产品较长时间处在高温状态下,引起产品风味的劣变、大量减少产品中维生素 C 含量、难于保证产品中其他热敏营养成分不受破坏,而且多数热灌装饮料和果酒都要另外添加防腐剂,以保证产品受到细菌的感染而不变质。在人们追求绿色食品消费时尚的今天,崇尚的是原汁原味,对饮料和果酒中营养成分的流失和减少,以及防腐剂的添加都是与市场消费潮流格格不入的,是广大消费者不愿接受的。

为了很好地解决这一技术问题,一种被称为饮料和果酒行业全球先进的灌装新技术——无菌冷灌装应运而生。典型的无菌冷灌装生产线需要配备瓶杀菌机、盖杀菌机、洗瓶机、连接通道杀菌设备、无菌水冲洗机、无菌水发生器以及去除清洗机和灭菌剂等,对物料主要采用 UHT 超高温瞬时灭菌,然后在 25℃ 常温下灌装,以最大限度减少物料受热时间。这种技术的优点就在于使产品能够在低温状态(常态)下进行灌装(包装),以保持饮料和果酒类产品特有的天然风味,尽可能达到原汁原味,在不使用防腐剂的条件下,能够保证产品有更好的保鲜度和更长的保存期,使之具备更大的天然食品的优越性。

知识链接

无菌冷灌装技术

无菌冷灌装技术行内认为是一种完全可以替代过去的热灌装技术的优良方法,它不需用热的灌装物来保证容器的杀菌,而是通过控制灌装环境卫生条件得以保证。无菌冷灌装技术对于灌装过程中无菌条件的要求十分严格,灌装时所有接触物料的设备、物品和空间都必须经过严格的消毒和灭菌处理。主要的工艺条件为:

1. 物料采用先进的 UHT 超高温瞬时灭菌工艺和设备;

2. 灌装之前要求对灌装设备及输送管道进行蒸汽灭菌,保证所有接触物绝对无菌;

3. 对包装物要进行杀菌液杀菌,并做到用无菌水冲洗干净并烘干后使用;

4. 对于其他接触到物料的物品,如 N_2 和 CO_2 等要进行高精度地过滤后,以达到除菌和洁净才可使用到物料之中;

5. 灌装车间室内要做到百级洁净空间,通过微生物隔离层将其与周围环境隔离,为果汁饮料和果酒灌装提供完全的无菌环境条件。

另外无菌冷灌装工艺技术的推广应用,更重要的环节是人的因素,由于无菌冷灌装技术的工艺条件较为复杂,必须由素质高和责任心强的操作人员严格掌握,按技术规程进行操作,还必须制定严格的质量管理制度,应用质量管理中的危害分析和关键控制点方法,对产品质量进行全面的控制和管理。

点滴积累

1. 果汁饮料的概念与分类。

2. 果汁饮料的生产工艺流程与操作要点。

第六节　蛋白饮料生产技术

一、概念与分类

1. 概念　以乳或乳制品,或其他动物来源的可食用蛋白,或含有一定蛋白质的植物的果实、种子或种仁等为原料,添加或不添加其他食品原辅料和(或)食品添加剂,经加工或发酵制成的液体饮料。

2. 蛋白饮料的分类

(1)含乳饮料:以乳或乳制品为原料,添加或不添加其他食品原辅料和(或)食品添加剂,经加工或发酵制成的制品。主要包含:

1)配制型含乳饮料:加入水,以及食糖和(或)甜味剂、酸味剂、果汁、茶、咖啡、植物提取液等的一种或几种调制而成的饮料。

2)发酵型含乳饮料:以乳或乳制品为原料,经乳酸菌等有益菌培养发酵制得的乳液中加入水,以及食糖和(或)甜味剂、酸味剂、果汁、茶、咖啡、植物提取液等的一种或几种调制而成的饮料,如乳酸菌乳饮料。根据其是否经过杀菌处理而区分为杀菌(非活菌)型和未杀菌(活菌)型。

3)乳酸菌饮料:以乳或乳制品为原料,经乳酸菌发酵制得的乳液中加入水,以及食糖和(或)甜味剂、酸味剂、果汁、茶、咖啡、植物提取液等的一种或几种调制而成的饮料,根据其是否经过杀菌处理而区分为杀菌(非活菌)型和未杀菌(活菌)型。

(2)植物蛋白饮料:以一种或多种含有一定蛋白质的植物果实、种子或果仁等为原料,添加或不添加其他食品原辅料和(或)食品添加剂,经加工或发酵制成的制品。如豆奶(乳)、豆浆、豆奶(乳)饮料、椰子汁(乳)、杏仁露(乳)、核桃露(乳)、花生露(乳)等。

以两种或两种以上含有一定蛋白质的植物果实、种子或果仁等为原料,添加或不添加其他食品原辅料和(或)食品添加剂,经加工或发酵制成的制品也可称为复合植物蛋白饮料。如花生核桃、核桃杏仁、花生杏仁复合植物蛋白饮料。

(3)复合蛋白饮料:以乳或乳制品,和一种或多种含有一定蛋白质的植物果实、种子或果仁等为原料,添加或不添加其他食品原辅料和(或)食品添加剂,经加工或发酵制成的制品。

二、植物蛋白类饮料生产工艺

蛋白饮料包括含乳饮料、植物蛋白饮料和复合蛋白饮料 3 大类,含乳饮料的生产技术将在第九章《乳制品的生产技术》中进行专门介绍,本章中只讨论植物蛋白类饮料生产技术。由于豆奶是最典型的植物蛋白饮料,因此这里以豆奶的生产加工技术为例,进行植物蛋白类饮料生产技术的介绍。

1. 豆奶的生产工艺流程 豆奶的一般生产工艺流程如图 4-11 所示。

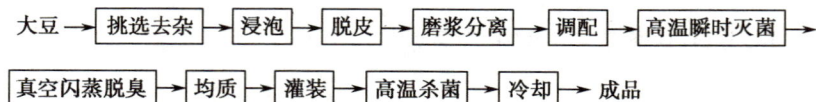

大豆 → 挑选去杂 → 浸泡 → 脱皮 → 磨浆分离 → 调配 → 高温瞬时灭菌 →

真空闪蒸脱臭 → 均质 → 灌装 → 高温杀菌 → 冷却 → 成品

图 4-11 豆奶生产工艺流程图

2. 豆奶配方 调配豆奶的参考配方:

黄豆 6%;白糖 8%;奶粉 4%;豆奶稳定剂 0.3%;香兰素 0.001%。

3. 工艺要点

(1)原料挑选与去杂:大豆的的质量决定豆乳的质量,黄豆富含蛋白质、脂肪,也易受黄曲霉菌的污染。一般以采用色泽光亮、子粒饱满、无霉变、虫蛀、病斑,并且在良好的条件下贮存 3~9 个月的新大豆为佳。除去大豆中的霉烂豆粒以及石块杂质等,要求豆粒粒大饱满,皮薄,清洁无杂质。杂质控制在 1% 以下,水分应在 13%~14%。

(2)浸泡:浸泡的目的是为了软化大豆组织,降低磨浆能耗和设备磨损,以利于蛋白质有效成分的提取。通常,将大豆浸泡于 3 倍的水中,浸泡时间视水温而定,水温 10℃ 以下,浸泡 10~12 小时;水温 10~25℃,一般浸泡 6~10 小时;也可采用对浸泡水加热的办法来缩短浸泡时间,但水温不可超过 60℃。浸泡水中可加入适量的碳酸氢钠,也可以缩短浸泡时间,并能较好地脱除大豆中的色素,增加豆奶的乳白度,提高均质效果,还有助于除去低聚糖和加速蛋白酶抑制因子钝化,改善豆奶风味。浸泡完的大豆应沥干备用。这时大豆一般增重 2.0~2.2 倍。

为了钝化酶的活性、减轻豆腥味,生产中常在浸泡前将大豆用 95~100℃ 水热烫处理 1~2 分钟。

(3)脱皮:大豆脱皮可减轻豆腥味,提高产品白度,从而提高豆乳品质。大豆的脱皮主要有两种方法:

1)干法脱皮:即在浸泡之前脱皮,大豆含水量应在 12% 以下,否则严重影响脱皮效果。当大豆含水量超过 12% 时,应将大豆置于干燥机中通入 105~110℃ 热空气进行干燥处理,冷却后脱皮。

2)湿法脱皮:即大豆浸泡后脱皮。

大豆脱皮一般采用齿轮磨对大豆进行破碎处理,再经重力分选机或风机除去豆皮。脱皮过程中,大豆质量消耗约为 15% 左右。

(4)磨浆与分离:采用 80℃ 以上热水,其中添加 0.25% 的碳酸氢钠,水量为大豆干重的 8~10 倍。用分离式磨浆机进行磨浆,使浆液和豆渣分离。

(5)调配

1)添加稳定剂:常用的稳定剂有蔗糖酯、单甘酯和卵磷脂,其添加量一般为油脂量的 12% 左右。豆乳的稳定性还与黏度有关,常用增稠剂 CMC-Na、黄原胶等来提高产品稠度,用量为 0.05%~0.1%。不同增稠剂常与不同乳化剂配合使用。常用的分散剂有:磷酸三钠、六偏磷酸钠、三聚磷酸钠和焦磷酸钠等,其添加量为 0.05%~0.30%。

2)添加赋香剂:生产中常用香味物质调制成各种风味的豆乳,还有利于掩盖豆乳本身的豆腥味。常用的香味物质有奶粉、鲜奶、可可、咖啡、椰浆以及奶油香精等。

3)添加营养强化剂:豆乳中虽然含有丰富的营养物质,但也有不足之处,如硫胺酸、维生素 A、维生素 D 等都有必要强化。豆乳生产中最常补充的是钙,以碳酸钙最好。由于碳酸钙溶解度低,易均质前添加,避免碳酸钙沉淀。

(6)高温瞬时灭菌与脱臭:调配好的豆乳应进行高温瞬时灭菌(UHT),灭菌的条件为 110~120℃、10~15 秒。其目的主要是破坏抗营养物质,钝化残存酶的活性,杀灭部分微生物,同时提高豆乳温度,有助于脱臭。灭菌后豆乳应及时入真空脱臭进行脱臭处理,真空度控制在 0.03~0.04MPa 为佳,不宜过高,以防气泡冲出。

(7)均质:均质可改善豆乳的口感和稳定性。经过均质的豆乳,组织细腻,口感柔和,经过一定时间存放无分层,无沉淀。

豆乳在高压下,经均质阀的狭缝压出,将脂肪、蛋白质等颗粒微粒化,从而形成均一的分散液。均质效果好坏由3个因素决定:

1)均质压力:压力越高均质效果越好,但受设备性能限制。豆乳均质压力常为13~23MPa。

2)均质温度:通过实验,均质温度一般控制在70~80℃之间比较适宜。

3)均质次数:均质次数越多效果越好,但考虑到具体生产情况,常采用的是二次均质技术。第一次均质压力约为20~25MPa,第二次约为25~40MPa。

（8）杀菌:豆乳由于蛋白质含量高,pH接近中性,产品如长期保存,杀菌应以肉毒梭状芽孢杆菌为杀菌对象,要采用高温杀菌工艺,才能杀死全部耐热型芽孢,成品可在常压下存放6个月。

加压高温杀菌是豆乳加工厂最常用的方法,将豆奶灌装于玻璃瓶中或复合蒸煮袋中装入杀菌釜内分批杀菌。采用高温杀菌公式,见式4-1:

$$\frac{15min-20min-15min}{121℃}$$ 式4-1

超高温瞬时灭菌是将豆乳加热至130~138℃,经过数十秒灭菌,然后冷却和无菌包装。该方法可以显著提高豆乳的稳定性和口感,是目前豆乳生产中日渐采用的方法。

（9）包装:豆乳的包装形式多样,有蒸煮袋、玻璃瓶、金属罐等。无菌包装是目前发展迅速的包装形式,其优点是豆乳贮藏期长、包装材料轻巧,无须回收,饮用方便,其缺点是设备投资大、操作要求高。

三、主要生产设备

包括提升机、组合清理筛、浸泡罐、螺旋输送机、磨浆分离机、真空脱臭罐、离心分离筛、调配罐、均质机、超高温瞬时灭菌机、高压杀菌釜。

四、豆奶生产的质量控制

植物蛋白饮料生产过程中主要工序HACCP分析,详见表4-2。

表4-2 植物蛋白饮料生产过程中主要工序

工序	危害	CCP临界范围	监控措施	改正行为
原料预处理	化学性危害	农药残留<0.1mg/kg	理化检验	不予采用
	生物性危害	黄曲霉毒素:不得检出	理化检验	剔除霉变原料或不予采用
		细菌总数<106个/g	卫生检验	浸泡及软化过程中定时换水
磨浆	物理性危害	碎石、杂物等不得检出	目测检验	挑选、清洗
	水中杂质等物理性危害	软化水硬度<80mg/L,pH:6~7,浊度<1.6	理化检验	重新处理
	生物性危害	细菌总数<100个/ml,大肠菌群<6个/100ml	卫生学检验	重新处理
	原料:生物酶	完全钝化,温度>80℃,	温度计测量	重新处理
	物理性危害	颗粒粗,影响产品得率,易造成沉淀	目测检验,或检测渣子含水量	调整磨浆机间隙,达到规定要求

续表

工序	危害	CCP 临界范围	监控措施	改正行为
配料	直接影响产品质量	产品稳定性,产品色泽,产品风味	感官检测,在线理化指标检测	由专人负责,并做好记录和复查
均质	物理性危害	影响脂肪的乳化和产品的均匀性	均质压力和料液温	保证压力指标和产品温度
包装	生物性危害	包装间卫生状况,空气含菌 $<10^4$ 个/cm^3,包装物细菌总数 $<10^3$ 个/cm^2,灌装温度 $>75℃$	卫生学检验	定期消毒,加强包装材料的消毒,物料加热、保温,缩短灌装时间
	物理性危害	塑料及复合包装:封口强度 $>3kgf/cm^2$;易拉罐:OL%,TR%,JR%均大于 50%	物理检测	机械调整
		灌装量 $>95\%$	计量检测	
杀菌	生物性危害	杀菌强度:118~121℃/20min,细菌总数 <50 个/ml,大肠菌群不得检出	温度计检测,时钟计时,卫生学检验	加强杀菌工艺管理,采用杀菌自动记录仪,修改杀菌公式
	物理性危害	物理性破损	挑检	丢弃

注:资料来源:贺长生,沈祥坤.豆奶、杏仁露、椰子汁等植物蛋白饮料的品质控制.饮料工业.2004,1(1):38-41

点滴积累 ∨

1. 蛋白饮料的概念与分类(包括含乳饮料、植物蛋白饮料、复合蛋白饮料)。

2. 植物蛋白饮料的生产工艺流程、主要生产设备,以及操作要点。

3. 豆奶生产的质量控制方法。

第七节　茶饮料生产技术

中国是世界第一产茶大国,茶叶源于中国,饮茶也始于中国。自西汉开辟古丝绸之路(亦称茶叶之路)以来,丝与茶始终相伴,风雨同行,历经沧桑,携手共结和平、友谊、合作的纽带。建设"一带一路"是中国未来开放开发的又一新的高地,必将为我国茶产业的发展、茶文化的传播带来新的历史发展机遇。在世界三大饮品——茶叶、咖啡、可可中,只有茶叶成功地征服了全世界。而今,茶叶在世界上的消费超过了咖啡、巧克力、可可、碳酸饮料和酒精饮料的总和。

据已有的研究资料表明,茶叶的化学成分有 500 种之多,其中有机化合物达 450 种以上,无机化合物约有 30 种。主要包括:

1. **蛋白质与氨基酸**　茶叶中蛋白质含量为 15%~30%,但能溶于沸水的不到 2%,含有 8 种必需氨基酸,其中谷氨酰乙胺含量最高。茶氨酸是茶叶中特有的氨基酸,约占氨基酸总量 50% 以上,是形成茶叶香气和鲜爽度的重要成分,对形成绿茶香气关系极为密切,具有增强记忆防治老年痴呆的作用。

2. **生物碱**　茶叶中的生物碱包括咖啡碱、可可碱和条碱。其中以咖啡碱的含量最多,约占2%~5%;其他含量甚微,所以茶叶中的生物碱含量常以测定咖啡碱的含量为代表。咖啡碱易溶于水,是形成茶叶滋味的重要物质。红茶汤中出现的"冷后浑"就是咖啡碱与茶叶中的多酚类物质生成的大分子络合物,是衡量红茶品质优劣的指标之一。咖啡碱可作为鉴别真假茶的特征之一。咖啡碱对人体有多种药理功效,如提神、利尿、促进血液循环、助消化等。

3. **茶多酚**　茶多酚是茶叶中三十多种多酚类物质的总称,包括儿茶素、黄酮类、花青素和酚酸等4大类物质。茶多酚的含量占干物质总量的20%~35%。而在茶多酚总量中,儿茶素约占70%,它是决定茶叶色、香、味的重要成分,其氧化聚合产物茶黄素、茶红素等,对红茶汤色的红艳度和滋味有决定性作用。黄酮类物质又称花黄素,是形成绿茶汤色的主要物质之一,含量占干物质总量的1%~2%。花青素呈苦味,紫色芽中花青素含量较高,如花青素多,茶叶品质不好,会造成红茶发酵困难,影响汤色的红艳度;对绿茶品质更为不利,会造成滋味苦涩、叶底青绿等弊病。茶叶中酚酸含量较低,包括没食子酸、茶没食子素、绿原酸、咖啡酸等。

4. **糖类**　茶叶中的糖类包括单糖、双糖和多糖3类。其含量占干物质总量的20%~25%。单糖和双糖又称可溶性糖,易溶于水,含量为0.8%~4%,是组成茶叶滋味的物质之一。茶叶中的多糖包括淀粉、纤维素、半纤维素和木质素等物质,含量占茶叶干物质总量的20%以上,多糖不溶于水,是衡量茶叶老嫩度的重要成分。茶叶嫩度低,多糖含量高;嫩度高,多糖含量低。

5. **维生素**　茶叶中含有丰富的维生素类,其含量占干物质总量的0.6%~1%。维生素类分水溶性和脂溶性两类。脂溶性维生素有维生素A、维生素D、维生素E和维生素K等。维生素A含量较多。脂溶性维生素不溶于水,饮茶时不能被直接吸收利用。水溶性维生素有维生素C、维生素B_1、维生素B_2、维生素B_3、维生素B_5、维生素B_{11}、维生素P和肌醇等。维生素C含量最多,尤以高档名优绿茶含量为高,一般每100g高级绿茶中含量可达250mg左右,最高的可达500mg以上。可见,人们通过饮用绿茶可以吸取一定的营养成分。

6. **矿物质**　茶叶中无机化合物占干物质总量的3.5%~7.0%,分为水溶性和水不溶性两部分。这些无机化合物经高温灼烧后的无机物质称之为"灰分"。灰分中能溶于水的部分称之为水溶性灰分,占总灰分的50%~60%。嫩度好的茶叶水溶性灰分较高,粗老茶、含梗多的茶叶总灰分含量高。灰分是出口茶叶质量检验的指标之一,一般要求总灰分含量不超过6.5%。

知识链接

我国茶叶分类

中国茶文化历史悠久,源远流长。在漫长的历史发展过程中,我国历代茶人富有创造性地开发了各种各样的茶类。目前认知度最高的是按照颜色分类的方法,茶叶分为六类:

1. **绿茶**　绿茶是中国主要茶类之一,在我国多个地区都有出产,绿茶是不发酵茶,所以会保留比较多鲜叶的天然营养物质,其茶汤清绿,具有多种保健功效,还可以防辐射,绿茶的种类大概包括紫阳毛尖茶、六安瓜片、日照绿茶、龙井茶、湄潭翠芽、蒙洱茶、碧螺春、信阳毛尖等。

2. 红茶 红茶最早出产在中国福建武夷山茶区，它是一种全发酵茶，冲泡出来的茶汤呈现红色，故名为红茶，具有多种功效，还具有养胃、抗癌、抗衰老等功效，红茶里也有多种类型，主要有：正山小种、金骏眉、银骏眉、坦洋工夫、祁门工夫、宁红等。

3. 黄茶 黄茶是我国特产，是一种微发酵茶，因为经过制茶过程，茶叶呈现黄色，黄汤也呈现黄色，这种茶在我国很多地区都有出产，黄茶种类繁多，包括君山银针、蒙顶黄芽、北港毛尖、鹿苑毛尖、霍山黄芽、沩江白毛尖、温州黄汤、皖西黄大茶、广东大叶青、海马宫茶等。

4. 黑茶 因为制造黑茶所需的原料比较粗老，所以在制造黑茶的时候堆积和发酵所需的时间比较长，因此其出产的茶叶大多数呈现暗褐色，故被称为黑茶，黑茶的品种繁多，三尖、茯砖、黑砖、花砖、青砖茶、千两茶、康砖金尖、普洱茶等都属于黑茶，还有各地有名的黑茶，像湖南安化黑茶、广西梧州六堡茶等。

5. 乌龙茶 乌龙茶也被称为青茶，是一种半发酵茶，在发酵的时候，叶片会变红，是一种介于红茶和绿茶之间的茶类，品尝乌龙茶既能感受绿茶的鲜浓，又能品尝到它的甜醇。主要品种有：铁观音、黄金桂、武夷岩茶（包括大红袍、水金龟、白鸡冠、铁罗汉、武夷肉桂、武夷水仙）、漳平水仙、漳州黄芽奇兰、永春佛手、台湾冻顶乌龙、广东凤凰水仙、凤凰单枞等。

6. 白茶 白茶是六大茶类之一，它是福建特产，属于轻微发酵茶，是茶类里的特殊珍品，冲泡出来清鲜毫香，汤色清澈，品尝起来滋味回甘，因全身多白毫而得名，白毫银针、寿眉、白牡丹等都属于白茶。

一、概念与分类

茶（类）饮料是以茶叶或茶叶的水提取液或其浓缩液、茶粉（包括速溶茶粉和研磨茶粉）或直接以茶的鲜叶为原料，添加或不添加食品原辅料和（或）食品添加剂，经加工制成的液体饮料，如原茶汁（茶汤）/纯茶饮料、茶浓缩液、果汁茶饮料、奶茶饮料、复（混）合茶饮料、其他茶饮料等。

1. 茶饮料（茶汤） 以茶叶的水提取液或其浓缩液、茶粉等为原料，经加工制成的，保持原茶汁应有风味的液体饮料，可添加少量的食糖和（或）甜味剂。

2. 复（混）合茶饮料 以茶叶和植（谷）物的水提取液或其浓缩液、干燥粉为原料，加工制成的，具有茶与植（谷）物混合风味的液体饮料。

3. 茶浓缩液 采用物理方法从茶叶的水提取液中除去一定比例的水分经加工制成，加水复原后具有原茶汁应有风味的液体制品。

4. 调味茶饮料

（1）果汁茶饮料和果味茶饮料：以茶叶的水提取液或其浓缩液、茶粉等为原料，加入果汁、食糖和（或）甜味剂、食用果味香精等的一种或几种调制而成的液体饮料。

（2）奶茶饮料和奶茶味饮料：以茶叶的水提取液或其浓缩液、茶粉等为原料，加入乳或乳制品、食糖和(或)甜味剂、食用奶味香精等的一种或几种调制而成的液体饮料。

(3)碳酸茶饮料:以茶叶的水提取液或其浓缩液、茶粉等为原料,加入二氧化碳气、食糖和(或)甜味剂、食用香精等调制而成的液体饮料。

(4)其他调味茶饮料:以茶叶的水提取液或其浓缩液、茶粉等为原料,加入食品配料调味,且在上述3类茶饮料以外的饮料。

二、茶饮料生产工艺流程

1. 灌装绿茶饮料的工艺流程　详见图 4-12。

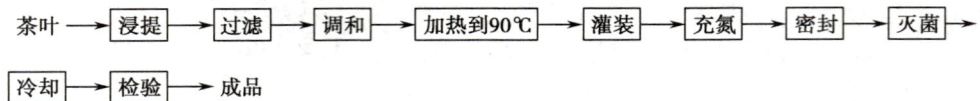

茶叶 → 浸提 → 过滤 → 调和 → 加热到90℃ → 灌装 → 充氮 → 密封 → 灭菌

冷却 → 检验 → 成品

图 4-12　灌装绿茶饮料生产工艺流程图

2. 灌装乌龙茶饮料工艺流程　详见图 4-13。

乌龙茶 → 浸提 → 过滤 → 调和 → 加热 → 装罐 → 杀菌 → 冷却 → 成品

图 4-13　灌装乌龙茶饮料生产工艺流程图

3. 灌装红茶饮料工艺流程　详见图 4-14。

红茶 → 浸提 → 精密过滤 → 调和 → 加热 → 装罐 → 杀菌 → 冷却 → 成品

图 4-14　灌装红茶饮料生产工艺流程图

4. 茶汁基料生产工艺流程　详见图 4-15。

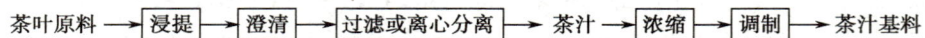

茶叶原料 → 浸提 → 澄清 → 过滤或离心分离 → 茶汁 → 浓缩 → 调制 → 茶汁基料

图 4-15　茶汁基料生产工艺流程图

三、工艺要点

1. **原料**　茶叶的种类和产地对其风味影响很大,用于茶饮料的原料主要是红茶、乌龙茶和绿茶,其中以红茶居多,其次为乌龙茶。用于加工茶饮料的茶叶应符合以下要求:

(1)当年加工的新茶,品质好、感官审评无烟、焦、酸馊和其他异味。

(2)不含茶类嫩化杂物及非茶类物质。

(3)无金属及化学污染,没有农药残留物质或不超过标准。

(4)干茶色泽正常,冲泡后液体茶符合该级别标准。茶香正常。

(5)茶叶中主要成分保存完好,或者基本完好。

2. **浸提**　按配方称取检验合格的茶叶,放入干净的容器内。加沸水(90~95℃)浸泡后反复过滤,滤汁要澄清,无茶渣等物在内。

3. 过滤与分离　茶汁在调配前一般经过两次过滤：第 1 次为粗滤，即将浸出茶叶与茶渣分离；第 2 次过滤去除茶汁中的细小微粒，也可使用离心机。

4. 澄清　茶叶中的主要成分为咖啡碱、单宁和挥发油，其中咖啡碱与单宁在天然状态下相结合而存在。在茶饮料加工中，它往往使浸出茶汁发生褐变，产生沉淀。因此，单宁在茶叶生产中必须除去。

5. 浓缩　为了提高茶汁品质，茶汁的浓缩最好采用反渗透法。通常，要在茶汁中加入 0.5% ～ 0.1% 的纤维素粉，然后与茶汁一起进入反渗透浓缩系统。由于纤维素会吸附茶汁中的部分香味物质，影响茶汁风味，因此，可以先用部分茶汁浸渍待用的纤维素，并反复使用。

6. 调和　由于茶汤极易氧化褐变，影响茶饮料的风味，因此，需加入一些抗氧化剂。常用的抗氧化剂是维生素 C 及其钠盐和异抗坏血酸及其钠盐。如果茶饮料偏酸，则需调整 pH，一般常用碳酸氢钠调节。在茶饮料风味允许的前提下，宜将 pH 调低一些，这样既有利于保持茶饮料中儿茶素等物质的稳定性，还可防止微生物生长。

7. 杀菌　茶饮料的 pH 值在 4.5 以上时，最好采用高压杀菌。单一茶类产品采用 121℃、3 ～ 13 分钟或 115℃、15 分钟杀菌处理，或采用 131℃、30 秒的高温瞬时杀菌，均可有效杀灭茶饮料中肉毒梭状芽孢杆菌的芽孢，达到预期的杀菌效果。PET 瓶或纸包装在灌装前要进行次氯酸钠或过氧化氢的容器杀菌。

点滴积累　∨

1. 茶饮料的概念与分类。
2. 茶饮料（绿茶、乌龙茶、红茶和茶汁基料）的生产工艺流程。
3. 茶饮料生产的关键技术包括浸提、澄清、调和等。

目标检测

一、单项选择题

1. 根据国家标准《饮料通则》，饮料中乙醇含量（质量分数）不超过（　　　）

A. 0.2%　　　　　　B. 0.5%　　　　　　C. 0.8%　　　　　　D. 1.0%

2. 啤酒属于（　　　）

A. 蛋白饮料　　　　B. 碳酸饮料　　　　C. 植物饮料　　　　D. 硬饮料

3. 将二氧化碳溶解在水中，水的 pH 值发生的变化是（　　　）

A. 降低　　　　　　B. 升高　　　　　　C. 不变　　　　　　D. 无规律变化

4. 去除水中不溶性物质的方法不包括（　　　）

A. 混凝　　　　　　B. 沉淀　　　　　　C. 过滤　　　　　　D. 离子交换

5. 水的软化是指将（　　　）离子的含量降低

A. SO_4^{2-}、Mg^{2+}　　　　　　　　　　B. Ca^{2+}、Mg^{2+}

C. Ca^{2+}、Na^+　　　　　　　　　　　　D. Ca^{2+}、HCO_3^-

6. 饮用水消毒措施一般不包括(　　　)

  A. 氯消毒　　　　　　　　　　　　B. 紫外线消毒

  C. 过氧化氢消毒　　　　　　　　　D. 臭氧消毒

7. 能够直接饮用的纯水不包括(　　　)

  A. 纯净水　　　　　　　　　　　　B. 太空水

  C. 矿泉水　　　　　　　　　　　　D. 蒸馏水

8. 瓶装矿泉水生产过程中曝气的操作,以下(　　　)说法是错误的

  A. 水由碱性变为酸性　　　　　　　B. 发生了氧化作用

  C. 低价金属离子变为高价离子　　　D. 矿泉水可能会发生浑浊现象

9. 下列矿泉水灭菌的方法正确的是(　　　)

  A. 臭氧灭菌和氯灭菌　　　　　　　B. 氯灭菌和紫外线灭菌

  C. 臭氧灭菌和过氧化氢灭菌　　　　D. 臭氧灭菌和紫外线灭菌

10. 超纯水与饮用纯净水的相同之处,下列说法错误的是(　　　)

  A. 两者都可以供人饮用　　　　　　B. 两者电导率均较低

  C. 两者微生物含量都很低　　　　　D. 两者工艺基本相同

11. 苏打水属于(　　　)

  A. 果汁型碳酸饮料　　　　　　　　B. 果味型碳酸饮料

  C. 可乐型碳酸饮料　　　　　　　　D. 其他型碳酸饮料

12. 碳酸饮料中二氧化碳的主要作用不包括(　　　)

  A. 清凉作用　　　　　　　　　　　B. 增加兴奋作用

  C. 特殊的刹口感　　　　　　　　　D. 阻碍微生物的生长

13. 我国饮料行业所用的糖浆浓度单位不包括(　　　)

  A. 可溶解固形物(g/L)　　　　　　B. 白利度(糖锤度,Brix,°Bx)

  C. 波美度(°Bé)　　　　　　　　　D. 比重(相对密度)

14. 关于"原位清洗"的说法,下列不正确的是(　　　)

  A. 防止清洗作业中的危险,节省劳动力　　B. 不拆卸设备或元件

  C. 不仅能清洗机器,而且还能控制微生物　　D. 使用的洗涤剂都很比较温和

15. 果汁饮料生产过程中"榨汁前预处理"的目的不包括(　　　)

  A. 钝化酶　　　　　　　　　　　　B. 抑制微生物的繁殖

  C. 抑制褐变　　　　　　　　　　　D. 低温保持果汁新鲜度

16. 果汁饮料生产过程中"澄清和过滤"相关措施不包括(　　　)

  A. 活性炭吸附　　　　　　　　　　B. 加热处理

  C. 加入相关酶试剂　　　　　　　　D. 加入明胶或者单宁

17. 果汁饮料生产过程中"脱气"的目的不包括(　　　)

  A. 抑制氧化反应　　　　　　　　　B. 去除果粒表面附着的气体

  C. 促进糖酸渗入果粒,加速入味   D. 减少对罐内壁的腐蚀

18. 果汁饮料生产过程中"浓缩"的目的主要是(　　　)

  A. 保持风味,去除不良异味   B. 提高果汁的稳定性

  C. 促进糖酸渗入果粒,加速入味   D. 便于储存运输

19. 豆奶加工过程中豆奶调配常用的分散剂不包括(　　　)

  A. 磷酸三钠   B. 六偏磷酸钠

  C. 焦磷酸钠   D. 碳酸氢钠

20. 豆奶加工过程中均质的目的不包括(　　　)

  A. 去除杂质   B. 防止沉淀

  C. 脂肪、蛋白质等颗粒微粒化   D. 提高豆奶稳定性

21. 消除豆腥味方法不包括(　　　)

  A. 加热   B. 离心

  C. 调整 pH   D. 闪蒸

22. 茶饮料生产中(　　　)是其生产的关键

  A. 浸出液的制备   B. 过滤与分离

  C. 澄清   D. 浓缩

23. 茶饮料生产中(　　　)步骤不能抑制褐变

  A. 调配中加入维生素 C   B. 澄清中去除单宁

  C. 调低 pH 值   D. 高压杀菌

二、简答题

1. 饮料的定义是什么? 什么是硬饮料? 什么是软饮料?

2. 根据国家标准 GB/T 10789-2015《饮料通则》,饮料分为哪几类?

3. 如果让长江水变成直饮水,需采用哪些水处理方法?

4. 天然水中的杂质有哪些? 这些杂质如何影响水的品质?

5. 矿泉水、矿物质水、纯净水、天然水,以上 4 种水各自的特点是什么? 各有什么异同点?

6. 瓶装水生产过程中,曝气的主要目的是什么?

7. 瓶装水生产过程中杀菌方式有哪些,各自有什么优缺点?

8. 碳酸饮料中二氧化碳的主要作用是什么?

9. 碳酸饮料中影响饮料碳酸化程度的因素分别有哪些?

10. 什么是"原位清洗"? 其优点有哪些?

11. 果汁饮料采用哪些生产技术能更好地保留果汁的营养成分和风味? 为什么?

12. 果汁饮料生产中,如何控制果汁的褐变现象?

13. 百分百果汁和浓缩果汁在生产工艺上有何异同之处?

14. 豆奶加工过程中浸泡去皮的目的是什么?

15. 豆奶的豆腥味产生的原因是什么？如何消除豆腥味？

16. 茶饮料分为哪几类？各有何特点？

17. 茶饮料加工过程中"调和"的目的是什么？

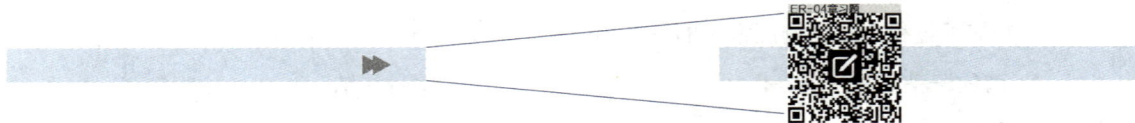

第五章

焙烤食品加工技术

▲

导学情景　∨

情景描述

伴随市场经济的崛起以及人们消费习惯的改变,人们对焙烤食品的需求逐渐增大,尤其是在中青年消费群体中,糕点、饼干、面包等焙烤食品的需求特日益明显。国家统计局显示,截至2015年10月,全国焙烤食品制造规模较大的1408家,主营业务收入2284.56亿元,同比增长9.41%,利润总额193.95亿元,同比增长19.2%。行业进入加速发展阶段。

学前导语

与其他食品行业相比,焙烤食品制造仍然具有较高的销售利润率,该行业属于大众消费性行业,抗周期波动能力强,发展前景乐观。国内焙烤行业消费市场潜力巨大。但是目前我国市场上很多焙烤食品在种类、配料、口感等方面趋于同质化。从种类上来讲,仍以面包、蛋糕、饼干为主,最多辅以月饼、水果慕斯等时令产品,缺乏根据消费者的体质、年龄设计的产品;从配料上来讲,主要以面粉、鸡蛋、牛奶为主要原料,远没有实现营养的丰富化和制作的精细化。焙烤行业需要向企业品牌化、渠道多样化、生产专业化的方向发展,提升焙烤食品的竞争力。

本章我们将带领同学们学习焙烤加工的基本知识和典型的焙烤食品加工技术。

第一节　焙烤食品概述

焙烤又称为烘焙、烘烤。焙烤食品是指用面粉及各种粮食与多种辅料相调配,或经发酵,或直接用高温烘烤,或经油炸而制成的一系列可口的食品,它主要包括蛋糕、面包、饼干、月饼等。焙烤食品食用方便,营养丰富,货架寿命长,消化率高,因而在人们生活中占有越来越重要的位置。

▶ 课堂活动

讨论:你知道哪些焙烤食品? 焙烤食品加工常用到的原辅材料有哪些? 常用到的加工设备有哪些?

一、焙烤食品的分类

1. 按发酵和膨化程度分类

（1）用培养酵母或野生酵母使之膨化的制品：包括面包、苏打饼干、烧饼等。

（2）用化学方法膨化的制品：这里指各种蛋糕、炸面包圈、油条、饼干等。

（3）利用空气进行膨化的制品：天使蛋糕、海绵蛋糕等不用化学疏松剂的食品。

（4）利用水分气化进行膨化的食品：主要指一些类似膨化食品的小吃，它不用发酵也不用化学疏松剂。

2. 按照生产工艺分类

（1）面包类。

（2）糕点类。

（3）蛋糕类。

（4）饼干类。

（5）月饼类。

二、焙烤食品的主要原料

焙烤食品用到的主要原料是面粉、糖、油脂、蛋品、乳制品等。

1. 面粉　面粉是以小麦为原料经过加工制成的，是制作焙烤食品的主要原料，面粉中主要含有水分、蛋白质、脂肪、糖等化学成分，此外还含有少量的维生素和酶类。面粉的质量在焙烤食品生产中起着重要的作用。

我国面粉根据筋力强弱可以分为高筋面粉、中筋面粉、低筋面粉。具体性质及用途见表5-1。

表5-1　面粉的性质与用途

面粉种类	颜色	蛋白质含量（％）	吸水率（％）	特征	用途
高筋面粉	乳白	11.5~14	60~64	用手不易抓成团	面包、白吐司
中筋面粉	乳白	8.5~11.5	55~58	呈半松状	中式点心、馒头
低筋面粉	白	7.5~8.5	50~53	容易用手抓成团	饼干、蛋糕

面粉在焙烤食品中的作用：

（1）形成产品的组织结构：面粉中的蛋白质吸水并在搅拌的作用下形成面筋，面筋起支撑产品组织的骨架作用。

（2）对产品的风味有重要的作用：面粉中的糖类可以参与焦糖化反应和美拉德反应，增加产品的风味。

（3）为酵母提供发酵所需的能量。

（4）提供营养。

面筋的营养价值

面筋，是由小麦、大麦等谷物中所提取，主要由谷物中的各种蛋白质组成。在亚洲食品中，面筋常被用作肉类的替代品。面筋是面团里的不溶于水的蛋白质，如果把面团放于水中冲洗，当把所有的可被水冲走的物质冲走后，剩下的就是面筋。

面筋中的营养成分尤其是蛋白质含量，高于瘦猪肉、肌肉、鸡蛋和大部分豆制品，属于高蛋白、低脂肪、低糖、低热量食物，此外含有钙、铁、磷、钾等多种微量元素，是传统美食。

2. 糖　糖是制作焙烤食品的主要原料之一，焙烤食品中常用的食糖主要有蔗糖、饴糖、淀粉糖浆等，各种糖品的相对甜度（%）：蔗糖100、果糖175、葡萄糖68～74、麦芽糖32～46、转化糖120～130。

糖在焙烤食品中的作用：

（1）增加产品的甜味和营养价值：糖不仅能为制品提供甜味，还能被人体迅速吸收，产生热量，适量添加，可增加产品的营养价值。

（2）提高产品的色、香、味：糖能赋予产品愉悦的甜味，加热时会发生焦糖化反应和美拉德反应，两种反应的产物都能使制品呈现出诱人的红棕色和独特的焦香味。

（3）降低面团的弹性：和面时形成的糖溶液，具有一定的渗透压和反水性，可以降低面团的弹性。

（4）延长产品的货架寿命。

（5）装饰美化产品的作用。

3. 油脂　常用的油脂有植物油、动物油、氢化油、人造奶油、起酥油、磷脂等。

（1）动物油脂：奶油和猪油是焙烤制品生产中常用的动物油。熔点高，常温下呈半固态，可塑性强，起酥性好等特点。

1）奶油：奶油又称黄油或白脱油，由牛乳经离心分离而得。含有80%左右乳脂肪，16%左右的水分和少量乳固体。熔点28～34℃，凝固点为15～25℃，具有一定的硬度和良好的可塑性，适用于西式糕点裱花与保持糕点外形的完整。

2）猪油：猪油是从猪的特定内脏的蓄积脂肪及腹背等皮下组织中提取的油脂。多为油酸与亚油酸。在常温下呈软膏状，熔点在36～42℃，色泽洁白，有特殊的香气。猪油可塑性、起酥性较好，但融合性与稳定性欠佳，常用氢化处理或交酯反应处理来提高猪油的品质。

（2）植物油：植物油品种较多，有花生油、芝麻油、豆油、菜籽油、棕榈油、椰子油等，除棕榈油、椰子油外，其他各种植物油均含有较多的不饱和脂肪酸。其熔点高，在常温下呈液态。其可塑性较动物油脂差，在使用量高时，易发生"走油"现象。

（3）氢化油与起酥油

1）氢化油：液体油经氢化作用，使不饱和脂肪酸得到饱和固体油。

氢化油具有较高的熔点,良好的可塑性和一定硬度,是焙烤食品所需要的工艺性能,它可以使糕点、饼干保持一定的外形,且来源丰富、价格低廉。

2)起酥油:能使焙烤食品起显著酥松作用的油脂,将部分氢化油和部分未经氢化的液态油配制而成的。

(4)人造奶油:人造奶油是以氢化油为主要原料,添加适量的牛乳或乳制品和色素、香料、乳化剂、防腐剂、抗氧化剂、食盐、维生素,经激烈搅拌、急速冷却结晶而成。因其价格比天然奶油便宜一半以上,同时乳化性能比奶油好,故在焙烤食品中是奶油的良好代用品。

(5)磷脂:磷脂即磷酸甘油酯,其分子结构中具有亲水基和疏水基,是良好的乳化剂。含油量较低的饼干,加入适量的磷脂,可以增强饼干的酥脆性,方便操作,不发生黏辊现象。

油脂在焙烤食品中的作用:

1)增加制品的风味和营养。

2)调节面团的持水性能,延长货架期。

3)改善制品的品质。

4.**蛋品**　蛋品是生产焙烤食品的重要原料,常用的有鲜蛋、冰蛋、蛋粉等。

(1)鲜蛋:鲜蛋包括鸡蛋、鸭蛋、鹅蛋等。焙烤食品中用的最多的是鸡蛋,鸭蛋、鹅蛋因有异味,很少使用。

(2)冰蛋:冰蛋是由蛋液经过滤、灭菌、装盘、速冻等工序制成的冷冻块状食品,有冰全蛋、冰蛋白、冰蛋黄等。

(3)蛋粉:蛋粉是鲜蛋经干燥加工去除水分而制得的粉末。产品包括全蛋粉、蛋黄粉、蛋白粉。蛋粉不仅很好地保持了鸡蛋应有的营养成分,还具有方便卫生、易于储存和运输等特点。

蛋品在焙烤食品中的作用:

(1)提高产品的营养价值:蛋品中含有丰富的蛋白质,较多的卵磷脂,对大脑和神经发育有重要意义;此外还含有丰富的矿物质和维生素。

(2)蛋白的起泡性:蛋白具有良好的起泡性,在打蛋机高速搅打的过程中,能搅入大量的空气,形成泡沫,烘烤受热膨胀时,使产品体积增大,结构疏松。

(3)蛋黄的乳化性:蛋黄中富含卵磷脂,是天然的乳化剂,能使产品组织结构细腻,质地柔软。

(4)改善产品的风味和色泽:蛋白参与美拉德反应,有助于上色。含蛋的制品具有特殊的蛋香味。

5.**乳及其乳制品**　焙烤食品中常用的有鲜乳、乳粉、炼乳等。

(1)鲜乳:新鲜的牛奶营养丰富,含水量高,在常温下极易感染微生物。

(2)乳粉:乳粉又称为奶粉,是以鲜乳为原料,经浓缩后喷雾干燥制成的,乳粉包括全脂乳粉和脱脂乳粉两大类,乳粉便于携带,运输方便。

(3)炼乳:炼乳分甜炼乳和淡炼乳两类,焙烤食品中甜炼乳使用的较多。

乳及乳制品在焙烤食品中的作用:

1)提高产品的营养价值。

2）改善制品的组织结构。

3）延缓制品的老化。

6. 膨松剂 膨松剂分为化学膨松剂和生物膨松剂。

（1）生物膨松剂

1）鲜酵母：鲜酵母质量稳定，发酵力大，发酵耐力强，后劲大，产品风味好，价格便宜。

2）活性干酵母：活性干酵母是一种发酵速度很快的高活性新型干酵母。

3）即发性活性干酵母：即发性活性干酵母是一种发酵速度很快的高活性新型干酵母。

（2）化学膨松剂

1）小苏打：小苏打学名碳酸氢钠。小苏打在糕点、饼干中主要是受热后自身分解产生二氧化碳气体，使糕点体积膨胀。

2）碳酸氢铵：碳酸氢铵俗称臭碱、大起子。作用机制是受热后分解为氨气、二氧化碳和水，使糕点体积膨胀。

3）泡打粉：泡打粉是一种复合膨松剂，主要由小苏打、酸式盐和填充物3部分组成。作用机制是受热后小苏打与酸式盐发生化学反应生成二氧化碳，使糕点、饼干体积增大。

三、焙烤生产主要设备

焙烤食品常用设备和工具种类较多，一般分为搅拌设备、成型设备、烘烤设备等。

1. 常用设备

（1）烘烤设备：烤炉又称为烤箱，是生产焙烤食品的关键设备之一，主要用于烘烤各类中西糕点。

烤炉按热来源分，有电烤和煤烤两大类；从烘烤原理来分，有对流式和辐射式两种；从构造上分，有单层、双层、三层等组合式烤炉，还有隧道平台式、链条传递式等，形式多样，各有特点。

（2）机械设备

1）和面机：和面机有立式和卧式两种。立式多为双动双速。和面机的主要功能是充分混合所有原料，使其成为一个完全均匀的混合物。

2）打蛋机：打蛋机也称搅拌机，有3种形式：

钩状搅拌机，主要用于面包搅拌制作。

桨状搅拌机，主要用于面糊类蛋糕、西点的搅拌。

钢丝搅拌机，主要用于乳沫类蛋糕等的搅拌。

3）开酥机：主要作用是将面团轧成多层次的薄片，使面皮酥软均匀，用于制作丹麦面包、糕点的面皮起酥等。

4）切片机：主要作用是将冷却后的面包加以切割成片。

2. 恒温设备

（1）醒发箱：醒发箱型号很多，大小不一。其工作原理是电炉丝将水槽内的水加热蒸发，使面包在一定的恒温和湿度下充分发酵。

（2）电冰箱、电冰柜：电冰箱、电冰柜主要用途是冷冻面团，使面团和辅料达到同一温度，便于操作。

3. 常用工具

（1）搅拌工具

1）打蛋器：主要用于搅打蛋液、奶油等。

2）橡皮刮刀：用于搅拌面粉和各种馅料或铲刮奶油。

（2）定型工具

1）抹刀：用于制作涂抹奶油、馅料或其他装饰材料。

2）刮板：用于切面团、清理面团、铲刮面团等。

3）锯齿刀：又称西点刀，此刀一端有锋利的锯齿，多用来切割面包、蛋糕等。

（3）模具

1）烤盘：烤盘是烘烤时盛放食品的容器，也是烘烤制品的主要模具。

2）蛋糕模具：蛋糕模具花样很多，形状也很多。制作材质一类是由不锈钢、马口铁和铝制品制成；另一类是加入特殊材料制成的不粘模具。

3）面包模具：面包模具是由不锈钢、马口铁、铝制品制成。现在有加入特殊材料制成的不粘模具，规格大小不一。

4）月饼模具：月饼模具一般由木质和塑料制成，形状一般为圆形和方形，图案多种多样。

（4）其他工具：焙烤食品加工中还常用的工具有：天平、擀面杖、面粉筛、毛刷、耐温手套、裱花转盘、裱花嘴、不锈钢盆等。

点滴积累 ∨

1. 焙烤食品的种类。

2. 焙烤食品的主要加工原料有面粉、糖、油脂、蛋品、乳及乳制品、膨松剂。

3. 焙烤食品的主要加工设备有烤箱、打蛋机、和面机、醒发箱、开酥机、切片机。

第二节　面包加工工艺和关键技术

面包是以面粉、酵母和水为主要原料，加入鸡蛋、油脂、果仁等辅料后经过面团调制、发酵、成型和焙烤等过程后所得的产品。

▶ 课堂活动

讨论：你知道哪些种类的面包？面包为何膨松酥软？原理是什么？应该如何加工制作面包？

一、面包的分类

1. 按面包的柔软度分类

（1）硬式面包：如法式长棍、英国面包、俄罗斯面包，我国的赛克、大裂巴等。

（2）软式面包：如汉堡包、热狗、三明治等。

2. 按成型的方法分类

（1）普通面包：成型比较简单的面包。

（2）花式面包：成型比较复杂，形状多样化的面包。

知识链接

面包的起源

传说公元前 2600 年左右，有一个用水和生面粉为主料做饼的埃及奴隶，在一天晚上饼还没有烤好就睡着了，炉子也灭了。夜里，生面饼开始发酵，膨大了，奴隶一觉醒来时，生面饼已经比昨晚大了一倍。他连忙把面饼塞回炉子，想这样就不会有人知道他偷懒了。最后，饼烤好了，又松又软。原来是生面饼里野生酵母或细菌，暴露在空气里，经过加热，使得酵母菌生长并遍及了整个面饼。之后，埃及人继续用酵母菌实验，成为世界上第一代职业面包师。

二、面包的发酵原理

在面包发酵的全过程中，一般有酒精发酵、醋酸发酵和乳酸发酵 3 种形式。

1. 酒精发酵 由酵母菌将糖类转化为 CO_2 和酒精的过程。CO_2 是膨胀面团的动力，酒精是影响面包风味十分重要的因素。

2. 醋酸发酵 由醋酸菌将稀薄的酒精变为醋酸的过程。面团发酵温度超过 32℃ 或者发酵时间过长，就会发生醋酸发酵，导致面包带有刺激性酸味。

3. 乳酸发酵 乳酸菌将糖类变为乳酸的过程。其特点是温度越高，糖分越多的时候，发酵也就越活跃，乳酸的积聚会使面包产生酸败味。

三、工艺流程

1. 一次发酵工艺 详见图 5-1。

全部配料 → 搅拌 → 发酵 → 切块 → 搓圆 → 整形 → 醒发 → 饰面 → 烘烤 → 冷却 → 包装 → 成品
（蛋液 ↑ 饰面）

图 5-1 面包一次发酵工艺流程图

2. 二次发酵工艺 详见图 5-2。

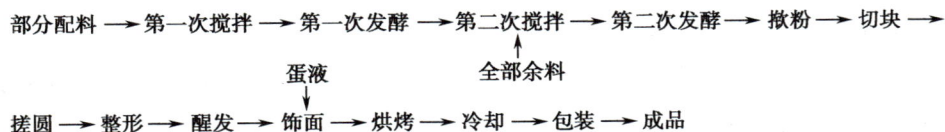

部分配料 → 第一次搅拌 → 第一次发酵 → 第二次搅拌 → 第二次发酵 → 撒粉 → 切块 →
搓圆 → 整形 → 醒发 → 饰面 → 烘烤 → 冷却 → 包装 → 成品

图 5-2 面包二次发酵工艺流程图

3. **三次发酵工艺**　详见图 5-3。

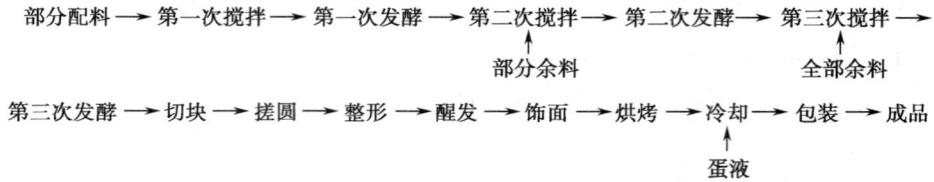

部分配料 → 第一次搅拌 → 第一次发酵 → 第二次搅拌 → 第二次发酵 → 第三次搅拌 →
　　　　　　　　　　　　　　　　　↑　　　　　　　　　　　　　↑
　　　　　　　　　　　　　　　　部分余料　　　　　　　　　全部余料

第三次发酵 → 切块 → 搓圆 → 整形 → 醒发 → 饰面 → 烘烤 → 冷却 → 包装 → 成品
　　　　　　　　　　　　　　　　　　　　　　　　↑
　　　　　　　　　　　　　　　　　　　　　　　蛋液

图 5-3　面包三次发酵工艺流程图

4. **快速发酵工艺**　详见图 5-4。

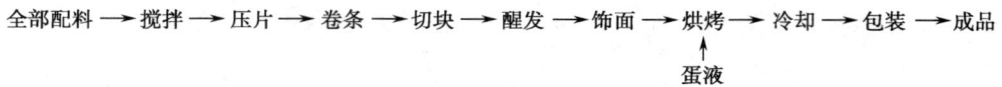

全部配料 → 搅拌 → 压片 → 卷条 → 切块 → 醒发 → 饰面 → 烘烤 → 冷却 → 包装 → 成品
　　　　　　　　　　　　　　　　　　　　　　　↑
　　　　　　　　　　　　　　　　　　　　　　蛋液

图 5-4　面包快速发酵工艺流程图

四、操作要点

1. **面团的形成与调制方法**　面团搅拌时,各种物料逐渐混合均匀,分布在小麦粉中的麦谷蛋白和麦胶蛋白吸水涨润,面团从涨润开始,可以明显感觉到逐渐变软,黏性逐渐减弱,体积随之增大,弹性不断增强,面筋形成的这个过程称之为水化。为克服面团形成的各种阻力,这就要用搅拌的形式使它们充分混合,经过分散、吸水、结合 3 个阶段,最终形成面团。

一次发酵法调制面团的投料顺序是将全部面团投入和面缸中,再将砂糖、食盐的水溶液和其他辅料一起加入和面机内,拌匀后,加入已准备好的酵母,搅打至面筋形成后发酵即可。

二次发酵法调制面团分两次投料,第一次面团调制是将全部酵母和适量水投入和面机中搅拌均匀,再将配方中面粉量的 30%~70% 投入和面机,调成均匀的面团后发酵,待面团成熟后再加入适量的温水和面粉辅料拌匀后再发酵。

三次发酵法面团调制分 3 次投料,工艺较复杂,现在较少使用。

(1)影响面团调制的因素

1)面粉中面筋的形成和面团形成有直接的关系,面筋量决定着面包的结构;

2)面团的温度,当温度在 30℃ 时面筋能充分吸水,如果超过 50℃,面粉就会糊化影响面团形成;

3)搅拌要适度,过度搅拌会导致面筋断裂;

4)糖和盐会导致面粉吸水率降低,随着糖含量增加,调制同样硬度的面粉需要更长的时间。

(2)调制面团各阶段变化与原理

1)拌和阶段:就是通过搅拌器的动作,使面粉和各种辅料与水混合。部分面粉已经吸水,但是还没有形成面筋。

2)吸水阶段:随着搅拌的进行,蛋白质大量地吸水膨胀,淀粉吸水增加,面团的黏度也随之增加,形成蛋白质、淀粉完全被水湿透的状态。

此时,面粉完成了吸水的全部任务,使原辅料形成一块整体,并有部分面筋形成,但尚未达到成熟。

3)结合阶段:加入油脂后再搅拌,面团在搅拌中将水量吸足,面筋形成最佳状体,面团的弹性达到最大,具有一定的延伸性,将一小块面团用手压成饼状平拉,呈均匀的薄膜状而不断裂,面团表面具有光泽,这是搅拌的最佳状态,称为搅拌适中期,俗称结合阶段。

4)过度阶段:最佳状态的面团倘若继续搅拌,表面就会出现游离水浸湿现象,又恢复面团黏性状态,这个阶段称为搅拌过度阶段。此时可采用延长发酵时间的办法补救,否则会导致面包品质变劣。

5)破坏阶段:当搅拌到某种程度时,还会引起大分子的解体,会出现淀粉液化、蛋白质部分分解的现象,面筋完全被破坏,称之为破坏阶段。这种面团不能用于制作面包。

2. 面团的发酵技术　面团发酵的变化分为酵母呼吸与酒精发酵两个阶段。

在面团发酵的初期,面团中的氧气和营养成分供应充足,以有氧呼吸为主,酵母的生命活动旺盛,呼吸作用强烈,能迅速地将单糖分解为二氧化碳和水,并释放出能量。后期由于二氧化碳增加,氧气减少,则以无氧呼吸为主,这时虽然产生的热量较少,但可以产生酒精等风味物质。

面团发酵中所需要的空气都是在面团搅拌中混入的,混入的空气在酵母作用下变大,又被搅打成小气泡,如此循环,气泡就越来越多了,而酵母本身不能在面团中产生新气泡。

(1)酵母发酵效果的影响因素

1)糖:糖是酵母的食源,当葡萄糖、果糖、蔗糖三者共存时,酵母会先大量消耗葡萄糖,然后才会分解蔗糖产生能利用的葡萄糖,最后才会大量消耗果糖。

2)温度:酵母发酵的最适温度为 25~28℃。

3)酵母的质和量:一般情况下酵母的用量占面粉的 0.8%~2%,过多过少都会影响发酵效果。

4)酸度:一般情况下,面包发酵的酸度控制在 5.0~6.0,这个范围内面团的持气性最好。

5)水分:面团中的水分越多,越有利于面团的发酵,因为高水分有利于面团的发酵。

(2)面团发酵终点的判断方法

1)用手指轻轻插入面团内部,待手指拿出后,如四周的面团既不向内凹处塌陷,被压凹的面团也不立即复原,这就是面团成熟的标志;如果被压的面团很快恢复,说明面团太嫩;反之,如果被压四周的面团继续下陷,则说明面团已经发过了。

2)用手将面团掰开,如内部如丝瓜瓤状并有酒香,说明面团已经成熟。

3)用手将面团握成团,手感发黏或发硬的是嫩面团;手感柔软且不发黏的刚好;如果表面有裂纹或很多气孔,说明面团已经老了。

3. 面包的整形与醒发　将完全发酵好的面团按不同品种所规定的要求做成一定形状的面团称为整形。整形包括分块、称量、搓圆、静置、成型、装盘或入模等工序。

(1)分块:分块可用机械也可用手工,机械分块速度快、定量准,但容易对面团造成机械损伤;手工分块也有要求,一般是将面团分成小块后,再称量。分块最好是在 15~25 分钟以内完成,以免发酵过度影响面包质量。

(2)称量:发酵好的面团一般都有一定的损失,称为发酵损失,所以面团的量要事先放大,面包在烘烤过程中也有损失,一般损失 10%~20%,所以称量时要加大量。

（3）搓圆：搓圆是将分割后的不规则的小块面团搓成圆球状。经过搓圆后,将面团内部组织结实、表面光滑,再经过 15~20 分钟静置,面包胚轻微发酵,使分块切割时损失的二氧化碳得到补充。搓圆分为手工搓圆和机械操作。

（4）静置与成型：静置的目的是为了使面团恢复弹性,使面团适应新的环境,使面包外形端正、表面光亮。做形是根据需要,将面团做成各种形状如拧花等。

（5）醒发：对经过成型操作后的面坯,用稍高的温度和湿度,使酵母能产生最大的活力,从而使面包坯发酵膨胀到最适当的体积,并得到符合要求的面包形状,我们把这次发酵称为醒发。

醒发的目的是消除面团的内应力,增加面团的延展性,醒发时,一般控制温度在 36~38℃,最高不超过 40℃。温度过高会造成面包表皮干燥,并且影响面团的发酵。湿度一般控制在 80%~90%,低了也会造成面包表皮变硬。醒发的程度一般要膨胀到原体积的 2~3 倍。

4. 面包的烘烤　烘烤是保证面包质量的关键工序,俗话说"三分做,七分烤"说的就是这个道理。面包烘烤的主要变化是面包的颜色和香味的相成。面包表皮的颜色主要是美拉德反应、焦糖化反应和蛋白质的变化形成的。所以,面包烘烤前一般都会刷一层蛋液和糖液等,来起发色作用。面包的香味主要是各种羰基化合物的形成,其中醛类起主要作用,是面包风味的主要物质。焙烤前期面包的体积还会有较大程度的膨胀,主要是酵母在受热后继续产气,同时面包内的一些气体和水分也会起到作用,所以烘烤前期烤箱的下火温度要高于上火。

烘烤对面包质量的影响：一般成品中 80~100g 的圆面包在 230~250℃ 的炉温中烘烤 5~6 分钟;150~200g 的长方形的装模面包,在炉温 150~200℃ 的炉温中烘烤 14~18 分钟。

5. 面包的冷却与包装　刚出炉的面包中心温度较高,如果立即包装会造成包装内形成冷凝水,面包容易发霉;同时面包在冷却前还没有一定的硬度,如果被包装挤压,面包就会变形甚至破碎,体积很难恢复。

面包的包装可以延缓面包的老化,一般以小包装为主,不用外包装,而使用周转箱进行产品运输和销售。

点滴积累　∨

　　1. 面包发酵工艺有一次发酵法、二次发酵法、三次发酵法、快速发酵法。
　　2. 面包制作中用高筋面粉。
　　3. 面包烘烤的关键因素有烘烤温度、时间、湿度。

第三节　蛋糕加工工艺和关键技术

蛋糕是以蛋、糖或油脂等为主要原料,通过搅拌（充入空气）后与面粉调制成糊,浇入印模,经烘烤或蒸制而得到的松软可口的海绵状固体食品。

▶▶ **课堂活动**

　　讨论：你知道蛋糕有哪些种类？　蛋糕组织膨松、质地松软的原理是什么？　应该如何加工制作典型的蛋糕制品?

一、蛋糕的分类

1. 面糊类蛋糕　又称重油蛋糕,主要原料为蛋、糖、油脂、面粉。膨发途径主要是通过油脂在搅拌过程中结合拌入的空气,而使蛋糕在炉内膨胀。特点是油香浓郁、口感浓香有回味,结构相对紧密,有一定的弹性。

2. 乳沫类蛋糕　又称清蛋糕,主要原料为蛋、糖、面粉,少量的油脂。膨发途径主要是靠蛋在搅拌过程中与空气结合,进而在炉内产生蒸汽压力使蛋糕体积膨胀。根据蛋用量不同,分为蛋白类和海绵类。蛋白类的特点是产品洁白、口感稍显粗糙,但外观漂亮,蛋腥味浓。海绵类的特点是口感清香、结构绵软、有弹性、油脂轻。

3. 戚风类蛋糕　戚风类蛋糕是将蛋黄和蛋白分开搅拌,先把蛋白部分搅打得很蓬松、很柔软,再拌入蛋黄面糊。特点是蛋香、油香突出,有回味,结构绵软有弹性,组织细密紧韧。

知识链接

蛋糕中的乳化剂

蛋糕中常用的乳化剂有:单硬脂酸甘油酯、脂肪酸丙二醇酯、卵磷脂、单/双甘油酯等。

乳化剂在海绵蛋糕中的作用机制是和鸡蛋中的蛋白质相互作用,构成良好的气泡膜,提高蛋白质的发泡性,使蛋白质容易搅拌发泡,同时搅打后气泡具有良好的稳定性。

二、工艺流程

详见图 5-5。

面糊调制 ⟶ 装盘(入模) ⟶ 烘烤 ⟶ 冷却 ⟶ 包装

图 5-5　蛋糕生产工艺流程图

海绵蛋糕的制作

三、操作要点

1. 面糊调制　面糊是原料经过混合、调制的最终形式。面糊含水量比面团多,不像面团那样能揉捏或擀制。而面糊的膨松效果又是面糊调制的主要指标。蛋糕的膨松主要是物理性能变化的结果。经过机械高速搅拌,使空气充分混入坯料中,经过加热,空气膨胀,坯料体积疏松膨大。用于膨松充气的原料是蛋白和奶油。

鸡蛋蛋白是一种黏稠的胶体,具有起泡性,当蛋白液受到急速连续的搅打时,空气充入蛋液内形成细小的气泡,这些气泡被均匀的包裹在蛋白膜内,受热后空气膨胀时,凭借胶体物质的韧性,使其不至于破裂。蛋糕糊内气泡受热膨胀至蛋糕凝固为止,烘烤中的蛋糕体积因而膨大。

蛋白保持气体的最佳状态是在呈现最大体积之前。因此,过分的搅打会破坏蛋白胶体物质的韧性,使保持气体的能力下降,蛋黄不含有蛋白中的胶体物质,保留不住空气,无法打发。但是在制清蛋糕时,蛋黄与蛋白一起搅拌很容易与蛋白及混入的空气形成黏稠的乳状液,同样可保存拌入的空气,烘烤成体积膨大的疏松蛋糕。

制作奶油蛋糕时,糖和奶油在搅拌过程中,奶油里拌入了大量空气并产生气泡。加入蛋液继续搅拌,气泡随之增多,这些气泡受热膨胀会使蛋糕体积膨大,质地松软。

(1)面糊类蛋糕:面糊类蛋糕主要调制的是油脂面糊,调制方法有3种:糖油法、粉油法和混合法。

1)糖油法:将油脂(奶油、人造奶油)搅打开,加入过筛的砂糖充分搅打至呈淡黄色蓬松而细腻的膏状,再将全蛋液呈缓慢细流状分数次加入上述油脂和糖的混合物中,每次均需充分均匀搅拌,然后加入过筛的面粉,注意不能结块,搅拌适度,不能形成面筋。最后加入水、牛奶、果仁等混匀即可。

2)粉油法:将油脂(奶油、人造奶油等)与过筛的面粉(比奶油量稀少)一起搅打成蓬松的膏状,加入砂糖搅拌,再加入剩余过筛的小麦粉,最后分数次加入全蛋液混合成面糊(牛奶、水等液体在加完蛋后加入)。

3)混合法:又称两步法,就是将糖油法和粉油法相结合的调制方法。将面粉过筛等分为两份,一份面粉与油脂(奶油、人造奶油等)、砂糖一起搅打,全蛋液分数次加入搅打,每次均需搅打均匀;另一份面粉与奶粉混匀后再加入,最后加入牛奶、水、果仁等搅拌均匀即可。也可以将所有的原料一起混合过筛,混入油脂中一起搅拌至"面包渣"状为止,另外,将所有的湿性原料混合,呈细流状加入干性原料与油脂的混合物中,同时不断搅拌至无团块、光滑的浆料为止。

(2)乳沫类蛋糕:乳沫类蛋糕面糊充分利用蛋白、全蛋的起泡性,先将蛋白搅打起泡,再利用全蛋的起泡性,然后加入砂糖搅拌,最后加入过筛的面粉调制而成。其调制方法主要有分开搅打法、全蛋搅打法、乳化法。

1)分开搅打法

①将全蛋分为蛋白和蛋黄两部分,蛋白中分数次加入1/3的糖加入搅打好的蛋黄中,制成坚实的加糖蛋白糊;

②用2/3的糖与蛋黄一起搅打起泡;

③将a与b充分混合后加入过筛的面粉,拌匀即可;

④也有用2/3的糖与蛋白一起搅打成蛋白膏。面粉与1/3的糖加入搅打好的蛋黄中,再与加糖蛋白混匀。

2)全蛋搅打法(热起泡法):全蛋中加入少量的砂糖充分搅开。分数次加入剩余的砂糖,一边水浴加热一边打发,温度40℃左右去掉水浴,继续搅打至具有一定稠度、光洁而细腻的白色泡沫。再慢慢加入其他配料,加入过筛的面粉搅匀。

3)乳化法:用牛奶、水将乳化剂充分化开,再加入鸡蛋、砂糖等一起快速搅打至浆料呈乳白色细腻的膏状,再慢速搅拌下逐步加入筛过的面粉,混匀即可。也可采用一步调制法,先将牛奶、水、乳化剂充分化开,再加入其他所有原料一起搅打成光滑的面糊。

（3）戚风类蛋糕：戚风类蛋糕主要是依靠蛋白的打发来调制面糊的，有以下3种方法：

1）冷加糖蛋白：将蛋白中先加入少量的砂糖（40%~50%），将蛋白慢慢搅开。开始起泡后立即快速搅打，然后分次加入剩余的糖继续搅打，可制成坚实的加糖蛋白糊。

2）热加糖蛋白：将蛋白水浴加热，采用冷加糖蛋白的调制方法搅打，温度升至50℃时停止热水浴，继续搅拌冷却到室温，就可制成坚实的加糖蛋白糊。

3）煮沸加糖蛋白：现在蛋白中加入少量的糖（约20%），采用1）、2）介绍的方法7分钟左右，将熬好的糖浆呈细丝状注入搅拌器，同时继续搅拌，糖浆加完后，继续搅拌时停止加热即可。由于这种加糖蛋白稳定性好，与稀奶油等混合，适合于蛋糕的装饰。

2. 装盘（入模）　烤盘的种类及预处理

用于盛装面糊的烤盘有多种，如高身平盘、吐司烤盘、空心烤盘等。预处理方法如下：

（1）扫油：烤盘内壁涂上一层薄薄的油层，但戚风类蛋糕不能涂油。

（2）垫纸或撒粉：在涂过油的烤盘上垫上白纸或撒上面粉，便于脱模。

（3）面糊的装载：蛋糕面糊装载量应与蛋糕烤盘大小相一致。过多或过少都会影响蛋糕的品质。

3. 烘烤　蛋糕烘烤和蒸制是一项技术性强的工作，是制作蛋糕的关键因素之一。制品内部所含的水分受热蒸发，气泡受热膨胀，淀粉受热糊化，疏松剂受热分解，面筋蛋白质受热变性凝固、固定，最后蛋糕体积增大，蛋糕内部组织形成多孔洞的挂瓤状结构，使蛋糕松软且有一定弹性。

蛋糕面糊外表层在高温烘烤下，糖类发生美拉德反应和焦糖化反应，颜色逐渐加深，形成悦目的棕黄褐色，具有令人愉快的蛋糕香味。制品在整个烘烤过程中发生一系列的物理和化学变化，都是通过加热产生的，主要是炉内高温作用的结果。

测试蛋糕是否烘熟。可用手指在蛋糕中央顶部轻轻触试，如果感觉硬式，呈固体状，且用手指压下去的部分马上回弹，则表示蛋糕已经熟透。也可以用牙签或细棒在蛋糕中央插入，拔出时，若测试的牙签上不沾附黏湿的面糊，则表明已经烤熟，反之则未烤熟。

戚风蛋糕的制作

4. 冷却、包装　蛋糕经过冷却脱模后，即可进行包装上市了。

点滴积累　∨

1. 蛋糕根据生产工艺不同分为面糊类、乳沫类、戚风类。

2. 蛋糕制作中用低筋面粉。

3. 戚风类蛋糕利用了蛋白的乳化性。

第四节　饼干加工工艺和关键技术

一、饼干的分类

饼干是主要烘焙食品之一。其种类很多，如按配料、生产工艺和特点可分为粗饼干、韧性饼干、酥性饼干、甜酥性饼干和发酵饼干等 5 大类(表 5-2)。

表 5-2　饼干的分类

种类	油糖比	油糖与面粉比	品种
粗饼干类	0∶10	1∶5	硬饼干、发酵硬饼干等
韧性饼干类	1∶2.5	1∶2.5	低档甜饼干(动物、什锦、玩具饼干等)
酥性饼干类	1∶2	1∶2	一般甜饼干(椰子、橘子、乳脂饼干等)
甜酥性饼干类	1∶1.35	1∶1.35	高档酥饼干(桃酥、椰蓉酥、奶油酥等)
发酵饼干	10∶0	1∶5	中、高档苏打饼干

知识链接

饼干的起源

19 世纪 50 年代的一天,法国比斯湾,狂风使一艘英国帆船触礁搁浅,船员死里逃生来到一个荒无人烟的小岛。风停后,人们回到船上找吃的,但船上的面粉、砂糖、奶油全部被水浸泡了,他们只好把泡在仪器的面糊带回岛上,并将他们捏成一个一个的小团,烤熟后吃。没想到,烤熟的面团又松又脆,味道可口。为了纪念这次脱险,船员们回到英国后,就用这样的方法烤制小饼吃,并用海湾的名字"比斯湾"命名这些小饼,这就是今天饼干英文名 biscuit 的由来。

二、工艺流程

详见图 5-6。

温水、砂糖、油脂
↓
原料处理 ⟶ 面团调制 ⟶ 辊轧 ⟶ 成型 ⟶ 烘烤 ⟶ 冷却 ⟶ 包装 ⟶ 成品
↑
香精、疏松剂、食盐、奶粉

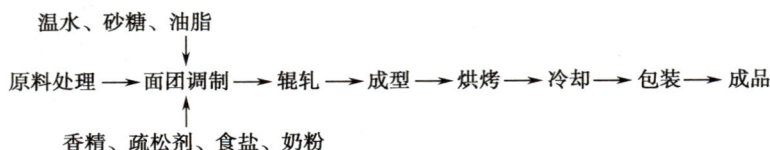

图 5-6　饼干生产工艺流程图

饼干制作工艺

三、操作要点

1. 面团调制　面团调制就是将预处理过的原辅料按照要求配制好,然后在调粉机中制成所需的面团或浆料的过程。生产不同类型的饼干面团调制工艺上区别也很大。

(1)韧性面团调制:韧性饼干的生产常采用冲印成型,需要多次辊轧操作,要求头子分离顺利,这就决定了韧性面团的面筋形成既要充分形成,又要求面团有较好的延伸性、可塑性、适度的结合力及柔软光滑的性能,同时面筋质的强度和弹性不能太大。

韧性面团的形成,需要注意以下几个方面:

1)配料次序:面团调制时现将面粉、水、糖等一起投入和面机中混合,再加入油脂等,这样有利于面筋的形成。

2）糖、油用量：糖和油都会影响面筋的形成，所以韧性面团中，糖量不超过面粉的30%，油脂量不超过面粉的20%。

3）面团的温度：韧性面团的温度一般控制在36~40℃，这样可加速面筋形成，缩短调制时间，温度也不能过高，高温会造成化学疏松剂的挥发。

4）面粉的选择：一般选择面筋在30%以下适宜。

5）加水量的控制：韧性面团通常要求面团比较柔软，加水量要根据辅料及面粉的量和性质来适当确定，一般加水量为面粉的22%~28%。

6）淀粉的添加：淀粉添加目的除了淀粉是一种有效的面筋浓度稀释剂，有助于缩短调粉时间、增加可塑性外，还有一个目的就是使面团光滑、降低黏性。

面团调制结束的判断：①观察调粉机的搅拌桨叶上黏着的面团，当可以在转动中很干净的被面团黏掉时，即接近结束。②用手抓拉面团时不黏手，感觉面团伸展性良好和弹性适度，其结构如牛肉丝状，用手拉伸则出现较强的结合力，拉而不断，伸而不缩。

（2）酥性面团调制：酥性面团在调制中主要是控制面筋的形成，减少水化作用，制成适当加工工艺需要的面团。主要注意以下几个方面：

1）配料次序：酥性面团调制时先将油、水、糖等辅料在调粉机中预混均匀，然后再投入面粉、淀粉、奶粉等原料，继续调制成面团，这样既可缩短搅拌时间，又可以减少面筋的形成。

2）糖、油用量：糖和油都有反水化作用，所以在酥性面团中使用量较大。一般糖的用量可达面粉的32%~50%，油脂的用量可达面粉的40%~50%或更多。

3）面团的温度：酥性面团属于冷粉，所以在调制中水温应较低，高温会有利于面筋的形成。

4）调粉时间：调粉时间的把握对面团的质量影响较大，一旦时间过长，就会使面筋性能增加。调粉时间要根据原料、外界因素等综合评定，所以没有标准，一般由操作人员凭经验来定。

5）加水量：调制酥性面团，加水太多容易形成面筋，所以加水量不宜过多。

6）淀粉：淀粉的添加，为了冲淡面筋，这在酥性面团的调制中是必要的，但也不宜添加过多，一般为面粉量的5%~8%。

7）头子量的添加：头子是饼干成型工序中切下的面带部分，其面筋含量高，弹性较大，所以头子的添加量必须控制。

（3）发酵面团调制：发酵面团时利用酵母的发酵作用和油脂的起酥效果，使成品质地特别疏松，其断面具有清晰的层次结构。

发酵面团的调制和发酵一般选用二次发酵法。

第一次调粉：使用的面粉量通常是总面粉量的40%~50%，加入已活化的鲜酵母液、适量水调制面团至成熟，调好的面团发酵6~10小时。

第二次调粉：发酵好的面团和剩余的面粉、油脂等原辅料进行第二次面团调制，注意小苏打应在调粉接近终点时再加入。调好的面团置于发酵槽内发酵3~4小时。

2. 辊轧 辊轧是将调制好的面团，辊轧成形状规则、厚度符合要求的面片，以便在成型机上成型。一般韧性饼干、半发酵饼干和苏打饼干的面团需要辊轧,而酥性饼干面团可以不经过辊轧。

辊轧的作用:①经过辊轧使疏松的面团成为具有一定黏结力的面片;②排出面团中的部分气泡,防止饼干坯在烘烤后产生较大的孔洞;③经过多道辊轧的面团可使制品的横切面有清晰的层次结构;④可提高制品表面的光洁度,冲印后花纹的保持能力强,色泽均匀。

韧性饼干的辊轧见图5-7。

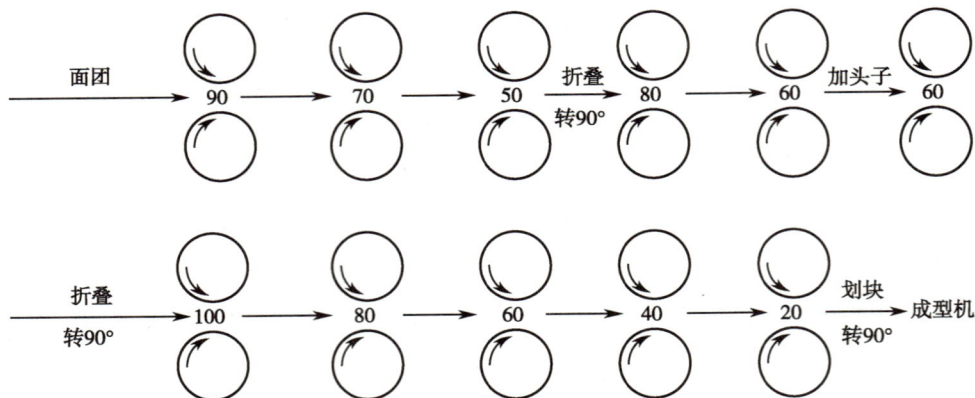

图5-7 韧性面团辊轧(两辊之间距离单位为mm)

苏打饼干(图5-8)多采用立式层压机,面团分别通过两对辊筒压成面片后,在层间加入油酥,再重叠、转向、压薄后进入成型机。在未加油酥前的压延比不宜超过1∶3。当压入油酥后,压延比应控制在(1∶2)~(1∶5),以免导致表面轧破,油酥外露,色泽较深等。

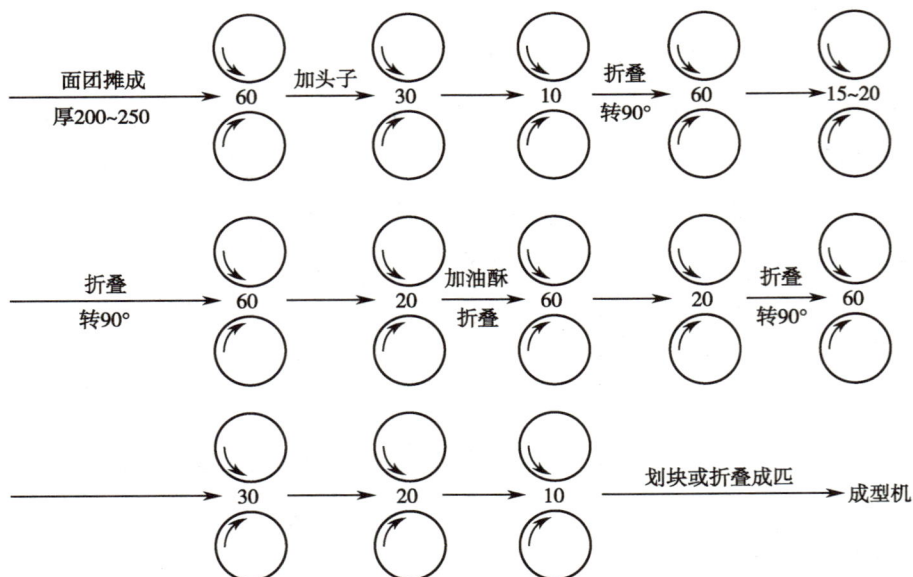

图5-8 苏打饼干面团辊轧(两辊之间距离单位为mm)

3. 成型 饼坯成型的设备随配方和品种不同而异,可分为摆动式冲印成型机、辊印机、辊切成型机、挤条成型机、钢丝切割机、挤浆成型机、拉花成型机等多种形式。

(1)冲印成型:冲印成型是我国各种饼干企业使用最广泛的一种成型方法。它的主要优点是能够适应大多数产品的生产,如韧性饼干、酥性饼干、苏打饼干等。冲印成型操作要求较高,必须使皮子不黏辊筒,不黏帆布,冲印清晰,头子分离顺利,落坯时无卷曲现象等。

冲印成型分面带形成、冲印和头子分离3步,如图5-9所示。

图 5-9　冲印成型过程

(2)辊印成型:辊印成型是生产高油脂品种的主要成型方法之一。面团要求较硬些,弹性小些。特别是花纹漂亮,成型过程不产生头子,操作简单,设备占地面积小,如图5-10。

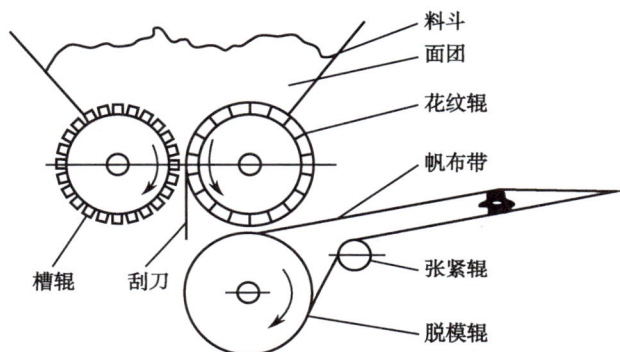

图 5-10　辊印成型机工作过程

(3)辊切成型:辊切成型兼辊印和冲印的优点,并具有广泛的适应性。先经多道压延辊轧形成面带,然后经花芯辊轧出花纹,再经刀口辊切出饼坯,如图5-11。

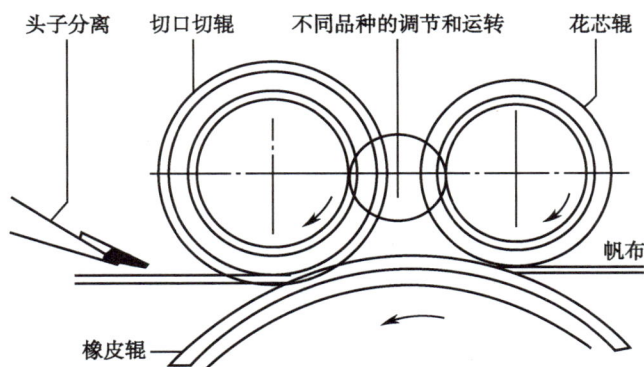

图 5-11　辊印成型机工作过程

4. 烘烤　饼坯经过高温加热后,发生一系列化学、物理以及生化变化,水分含量减少,厚度增加,形成具有鲜明金黄色、内部呈多孔性海绵状结构、形态稳定,并具有特殊的香味和风味。

饼干在烘烤时,一般经胀发、脱水、定型和着色4个阶段。如何控制和掌握烘烤时间及温度,对饼干的质量将产生十分重要的影响。饼干的烘烤参数见表5-3。

品种	炉温（℃）	烘烤时间（min）	成品含水率（%）
韧性饼干	240～260	3.5～5	2～4
酥性饼干	240～260	3.5～5	2～4
苏打饼干	260～270	4～5	2.5～5.5
粗饼干	200～210	7～10	2～5

5. 冷却、包装　刚出炉的饼干,温度较高,含水量在 8%～10%,质地非常柔软,此时立即进行包装势必影响饼干内热量的散失和水分的继续蒸发,缩短饼干保质期。因此,必须将其冷却到 38℃左右才能包装。

点滴积累

1. 饼干根据生产工艺不同分为韧性饼干、酥性饼干、苏打饼干、粗饼干。

2. 饼干的成型主要有冲印成型、辊印成型、辊切成型。

3. 饼干在烘烤时,一般经胀发、脱水、定型和着色 4 个阶段。

第五节　糕点加工工艺和关键技术

糕点是以面粉、油、糖为主要原料,配以蛋、乳、果仁等辅料和调味品,经过调制成型,熟化精制而成为具有一定色、香、味、形的方便食品。糕点也是我国古老的传统食品,历史悠久,誉满全球,受到国内外广大消费者的喜爱。

一、糕点的分类

糕点依国家、民族、地区的物产、气候、风俗习惯、嗜好等特点不同,而有各种制作方法和品种花色,主要有中式糕点和西式糕点两类。

中式糕点所用原料以面粉为主,油、糖、蛋、果仁以及其他材料为辅。而西点所用的面粉量比中点少,乳、糖、蛋的用量较大,其种类繁多。中式糕点以制皮、包馅、利用模具或切块成型,其种类繁多,个别品种有点缀,但图案非常简朴。生坯烘烤后,多数经过烘烤或油炸即为成品。而西点则以夹馅、挤花为多。生坯烘烤后,多数需要美化、装饰后方为成品,装饰的图案比中式糕点复杂。中式糕点由于品种、地区、用料不同,故口味亦有差异,各有突出的地方风味,但主要以香、甜、咸为主。西式糕点则突出乳、糖、蛋、果酱的味道。

1. 中式糕点的分类

(1)酥皮类:用水油面团包入油酥面团制成酥皮,经包馅、成型、烘烤而制成的饼皮分层次的制品。

(2)酥类:使用较多的油脂和糖,调制成酥性面团经成型、烘烤而制成的组织不分层次,口感酥松的制品。如京式的核桃酥、苏式的杏红酥等。

（3）松酥类：使用较多的油脂,较多的糖,辅以蛋品或乳品等,并加入化学疏松剂,调制成松酥面团,经成型、烘烤而制成的输送制品。如京式的冰花酥、苏式的香蕉酥等。

（4）糖浆皮类：用糖浆面团制皮,经包馅、成型、烘烤而制得的口感柔软或韧酥的制品。如京式的提浆月饼、苏式的松子枣泥麻饼等。

（5）水油皮类：用水油面团制皮、经包馅、成型、烘烤而制成的皮薄馅饱的制品。如福建礼饼、春饼等。

（6）烘糕类：以糕粉为主要原料,经拌粉、装模、炖糕、成型、烘烤而制得的口感松脆的糕类制品。如苏式的五香麻糕、绍兴香糕等。

（7）酥层类：用水油面团包入油酥面团或固体油,经反复压片、折叠、成型、烘烤而制成的具有多层次、口感酥松的制品。如广式的千层酥。

（8）油炸类：在和面成型后,经油炸的均属于此类。

（9）其他类：其他一些季节性产品,如油茶面、绿豆糕等。

知识链接

月饼的起源

　　古代月饼被作为祭品于中秋节所食。 据说中秋节吃月饼的习俗始于唐朝。 北宋时,该种饼被称为"宫饼",在宫廷内流行,但也流传到民间,当时俗称"小饼"和"月团"。 后来演变成圆形,寓意团圆美好。 月饼也是东亚各地的中秋节食品,越南称为"饼中秋",唐朝时月饼还有别名叫"胡饼"。 月饼最初为形如满月的饼,外观为圆形,表示团圆之意,后来也有方形或其他形状的。 月饼外层通常以小麦粉为皮,其内有馅,馅料多种多样。

---

2. 西式糕点的分类

（1）奶油清酥类：是以水皮包油酥,经多次折叠、成型、烘烤而成的制品。这类糕点奶油用量大,外观层次分明,块大体轻,入口酥香,具有浓郁的奶香味。如奶油风轮酥、奶油鸡盒酥等。

（2）蛋白类：这类糕点以蛋白、砂糖为主要原料,经低温烘烤制成。制品体轻、美观、丰满大方,入口酥脆,营养价值高。如蛋白蘑菇、蛋白酥等。

（3）蛋糕类：这类糕点用蛋量比其他糕点类多,由于鸡蛋的胶体性质,经搅打充气后膨胀,烘烤后,绵软有弹性。烘烤后多饰以果酱、奶油、水果等。如瓜仁卷糕、奶油水果糕等。

（4）奶油混酥类：是一种不分层次的糕点。配料中奶油、糖的比重较大,故酥性较强。如奶油果酱条、奶油风糖酥等。

（5）茶酥类：这类糕点也称为小点心、小干点。制品小巧玲珑,相传是喝茶时吃的,多制成酥性,故称茶酥。如奶油浪花酥、奶油小白片等。

（6）裱花蛋糕：也称水点心,由坯子和装饰料两部分组成。

（7）肥面类：这类经酵母发酵、加料的高档面包,质地柔软、容易消化和吸收。如什锦小面包、炸肉包等。

（8）其他类：凡是在加工、熟制方法上，不同于前几种的，均属于此类。

二、操作要点

1. 面团调制　面团调制是糕点制作的重要工序，也是糕点成型的前提条件。

（1）水调面团：将面粉倒在案板上，中间扒一小窝，分次加入冷水，用手从四周慢慢向里搅拌，待形成雪花片状后，再用力揉成面团。揉制面团表面光滑并已有筋，质地均匀时，盖上干净的湿布静置一段时间，再稍揉即可使用。

（2）发酵面团：调制面团时，先对酵母进行活化处理，将酵母放入容器内加少量温水（25～30℃）以及少量糖、面粉，调稀成糊状防止15分钟左右，待表面有气泡生成即可。将活化的酵母放入调粉缸内，加入面粉、温水、糖、盐等原料，充分揉匀、揉透，至面团光滑后盖上湿布静置发酵。

（3）油酥面团：油酥面团是指油脂和面粉调制而成的面团。油酥面团的品种繁多，要求不一，大体分为层酥、单酥、炸酥3类。

（4）糖浆面团：用蔗糖制成糖浆或用饴糖与面粉调制而成，这种面团既有适度的弹性，又有良好的可塑性。

（5）米粉面团：米粉面团是由糯米粉或粳米粉与水调制而成的或水磨制成的，生面团无黏韧性，熟后具有黏、韧、软的特点。

调制时，先取生糯米粉的1/10，用水调制成饼块，放在沸腾的糖浆锅内成熟，一起搅成浆糊再与生糯米粉拌制成团，称熟芡面团；或将米粒浸透，带水磨成浆，用布袋压干水分成团块，称水磨粉团；将湿米粉经蒸熟后，再拌制成团，称熟粉团。

2. 糖膏和油膏的调制

（1）白马糖膏：白马糖膏大多用于蛋糕裱花，面包装饰，也用于小干点夹心，既增加甜度，又装饰外观。制作时将糖与水同时倒入锅内上炉熬制，温度到达100℃时，将葡萄糖浆加入，继续加热，让水分蒸发，待糖液浓缩起"骨子"时停止加热。

（2）蛋白膏：蛋白膏用于蛋糕裱花外，还用于面包饼干夹心。制作时将琼脂洗净放入容器内浸泡，泡开后倒入锅内加热，小火熬制，用筛滤去僵粒杂质。加入糖继续加热，待温度上升到120℃时，使糖浆熬到起骨子即离火。将蛋白在打蛋机内搅发至原体积的2～3倍，冲入熬好的糖浆边搅打边冲入,一直搅打到蛋白能挺住不塌为止。

（3）奶油膏:奶油膏又名脱淇淋,制作时将奶油倒入盆内,用木铲搅拌至发泡细腻后,再将过筛的糖粉分多次搅入奶油中,搅至细腻黏稠的膏状为止。如果需要着色时,则可分装不同容器,分别调色使用。

3. 包馅和成型 糕点成型时用皮坯,按照成品的要求包以馅心,运用各种方法,制成形状不同的制品的过程。成型通常分为印模成型、手工成型、机械成型。印模成型常用的有木模和铁皮模,有一定的外形和花纹。手工成型包括搓、摘、擀、包、捏等方法。

4. 糕点熟制 糕点熟制是制品的熟化过程,在工艺上和质量上是很重要的工序。其方法有烘烤、油炸、蒸制等多种。

5. 熬浆与挂浆 在已炸或烤熟了的制品表面涂上一层糖衣,谓之挂浆。其挂浆方法分为浇浆、拌浆、捞浆。浇浆是在烤好了的制品表面浇上熬好的糖浆,适用于酥脆制品,如千层酥,千层散子。

拌浆是将糖熬好后,即将制品倒入锅内,用铲子拌和,制品周围沾上一层糖浆,如江米条。

捞浆是制品倒入熬好浆的锅内,同时继续加温,待制品吃入适量的糖浆后再捞出,如蜜三刀、蜜果等。

6. 糕点装饰 有些糕点在成型以后,还要在外表进行装饰。装饰的目的不仅使产品外形美观,还可以增加制品营养成分和改善风味。

7. 冷却与包装 糕点熟制后温度较高,水分含量还不稳定,糕点质地较软,需要在冷却过程中挥发水分及降温方能获得应有的脆、酥、松、软等不同特征,才能保证正常的形态。

糕点包装是指糕点生产出来后到消费者食用的运输、保管、销售的整个流通过程中,为保护品质和食用价值而采用的必要材料和容器,对产品的外表进行的技术处理和装饰。

点滴积累 ∨

1. 糕点根据生产工艺不同分为中式糕点、西式糕点。

2. 糕点面团调制分为水调面团、发酵面团、油酥面团、糖浆面团、米粉面团 。

3. 糕点挂浆的方法有浇浆、拌浆、捞浆。

目标检测

一、单项选择题

1. 制作蛋糕,最适宜采用( )面粉

 A. 低筋   B. 高筋   C. 中筋   D. 普通

2. 烘焙制品的颜色与糖量多少有关,主要因为还原糖与蛋白质加热产生( )

 A. 中和反应   B. 褐变反应   C. 乳化反应   D. 沉淀反应

3. 下列哪种不是化学膨松剂( )

 A. 酵母   B. 泡打粉   C. 小苏打   D. 碳酸氢铵

4. 鸡蛋的( )促使其他食品原料均匀混合

A. 稀释性　　　　　　B. 凝固性　　　　　　C. 乳化性　　　　　D. 起泡性

5. 在全蛋中,能够单独搅打成泡沫,具有起泡性的是( )

　A. 蛋壳　　　　　　B. 蛋黄　　　　　　C. 蛋白　　　　　D. 全蛋

6. 能使两种原来不能混合的水性和油性物质均匀的混合在一起的东西是( )

　A. 乳化剂　　　　　B. 膨大剂　　　　　C. 黏结剂　　　　　D. 消泡剂

7. 下列( )不是最常用的烘焙设备

　A. 发酵箱　　　　　B. 烤箱　　　　　C. 冷冻冷藏冰箱　　　D. 蒸笼

8. 烤箱操作下列叙述不正确的是( )

　A. 应戴石棉手套　　　　　　　　B. 冷热烤盘分开放置

　C. 无须注意焙烤物品的情况　　　　D. 使用完毕应关电源

9. 乳化剂在蛋糕中的功能是( )

　A. 使蛋糕风味变佳　　　　　　　B. 使蛋糕颜色加深

　C. 融合配方内水和油使组织细腻　　D. 缩短搅拌时间减少人工

10. 打蛋时若蛋液中混入的空气很多,但蛋白质薄膜破裂,原因是( )

　A. 打蛋时间短　　　　　　　　　B. 搅拌程度不够

　C. 使用桨状打蛋器　　　　　　　D. 打蛋时间过长

二、填空题

1. 焙烤食品加工中常用的化学疏松剂有:_____、_____、_____。

2. 我国面粉根据筋力强弱可以分为_____面粉、_____面粉、_____面粉。

3. 焙烤食品加工中,蛋白具有_____性,蛋黄具有_____作用。

4. 醒发箱的工作原理是:_____。

5. 面包是以_____、_____、水为主要原料,加入鸡蛋、油脂、果仁等辅料后经面团调制,发酵,成型和烘烤等过程后所得的产品。

6. 面包制作一般选用_____面粉,需经_____处理。

7. 面包面团发酵初期以_____呼吸为主,后期以_____呼吸为主。

8. 面包烘烤中主要的变化是面包的_____和_____的形成 。

9. 蛋糕主要分为_____类、_____类、_____类3种。

10. 蛋糕制作一般选用_____面粉,需经_____处理。

11. 蛋糕在装盘时一般涂上少量的_____或撒些干粉。

12. 蛋糕烘烤时表皮颜色的变化,主要是发生了_____反应和_____反应。

13. 饼干的成型主要有_____成型、_____成型、_____成型。

14. 饼干在烘烤时,一般经_____、_____、_____和_____4个阶段。

15. 糕点根据生产工艺不同分为_____糕点、_____糕点。

16. 油酥面团是指_____和_____调制而成的面团。

17. 糕点挂浆的方法有_____、_____、_____。

三、简答题

1. 在面包生产过程中油脂选用的要求是什么？

2. 为了增加酵母的发酵力可采取哪些措施？

3. 焙烤制品出炉后为什么需冷却后再包装？

4. 焙烤食品中添加乳品的作用是什么？

四、实例分析

1. 海绵蛋糕有时没有韧性，一拿起来容易破裂，如何才能使蛋糕不破裂？

2. 广式五仁月饼出炉后，花纹模糊、变形分别是何原因？生产中应如何注意？并提出解决方案。

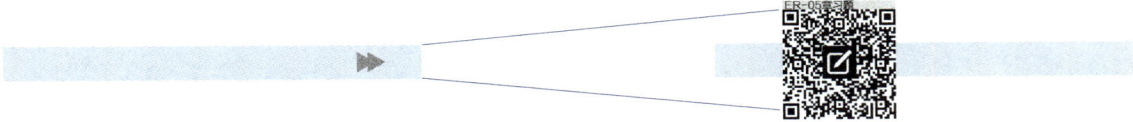

第六章

膨化休闲食品加工技术

导学情景 ∨

情景描述

截至 2012 年 7 月 1 日，我国已经有 1571 家膨化食品生产企业获得生产许可证。近年来，我国膨化食品市场增速较快，2011 年销售额为 150 多亿，产量约 125 万吨。膨化食品虽然生产企业众多，但是整个行业的品牌集中度较高，80% 的市场份额被排名前十位的品牌企业占有。

学前导语

近年来，膨化食品市场增速较快，膨化食品行业在我国有广阔的前景，随着人们生活水平的提高，消费者对食品安全的要求越来越高，企业要根据食品安全标准生产健康安全的膨化食品。

本章我们将带领同学们学习膨化食品的基本知识和典型的膨化食品的加工技术。

膨化食品是指以谷物粉、薯粉或淀粉为主料，利用挤压、油炸、砂炒、烘焙等膨化技术加工而成的一大类食品。食品膨化技术在我国有着悠久的历史，古代就把油炸作为使食品膨化的重要方法之一。由于种种原因，我国膨化技术发展缓慢。直到 20 世纪 70 年代末，才开始膨化技术与膨化食品的研究。随着生活水平的提高，人们对膨化食品的要求越来越高。

第一节　膨化食品的分类与原理

▶ 课堂活动

讨论：从"市面上有哪些膨化食品"的提问开始，总结膨化食品的分类，推导膨化食品的特点，启发归纳出膨化食品加工的原理。

一、挤压膨化食品的定义

广义上的膨化食品是指凡是利用油炸、挤压、砂炒、焙烤、微波等技术作为熟化工艺，在熟化工艺后，体积有明显增加现象的食品。

挤压膨化是食品物料在压力作用下，定向地通过一个模板，连续成型地制成食品，被称为"挤压"。通过挤压膨化的食品称为挤压膨化食品。

二、膨化食品的特点

1. 营养成分的保存率和消化率高　谷物原料中的淀粉在膨化过程中很快被糊化,使其中蛋白质和碳水化合物的水化率显著提高,糊化后的淀粉经长时间放置也不会老化(回生)。这是因为淀粉糊化后其微晶束状结构被破坏,温度降低后也不易再缔合成微晶束,故不易老化(回生)。富含蛋白质的植物原料经高温短时间的挤压膨化,蛋白质彻底变性,组织结构变成多孔状,有利于同人体消化酶的接触,从而使蛋白质的利用率和可消化率提高。

2. 赋予制品较好的营养价值和功能特性　采用挤压技术加工以谷物为原料的食品时,加入氨基酸、蛋白质、维生素、矿物质、食用色素和香味料等添加剂可均匀地分配在挤压物中,并不可逆地与挤压物相结合,可达到强化食品的目的。由于挤压膨化是在高温瞬时进行操作的,故营养物质的损失小。

3. 改善食用品质,易于贮存　采用膨化技术可使原本粗硬的组织结构变得膨松柔软,在膨化过程中产生的美拉德反应又增加了食品的色、香、味。因此,膨化技术有利于粗粮细作,改善食品品质,使食品具有体轻、松脆、香味浓的独特风味。

另外,膨化食品经高温、高压处理,既可杀灭微生物,又能钝化酶的活性,同时膨化后的食品,其水分含量降低到10%以下,限制微生物的生长繁殖,有利于提高食品的贮存稳定性,如密封良好,可长期贮存并适于制成战备食品。

4. 食用方便,品种繁多　在谷物、豆类、薯类或蔬菜等原料中,添加不同的辅料,然后进行挤压膨化加工,可制出品种繁多、营养丰富的膨化食品。

由于膨化后的食品已成为熟食,所以大多为即食食品(打开包装即可食用),食用简便,节省时间,是一类极有发展前途的方便食品。

5. 生产设备简单、占地面积小、耗能低、生产效率高　用于加工膨化食品的设备简单,结构设计独特,可以较简便和快速地组合或更换零部件而成为一个多用途的系统。加工单位重量产品的设备所需占地面积很小。例如,BC45型双螺杆挤压机包括自动控制机在内所需占地面积仅为 $8m^2$,这是其他任何食品蒸煮加工系统所不及的。可节省生产单位重量蒸煮产品所需电、气、水的消耗。劳动生产率高,加工费用低。

6. 工艺简单,成本低　谷物食品加工过程一般须经过混合、成型、烘烤或油炸、杀菌、干燥或粉碎等工序,并配置相应的各种设备;而采用挤压方式加工谷物食品,由于在挤压加工过程中同时完成混炼、破碎、杀菌、压缩成型、脱水等工序而制成膨化产品或有膨化及组织化产品,使生产工序显著缩短,制作成本降低。同时可节省能源20%以上,因此,它是一种节能的新工艺。

7. 原料的利用率高　用淀粉酿酒、制饴糖时,原料经膨化后,其利用率达98%以上,出酒率提高20%,出糖率提高12%;用膨化后的高粱制醋时,产醋率提高40%左右;利用大豆制酱油时,蛋白质利用率一般为15%,采用膨化技术后,蛋白质利用率提高了25%。

三、膨化的形成机制

膨化是利用相变和气体的热压效应原理,使被加工物料内部的液体迅速升温气化,增压膨胀,并依靠气体膨胀力,带动组分中高分子物质的结构变性,从而使之具有网状组织结构特征和定型的多孔物质的过程。整个膨化过程分为以下 3 个阶段:

第 1 阶段(相变段):此时物料内部的液体因吸热或过热,发生气化。

第 2 阶段(增压段):气化后的气体快速增压并开始带动物料膨胀。

第 3 阶段(固化段):当物料内部的瞬间增压达到和超过极限时,气体迅速外逸,内部因失水而被高温干燥固化,最终形成泡沫状的膨化产品。

四、膨化方法的分类

1. 按膨化加工的工艺条件分类　膨化食品可分为两类,一类是利用高温,如油炸、热空气、微波膨化等;另一类是利用温度和压力共同作用,如挤压膨化、低温真空油炸等。

(1)高温膨化:高温膨化技术是一种现代化的机械挤压成型技术,是与比较古老的油炸膨化、沙炒膨化等处理工艺结合起来的从而生产膨化食品的技术。其中,微波膨化、焙烤膨化等新型膨化技术也属于这一范畴。

油炸膨化是利用油脂类物质作为热交换介质,使被炸食品中的淀粉糊化、蛋白质变性以及水分变为蒸汽从而使食品熟化并使其体积增大。

热空气膨化包括气流膨化、焙烤膨化、沙炒膨化,是利用空气作为热交换介质,使被加热的食品淀粉糊化、蛋白质变性以及水分变成蒸汽从而使食品熟化并使其体积增大。

微波膨化是利用微波被食品物料中易极化的水分子吸收后发热的特性,使食品中淀粉糊化、蛋白质变性以及水分变为水蒸气,从而使食品熟化并使其体积增大。

(2)温度和压力共同作用的膨化:低温真空油炸膨化是在负压条件下,食品在油中脱水干燥。若在真空度 2.67kPa、油温 100℃的条件下进行油炸,这时所产生的水蒸气温度为 60℃。若油炸时油温采用 80~120℃,则原料中水分可充分蒸发;水分蒸发时体积显著膨胀。采用真空油炸所制得的产品有显著的膨化效果,而且油炸时间相对缩短。

2. 按照膨化加工的工艺分类

(1)直接膨化法:又称一次膨化法,是指把原料放入加工设备,通过加热、加压再降温减压而使原料膨化。

(2)间接膨化法:又称二次膨化法,就是先用一定的工艺方法制成半熟的食品毛坯,再把这种坯料通过微波、焙烤、油炸、炒制等方法进行第二次加工,得到酥脆的膨化食品。

知识链接

如何挑选膨化食品

消费者在选购膨化食品时,应尽可能去产品质量较有保障的正规商场购买,同时要看清产品上是否有"QS"标记;购买时要注意产品的标识,仔细看清配料表,了解产品的主要成分和食品添加剂的使用情况,特别要注意查看产品的生产日期和保质期,尽量购买近期生产的产品;要避免购买促销玩具与食品直接混装的产品,因为国家规定严禁在食品包装中混装直接接触食品的非食品物品。

五、膨化食品的分类

1. 按工艺条件分类

1）油炸膨化食品：根据其温度和压力，又可分为高温油炸膨化食品和低温真空油炸膨化食品。

2）微波膨化食品：利用微波发生设备进行膨化加工的食品。

3）挤压膨化食品：利用螺杆挤压机进行膨化生产的食品。

4）焙烤膨化食品：利用焙烤设备进行膨化生产的食品。

5）沙炒膨化食品：利用细沙粒作为传热介质进行膨化生产的食品。

2. 按工艺过程分类

1）直接膨化食品：又称一次膨化食品，是指用直接膨化法生产的食品。如爆米花、膨化米果等。

2）间接膨化食品：又称二次膨化食品，是指用间接膨化法生产的食品。如果是利用双螺杆挤压机生产食品毛坯后再加工，则称为第 3 代挤压食品。

3. 按原料分类

1）淀粉类膨化食品：如玉米、大米、小米等原料生产的膨化食品。

2）蛋白质类膨化食品：如大豆及其制品等原料生产的膨化食品。

3）混合原料膨化食品：如虾片、鱼片等原料生产的膨化食品。

4. 按食品性状分类

1）小吃及休闲食品类：可直接食用的非主食膨化食品。

2）快餐汤料类：需加水后食用的膨化食品。

点滴积累 V ···

1. 膨化过程的 3 个阶段分为相变段、增压段、固化段。
2. 按膨化方法的加工工艺条件分为高温膨化、热空气膨化。
3. 热空气膨化包括气流膨化、焙烤膨化、沙炒膨化。
4. 按膨化方法的加工工艺过程分为直接膨化法、间接膨化法。

第二节　方便面加工工艺和关键技术

案例分析

案例

根据中国食品科学技术学会公布的数据显示，自 2012 年起，我国方便面市场连续多年下滑，2015 年中国内地方便面总产量 362.49 亿包，较 2014 年下跌 8.54%；销售额 490.91 亿元，较上一年下跌 6.75%。但是全球方便面市场行业却处在上升趋势，2015 年日本和韩国的方便面市场销量增幅在 2% 左右，英国 10%，俄罗斯超过了 27%。2016 年上半年韩方便面出口增长 29.5%，而我国大陆是最大的出口目的地。

> **分析**
>
> 　　随着经济发展的消费升级和产业变革，人们越来越追求绿色、营养、健康的食品，以方便面为代表的强加工型、大量添加和油炸类食品，开始被消费者忽略。而国外的方便面外观新奇、口味多样，受到消费者的喜爱。可见，我国方便面行业增长之困，并不是缺乏潜在的需求人群，而是我国方便面的包装、口味，多年来没有明显的变化，很难满足年轻一代消费者的味蕾，未来我们要让方便面从"将就"食品变为"讲究"食品，除了满足吃得饱这一需求外，更应附加营养、品牌和文化等因素，让消费者吃得更快乐、更美味。

　　随着人们生活节奏的加快，市场需求一类食用简便的食品出现，这就是当今流行的方便食品，这种食品食用简单、不需烹调或比普通食品烹调手段简单。方便面在调味配餐方面日臻完善，冲调时不仅有固体汤料，另有花色脱水蔬菜、调味肉酱，使得传统方便面朝着营养化、功能化和更方便化方面发展，从而更大范围的被消费者接受。方便面的种类与特点见表6-1。

表6-1　方便面的种类及特点

分类	种类	特点	备注
制作工艺	油炸方便面	干燥快，淀粉 α 化程度高，复水性较好，成品含油量高，成本高，保存期短	占方便面产量的90%，附有油料和调料两种汤料
	热风干燥方便面	干燥慢，淀粉 α 化程度低，复水性较差，成本低，不易酸败变质，保存期长	附有油料和调料两种汤料
包装	杯装面	不需要另加碗筷，冲沸水即可食用	附有油料和调料两种汤料
	碗装面	不需要另加碗筷，冲沸水即可食用	附有油料和调料两种汤料
	袋装面	需要另加碗筷，冲沸水即可食用	附有油料和调料两种汤料

▶▶ **课堂活动**

　　讨论：你知道哪些方便面品牌和种类？

一、方便面生产的工艺流程

详见图6-1。

原料处理 → 和面 → 静置熟化 → 复合延压 → 切条折花 → 蒸面 → 定量切断 → 干燥 → 冷却包装

图6-1　方便面生产的工艺流程图

二、方便面生产的操作要点

1. 原料处理

（1）面粉：小麦粉是生产方便面的主要原料，常用的有标准粉和特制粉两种，有时还加入适量的淀粉或荞麦粉。

（2）水：方便面生产中需要的是软水，硬水会使面筋的弹性降低，使产品在保藏中变色。

（3）面粉改良剂

1）食盐：添加适量的食盐可使面粉吸水速度加快而且均匀，容易使面团成熟，增强面筋的筋力等，另外还可以抑制发酵和酶的活性。

2）食碱：食碱是方便面生产中不可缺少的辅料，它可以使面条不糊汤，并能使面条呈良好的微黄色。

3）增稠剂：增稠剂可增加面条的弹性，常使用的增稠剂有羧甲基纤维素和瓜儿树的树胶等。

（4）鸡蛋：一般高档的方便面均需添加鸡蛋，添加鸡蛋有增加营养价值、增加面条孔隙、延缓面条中淀粉老化的作用。

2. 和面　和面就是在原料面粉中加入添加剂、水，通过搅拌使之成为面团。面团调制中较重要的是控制好加水量、加盐量、和面时间和温度，加水量一般在33%左右，加盐量在1.5%~2%之间，多了会降低面团的黏性。和面的温度一般控制在20~25℃，这一温度下有利于面筋的形成。搅拌的时间也要控制好，时间短了不利于面筋形成，时间长了容易造成面筋断裂。

3. 熟化　面团和好后，要在低温下静置一段时间，这就是所谓的熟化。熟化的作用是为了改善面团的黏性、弹性和柔软性。通过熟化，面团中的水分会分布的更加均匀，面筋结构会更加细密。

4. 复合压延　熟化后的面团先通过轧辊轧成两条面带，再通过复合机合并成一条面带。这就是复合压延。通过复合压延，可使面带成型，使面带中的面筋网络达到均匀分布。

5. 波纹成型　经波纹成型的面条，在蒸煮时容易 α 化，油炸时有利于提高油炸速度，而且造型美观。其基本原理是在切条机下方，装有一个精密设计的波浪形成型导箱。经过切条的面条进入导箱后，与导箱的前后壁发生碰撞而遇到抵抗阻力，又由于导箱下部的成型传送带的线速度慢于面条的线速度，从而形成了阻力，使面条在阻力下弯曲折叠成细小的波浪形花纹。

大规模生产中，使用较多的是 V 字形波纹成型机械，其装置如图6-2所示。

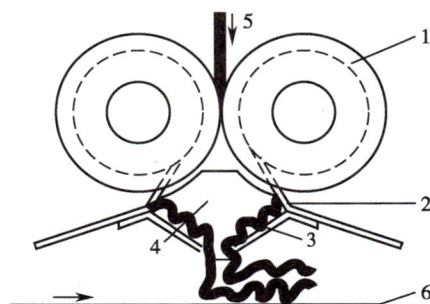

图6-2　V 字形波纹成型装置

1-切面辊筒；2-面梳；3-波纹成型挡板；4-分排隔板；5-面片；6-输送带

6. 蒸煮　蒸煮是利用蒸汽的作用使得淀粉受热糊化和蛋白质变性，面条由生变熟。

蒸煮的作用：①淀粉的 α 化；②蛋白质的变性；③使水分稍有增加；④煮熟一定程度；⑤产品的质构发生变化。

蒸煮的方法：蒸煮分为高压蒸煮和常压蒸煮两种。

7. 定量切割　蒸煮后的波纹面应立即置于鼓风机下冷却，使面条表面迅速硬结，这样才有利于定量切割时不粘连切割刀，同时使面带容易从传输带上剥落下来。为使面带有效的剥落，面条首先通过托辊，再通过一个旋转的切面辊刀定量切割，定量切割的行程得以自由调节。

按一定长度切割的面带通过曲柄连杆结构，将面带齐腰折成双叠层，并进入折叠导辊压平，分排在输送带之间，然后由分排输送带送往热风或油炸干燥工序。切割折叠装置如图6-3所示。

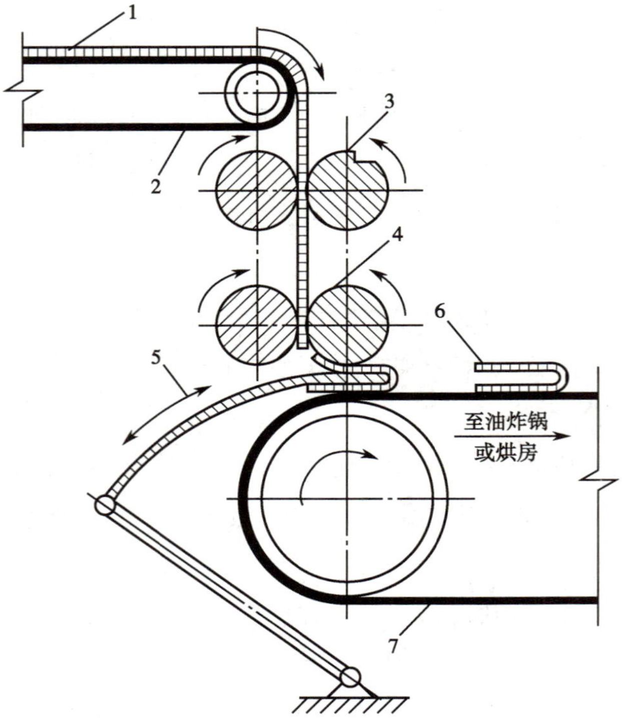

图 6-3　切割折叠装置
1-波浪形花纹的蒸熟面带；2-输送带；3-回转式切刀；4-定位辊筒；
5-往复式折叠导板；6-双折成型的面块；7-排列传送带

8. 干燥　蒸煮后的波纹面块水分含量很高，达 33%～35%，其干燥常用的方法有油炸和热风干燥两种。

（1）油炸干燥：用棕榈油和猪油的混合油，一般各占 50%。油炸时，袋装方便面的油温一般为 150℃ 左右，面条经过连续油炸的时间为 70 秒左右；杯装面的油温为 180℃ 左右，提高油温是为了增加面条的膨化程度，提高面条的复水性能。

（2）热风干燥：热风干燥是将定量切割的面块放进干燥机链条上的模盒中，在热风隧道中自上而下往复循环进行干燥。其干燥的时间随面块的大小、厚薄而异。一般当温度在 70～90℃ 时，以 35～45 分钟为宜。干燥时间不足，面块含水量高，容易霉变，不利于保存；干燥时间过长，面块脱水过多，易使面块发黄、脆断和龟裂，增加断头量，增加成本，且能耗量大。

9. 冷却包装　冷却包装的目的是为了便于包装和贮藏，防止变质。方便面的包装有袋装和盒装两种，袋装一般是外层为玻璃纸，内层为聚乙烯的复合薄膜，密封包装。杯装或碗装是用聚苯乙烯泡沫油料或其他无毒耐热材料制成的。

点滴积累 ∨

1. 方便面加工常用的增稠剂有羧甲基纤维素、瓜儿树的树胶等。

2. 方便面干燥的方法有油炸干燥、热风干燥两种。

第三节　典型膨化食品工艺和关键技术

一、挤压食品工艺

挤压膨化食品是指将原料经粉碎、混合、调湿,送入螺旋挤压机,物料在挤压机中经高温蒸煮并通过特殊设计的模孔而制得的膨化成型食品。

1. 挤压膨化食品的工艺流程　详见图6-4。

原料混合 → 预处理 → 挤压蒸煮、膨化 → 切割 → 烘烤油炸 → 冷却 → 调味 → 称重 → 包装 → 成品

图 6-4　挤压膨化食品的工艺流程

2. 操作要点

(1)原料:挤压膨化技术使用较广泛,一般玉米粉、米粉。燕麦粉、土豆粉、豆粉等以及纯淀粉或改性淀粉均可。

(2)预处理:在挤压前要经过加水或蒸汽处理,为淀粉的水和作用提供一些时间。这个过程对最后产品的成型效果有较大的影响。一般混合后的物料在含水量在28%~35%,由混料机完成。

(3)挤压蒸煮、膨化、切割:加压过程是膨化食品的重要加工过程,是膨化食品结构形成、营养成分形成的阶段。食品中主要成分的变化如下:

1)碳水化合物的变化:挤压食品的原料主要是淀粉,原料在挤压过程中,经过高温高压和高剪切力的作用,淀粉糊化,之后又产生相互间的交联,形成网状的空间结构。该结构在挤出后,由于水分的闪蒸,温度迅速下降而定型,成为膨化食品的结构骨架,给予产品一定的形状。淀粉主要发生糊化和降解。

2)蛋白质的变化:经挤压后,蛋白质的总量有所降低,游离氨基酸的含量升高。由于蛋白质的结构发生变化,易受酶的作用,其消化率和利用率得到了提高。

3)脂肪的变化:一般认为,在挤压过程中脂肪与淀粉和蛋白质形成了复合物,复合物的形成对脂肪起到了保护作用,减少了脂肪在保存时的氧化程度,一定程度上起到了延长产品货架期的作用。

4)矿物质、维生素的变化:虽然挤压过程中温度较高,但是物料在套筒内停留的时间很短,物料挤出后,由于水分的闪蒸,温度下降很快,相对于其他谷物加工方法来说,矿物质和维生素的损失较小。

5)风味物质和色素的变化:挤压过程中风味物质损失最多,所以膨化食品一般都采用在产品表面喷涂风味物质和色素的方法,来调节产品风味和色泽。

知识链接

膨化食品是否健康

膨化食品是经过加压、加热使其膨胀并使体积变大的一类食品,这类食品水分含量相对小,内部组织结构发生变化,谷物原料中的大分子转化成易消化吸收的小分子,且口感多孔、松散、酥脆的食用膨化食品本身不会对人体造成伤害,相反,膨化食品是非常好消化的食品,不会阻碍其他营养素的吸收。

只要摄入符合食品安全标准的膨化食品对人体健康并无害处,但是饮食仍要注重多样化。

（4）烘烤或油炸：为便于贮存并获得较好的风味质构,需经油炸或烘烤等处理使水分降低到3%以下。

（5）包装：为了保证产品质量,包装要快速、及时。现多采用充入惰性气体包装的方法,防止油脂氧化、酸败。

二、高温膨化法

高温膨化技术常应用于间歇生产中,生产工艺较为复杂,生产周期长,产量也受到一定的限制；但由于这种膨化技术对设备要求不是很高,对于原料的等级要求也不必非常严格,而且还可以拓宽一些原料的利用途径,所制得的膨化食品也有其独特的质构风味特征,目前应用广泛。

三、直接膨化法

1. 工艺流程　详见图6-5。

进料 → 膨化 → 切断 → 干燥 → 包装 → 成品

图6-5　直接膨化法工艺流程

2. 操作要点　物料在挤压膨化机内的膨化过程分为3个阶段：输送混合、挤压剪切、挤压膨化。

（1）输送混合阶段：物料由料斗进入挤压机后,由旋转的螺旋进并进行搅拌。混合螺杆的外形呈棒槌状,物料在推进过程中,密度不断增大,物料温度不断上升。

（2）挤压剪切阶段：该阶段,由于螺杆与螺套的间隙进一步变小,故物料继续受挤压；当空隙完全被填满时,物料便受到剪切作用,强大的剪切作用主应力使物料团块断裂产生回流,回流越大,压力越大。

（3）挤压膨化阶段：物料经挤压剪切阶段的升温进入挤压膨化阶段。由于螺杆与螺套的间隙进一步缩小,剪切应力急剧增大,物料的晶体结构遭到破坏,产生纹理组织。

四、间接膨化法

1. 工艺流程　详见图6-6。

进料 → 成坯 → 干燥 → 膨化 → 包装 → 成品

图6-6　间接膨化法工艺流程

2. 操作要点　间接膨化食法要先用一定的工艺方法制成半熟的食品毛坯,工艺方法有挤压法,一般是挤压未膨胀的半成品；也可以不用挤压法,而用其他成型方法制成半熟的食品毛坯。半成品经干燥后的膨化方法主要是除挤压膨化外的膨化方法,如微波、油炸、焙烤等。

点滴积累　V

1. 直接膨化法工艺流程是进料→膨化→切断→干燥→包装→成品

2. 间接膨化法工艺流程是进料→成坯→干燥→膨化→包装→成品

3. 挤压膨化食品工艺流程为原料混合→预处理→挤压蒸煮、膨化→切割→烘烤油炸→冷却→调味→称重→包装→成品

目标检测

一、填空题

1. 膨化过程的 3 个阶段是_____段、_____段、_____段。

2. 通过挤压膨化的食品称为_____食品。

3. 按膨化方法的加工工艺条件分类可分为_____膨化 、_____膨化 。

4. 方便面干燥的方法有_____干燥和_____干燥。

5. 面团调好后需要在低温下静置一段时间,这就是所谓的_____。

6. 方便面的包装有_____装和杯装(碗装)。

二、简答题

1. 方便面加工中蒸煮的作用是什么?

2. 方便面加工中切条折花的基本原理是什么?

3. 袋装方便面和杯装方便面怎样包装?

4. 直接膨化法工艺流程是什么?

5. 间接膨化法工艺流程是什么?

6. 简述挤压膨化食品加工过程中营养物质发生的变化。

7. 简述膨化加工的原理。

8. 简述方便面加工的工艺流程。

9. 膨化食品有何优点?

第七章

豆制品加工技术

ER-07章PPT

导学情景 ∨

情景描述

2016 年，我国用于食品工业的大豆量约 1200 万吨，比 2015 年增加 4.5% 左右。 其中：用于豆制品加工的大豆占 55% 左右，约为 660 万吨；用于其他食品加工的占 20% 左右；直接食用（包括家庭自制豆浆等）占 25% 左右。 在实体经济不景气的情况下，豆制品行业的大幅度增长特别可贵，2016 年全国食品行业规模企业的产值比 2015 年仅增加了 3.3%。

学前导语

随着消费者对饮食结构调整的要求，大豆食品作为最优质的植物蛋白来源，未来发展前景十分广阔。 大豆食品企业也将进入数量增长和品质提升并驱的发展轨道。 但是豆制品的附加值的提升还需要进一步努力，需要不断进行产品开发、品类拓展和优化。"互联网+"的兴起，对大豆食品行业发展产生了深刻的影响，大型卖场、农贸市场、专营店与电商之间优势互补。 部分企业开始有效地运用自媒体（如微博、微信）进行品牌推广，并开始受益。

本章我们将带领同学们学习豆制品的基本知识和典型的豆制品深加工技术。

随着生活水平的提高，人们更加关注食品的健康、营养、方便、安全性。根据中国营养学会制定，国家卫生健康委员会批准的《中国居民膳食指南》，每人每天应摄入 40g 豆类及豆制品。按此计算，每年仅用于食品生产的大豆就需要 1000 多万吨。

豆类及其制品是符合中国国情的一种东方食品，我国是利用大豆制作豆制品历史最早的国家之一，是世界上公认的传统豆制品发源地，豆腐、豆酱、豆豉的记载历史已有两千多年。

我国大豆资源比较丰富，原料有保证，随着食品科学技术的不断进步和发展，豆制品将在传统的基础上不断创新和进步，豆制品将成为 21 世纪最具市场潜力的功能性营养食品之一，在人类的健康饮食中起到举足轻重的作用。

第一节 概述

一、豆制品的种类

以大豆为主要原料，利用各种加工方法得到的产品称为大豆制品，简称豆制品。豆制品是我国重要的传统食品,加工历史悠久,营养价值高,发展前景广阔。我国传统豆制品品种非常丰富,主要有水豆腐(嫩豆腐、老豆腐,南豆腐、北豆腐),半脱水制品(豆腐干、百叶、千张),油炸制品(油豆腐、炸丸子),卤制品(卤豆干、五香豆干),炸卤制品(花干、素鸡等),熏制品(熏干、熏肠),烘干制品(腐竹、竹片),酱类(干面酱、酱油),豆浆、豆奶等。

从有无微生物作用来看,可大致分为发酵豆制品与非发酵豆制品。发酵豆制品有微生物作用,包括豆豉、豆酱、豆腐乳、酱油等;非发酵豆制品无微生物作用,包括以大豆或其他杂豆为原料制成的豆腐,或豆腐再经卤制、炸卤、熏制、干燥制成的的豆制品,如豆腐、豆浆、豆腐丝、豆腐皮、豆腐干、腐竹、素火腿等。

二、豆制品营养

大豆及大豆制品是高营养的植物性食品,它们含有丰富的优质蛋白质。大豆的主要成分是蛋白质。它的蛋白质比任何一种粮食作物的蛋白含量都高。根据食物营养分析,大豆为豆科之冠,因它含有大量的蛋白质(35%左右),此外还含有人体必需的矿物质(钙、磷、铁、钾等)和维生素(维生素 B_1、维生素 B_2 和维生素 C 等)。

三、豆制品加工原辅料

1. **大豆** 大豆是典型的双子叶无胚乳种子。成熟的大豆种子,只有种皮和胚两部分,在选择大豆原料时,应尽量选择那些蛋白质含量高、种植面积广的品种。在选择时,要选择色泽光亮、籽粒饱满、无虫蛀和鼠咬的新大豆为佳。刚刚收获的大豆不宜使用,应存放 2~3 个月以上,使其熟化后再用。

总之,决定大豆是否适合于豆制品生产时可从豆制品的品质、得率和制作时的方便程度等 3 个方面进行综合评价。

2. **凝固剂** 豆腐制作比较关键的技术是在豆浆中添加凝固剂,由于采用凝固剂的种类不同,豆腐的类型、品味和质量亦不相同。目前,国内的豆腐凝固剂包括以下几类:

(1)盐卤:又名卤块,是生产海盐的副产品,盐卤的主要成分氯化镁($MgCl_2 \cdot 9H_2O$)含量为46%左右,硫酸镁($MgSO_4$)占3%,氯化钠($NaCl$)占2%,水分为50%左右。

盐卤点浆的特点是凝固的速度快、口味好,但出品率低。卤水的浓度要根据豆浆的稠稀进行调节。生产北豆腐,豆浆稍稠些,卤水浓度适当低些(一般采用16°Bé),生产豆腐片和豆腐类,使用的豆浆较稀而要求豆浆点得老一些,所以卤水浓度宜高一些(一般采用26~30°Bé),盐卤用量约为8%~12%。

(2)石膏:其主要成分是硫酸钙。有生石膏($CaSO_4 \cdot H_2O$)和熟石膏($CaSO_4$)之分。做豆腐多用熟石膏。它是生石膏经过煅烧脱水后经粉碎制成的,粒度为80~120目。

石膏点浆的特点是凝固的速度慢,属迟效性凝固剂,其优点是出品率高、保水性强、适用幅度宽,能适应于不同豆浆浓度,做老嫩豆腐均可,南豆腐多用石膏作凝固剂。由于石膏微溶于水,点浆时需将石膏粉加水混合,采取冲浆法加入热豆浆内。

(3)葡萄糖酸-δ-内酯(GDL):葡萄糖酸-δ-内酯是白色结晶粉末,味甜,20℃时的溶解度为59g/

100ml 水,加水分解成葡萄糖酸纯度 99% 以上。最佳用量为 0.25%~0.3%,最适温度为 80~90℃。葡萄糖酸-δ-内酯本身不能直接作凝固剂,它需在豆浆中水解转变成葡萄糖酸后才对豆浆中的蛋白质产生酸凝固。低温时这种水解作用很弱;高温时(100℃,pH 7 的条件下)葡萄糖酸-δ-内酯很快全部转变为葡萄糖酸。

用葡萄糖酸-δ-内酯生产豆腐的特殊意义在于加工包装的灭菌豆腐,以延长豆腐的保藏期。加工时,把豆浆和葡萄糖酸-δ-内酯按比例混合装入盒内,密封,加热至要求温度。随着温度的升高,豆浆中的葡萄糖酸-δ-内酯水解成葡萄糖酸,与蛋白质形成酸凝固。这样,一次加热就可达到凝固和杀菌的双重目的。所生产的豆腐形态完整,风味正常。如果不是生产无菌豆腐而是生产普通豆腐,使用 GDL 成本较高。

(4)BVL——复合豆腐凝固剂:近年,一种新型复合豆腐凝固剂——BVL 已研制成功。这种凝固剂为颗粒状微型胶囊,在常温条件下有良好的分散性和稳定性;高温时能与蛋白质作用,形成良好的组织性、均一性的豆腐凝胶。

点滴积累 ⋁ ⋯⋯⋯⋯⋯⋯⋯⋯⋯⋯⋯⋯⋯⋯⋯⋯⋯⋯⋯⋯⋯⋯⋯⋯⋯⋯⋯⋯⋯⋯⋯⋯

> 1. 根据豆制品是否发酵可分为发酵豆制品、非发酵豆制品。
>
> 2. 豆制品含有优质的植物蛋白。
>
> 3. 凝固剂包括盐卤、石膏、葡萄糖酸-δ-内酯、复合豆腐凝固剂。

第二节　豆腐及腐乳加工技术

豆腐是我国人民喜爱的传统食品,其在人体的消化率较高,整粒大豆的消化率为 65%,制成豆浆后其消化率为 84.9%,制成豆腐则可达到 96%。民间常说"鱼生火,肉生痰,青菜豆腐保平安",可见,豆腐在中国人民的膳食结构及健康饮食中具有非常重要的地位。

一、豆腐加工技术

1. 豆腐的种类　日常生活中常见到的豆腐有南豆腐、北豆腐和填充豆腐。

(1)南豆腐:南豆腐的凝固剂为石膏,用量为 1kg 豆浆添加 5~7g,其特点是豆浆浓度稍大,一般 1kg 原料大豆生产豆浆为 6~7kg。点浆温度控制在 75~85℃。成型时不需要破脑。

(2)北豆腐:北豆腐的凝固剂为卤水,少用量为 1kg 豆浆添加 15~20g,其特点是豆浆浓度稍小,一般 1kg 原料大豆生产豆浆为 9~10kg。点浆温度控制在 70~80℃。成型时需要破脑。

(3)充填豆腐:充填豆腐采用的是葡萄糖酸-δ-内酯(GDL)为凝固剂。整个生产过程同样也包括大豆的清洗、浸泡、磨浆过程。但充填豆腐的豆浆浓度要比南豆腐和北豆腐高,一般以 1kg 大豆生产 5kg 豆浆为宜。加入凝固剂并混匀后,直接将豆浆充填到包装中,然后加热凝固,冷却后制得充填豆腐。

案例分析

案例

2016 年 11 月 24 日重庆永川区食药监局取缔一家非法生产豆腐干黑作坊；2016 年 12 月青岛辛安取缔 5 家无证豆腐黑作坊；柳州柳北区食品药品监督管理局查获一家苍蝇乱飞老鼠乱窜的豆腐黑作坊。

分析

目前，我国豆腐生产的大规模企业较少，大多还是小作坊式的生产模式，尤其是一些黑作坊，无任何生产许可证书，加工现场卫生状况恶劣，产品存在严重安全隐患，产品的质量得不到保证。《食品安全法》规定，从事食品生产经营要取得许可，生产经营场所要有相应的防尘、防蝇、防鼠等设施；加工人员需要持健康证上岗，同时到相关部门办理相关生产手续。

2. 豆腐加工的工艺流程 尽管豆腐的种类很多，但是其生产原理基本是一致的。生产流程大致如下：

原料处理与浸泡→制浆→过滤→凝固→成型

3. 操作要点

(1)原料处理与浸泡：制豆腐的原料以原大豆为佳，选用大豆豆脐（或豆眉）色浅、含油量低、蛋白质含量高、粒大皮薄、粒重饱满、表皮无皱、有光泽的大豆。大豆经分选、除杂和清洗后进行浸泡，使大豆充分吸水膨胀，一般要求吸水后的大豆质量为原来的 2.2~3.5 倍，浸泡时间视水温而定。浸泡时间可参考表 7-1。

表 7-1　大豆浸泡时间与水温的关系

水温/℃	5	10	18	27
浸泡时间/h	24	18	12	8

(2)制浆

1)磨浆：吸水后的大豆用磨浆机粉碎制备生豆浆的过程称为磨浆。传统上采用石磨进行磨浆，然后滤布过滤，但是生产效率较低。目前，较大规模的生产采用电动立磨、钢磨和砂轮磨进行磨浆，磨浆时一定要边粉碎边加水，这样做不但可以使粉碎机消耗的功率大为减少，还可以防止因大豆种皮过度粉碎而引起的豆浆和豆渣在过滤时分离困难的现象，一般加水量为干大豆的 3~4 倍。

2)煮浆：生豆浆必须加热后才能形成凝胶，这一过程称为煮浆。煮浆要求是由大豆蛋白质的物理化学性质决定的。生豆浆中蛋白质呈溶胶态，它具有相对的稳定性，这种相对稳定性是由天然大豆蛋白质分子的特定结构决定的。天然大豆蛋白质的疏水基团分布在分子内部，而亲水基团则分布在分子的表面。在亲水性基团中含有大量的氧原子和氮原子，由于它们有未共用电子对，能吸引水分子中的氢原子并形成氢键，正是在这种氢键的作用下，大量的水分子将蛋白质胶粒包围起来，形成一层水膜。换句话说，就是蛋白质胶粒发生了水化作用。

煮浆是豆腐生产中最重要的环节。蛋白质变性的温度（亦即煮浆温度）和煮沸时间应保证大豆中的主要蛋白质能够发生变性。另外煮浆还可破坏大豆中的抗生理活性物质和产生豆腥味的物质，同时具有杀菌的作用。

豆浆在70℃下加热,在凝固成型阶段不会凝固;80℃下加热凝固极嫩;90℃下加热20分钟,制得的豆腐略带豆腥味;100℃加热5分钟,所得的豆腐弹性理想,豆腥味消失。超过100℃,弹性反而不理想。一般煮浆的理想温度是在100℃下保持3~5分钟。

煮浆过程中豆浆易形成泡沫,因此要加入消泡剂。常用的消泡剂有油脚、油角膏、硅酮树脂等。

(3)过滤:过滤主要是为了除去豆浆中的豆渣,同时也是豆浆浓度的调节过程。豆渣不但使豆制品的口感变差,而且还会影响到凝胶的形成。过滤既可以在煮浆前,也可以在煮浆后,我国多在煮浆前。

先把豆浆加热煮沸后过滤的方法,又称为熟浆法。而先过滤除去豆渣,然后再把豆浆煮沸的方法称为生浆法。熟浆法的特点是豆浆灭菌时,不易变质,产品弹性好、韧性足、有拉劲、耐咀嚼,但熟豆浆的黏度较大,过滤困难,因此豆渣中残留蛋白质较多(一般均在3%以上),相应的大豆蛋白质提取率减少,能耗增加,且产品保水性变差。

(4)凝固:凝固也称点脑,就是通过添加凝固剂使大豆蛋白质在凝固剂的作用下发生热变性,使豆浆由溶胶状态变为凝胶状态(豆腐脑)。凝固是豆腐生产中最为重要的工序,可分为点脑和蹲脑两部分。

1)点脑:又称为点浆,是豆制品生产中的关键工序。把凝固剂按一定的比例和方法加入到煮熟的豆浆中,使大豆蛋白质溶胶转变为凝胶,即豆浆变为豆腐脑(又称为豆腐花)。豆腐脑是由大豆蛋白质、脂肪和充填在其中的水构成的。豆腐脑中的蛋白质呈网状结构,而水分主要在于这些网状结构内。按照它们在凝胶中的存在形式可以分为结合水和自由水。

2)蹲脑:又称涨浆或养花,是大豆蛋白凝固过程的继续。点脑操作结束后,蛋白质与凝固剂的凝固过程仍在继续进行,蛋白质的网状结构尚不牢固,只有经过一段时间后凝固才能完成,组织结构才能稳固。蹲脑过程宜静不宜动,否则已经形成的凝胶网状结构会因振动而破坏,使制品内在组织产生裂隙,外形不整,特别是在加工嫩豆腐时表现明显。不过,蹲脑时间过长,凝固温度下降太多,也不利于成型及以后各工序的正常进行。

(5)成型:成型就是把凝固好的豆腐脑,放入特定的模具内,通过一定的压力,榨出多余的黄浆水,使豆腐脑紧密地结合在一起,成为有一定含水量、弹性和韧性的豆制品。除加工嫩豆腐外,加工其他豆腐制品一般都需要在上箱压榨前从豆腐脑中排除一部分豆腐水。若网状结构中的水分不易排出,可以把已形成的豆腐脑适当破碎。南豆腐的含水量较高,可不经破脑,北豆腐只需轻轻破脑,脑花的大小在810cm较好。

豆腐的成型主要包括上脑(又称上箱)、压制、出包和冷却等工序。

豆腐的压制成型是在豆腐箱和豆腐包内完成的,使用豆腐包的目的是在豆腐的定型过程中使水分通过包布排出,使分散的蛋白质胶体连接为一体。豆腐的压榨的温度一般控制在65~70℃,压榨时间为15~25分钟。压榨后南豆腐的含水率在90%左右,北豆腐的含水率要在80%~85%。

豆腐压制完成后,应在水槽中出包,这样豆腐失水少、不沾包、表面整洁卫生,可以在一定程度上延长豆腐的保质期。

需要注意的是,无论是哪种豆腐,煮浆前要按照需要加入不同比例的水将豆浆的浓度调整好。一般来说,加水量越多,豆浆浓度越低,豆腐的得率就越高,但如果豆浆浓度过低,凝胶网状结构不够完善,凝固后的豆腐水分离析速度加快,黄浆水增多,豆腐中的糖分流失增加,导致豆腐的得率反而下降。

知识链接

豆　瓣　酱

豆瓣酱以黄豆为主要原料配制而成,以咸鲜味为主,亦可加入辣椒酱制成豆瓣辣酱。它可用于各种菜肴的调味,辣味的则可用于川菜的制作,如"麻婆豆腐""回锅肉"等。

豆瓣酱含有丰富的蛋白质和维生素,可延缓动脉硬化,降低胆固醇,促进肠蠕动,增进食欲。豆瓣酱有益气健脾、利湿消肿之功,同时它还含有大脑和神经组织的重要组成成分磷脂,并含有丰富的胆碱,有健脑作用,可增强记忆力。

二、腐乳的加工技术

千百年来,腐乳一直受到人们的喜爱。这是因为经过微生物的发酵,豆腐中的蛋白质被分解成小分子的肽和氨基酸,味道鲜美,易于消化吸收,而腐乳本身又便于保存。我国各地气候不同,人民生活习惯不同,生产配料不同及制成的形状不一,腐乳品种多样。如红豆腐乳、醉方、玫瑰红腐乳、辣腐乳、臭腐乳、麻辣腐乳等。腐乳的品种虽多,但酿造原理相同。

1. **腐乳酿造的原理**　腐乳酿造是利用豆腐坯上培养的毛霉或根霉,培养及腌制期间由外界侵入微生物的繁殖,以及配料中加入的红曲中的红曲霉、面包曲中的米曲霉、酒类中的酵母等所分泌的酶类,在发酵期间,引起极其复杂的化学变化。

腐乳酿造常用的菌种有:毛霉菌、根霉菌、曲霉、青霉、酵母菌。

腐乳酿造选择优良菌种的条件:①不产生毒素,菌丝壁细软,棉絮状,色白或淡黄;②生长繁殖快速,且抗杂菌力强;③生产的温度范围大,不受季节限制;④有蛋白酶、脂肪酶、肽酶及有益于腐乳质量的酶系;⑤使产品质地细腻柔糯,气味正常良好。

腐乳酿造的微生物种类十分复杂,起主要作用的是毛霉。豆腐坯用食盐腌制,使渗透盐分;析出水分;给腐乳以必要的咸味,食盐又能防止毛霉继续生长和污染的杂菌繁殖。此外还具有浸提毛霉菌丝上的蛋白酶的作用。

腐乳酿造过程中豆腐中的蛋白质水解成肽、氨基酸;淀粉糖化,发酵成乙醇和其他醇类及有机酸;同时辅料中的酒类及添加的各种香辛料等也共同参与作用,合成复杂的酯类,最后形成腐乳所特有的色、香、味、体等,使成品细腻、柔糯而可口。

2. **腐乳的加工工艺流程**　详见图7-1。

豆腐　→　接种毛霉　→　前期发酵　→　加盐腌制　→　加卤汤装瓶　→　密封腌制

图 7-1　腐乳生产工艺流程图

3. 操作要点

（1）前期发酵：毛霉的生长：将豆腐块平放在笼屉内，将笼屉中的温度控制在 15~18℃，并保持一定湿度。约 48 小时后，毛霉开始生长，3 天之后菌丝生长旺盛，5 天后豆腐块表面布满菌丝。

（2）后期发酵

1）加盐腌制：将长满毛霉的豆腐块分层整齐地摆放在瓶中，同时逐层加盐，随着层数的加高而增加盐量，接近瓶口表面的盐要铺厚一些。加盐腌制的时间约为 8 天左右。加盐可以析出豆腐中的水分，使豆腐块变硬，在后期的制作过程中不会过早酥烂。同时，盐能抑制微生物的生长，避免豆腐块腐败变质。

2）配制卤汤：配料与贮藏是腐乳后熟的关键。配料前先把腌坯取出，搓开，再计数装入干燥的瓶内，并根据不同品种给予不同配料。

小红方：每块（4.0cm×4.0cm×1.5cm）用酒为 100kg，酒精 15~16 度，面曲 2.8kg，红曲 4.5kg，糖精 15g。一般每瓶 280 块。

染坯红曲卤配制：红曲 1.5kg，面曲 0.6kg，黄酒 6.25kg，浸泡 2~3 天，磨碎至细腻成浆后再加黄酒 18kg，搅匀备用。

装瓶红曲卤配制：红曲 3kg，面曲 1.2kg，黄酒 12.5kg，浸泡 2~3 天，磨碎细腻成浆后再加入黄酒 57.8kg，糖精 15g，搅匀备用。

（3）包装贮藏：用来腌制腐乳的玻璃瓶，洗刷干净后要用沸水消毒，装瓶时，操作要迅速小心；腌坯事先在染坯卤（如染坯红曲卤）中着色，块块搓开，六面染色，不能有白心，染好后整齐地摆放好豆腐，加入卤汤后，再加面曲、香辛料等，最后用胶条将瓶口密封。封瓶时，最好将瓶口通过酒精灯的火焰，防止瓶口被污染。腐乳的后期发酵，即后熟期主要是在贮藏期间进行。由于豆腐坯上生长的微生物与所加入的配料中的微生物，在贮藏期间引起复杂的生物化学作用，从而促使豆腐乳的成熟。

腐乳的成熟期因品种不一，配料不一，在常温下一般 6 个月可以成熟。

（4）成品：腐乳贮藏到一定时间，当感官鉴定舌觉细腻而柔糯后，即得已成熟的成品，但各种品种还须各具特色。例如：

小红方：具有红腐乳特有的香气，表面有鲜艳的红色，断面淡黄色，味咸而鲜，质柔糯。

油方：具有油方腐乳特有的香气，表面淡黄而亮，味甜、咸、鲜，质柔糯。

4. 豆腐乳的功效

发酵豆制品包括腐乳、豆豉、豆酱和酱油等食品，作为调味佐餐佳品深受广大群众的喜爱。现代医学和食品营养学的研究结果发现：豆制品除了含有大豆固有的优质蛋白、大豆异黄酮、大豆低聚糖、皂苷、卵磷脂、亚油酸、亚麻酸以及丰富的钙、铁等营养保健成分外，通过发酵更增加了如下保健功能：

（1）发酵豆制品营养丰富，易于消化，在发酵过程中生成大量的低聚肽类，具有抗衰老、防癌症、降血脂、调节胰岛素等多种生理保健功能，对身体健康十分有利。

（2）具有降低血液中胆固醇浓度、减少患冠心病危险的功能。发酵豆制品中含有丰富的苷元型异黄酮，它是大豆和豆腐中原有的异黄酮经发酵转化的，但比原有的异黄酮功能性更强，且更易吸收。60g 豆豉、60g 豆酱或 100g 腐乳就含有 50mg 的高活性异黄酮，达到美国食品药品监督管理局推荐预防冠心病的每日摄取量。

（3）具有降血压功能。国外已经用大豆蛋白化学分解的办法生产降血压肽的保健食品，我们的实验发现中国的传统豆豉、腐乳就含有高活性的降血压肽。其实大豆在发酵时，微生物要首先把大豆蛋白分解为更小的分子，这就是所谓的肽。

（4）具有预防骨质疏松症功能。发酵豆制品中的大豆异黄酮能提高成骨细胞的形成。

点滴积累　∨

1. 豆腐分为南豆腐、北豆腐、填充豆腐
2. 豆腐加工的工艺流程为原料处理与浸泡→制浆→过滤→凝固→成型
3. 腐乳的加工工艺流程为让豆腐上长出毛霉→加盐腌制→加卤汤装瓶→密封腌制
4. 腐乳酿造常用的菌种有毛霉菌、根霉菌、曲霉、青霉、酵母菌

第三节　大豆蛋白及腐竹生产技术

一、大豆蛋白的生产技术

1. 大豆蛋白的功能特性

（1）水化作用：大豆蛋白沿着它的肽链骨架，含有许多极性基团，由于这些极性基团同水分子之间的吸引力，致使蛋白质分子在与水分子接触时，很容易发生水化作用，具有亲水性。所谓水化作用是指蛋白质分子通过直接吸附及松散结合，被水分子层层包围起来。蛋白质水化作用的直接表现是蛋白质具有吸水性、保水性及分散性。

（2）凝胶特性：大豆蛋白质分散于水中形成溶胶体，在一定程度下可以转变为凝胶。大豆蛋白凝胶的形成受很多因素的影响，如蛋白质溶胶的浓度、加热温度与时间、pH 值及羟基化合物等。其中大豆蛋白质的浓度及其成分是凝胶能否形成的决定因素。

（3）吸油性：大豆蛋白的吸油性表现在促进脂肪吸收，促进脂肪结合，从而减少蒸煮时脂肪的损失。大豆蛋白制品的吸油性与蛋白含量有密切关系，大豆粉、浓缩蛋白和分离蛋白的吸油率分别为84%、133%、154%，组织大豆粉的吸油率在 60%～130%，并在 15～20 分钟达到吸收最大值，而且粉越细吸油率越高。

大豆蛋白制品的吸油率主要受到 pH 值的影响，吸油率随 pH 值的增大而减少。

（4）乳化性：大豆蛋白具有乳化性。乳化性是指大豆蛋白能帮助油滴在水中形成乳化液，并保持稳定的特性。大豆蛋白具有两性结构，在蛋白质分子中同时含有亲水基团和亲油基团，能够降低水和油的表面张力。

因此,大豆蛋白质用于食品加工时,聚集于油-水界面,使其表面张力降低,促进油-水乳化液形成。形成乳化液后,乳化的油滴被聚集在其表面的蛋白质上,形成一种保护层,这个保护层可以防止油滴本身聚积和乳化状态的破坏。同时,蛋白质还能降低水和空气的表面张力,这就是通常所说的大豆蛋白的乳化稳定性,使蛋白质、水和脂肪乳胶体稳定。

2. 大豆蛋白制品在食品加工中的应用

(1)在肉制品中的应用:大豆蛋白用于肉制品,既可作为非功能性填充料,也可作为功能性添加剂,改善肉制品的质构和增加风味,充分利用边角原料肉。同时还具有低脂肪、低热能、低胆固醇、低糖等强化维生素和矿物质等合理营养的作用。

(2)在焙烤食品中的应用:用于面包加工,可提高营养价值、增大面包体积、改善表皮色泽和质地、增进面包风味。在生产饼干时,面粉中添加15%~30%的大豆蛋白粉,提高蛋白质的含量,增加其营养价值,并且能够增加饼干酥性,还有保鲜作用。在炸面圈时,加入一些脱脂大豆蛋白粉,可以防止透油。另外由于其吸水性,可以调节混合面的水量,可改善风味、色泽及组织状态。

(3)在面条加工中的应用:加工面条时,加入适量(2%~3%)的大豆蛋白粉在面粉中,面团吸水性好,面条水煮后断条少,煮的时间长,面条色泽好,口感与强力粉面条相似。

(4)在方便食品中的应用:大豆蛋白与各种香料用糖混在一起,可以做成高蛋白的方便食品,供学龄儿童做早餐和课间餐;大豆蛋白用热水浸泡后,加上各种调料,即可食用,既方便又能增加食欲,是较好的凉拌菜。

大豆蛋白不仅营养价值高,而且是优良的保健食品,老少皆宜。对于患心血管、动脉硬化、糖尿病、高血压、高胆固醇、肝炎、肾炎、肥胖病的病人更是一种辅助疗效食品。随着食品工业的发展,大豆蛋白可以应用于各种食品及其他制成品中。可以预料,大豆蛋白将成为我国人民所喜爱的高蛋白食品。

3. 大豆蛋白的加工工艺流程

(1)大豆浓缩蛋白的生产:大豆浓缩蛋白是从优质、无瑕、清洁的脱皮大豆中,去掉部分油脂和水溶性非蛋白成分的制成品,蛋白质含量(干基)在70%以上,也就是说产品中含有70%以上的大豆浓缩蛋白质成分。

大豆浓缩蛋白的生产方法主要有稀酸沉淀法、酒精洗涤沉淀法、湿热水洗法、酸浸醇洗法和膜分离法等。这些方法共同的特点是:首先用一定的方法(如加热、加酒精)将大豆粉中的蛋白质沉淀出来,然后将体系中的可溶性成分分离出去,从而达到提高蛋白质含量的目的。大豆浓缩的生产原料蛋白一般为低变性脱脂豆饼粕。

1)稀酸沉淀法:稀酸浸提法制取浓缩大豆蛋白是根据大豆蛋白质溶解度曲线,利用蛋白质在pH 4.5等电点时其溶解度最低这一特性,用稀酸溶液调节pH值,将脱脂豆粕中的低分子可溶性非蛋白质成分浸洗出来。

2)酒精洗涤沉淀法:一定浓度的酒精溶液可以使大豆中的蛋白质变性沉淀,分离除去可溶性成分,干燥后即可得到大豆浓缩蛋白。酒精浓度越高,蛋白质溶解度越低,当酒精体积分数在60%~

70%时,可溶性蛋白质的溶解度最低,此时,用酒精对脱脂大豆进行洗涤,除去醇溶性糖类、灰分、醇溶性蛋白质等,再经分离、干燥等工序,得到浓缩蛋白。

3)湿热水洗法:湿热水洗是将低变性豆粕用水蒸气加热使蛋白质变性,此时水溶性降低到10%以下,然后用水将脱脂大豆中所含的水溶性糖类浸洗出来,分离除去。这种方法生产的大豆浓缩蛋白得率较低,NSI值也低,产品色泽较深,豆腥味重,实际生产中用的较少。

(2)大豆分离蛋白的生产:大豆分离蛋白又称等电点蛋白粉,是利用低温大豆粉,经加碱分离、中和、喷雾、干燥等工艺制得。蛋白质含量不低于90%,含水量5%,具有良好的乳化性、吸油性和起泡性。

1)大豆分离蛋白的生产工艺原理:大豆分离蛋白是以大豆低温豆粕为原料,经碱溶酸沉等工序而得到的一种精制大豆蛋白产品。该蛋白纯度高(蛋白质含量高达90%以上),具有溶解性、乳化性、起泡性、保水性、保油性和黏弹性等多种功能,被广泛应用于肉制品、乳制品、冷饮、熔烤食品及保健食品等行业。

2)生产工艺

①碱溶酸沉法:低温脱脂豆粕中的蛋白质大部能溶于稀碱溶液。将低温脱脂豆粕用稀碱液浸提后,离心分离去除豆粕中的不溶性物质,然后用酸把浸出液的 pH 值调至 4.5 左右时,使蛋白质处于等电点状态而凝集沉淀下来,经分离得到的蛋白质沉淀物,再经洗涤、中和、干燥即得大豆分离蛋白。

②膜分离法:大豆蛋白质是大分子物质,不能通过半透膜,因而将大豆蛋白质的碱提取液(已去除了不溶性物质)在压力的作用下进行超滤,便可将小分子的可溶性物质去除,这样蛋白质得到了进一步的提纯。超滤后的蛋白质浓缩物再经杀菌和喷雾干燥等处理即得大豆分离蛋白粉。

③离子交换法:离子交换法生产大豆分离蛋白的原理与碱溶酸沉法基本相同。其区别在于离子交换法不是用碱使蛋白溶解,而是通过离子交换法来调节 pH 值,从而使蛋白质从饼粕中沉淀而得到分离蛋白。

(3)大豆组织蛋白的生产:组织蛋白又叫膨化蛋白或植物蛋白肉,是一种以大豆脱脂蛋白粉为原料,经过粉碎、加水混合并在专用膨化设备中进行特殊加工而成的各种形同瘦肉又具有咀嚼感的蛋白食品。

所谓组织蛋白,是指加工后成型的蛋白质分子重新排列整齐,具有同方向组织结构,并经凝固形成的纤维状蛋白。

1)大豆组织蛋白的生产工艺原理:含有适当水分的白豆片,研磨后成为脱脂蛋白粉,其天然未变性的蛋白质分子,在温度和压力的作用下发生变性。分子内部高度规则的空间排列被打乱,次级链被破坏,肽链结构松散,易于伸展,由于受到定向力的作用,蛋白质分子在变性的同时,发生一定粒度的定向排列而组织化,进一步凝固形成肉状纤维结构,最后通过模具使温度压力突然变化而产生一定膨化,即得到多孔的大豆组织蛋白。

2)大豆组织蛋白生产工艺流程:白豆片经涡轮磨研磨后进入混合缸与汽、水充分混合,再进膨化机在高温、高压下通过模具突然释放,从而得到重新组织化的蛋白(小颗粒大豆组织蛋白经过湿磨的剪切),然后进入干燥冷却器烘干冷却后,包装成为大豆组织蛋白产品。

具体的生产工艺流程如下：

①大豆分离蛋白等原材料经由贮料斗,送至设有蒸汽夹套的加热预处理机中,在这里通过上下两个阶段的加热处理,在第2阶段设有蒸汽喷管,可通入直接蒸汽进行加热,经加热后的原料通过高速混合器搅拌混合。

②入挤压机,在挤压机中可同时完成原料的输送、压缩、粉碎、混炼、发热、杀菌、熔融、脱水、挤压、成型、膨化等多项单元操作,最后得到组织化大豆蛋白产品。

③挤压后的大豆组织蛋白产品经水平带式冷却器,干燥包装出厂。

二、腐竹的加工技术

腐竹(又名:豆腐皮、豆腐衣)是由煮沸后的豆浆,经一定时间保温,使其表面产生软皮,挑出后下垂成枝条状,再经烘干而成。由于其形状像竹笋,所以叫腐竹。此外,还有称圆枝竹、枝竹、豆腐衣、豆笋的。

腐竹,是我国著名的民族特产食品之一,是一种滋味鲜美,风格独特,营养丰富,价格便宜,深受广大人民所喜爱的豆制食品。它含有蛋白质51%左右,脂肪21%左右,与其他豆制品相比,营养价值最高。腐竹适合拌凉菜、炒肉、调汤等。

知识链接

腐竹的营养价值

营养学资料表明,每100g腐竹的蛋白质含量高达45g,维生素、钙、磷、铁、核黄素等含量都相当或超过了动物肉的含量,并含有人体所需的氨基酸、赖氨酸和色氨酸。腐竹的营养成分具体如下:

每100g腐竹所含营养素如下: ·热量（459.00kcal）·蛋白质（44.60g）·脂肪（21.70g）·碳水化合物（21.30g）·膳食纤维（1.00g）·硫胺素（0.13mg）·核黄素（0.07mg）·尼克酸（0.80mg）·维生素E（27.84mg）·钙（77.00mg）·磷（284.00mg）·钾（553.00mg）·钠（26.50mg）·镁（71.00mg）·铁（16.50mg）·锌（3.69mg）·硒（6.65μg）·铜（1.31mg）·锰（2.55mg）。

---

1. 工艺流程　详见图7-2。

精选原料 → 浸豆磨浆 → 滤浆上锅 → 煮浆挑膜 → 烘干 → 回软 → 成品包装

图7-2　腐竹生产工艺流程图

2. 操作要点

(1)精选原料:制作腐竹的主要原料是黄豆。为突出腐竹成品的鲜白,须选择皮色淡黄的大豆,而不采用绿皮大豆。同时还要注意选择颗粒饱满、色泽金黄、无霉变、无虫蛀的新鲜黄豆,通过筛选清除劣豆、杂质和沙土,使原料纯净,然后置于电动万能磨中,去掉豆衣。

(2)浸豆磨浆:把去衣的黄豆放入缸或桶内,加入清水浸泡8小时左右,即可磨浆。用石磨或钢磨、砂轮磨均可。磨豆要掌握好用水的量,且加水要均匀,使磨出来的豆浆细腻白嫩。一般从离浆到过滤用水量为1:10(即1kg豆、10kg水)。磨出的浆汁要求细腻、呈淡黄色,手捏松软如棉絮状。

（3）滤浆上锅：滤浆就是把浆渣分开。方法有人工分离和机械分离两种。

人工分离是采用布包过滤法。即用四角吊起来的吊包摇晃过滤。每包均倒入两桶原浆，先把浆汁摇干，再放尾水冲洗，最后再就清水冲洗。

机械分离有离心机分离和振动筛、离心机共同分离之分。前者称为直接离心式，即采用离心机分离3次；后者是先用振动筛分离，然后用离心机分离两次。

分离得到的第一次豆浆与第二次豆浆混合，调节浓度后，即可作为揭制腐竹的豆浆。一般较为理想的豆浆浓度为6%~7%，效果最好。依此进行3次过滤，就可把豆渣沥尽。然后把滤出的豆浆倒入特制的平底铁锅内进行煮浆。

（4）煮浆挑膜（关键环节）：通过分离后得到的豆浆，须送入另一个容器中，通入蒸汽加热至沸，以达到豆浆灭菌、蛋白质变性的目的。

其操作步骤是：先旺火猛攻，当锅内豆浆煮开后，改小火，同时撇去锅面的白色泡沫。过5~6分钟，浆面自然结成一层薄膜，即为腐竹膜。此时用剪刀将腐竹膜对开剪成两半，再用竹竿沿着锅边挑起，使腐竹膜形成条竹状。通常每锅15kg豆浆可揭60张腐竹。起锅后的腐竹一般晾在竹竿上。

（5）烘干：竹膜宜烘干不宜晒干，日晒易发霉。将起锅上竿的腐竹膜悬于烘房烘架上，保持60℃火温。若火温过高，会影响腐竹色泽。一般烘6~8小时即干。

烘干的方法有两种：一种是采用煤火升温的烘房烘干；另一种是以蒸汽为热源的机械烘干设备。后一种方法适用于大批量生产和连续作业。无论采用哪种方法都应准确地掌握烘干温度和烘干时间。烘干温度一般掌握在74~80℃，烘干时间为6~8小时。湿腐竹经烘干后重量减少一半。烘干后的腐竹一般含水9%~12%。

烘干时一定要严格控制好温度，因为温度求过高产品易焦黄，温度过低，水分不易蒸发，产品容易发霉变质。

（6）回软：烘干后的腐竹，如果直接包装，破碎率很大，所以要经回软处理。回软是用微量的水进行喷雾，以减小脆性。这样既不影响腐竹质量，又提高了产品外观美感，有利于包装，减少破碎率。但要注意喷水量要小，一喷即过。

（7）成品包装：成品腐竹，其外观为浅黄色，有光泽，枝条均匀，有空心无杂质。在正常的情况下，每100kg大豆的出品率为60kg。其中一级枝竹26~28kg（含水量约为7%）；二级枝竹5~6kg（含水量约为8%）；三级枝竹6~7kg（含水量约为水量约为9%）。腐竹的包装分为大包装和小包装。小包装是塑料袋包装，每500g一袋，顺装在袋内封死。将小包装再装入大纸箱，为大包装。包装时要注意严把质量关，分级包装，保证腐竹的等级标准。

点滴积累 ∨

1. 大豆蛋白的功能特性包括水化作用、凝胶特性、吸油性、乳化性。
2. 大豆浓缩蛋白的生产方法有稀酸沉淀法、酒精洗涤沉淀法、湿热水洗法。
3. 大豆分离蛋白的生产方法有碱溶酸沉法、膜分离法、离子交换法。
4. 腐竹加工工艺流程为精选原料→浸豆磨浆→滤浆上锅→煮浆挑膜→烘干→回软→成品包装。

目标检测

一、单项选择题

1. 下列不属于豆制品的是（　　　）

   A. 豆腐　　　　　　　B. 腐乳　　　　　　　C. 纳豆　　　　　　　D. 百叶

2. 内酯豆腐的生产原理主要基于（　　　）可使蛋白质凝固沉淀

   A. 葡萄糖酸钙　　　　B. 葡萄糖酸　　　　　C. 乳酸　　　　　　　D. 酒石酸

3. 使大豆食品产生腥味的物质是（　　　）

   A. 蛋白质　　　　　　　　　　　　　B. 脂类

   C. 碳水化合物　　　　　　　　　　　D. 抗营养因子

4. 以大豆为主要原料，经微生物发酵而成的豆制品被称为（　　　）

   A. 发酵性豆制品　　　　　　　　　　B. 非发酵性豆制品

   C. 含脂类豆制品　　　　　　　　　　D. 非含脂类豆制品

5. 现代研究表明，多种微生物参与了腐乳的发酵，其中起主要作用的是（　　　）

   A. 青霉　　　　　　　B. 曲霉　　　　　　　C. 毛霉　　　　　　　D. 根霉

6. 吃腐乳时，腐乳外部有一层致密的"皮"，它是由（　　　）形成的

   A. 腐乳外层蛋白质凝固形成　　　　　B. 细菌繁殖形成

   C. 霉菌菌丝繁殖于表面而形成　　　　D. 人工加配料形成

7. 豆腐坯用食盐腌制，其作用是（　　　）

   ① 渗透盐分，析出水分　　　　　②腐乳以必要的咸味

   ③ 止毛霉继续生长和污染的杂菌繁殖　　　④浸提毛霉菌丝上的蛋白酶

   A. ①②③　　　　　　B. ②③④　　　　　　C. ①③④　　　　　　D. ①②③④

8. 我国各地酿制腐乳，品种繁多，其中不易久藏的是（　　　）

   ①红方　　②油方　　③糟方　　④青方　　⑤醉方　　⑥白方

   A. ④⑥　　　　　　　B. ①②④⑤　　　　　C. ①②③④　　　　　D. ①②③

9. 腐乳在酿造后期发酵中添加多量酒液的目的是（　　　）

   ①防腐　　②与有机酸结合形成酯　　③利于后期发酵　　④满足饮酒需要

   A. ①②③④　　　　　B. ①②③　　　　　　C. ②③④　　　　　　D. ①③④

10. 卤汤中香辛料的作用是（　　　）

   ①调味　　②促进发酵　　③杀菌防腐

   A. ①②　　　　　　　B. ①③　　　　　　　C. ②③　　　　　　　D. ①②③

二、简答题

1. 豆腐加工过程中煮浆的作用有哪些？

2. 豆奶生产过程中如何消除豆腥味？

3. 简述豆奶的加工工艺流程。

4. 大豆浓缩蛋白和大豆分离蛋白有什么区别？

5. 大豆组织蛋白如何加工？其加工过程中膨化的关键设备是什么？

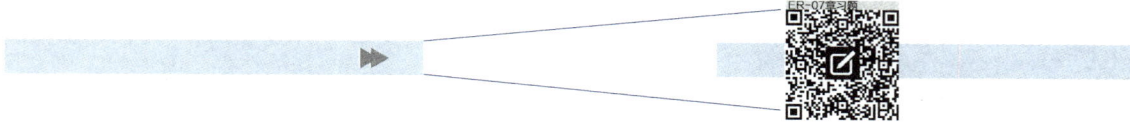

ER-07章习题

第八章

肉制品加工技术

导学情景 ∨

情景描述

据悉，我国肉类产品产量大、市场大。当前国内产量已超过 8700 万吨，占全世界的 29%，人均消费达 63 公斤。据估计，到 2020 年将有 1000 万吨的缺口需要进口，将占世界肉类国际贸易的一半。巨大的市场需求和日渐成熟的肉类加工技术，我国肉类加工产业被视为食品领域的香饽饽。

然而，我国肉类企业的发展面临着诸多问题。肉类加工企业以中小企业为主，小企业达 1.9 万家，规模以上企业仅 4000 多家，而像双汇、雨润等知名大型企业更是屈指可数。其次，消费结构仍有待优化，目前市场处于鲜肉多、冷鲜肉少的失衡状态。另外，肉类产品加工商品化率低、产品种类不丰富、肉制品产量不足 20%。

学前导语

《中国制造 2025》战略中提出，加快绿色制造业的改造升级，努力构造高效、清洁、绿色、循环的体系。在多项政策和发展方针的指引下，我国食品工业确定了新的发展方向，力争到 2020 年，在营养优化、物性修饰、智能加工、低碳制造、冷链物流、全程控制等技术领域实现重大突破，形成较为完备的现代食品制造技术体系。

在此大背景下，肉制品产业走到了改革的关键路口，非油炸、非烟熏、非卤煮、非烧烤的加工工艺开始受到欢迎。它是在健康、绿色理念的引领下，对传统肉制品产业进行的现代化改造。"四非"工艺逐步地改变了我国禽肉制品的工艺技术落后、产品质量安全隐患多的状况，有效地控制了禽肉产品的食用品质及安全性，同时实现了传统禽肉制品的配方科学化、工艺现代化、产品健康化。

本章我们将带领同学们学习肉制品基本知识和典型的肉制品生产技术。

我国是肉制品加工最为悠久、肉制品类型最多的国家，对世界肉制品发展产生过重要影响，特别是亚洲各国大多肉制品的基本工艺均源于中国传统肉制品加工工艺。我国地域辽阔，肉制品品种极为丰富，对肉制品的分类也极为复杂。中式肉制品主要分为腌腊制品、酱卤制品、烧烤制品、灌肠制品、烟熏制品、发酵制品、干制品、油炸制品和罐头制品等 9 大类。其中，腌腊制品、酱卤制品、烧烤制品和干制品是中式肉制品的典型代表。目前，中式肉制品存在加工规模小，工艺落后，设备简单，包装陈旧，产品单一和卫生条件较差等缺点，因而不利于消费，不能满足消费者在商品质量、品种多样化和消费心理上的需求，难以走向大市场，极大地限制了它的发展。

西式肉制品起源于欧洲,在北美、日本及其他西方国家广为流行,产品主要有香肠、火腿和培根3大类。从20世纪的80年代初开始,全国肉类企业从西方国家引进香肠和火腿的加工设备,使我国肉制品品种的构成发生了根本变化,西式肉制品的产量迅速增加,并涌现出了一些大型熟肉制品加工企业,促进了我国肉制品加工业的进步和发展。

第一节　冷鲜肉加工技术

一、冷鲜肉加工基础知识

1. 冷鲜肉的概念与特点

(1)冷鲜肉的概念:目前市场上销售的鲜肉主要有热鲜肉、冷冻肉和冷鲜肉(又称冷却排酸肉)3种。热鲜肉就是现宰现卖,未经任何降温处理的鲜肉,在市场上占有的比例较大。此种肉的缺点是动物宰杀后肉温高,不可能包装,裸肉摊销,成为细菌的温床,污染肉源。且该肉品质下降,肉的硬度增加10~40倍,干燥、缺乏弹性、嫩度降低,风味、口感不佳。冷冻肉,通常是把肉在-18℃以下冷冻,食用时再解冻,在这个过程中造成肉中细胞的破裂和水分的流失,影响肉的口味。冷鲜肉又称排酸肉,是指严格执行兽医检疫控制,对屠宰后的畜胴体迅速进行冷却处理,使胴体温度(以后腿肉中心为测量点)在24小时内降为0~4℃,并在后续加工、流通和销售过程中始终保持在0~4℃的生鲜肉。

所谓的排酸是指屠宰后的猪胴体,随着血液和氧气供应的停止,正常代谢中断,此时,肉内糖原在无氧条件下分解产生乳酸,使pH值下降,活猪的pH值通常为7.4碱性,宰后在0~4℃冷却贮藏6~8小时内其pH值可下降至5.6,24小时后可达到最终值5.3左右。这就是肉的"产酸",以乳酸为主体酸的出现和存在,是有益的,象征着肉的成熟。

(2)冷鲜肉的特点

1)安全系数高:冷鲜肉从原料检疫、屠宰、快冷分割到剔骨、包装、运输、贮藏、销售的全过程始终处于严格监控下,防止发生可能的污染。屠宰后,产品一直保持在0~4℃的低温下,这一方式,不仅大大降低了初始菌数,而且由于一直处于低温下,其卫生品质显著提高。

2)营养价值高:冷鲜肉则遵循肉类生物化学基本规律,在适宜温度下,使胴体有序完成了尸僵、解僵、软化和成熟这一过程,肌肉蛋白质正常降解,肌肉排酸软化,嫩度明显提高,非常有利于人体的消化吸收。且因其未经冻结,食用前无须解冻,不会产生营养流失,克服了冻结肉的这一营养缺陷。除此之外,低温还减缓了冷鲜肉中脂质的氧化速度,减少了醛、酮等小分子异味物的生成,并防止其对人体健康的不利影响。

3)感官舒适性高:冷鲜肉在规定的保质期内色泽鲜艳,肌红蛋白不会褐变,此与热鲜肉无异,且肉质更为柔软。因其在低温下逐渐成熟,某些化学成分和降解形成的多种小分子化合物的积累,使冷鲜肉的风味明显改善。

3种市售鲜肉的特点见表8-1。

表 8-1　3 种市售鲜肉的特点

产品	特点
冷鲜肉	营养、卫生、安全、鲜嫩、有适当的保质期
热鲜肉	不卫生、细菌容易繁殖、肉质下降,保质期很短
冷冻肉	肉汁和营养流失、嫩度和鲜度降低,但保质期较长

2. 肉的冷却与冷藏技术

(1)冷却的目的:畜禽在刚屠宰完毕时,其自体的热量还没有散去,肉体温度一般在 37℃ 左右。由于肉的高温和潮湿表面,最适宜于微生物的生长和繁殖,这对于肉的保藏是极为不利。

肉类冷却的目的,在于迅速排除肉体内部的含热量,降低肉体深层的温度并在肉的表面形成一层干燥膜(亦称干壳)。肉体表面的干燥膜可以阻止微生物的生长和繁殖,延长肉的保藏时间,并能减缓肉体部分水分的蒸发。

此外,冷却也是冻结的准备过程。对于整胴体或半胴体的冻结,由于肉体较厚,若用一次冻结(即不经过冷却,直接冻结),则常是表面迅速冻结,而肉深层的热量不易散发,从而使肉的深层产生变黑等不良现象,影响成品质量,如 DFD 肉的产生就在于此。同时,一次冻结时,因温度差过大,肉体表面水分的蒸发压力相应增大,引起水分的大量蒸发,从而影响肉的外观和质量的变化。

现在,除分割肉及副产品外,一般均先冷却,然后再进行冻结。

(2)冷却的条件和方法:在肉类冷却中所用的介质,显然盐水、水等都能应用,但目前只采用空气,即在冷却间中安装各种不同类型的空气冷却器。以空气为媒介,将肉体的热量散发到空气中,再传至蒸发器。

冷却条件中,空气温度的选择很重要。刚屠宰后的肉体,表面潮湿,温度适宜,宜于微生物繁殖和延缓酶的活动,务必以最快的速度使其体温下降。从 40℃ 起,平均每降低 10℃,微生物和酶的活动能力即可减弱 1/3～1/2。因此,降低肉体温度是提高保藏肉类质量和延长保藏期最为有效的方法。

肉类在冷却过程中,虽然肉的冰点在 -1℃ 左右,但它却能冷却到 -10～-6℃ 的过冷温度,肉体短时间处于冰点及过冷温度下,不致发生冻结。一般地说,肉体热量大量导出,是在冷却的开始阶段。因此,冷却间在未进料前,应先降到 -4℃ 左右,这样,等进料结束后,可以使库内温度维持在 0℃ 左右,而不会过高。随后的整个冷却过程中,维持在 -1～0℃。如温度过低有引起冻结的可能;温度高则会延缓冷却速度。

目前,在欧洲的丹麦等国家,关于肉类的冷却过程采用一种新工艺,即冷却过程在同一冷却间内分两段来进行。第 1 段为 -5～10℃,第 2 段为 2～4℃。第 1 段的冷却时间为 2～4 小时,胴体(猪)内部温度降至 20℃,接着进行第 2 段的冷却,一般是在当天夜间进行,经过 14～18 小时的冷却,肉的内部冷却到 4～6℃,冷却间的温度升高到 2～4℃。

两段快速冷却法的优点是冷却肉的质量优于普通方法,外观良好,肉表面干燥,气味很好,而且干耗损失比传统方法要减少 40%～50%。对新鲜猪肉和牛肉,欧洲一些国家由于干耗而引起的重量损失平均为 1%。此外,用两段冷却方法冷却肉比传统方法在冷却间的利用率方面可增加 1 倍多。

（3）肉的冷藏条件与技术:肉与肉制品在冷却状态下保藏的时间取决于微生物作用的发展速度。因此,保藏环境的温度和湿度对保藏期起决定作用。冷藏间的空气温度,以冷却肉的最终温度为标准,温度越低保藏时间越长,一般以保藏温度为 $-1 \sim 1\text{℃}$ 为宜,并保持恒定为好。冷藏间温度升降不得超过 0.5℃,进出库时升温不得超过 3℃。目前在国内商业流通环节中,由于冷藏链的不健全,尤其在零售商业网中,很难保持 0℃ 左右。因此,冷却肉类及其制品在保藏中,常会因保藏温度太高,造成各种微生物的繁殖,结果使冷却肉的表面发黏、变色,以及产生令人不愉快的气味。

保藏温度是贮藏时间的决定因素,肉在保藏过程中,表面形成黏液时细菌数可能为 1000 万 ~ 1 亿个/cm^2。

冷藏库的湿度也是冷却肉保藏的一个重要条件。相对湿度的大小对干耗的大小决定作用,所以仅从减少干耗出发,则相对湿度越大越好。但过高的相对湿度对微生物的繁殖创造了良好的条件。细菌的发育与水分活性（Aw）的关系很大。要抑制微生物发育,Aw 要在 0.6 以下。

肉类含水量在一般为 75%,水分活性在 0.70~0.99,平均在 0.85 以上,所以,在常温下细菌很容易发育。

由此可见,用调节冷藏间温、湿度的方法,可延长肉的保藏期。冷藏库内的相对湿度维持在 90% 左右为宜。一般温度降低 1℃ 可增大相对湿度 5% 左右,如保藏期不变可减少干耗。

除了温度、湿度能严重影响保藏期以外,保藏中温度波动、产品性质、表面状态、形状大小、畜禽宰前状态等方面都有一定的影响。因此,为了保证肉品有良好的保藏期,屠宰时畜禽的状态必须是良好的。屠宰、放血、修正等工序应迅速并达到卫生要求。修正和分割后的肉体应迅速冷却到要求的冷藏温度。

▶▶ 课堂活动

　　讨论:从"热鲜肉、冷冻肉和冷鲜肉哪种更好?"的提问开始,总结冷鲜肉的特点有哪些,推导出冷鲜肉加工的原理、工艺及操作要点,启发归纳出影响冷鲜肉加工过程质量问题及控制方法。

二、冷鲜肉加工工艺

1. 冷鲜肉加工冷链的构成　冷鲜肉的生产、贮存、运输、销售环节是一个完整的冷藏链（简称冷链）。冷链是冷鲜肉生产的必备前提条件。

冷链由生产环节中的 0~4℃ 预冷库、冷藏库、恒温分割包装车间,运输环节的冷藏车,销售环节的冷藏库、冷藏柜等构成。

2. 冷鲜肉加工工艺流程　详见图 8-1。

3. 主要加工设备

（1）屠宰设备:致晕机、手握麻电器、冷凝式蒸汽烫毛隧道、倒挂输送带、洗猪机、劈半锯等。

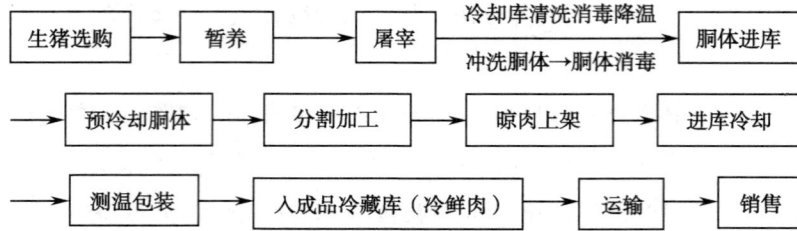

图 8-1　冷鲜肉加工工艺流程图

（2）冷却、冷藏设备：冷库。

（3）分割加工设备：分割机。

（4）包装设备：包装机。

三、工艺操作要点

1. 生猪选购　以优质瘦肉型猪为好，其胴体瘦肉多，肥膘少，便于加工为冷鲜白条肉、红条肉，也减少分割中肥膘类加工的工作量，提高产品出品率与加工效率。

宰前应停食 12~24 小时，并保证猪的饮水（屠宰前 3 小时停止），还须将生猪冲洗干净，减少加工过程中的菌体污染。

2. 生猪屠宰　严格控制屠宰过程中对猪胴体的污染，特别是猪粪、毛、血、渣的污染。从击晕开始至胴体分解结束，整个屠宰过程应控制在 45 分钟内，从放血开始到内脏取出应在 30 分钟内完成，宰后胴体立即进入冷却间。

猪放血后应设洗猪机，对胴体表体清洗；下烫池前，应用海绵块塞住肛门，以减少粪便流出所产生的污染。屠宰烫池易对胴体产生污染（刺口、皮肤、脚圈叉档口及粪便），且烫池水温对冷鲜肉质亦将产生一定影响，因此应注意烫池水的卫生与温度。

3. 冷却

（1）二段式冷却：宰后胴体 →快速冷却间 →恒温冷却间 →冷却后胴体

1）快速冷却间：进料前库温 -15~-10℃并恒温 10 分钟，每米轨道挂放猪胴体 3 个（两轨道之间胴体品字排列），进料时间 ≤1 小时/间，冷风机风速 2.0m/s，相对湿度 92%~95%，进料后库温 -10~-8℃，冷却时间 3~4 小时，胴体冷却后平均温度 < 12℃。

2）恒温冷却间：进料前库温 -2~-1℃，进料后库温 0~4℃，冷风机风速 1.5~2.0m/s，相对湿度 90%~92%，冷却时间 >12 小时，胴体冷却后平均温度 2~4℃，胴体冷却总损耗 1.6%。

3）速冻隧道：锁气室通过时间 5 分钟，室温 -15℃，空气平均流速 2m/s；第 1 部分通过时间 45 分钟，室温 -18℃，空气平均流速 2m/s；第 2 部分通过时间 65 分钟，室温 -10℃，空气平均流速 2m/s。

经速冷隧道 115 分钟冷却后，胴体平均温度降到 8~10℃，胴体表面温度为 1~0℃，再经 0~4℃冷却间冷却 12 小时，使整个胴体温度为 2~4℃，整个过程胴体冷却总损耗在 1.2%~1.4%。

（2）一段式冷却：宰后胴体→预冷库 1→分割后产品→预冷库 2→包装后产品→冷藏库

一段式冷却的相关指标见表 8-2。

表 8-2　一段式冷却相关指标

项目	预冷库 1	预冷库 2	冷藏库
间数	2	3	2
每间面积/m²	180	90	180
初始库温/℃	−2	−2~0	0~2
进货结束时库温/℃	4	2~4	0~4
末时库温/℃	0~4	0~4	0~4
风速/（m/s）	1.5~2.0	1.5	0.5
相对湿度/%	95~98	90~95	85~90
胴体初始平均温度/℃	38~40	15~20	4~7
冷却时间/h	2~4	4~6	12
胴体冷却后平均温度/℃	15~25	4~7	2~4

一段式冷却便于分割,缩短生产时间,节省生产成本与投资,但产品质量不如二段式冷却。二段式冷却较之一段式冷却,更有利于抑制微生物的生长,产品质量高,胴体冷却损耗小;但同时存在一些弊端,如不便分割,生产时间长、生产效率低、冷却库投资大、生产成本高。

4. 分割与包装

（1）分割包装设备用具

1）简易分割线:采用分割三段锯、不锈钢分割台分割产品,在工序之间靠人工传递。优点是投资省;缺点是污染严重,劳动强度大,电锯操作不安全,不利于冷鲜肉生产中的品质保证。

猪 肉 分 割动画

2）自动分割线:根据生产量由 3~5 条自动传输线组成,每条自动线可分为单层、双层或三层,操作台在分割自动线两旁安置不锈钢操作台,台板采用食品用无毒尼龙板。优点:减少了分割肉生产中的污染,便于清洗消毒,提高生产效率,保证了分割肉的品质,降低了劳动强度;缺点是投资大。

3）晾肉架车:分割后产品应平摊放在晾肉架车上,晾架时要求肉无叠压,进行预冷或进入包装（指冷分割产品）。晾肉架车一般采用六层六轮,不锈钢制作,每层上有不锈钢筛网,载肉量在 500kg 以内。

（2）分割包装时间控制:分割车间主要是对胴体进行按部位分割、去脂、剔骨,其产品在分割车间的加工与停留时间应控制在 30 分钟内,以终止酶的活性。

冷却至 4~7℃ 的分割产品,在包装车间时应尽快完成包装,并及时进入冷藏库贮存（0~4℃）。一般方法设计时包装间紧邻分割后预冷间,将放在晾肉架车上冷却好的分割产品（500kg 左右）一车推入包装车间包装完毕后,再由预冷间中推出下一车包装,以免积压回温。

（3）包装

1）真空包装:按每袋净重 5kg 左右分割产品（或以自然块重）,用尼龙袋或聚乙烯袋抽去空气,真空包装,真空度大于 0.095MPa。

2)充气包装:充气包装产品每盒净重在0.5kg左右,包装底盒采用聚氯乙烯与聚乙烯双层共挤片材吸塑成型,盖膜采用尼龙与聚乙烯复合薄膜,真空度大于0.095MPa,充气所使用的混合气体为60%O_2、20%CO_2和20%N_2。

3)托盘保鲜膜:托盘保鲜膜产品每盘净重为0.2~0.5kg,包装材料托盘采用聚丙烯片材制作,盖膜选用聚氯乙烯自黏膜。

5. 冷藏　冷藏库温0~4℃,并保持温度稳定。产品进库后,按生产日期与发货地摆放,不同产品应有标识和记录并定时测温。冷藏库应定期清洗消毒。

6. 运输　运输车辆采用机械冷藏车,冷鲜肉出冷藏库最好设有专用的密闭运输通道,直接采用门对门方式上车,装货前先做好货物装运顺序,原则是同类产品先生产的先发货,一车要送几地的,最先到达地的货物,最后上车,以便卸车。进肉前应先将车辆清洗消毒,装货前先制冷,使车内温度降至10℃以下,装货时应继续制冷,整车上货最好在60分钟内结束,关好车门后迅速使车内温度降至0~4℃。运输途中注意观察温度变化情况,以控制产品升温。

红条肉、白条肉、带膘白条肉采用带挂钩的冷藏车。胴体挂在车厢内,挂钩与叉档均为不锈钢制作。如没有挂钩的冷藏车,可采用工字钢与钢管做框,不锈钢条做钩的活动架,放置于车厢内。胴体最好套有白布袋或薄膜袋,以减少污染与干耗。

7. 市场销售　一般情况下冷鲜肉从生产到消费,在0~4℃下保质期为7天。因此,冷鲜肉产销是一个严密的组织过程,应以销定产,并做好各环节的计划安排。

大超市应设0~4℃冷藏库,产品到后应及时入库。冷藏库应注意温度稳定,定期清洗消毒与维护。连锁专卖店应根据城区位置设置总店,并建小型冷藏间,附近分店由总店配送。

冷鲜肉必须在冷柜中销售,以保证产品品质。冷鲜肉运抵商店后,必须立即上柜,并将冷柜温度严格控制在0~4℃,产品如果温度变化过大,极易渗出血水,且影响保质期。

四、冷鲜肉的品质管理

1. 冷鲜肉品质要求　合格与不合格的冷鲜肉,单从外表上很难区分,两者仅在颜色、气味、弹性、黏度上有细微差别,只有加工成菜后才能明显感觉到不同:合格的冷鲜肉更嫩,熬出的汤清亮醇香。

(1)感官指标

1)色泽:肌肉鲜红均匀,脂肪乳白色,有光泽。

2)组织:纤维清晰,富有弹性。

3)黏度:外表湿润,不黏手。

4)气味:具有鲜猪肉固有的气味,无异味。

5)肉汤:澄清透明,脂肪团聚于表面。

(2)理化指标:冷鲜肉理化指标要求详见表8-3。

表 8-3　冷鲜肉理化指标

项目	指标	项目	指标
挥发性盐基氮/（mg/100g）	≤15	锌（以 Zn 计）/（mg/kg）	≤100
汞（以 Hg 计）/（mg/kg）	≤0.05	铜（以 Cu 计）/（mg/kg）	≤10
砷（以 As 计）/（mg/kg）	≤0.5	氟（以 F 计）/（mg/kg）	≤2.0
铅（以 Pb 计）/（mg/kg）	≤0.5	铬（以 Cr 计）/（mg/kg）	≤1.0
镉（以 Cd 计）/（mg/kg）	≤0.1	亚硝酸盐（以 $NaNO_2$ 计）/（mg/kg）	≤3.0

（3）微生物指标：pH 值：5.8~6.2；细菌总数：10^3 ~ 10^4 cfu/cm^3；沙门菌、大肠埃希菌：不得检出。

2. 温度管理　产销各环节对室内温度、设施要求见表 8-4。

表 8-4　产销各环节对室内温度、设施要求

设施	室内温度要求	设施要求	设施	室内温度要求	设施要求
收购饲养	常温		包装车间	10~12℃	带制冷装置
屠宰车间	常温		冷藏车	0~4℃	带制冷装置
屠宰副产间	常温		市场销售（冷藏间、冷柜）	0~4℃	带制冷装置
分割车间	10~12℃	带制冷装置	消费者贮存（冰箱）	0~4℃	带制冷装置
分割副产间	10~12℃	带制冷装置			

3. 时间管理　冷鲜猪肉从屠宰到市场一般保质期为 7 天，因此对产销各环节应有严格的时间控制（表 8-5）。

表 8-5　产销各环节的时间控制

环节	时间（小时）	备注
活畜进厂待宰	24	如猪多，可在 72 小时内，但应注意饮水及饲料补充
屠宰分割及厂内冷却	24	
冷藏运输	12	
市场销售（冷藏间、冷柜）	48	最好是控制在 24 小时内
消费者贮存（冰箱）	72	

五、冷鲜肉加工过程中常见质量问题及控制

冷藏条件下的肉由于水分没有结冰，微生物和酶的活动还在进行，所以易发生干耗及表面发黏、发霉、变软、变色等，甚至产生不愉快的气味。

1. 干耗　干耗是肉在冷藏中水分散失的结果，干耗不但使肉重量降低，而且影响肉的质量，促进表层氧化的产生。处于冷却终点温度的肉（0~4℃），其物理、化学变化并没有终止，其中以水分蒸发而导致干耗最为突出。干耗受冷藏室温度、相对湿度、空气流速的影响。高温、低湿度、高空气流速会加剧肉的干耗。因此，为了防止或降低干耗，必须控制适宜的冷藏室温度、湿度及空气流速。

2. 发黏、发霉　这是肉在冷藏过程中，微生物在肉表面生长繁殖的结果，与肉表面的污染程度

和相对湿度有关,也与环境的温度有关。微生物污染越严重,湿度越高,温度越高,肉表面越易发黏、发霉。在0℃和有氧条件下时,微生物污染程度与肉表面形成黏液的时间密切相关。当最初肉表面污染的细菌数为100cfu/cm²时,16天达到发黏;当达到105cfu/cm²时,只有7天就达到发黏。为了防止或延缓表面发黏的时间,屠宰加工的操作、各种设施,接触肉的手和工具都应保持清洁卫生和消毒,以确保肉品的质量。

3. 颜色变化　肉在冷藏中色泽会不断地变化,若贮藏不当,牛、羊、猪肉会变褐、变绿、变黄、发荧光等。鱼肉会变绿,脂肪会变黄。这些变化有的是在微生物和酶的作用下引起的,有的是本身氧化的结果。色泽的变化是品质下降的表现。

4. 串味　肉与有强烈气味的食品存放在一起,会使肉产生串味现象。串味现象是指有强烈香味或臭味的食品与其他食品放在一起冷却贮藏,其香味或臭味就会传给其他食品。这样,食品原有的风味就会发生变化,使品质下降。另外,冷藏库还具有一些特有的臭味,俗称冷臭,这种冷臭也会串给冷却食品。

要避免上述情况,就要求在管理上做到专库专用,定期的或在一种食品出库后严格消毒和除味。

5. 成熟　冷藏过程中可使肌肉中的化学变化缓慢进行,而达到成熟。目前肉的成熟一般采用低温成熟法,即冷藏与成熟同时进行,条件为0~2℃,相对湿度86%~92%,空气流速为0.15~0.5m/s。成熟时间因肉的品种而异,牛肉约需3周。

6. 冷收缩　冷收缩主要在牛、羊肉上发生。屠宰后在短时间胴体进行快速冷却时肌肉产生强烈收缩。这种肉在成熟时不能充分软化。研究表明,冷收缩多发生在宰杀后10小时,肉温降到8℃以下时出现。针对牛、羊肉的这种情况,适当控制冷却速度即可避免。

点滴积累

1. 冷鲜肉的特点有安全系数高;营养价值高;感官舒适性高。
2. 冷却方式有二段式冷却;一段式冷却。
3. 冷鲜肉品质要求包括感官指标;理化指标;微生物指标。
4. 冷鲜肉加工过程中常见质量问题有干耗;发黏、发霉;颜色变化;串味;成熟;冷收缩。

第二节　中西式香肠、火腿加工技术

在肉制品众多细分领域中,香肠、火腿加工产品是发展较好的领域之一,产销量和市场规模均达到一定的高度,国内几大肉制品企业占据了较大的市场份额。与此同时,以香肠火腿为主的中西式肉制品的快速发展也带来了诸如产品同质化严重、价格普遍低廉等各种问题,因此发展适合不同消费者需求的特色中西式肉制品和功能性产品,是未来肉制品发展的方向。

▶▶ 课堂活动

讨论:中式香肠、火腿有哪些? 西式香肠、火腿有哪些? 请列举出来。 中西式香肠火腿的区别是什么? 加工工艺有何区别?

一、中西式香肠、火腿概述

香肠类制品是我国肉类制品中，品种最多的一大类制品。它是以畜禽肉为主要原料，经腌制（或未经腌制）、绞碎或斩拌乳化成肉糜状，并混合各种辅料，然后充填入天然肠衣或人造肠衣中成型，根据品种不同再分别经过烘烤、蒸煮、烟熏、冷却或发酵等工序制成的产品。由于所使用的原料、加工工艺及技术要求、辅料的不同，不同种香肠不论在外形上还是口味上都有很大区别。

在我国，习惯上将用中国原有的加工方法生产的产品称为香肠或腊肠，把用国外传入的方法生产的产品称为灌肠。表8-6为中式香肠和西式灌肠之间在加工原料、生产工艺和辅料要求等方面的不同点。

表8-6　中式和西式肠制品的区别

	中式香肠	西式灌肠
原料肉	以猪肉为主	除猪肉外，还可用牛肉、马肉、鱼肉、兔肉等
原料肉的处理	瘦弱、肥肉均切成肉丁	瘦弱绞成肉馅，肥肉切成肉丁；或瘦弱、肥肉都绞成肉馅
辅料	加酱油，不加淀粉	加淀粉，不加酱油
日晒、熏烟	长时间日晒，晾挂	烘烤，烟熏

西式香肠的口味特点，是在辅料中使用了具有香辣味的豆蔻和胡椒，因而产品都具有不同程度的辣味，咸味用盐而不用酱油，一部分品种还使用了大蒜，因此产品具有明显的蒜味。另外，肉馅大多是猪、牛肉混合制成，香肠的原料既可精选上等肉制成高档产品，也可利用肉类加工过程中的碎肉制成低档产品。

火腿分中式火腿和西式火腿之分，中式火腿是用鲜猪肉的带骨后腿经过腌加工成的一种肉制品，区别于剔去骨头的西式火腿。中式火腿分南腿、北腿和云腿，南腿以金华火腿为正宗，北腿以苏北如皋火腿为正宗，云腿以云南宣威火腿为正宗。各地的中式火腿腌制剂配料和加工方法因地方风味、气候条件而各有区别，但生产工序基本相同，都要经过选料、修整、腌制、浸洗、整形、晒腿、发酵等7个工序。西式火腿大都以瘦肉、无皮、无骨和无结缔组织肉腌制后充填到模型或肠衣进行煮制和烟熏形成即食火腿。

二、香肠、火腿加工用原辅料

1. 原料肉　由于不同类型的香肠采用各种不同的原料肉进行生产，因而使产品具有各自的特点。在不同的原料肉中，其各种营养成分（蛋白质、水分、脂肪和矿物质）的含量也不同，且颜色深浅、结缔组织含量及所具有的持水性、黏着性也不同。

用于生产肠制品的内脏主要包括心、舌头、肝、肾、牛肚（牛胃）、猪胃等。这些内脏的使用量和使用类型主要决定于产品的种类和质量。如果使用黏着性很低的牛胃和猪胃，一定要注意它们的使用量，要有一定的限制，不得超过15%，否则生产出的产品不稳定。

适当地选择原料肉，是生产质量均一的肠类产品的先决条件，这并不意味着所有肠制品都要选价格高的肉,而应与产品规定的脂肪含量、颜色指标、黏着力和其他特征结合起来考虑。原料肉最好采用新鲜的、微生物污染不严重的肉。肉的黏着力是指肉所具有的乳化脂肪的能力及水合能力,也指其使瘦肉粒黏合在一起的能力。

2. 肠衣 肠衣主要分为两大类,即天然肠衣和人造肠衣。过去灌肠制品的生产,都是使用富有弹性的动物肠衣,随着灌肠制品的发展,动物肠衣已满足不了生产的需要了,因此世界上许多国家都先后研制了人造肠衣。

(1)天然肠衣:天然肠衣也叫动物肠衣,是由猪、牛、羊的大肠、小肠、膀胱等加工制成的。它具有良好的韧性和坚实度,能够承受生产加工过程中的重力和加热处理产生的压力,并且有和灌容物同样收缩和膨胀的性能。

天然肠衣共分干制和盐渍两种,干制肠衣在使用前,应用温水浸泡变软后方可使用;盐渍肠衣则需在清水中经正反两面反复漂洗,充分除去黏着在肠衣上的盐分和污物。灌制前,不论干制或盐渍肠衣均应拣出破损变质的部分。

(2)人造肠衣:人造肠衣可实现生产规格化,易于充填,加工使用方便。人造肠衣在熏煮加工成型、保持风味、延长成品保存、减少蒸发干耗等方面,具有明显的优点。人造肠衣一般分为4类:纤维素肠衣、胶质肠衣、塑料肠衣和玻璃纸肠衣。

1)纤维素肠衣:这种肠衣一般大小规格相同,能经受高温快速加工,充填方便,抗裂性强,在湿润情况下能进行熏烤。

2)胶质肠衣:这是一种用动物肉皮提炼出的胶质制成的肠衣。这种肠衣虽然比较厚,但有较好的物理性能。

3)塑料肠衣:这种肠衣只能煮而不能熏,它是由聚偏二氯乙烯薄膜制成的,品种也很多。

4)玻璃纸肠衣:玻璃纸肠衣是一种价廉物美的人造肠衣,是一种再生胶质纤维素薄膜,有无色和有色两种,纸质柔软而有弹性。在潮湿时,会发生皱纹,甚至互相黏结;遇热时,因水分蒸发而使纸质变脆。特别是这种纸具有不透过油脂,干燥时不透过气体的特点。

3. 调味料 调味料,也称佐料,是指被用来少量加入肉制品中调节和改善风味的食品成分,按照所提供风味的不同,可以划分为咸味料、甜味料、酸味料、鲜味料和酒类等。在西式低温肉制品中常用的调味料主要有3类,即咸味料、甜味料和鲜味料。

(1)咸味料

1)食盐:食盐的主要成分是氯化钠,精制食盐中氯化钠的含量在98%以上。肉制品加工中一般不用粗盐,因其含有较多的钙、镁、铁的氯化物和硫酸盐等杂质,会影响制品的质量和风味。食盐具有调味、防腐保鲜、提高保水性和黏着性等重要作用。但食盐能加强脂肪酶的作用和脂肪的氧化(腌肉的脂肪较易氧化变质),且高钠盐食品会导致高血压,新型食盐代用品有待深入研究与开发。

2)酱油:酱油是我国传统的调味料,优质酱油咸味醇厚、香味浓郁。肉制品加工中宜选用酿造酱油,其浓度不应低于22°Bé,食盐含量不超过18%。酱油的作用主要是增鲜增色,改良风味。在中式肉制品中广泛使用,使制品呈美观的酱红色并改善其口味。在香肠等制品中,还有促进发酵成熟的作用。

（2）甜味料

1）蔗糖：白糖、红糖都是蔗糖，其甜度仅次于果糖（果糖、蔗糖、葡萄糖的甜度比为4∶3∶2）。肉制品中添加少量蔗糖可以改善产品的滋味；并能促进胶原蛋白的膨胀和疏松，使肉质松软、色调良好；糖比盐更能迅速、均匀地分布于肉的组织中，增加渗透压，形成乳酸，降低pH，有保鲜作用。蔗糖添加量在0.5%～1.5%为宜。

2）葡萄糖：葡萄糖为白色晶体或粉末，除可以改善产品的滋味外，还可形成乳酸，有助于胶原蛋白的膨胀和疏松，使制品柔软。葡萄糖的保色作用较好，而蔗糖的保色作用不太稳定。肉品加工中葡萄糖的使用量为0.3%～0.5%。

3）饴糖：饴糖由麦芽糖（50%）、葡萄糖（20%）和糊精（30%）组成。味甜爽口，有吸湿性和黏性，在肉品加工中常作为烧烤、酱卤和油炸制品的增色剂和甜味助剂。

（3）鲜味剂

1）谷氨酸钠：谷氨酸钠即"味精"，是食品烹调和肉制品加工中常用的鲜味剂。谷氨酸钠为无色至白色柱状结晶或结晶性粉末，具特有的鲜味，略有甜味或咸味。高温易分解，在pH5以下的酸性和强碱性条件下会使鲜味降低。在肉品加工中，一般用量为0.02%～0.15%。

2）肌苷酸钠：肌苷酸钠是白色或无色的结晶或结晶性粉末，性质比谷氨酸钠稳定。与L-谷氨酸钠合用对鲜味有相乘效应。肌苷酸钠具有特殊强烈的鲜味，其鲜味比谷氨酸钠强10～20倍。一般与谷氨酸钠、鸟苷酸钠等合用，配制成混合味精，以提高增鲜效果。

3）鸟苷酸钠：5′-鸟苷酸钠为无色至白色结晶或结晶性粉末，是具有很强鲜味的5′-核苷酸类鲜味剂。5′-鸟苷酸钠具有特殊香菇鲜味，鲜味程度约为肌苷酸钠的3倍以上，与谷氨酸钠合用有很强的相乘效果。

（4）料酒：黄酒和白酒是中式肉制品加工中广泛使用的调味料之一，主要成分是乙醇和少量的脂类，有去腥增香、提味解腻、固色防腐等作用，并能赋予制品特有的醇香味，使制品回味甘美，增加风味特色。黄酒应色黄澄清、味醇，含酒精12°以上；白酒应无色透明、味醇。

4. 香辛料

（1）香辛料的种类：香辛料又名增香剂，是一类能改善和增强食品香味和滋味的食品添加剂。因其多以植物的果实、花、皮、蕾、叶、茎、根等新鲜、干燥或粉碎状态时使用，故称其为天然香辛料。

香辛料的辛味比较强，依其具有辛辣和芳香气味的程度，可分为辛辣性和芳香性香辛料两种。辛辣性香辛料有胡椒、花椒、辣椒、葱、姜、蒜、芥子等；芳香性香辛料主要有丁香、麝香草、豆蔻、茴香、月桂叶等。

香辛料的成分很复杂，应用时必须依据食品种类、所达到的目的等不同而注意科学配用。天然香辛料用量通常为0.3%～1.0%，也可根据肉的种类或人们的嗜好稍有增减。

（2）香辛料的加工特性及使用：香辛料的作用是赋予产品特有的风味，抑制或矫正不良气味，增进食欲，促进消化。许多香辛料有抗菌、防腐、抗氧化作用，同时还有特殊生理药理作用。常用的香辛料如下：

1）茴香：大茴香是木兰科乔木植物的果实，多数为八瓣，故又称八角，果实含精油2.5%～5%，其中以茴香脑为主(80%~85%)。有独特浓烈的香气,性温,味辛微甜。有去腥和防腐的作用。

2)小茴香:小茴香系伞形科多年草本植物茴香的种子,含精油3%~4%,主要成分为茴香脑和茴香醇(占50%~60%)。气味芳香,是肉制品加工中常用的调香料,有增香调味、防腐除腥的作用。

3)花椒:花椒为芸香科植物花椒的果实。花椒果皮含辛辣挥发油及花椒油香烃等,辣味主要是山椒素。在肉品加工中,整粒多供腌制品及酱卤汁用,粉末多用于调味和配制五香粉。使用量一般为0.2%~0.3%。花椒不仅能赋予制品适宜的辛辣味,而且还有杀菌、抑菌等作用。

4)肉豆蔻:肉豆蔻亦称豆蔻、肉蔻,由肉豆蔻科植物肉蔻果肉干燥而成。皮和仁有特殊浓烈芳香气,味辛略带甜、苦味。有增香去腥的调味功能,暖胃止泻、止吐镇呕等功效,亦有一定抗氧化作用。可用整粒或粉末,肉品加工中常用作卤汁、五香粉等调香料。

5)桂皮:桂皮系樟科植物肉桂的树皮及茎部表皮经干燥而成。桂皮用做肉类烹饪用调味料,亦是卤汁、五香粉的主要原料之一,能使制品具有良好的香辛味,而且还具有重要的药用价值。

6)砂仁:砂仁为姜科多年生草本植物的果实,一般除去黑果皮(不去果皮的叫苏砂),具有樟脑油的芳香味。有温脾止呕、化湿顺气和健胃的功效,亦有矫臭去腥、提味增香的作用,是肉制品中重要的调味香料。含有砂仁的制品,食之清香爽口,风味别致。

7)草果:草果为姜科多年生草本植物的果实,含有精油、苯酮等,味辛辣。可用整粒或粉末。肉制品加工中常用做卤汁、五香粉的调香料,起抑腥调味的作用。

8)丁香:丁香为桃金娘科植物丁香的干燥花蕾及果实,富含挥发香精油,具有特殊的浓烈香味,味辛麻微辣,兼有桂皮香味。对肉类、焙烤制品、色拉调味料等兼有抗氧化、防霉作用,但丁香对亚硝酸盐有消色作用,在使用时应加以注意。

9)月桂叶:月桂叶系樟科长绿乔木月桂的叶子,有近似玉树油的清香,略有樟脑味,与食物共煮后香味浓郁。肉制品加工中常用作矫味剂、增香料,用于原汁肉类罐头、卤汁、鱼类调味等。

10)胡椒:胡椒是多年生藤本胡椒科植物的果实,有黑胡椒、白胡椒两种。黑胡椒是球形果实在成熟前采集,经热水短时间浸泡后,不去皮阴干而成;白胡椒是成熟的果实经热水短时间浸泡后去果皮阴干而成。因果皮挥发成分含量较多,故黑胡椒的风味大于白胡椒,但白胡椒的色泽好。

胡椒性辛温,味辣香,具有令人舒适的辛辣芳香,兼有除腥臭、防腐和抗氧化作用。在我国传统的香肠、酱卤、罐头及西式肉制品中广泛应用。使用量一般为0.2%~0.3%。因其芳香气易于在粉状时挥发出来,故以整粒干燥密闭贮藏为宜,并于食用前始碾成粉。

11)辣椒:辣椒含有0.02%~0.03%的辣椒素,具有强烈的辛辣味和香味,除作调味品外,还具有抗氧化和着色作用。

12)葱:葱属百合科多年生草本植物,有大葱、小(香)葱、洋葱等,具有强烈的葱辣味和刺激性。洋葱煮熟后带甜味。葱可解除腥膻味,促进食欲,并有开胃消食以及杀菌发汗的功能。

13)蒜:蒜为百合科多年生宿根草本植物大蒜的鳞茎,其主要成分是蒜素,即挥发性的二烯丙基硫化物。因其有强烈的刺激气味和特殊的蒜辣味,以及较强的杀菌能力,故有压腥去膻、增加肉制品蒜香味及刺激胃液分泌、促进食欲和杀菌的功效。

14)姜:姜属姜科多年生草本植物,主要利用地下膨大的根茎部。姜具有独特强烈的姜辣味和爽快风味。具有去腥调味、促进食欲、开胃驱寒和减腻解毒的功效。在肉品加工中常用于酱卤、红烧罐头等的调香料。

15）山奈：山奈又称三奈、沙姜，系姜科山奈属多年生木本植物的根状茎，切片晒制而成干片。具有较强烈的香味，有去腥提香、抑菌防腐和调味的作用，亦是卤汁、五香粉的主要原料之一。

16）白芷：白芷系伞形多年生草本植物的根块，有特殊的香气，味辛。具有去腥作用，是酱卤制品中常用的香料。

17）陈皮：陈皮为芸香科常绿小乔木植物橘树的干燥果皮，含挥发油，有强烈的芳香气，味辛苦。肉制品加工中常用作卤汁、五香粉等调香料，可增加制品复合香味。

其他常用的香辛料还有鼠尾草、芥末、姜黄、甘草、芫荽、麝香草等。

传统肉制品加工过程中常用由多种香辛料（未粉碎）组成的料包经沸水熬煮出味或同原料肉一起加热使之入味。现代化西式肉制品则多用已配制好的混合性香料粉（如五香粉、麻辣粉、咖喱粉等）直接添加到制品原料中；对于经注射腌制的肉块制品，需使用萃取性单一或混合液体香辛料。这种预制香辛料使用方便、卫生，是今后的发展趋势。

5. 食品添加剂　根据我国食品安全国家标准《食品添加剂使用标准》（GB 2760-2014）中的规定，食品添加剂是指为改善食品的品质和食品的色、香、味，以及为防腐、保鲜和加工工艺的需要而加入食品中的人工合成或天然物质。在西式低温肉制品加工过程使用的食品添加剂主要有以下几类：

（1）发色剂

1）硝酸盐（硝酸钾或硝酸钠）：硝酸盐是无色结晶或白色结晶粉末，稍有咸味，易溶于水。将硝酸盐添加到肉制品中：首先硝酸盐在肉中脱氮菌（或还原物质）的作用下，还原成亚硝酸盐；然后与肉中的乳酸产生复分解反应而形成亚硝酸；亚硝酸再分解产生 NO；NO 与肌肉纤维细胞中的肌红蛋白（或血红蛋白）结合而生成稳定的亚硝基（NO）肌红蛋白（或亚硝基血红蛋白）配合物，使肉制品呈现鲜红色，因此把硝酸盐称为发色剂。

在实际生产中，为保证良好的发色效果和抑制腐败菌的生长，一般加硝酸盐腌制是在 0~7℃ 的低温下进行。

2）亚硝酸钠：亚硝酸钠是白色或淡黄色结晶粉末，吸湿性强，长期保存必须密封在不透气容器中。亚硝酸钠除了防止肉品腐败、提高保存性之外，还具有改善风味、稳定肉色的特殊功效，此功效比硝酸盐还要强 10 倍，所以在腌制时与硝酸盐混合使用，能缩短腌制时间。但是仅用亚硝酸盐腌制的肉制品，在贮藏期间褪色快，对生产过程长或需要长期存放的制品，最好使用硝酸盐腌制。现在许多国家广泛采用混合盐料。

亚硝酸盐毒性强，用量要严格控制。GB2760 中对硝酸钠和亚硝酸钠的使用量规定如下：

使用范围：肉类罐头，肉制品。

最大使用量：硝酸钠 0.5g/kg，亚硝酸钠 0.15g/kg。

最大残留量（以亚硝酸钠计）：肉类罐头不得超过 50mg/kg；肉制品不得超过 30mg/kg。

（2）发色助剂：肉制品中常用的发色助剂有抗坏血酸和异抗坏血酸及其钠盐、烟酰胺、葡萄糖、葡萄糖醛内酯等。其助色机制与硝酸盐或亚硝酸盐的发色过程紧密相连。

1）抗坏血酸、抗坏血酸钠：抗坏血酸即维生素 C，具有很强的还原作用，即使硝酸盐的添加量少也能使肉呈粉红色。其对热和重金属极不稳定，因此一般使用稳定性较高的钠盐，另外，腌制剂中加入谷氨酸也会增加抗坏血酸的稳定性。肉制品中的使用量为 0.02%～0.05%。

2）异抗坏血酸、异抗坏血酸钠：异抗坏血酸是抗坏血酸的异构体，其性质与抗坏血酸相似，发色、防止褪色及防止亚硝胺形成的效果，几乎相同。

3）烟酰胺：腌制液中复合磷酸盐会改变盐水的 pH，这会影响维生素 C 的助色效果。因此往往加维生素 C 的同时加入助色剂烟酰胺。烟酰胺也能形成稳定的烟酰胺肌红蛋白，使肉呈红色，并有促进发色、防止褪色的作用，且烟酰胺对 pH 的变化不敏感。

6. 着色剂　着色剂又称食用色素，指为使食品具有鲜艳而美丽的色泽，改善感官性状以增进食欲而加入的物质。

（1）人工着色剂（化学合成着色剂）：人工着色剂常用的有苋菜红、胭脂红、柠檬黄、日落黄、亮蓝等。人工着色剂在限量范围内使用是安全的，其色泽鲜艳、稳定性好，适于调色和复配。价格低廉是其优点，但安全性仍是问题且无营养价值，因此，在肉制品加工中一般不宜使用。

（2）天然着色剂：天然着色剂是从植物、微生物、动物可食部分用物理方法提取精制而成的。

天然着色剂的开发和应用是当今世界的发展趋势，如在肉制品中应用愈来愈多的焦糖色素、红曲红、高粱红、栀子黄、姜黄色素等。天然着色剂一般价格较高，稳定性稍差，但比人工着色剂安全性高。

1）焦糖色：焦糖色又称酱色或糖色，外观是红褐色或黑褐色的液体，也有的呈固体状或粉状。焦糖色在肉制品加工中的应用主要是为了增色，补充色调，改善产品外观。常用于扣肉和酱肉的加工。

2）红曲红：红曲红是以大米为原料，采用红曲霉液体深层发酵工艺和特定的提取技术生产的粉状纯天然食用色素，其工业产品色价高、色调纯正、光热稳定性强、pH 适应范围广、水溶性好，同时具有一定的保健和防腐功效。肉制品中用量为 50～500mg/kg。

3）高粱红：高粱红以高粱壳为原料，采用生物加工和物理方法制成，有液体制品和固体粉末两种，属水溶性天然色素，对光、热稳定性好，抗氧化能力强，与天然红等水溶性天然色素调配可成紫色、橙色、黄绿色、棕色、咖啡色等多种色调。肉制品中使用量视需要而定。

7. 品质改良剂

（1）磷酸盐：目前多聚磷酸盐已普遍地应用于肉制品中，以改善肉的保水性能。国家规定可用于肉制品的磷酸盐有 3 种：焦磷酸钠、三聚磷酸钠和六偏磷酸钠。

各种磷酸盐混合使用比单独使用好，混合的比例不同，效果也不同。在肉品加工中，使用量一般为肉重的 0.1%～0.4%，用量过大会导致产品风味恶化、组织粗糙、呈色不良。

磷酸盐溶解性较差，因此在配制腌液时要先将磷酸盐溶解后再加入其他腌制料。由于多聚磷酸盐对金属容器有一定的腐蚀作用，所以所用设备应选用不锈钢材料。此外，使用磷酸盐可能使腌制肉制品表面出现结晶，这是焦磷酸钠形成的。可以通过减少焦磷酸钠的使用量来预防结晶。

（2）淀粉：淀粉在肉制品中的作用主要是增加肉制品的稳定性和保水性；提高肉制品的黏结性

和出品率;其良好的吸油性和乳化性可束缚脂肪的流动,缓解脂肪给制品带来的不良影响,改善肉制品的外观和口感。

肉品加工最好使用变性淀粉,它们是由天然淀粉经过化学或酶处理等而使其物理性质发生改变,以适应特定需要而制成的淀粉。变性淀粉不仅能耐热、耐酸碱,还有良好的机械性能,是肉类工业良好的增稠剂和赋形剂,常用于西式肠、午餐肉等罐头、火腿制品。其用量一般为原料的3%~20%。优质肉制品用量较少,且多用玉米淀粉。

(3)大豆分离蛋白:粉末状大豆分离蛋白有良好的保水性。当浓度为12%时,加热的温度超过60℃,黏度就急剧上升,加热至80~90℃时静置、冷却,就会形成光滑的砂状胶质。这种特性,使大豆分离蛋白加入肉组织时,能改善肉的质地,增加肉制品的保水性、保油性和肉粒感,此外,大豆蛋白还有很好的乳化性。

(4)卡拉胶:卡拉胶主要成分为易形成多糖凝胶的半乳糖、脱水半乳糖,多以钙盐、钠盐、铵盐等的形式存在。可保持自身质量10~20倍的水分。在肉馅中添加0.6%时,即可使肉馅保水率从80%提高到88%以上。

卡拉胶是天然胶质中唯一具有蛋白质反应性的胶质。由于卡拉胶能与蛋白质结合,形成巨大的网络结构,可保持制品中的大量水分,减少肉汁的流失,并且具有良好的弹性、韧性。卡拉胶还具有很好的乳化效果,稳定脂肪,表现出很低的离油值,从而提高制品的出品率。另外,卡拉胶能防止盐溶性蛋白及肌动蛋白的损失,抑制鲜味成分的溶出。

(5)酪蛋白:酪蛋白能与肉中的蛋白质结合形成凝胶,从而提高肉的保水性。在肉馅中添加2%时,可提高保水率10%;添加4%时,可提高16%。如与卵蛋白、血浆等并用效果更好。酪蛋白在形成稳定的凝胶时,可吸收自身质量5~10倍的水分。用于肉制品时,可增加制品的黏着性和保水性,改进产品质量,提高出品率。

8. 抗氧化剂 抗氧化剂有油溶性和水溶性两大类。油溶性抗氧化剂能均匀地分布于油脂中,对油脂或含脂肪的食品可以很好地发挥其抗氧化作用。人工合成的油溶性抗氧化剂有丁基羟基茴香醚(BHA)、二丁基羟基甲苯(BHT)、没食子酸丙酯(PG)等;天然的有生育酚(维生素E)混合浓缩物等。水溶性抗氧化剂主要有L-抗坏血酸及其钠盐、异抗坏血酸及其钠盐等;天然的有植物(包括香辛料)提取物如茶多酚、异黄酮类等。多用于对食品的护色(助色剂),防止氧化变色,以及防止因氧化而降低食品的风味和质量等。肉制品在贮藏期间因氧化变色、变味而导致其货架期缩短是肉类工业一个突出的问题,因此高效、廉价、方便、安全的抗氧化剂有待开发。

9. 防腐保鲜剂 防腐保鲜剂分化学防腐剂和天然保鲜剂,防腐保鲜剂经常与其他保鲜技术结合使用。

(1)化学防腐剂:化学防腐剂主要是各种有机酸及其盐类。肉类保鲜中使用的有机酸包括乙酸、甲酸、柠檬酸、乳酸及其钠盐、抗坏血酸、山梨酸及其钾盐、苯甲酸及其钠盐、磷酸盐等。

1)山梨酸钾:山梨酸钾在肉制品中的应用很广。它能与微生物酶系统中的巯基结合,破坏许多重要酶系,达到抑制微生物增殖和防腐的目的。山梨酸钾在鲜肉保鲜中可单独使用,也可和磷酸盐、乙酸结合使用。

2)乙酸:1.5%的乙酸就有明显的抑菌效果。在 3% 范围以内,因乙酸的抑菌作用,减缓了微生物的生长,避免了霉斑引起的肉色变黑变绿。当浓度超过 3% 时,对肉色有不良作用,这是由酸本身造成的。如采用 3% 乙酸+3% 抗坏血酸处理时,由于抗坏血酸的护色作用,肉色可保持得很好。

(2)天然保鲜剂

1)茶多酚:主要成分是儿茶素及其衍生物,它们具有抑制氧化变质的性能。茶多酚对肉品防腐保鲜以 3 条途径发挥作用:抗脂质氧化、抑菌、除臭味物质。

2)香辛料提取物:许多香辛料中如大蒜中的蒜辣素和蒜氨酸,肉豆蔻所含的肉豆蔻挥发油,肉桂中的挥发油以及丁香中的丁香油等,均具有良好的杀菌、抗菌作用。

三、西式香肠加工工艺与关键技术

西式香肠传入我国已有近百年的历史。西式香肠可以提高原料的利用率和产品得率,而且食用方便、营养丰富,便于携带和运输,是非常受欢迎的肉类制品。

西式香肠又称灌肠,是以畜禽肉为原料,经腌制(或不腌制)、斩拌或绞碎使肉成为块状、丁状或肉糜状态,再配上其他辅料,经搅拌或滚揉后灌入天然肠衣或人造肠衣内经烘烤、熟制和熏烟等工艺而制成的熟制灌肠制品或不经腌制和熟制加工而成的需冷藏的生鲜肠。其具体名称多与产地有关,如意大利肠、法兰克福肠、维也纳肠、波兰肠、哈尔滨肠等。西式香肠制品是世界上产量最高、品种最多的肉制品。

1. 西式香肠的种类及特点　西式香肠分类方法很多,其中美国的分类较具代表性,它将香肠制品分为生鲜香肠、生熏肠、熟熏肠、干制和半干制香肠 4 大类。

(1)生鲜香肠:原料肉(主要是新鲜猪肉,有时添加适量牛肉)不经腌制,绞碎后加入香辛料和调味料充入肠衣内而成。这类肠制品需在冷藏条件下贮存,食用前需经加热处理,如意大利鲜香肠、德国生产的 Bratwurst 香肠等。目前国内这类香肠制品的生产量很少。

(2)生熏肠:这类制品可以采用腌制或未经腌制的原料,加工工艺中要经过烟熏处理但不进行熟制加工,消费者在食用前要进行熟制处理。

(3)熟熏肠:经过腌制的原料肉,绞碎、斩拌后充入肠衣,再经熟制、烟熏处理而成。我国这种香肠的生产量最大。

(4)干制和半干制香肠:干制香肠起源于欧洲的南部,属意大利发酵香肠,主要由猪肉制成,不经熏制或煮制。其定义为:经过细菌的发酵作用,使肠馅的 pH 达到 5.3 以下,然后干燥除去 20% ~ 50% 的水分,使产品中水分与蛋白质的比例不超过 2.3∶1 的肠制品。

半干制香肠最早起源于北欧,属德国发酵香肠,它含有猪肉和牛肉,采用传统的熏制和蒸煮技术制成。其定义为:绞碎的肉,在微生物的作用下,pH 达到 5.3 以下,在热处理和烟熏过程中(一般均经烟熏处理)除去 15% 的水分,使产品中水分与蛋白质的比例不超过 3.7∶1 的肠制品。

2. 西式香肠加工工艺

(1)工艺流程:详见图 8-2。

原料肉的选择与初加工　→　腌制　→　绞碎　→　斩拌　→　灌制　→　烘烤　→　熟制　→　烟熏、冷却

图 8-2　西式香肠加工工艺流程图

（2）主要加工设备

1）绞碎、斩拌设备：绞肉机、斩拌机。

2）灌制设备：灌肠机。

3）烘烤、熟制设备：全自动烟熏炉、蒸箱。

4）烟熏设备：全自动烟熏炉。

（3）操作要点

1）原料肉的选择与初加工：生产西式香肠的原料范围很广，主要有猪肉和牛肉，另外羊肉、兔肉、禽肉、鱼肉及其内脏均可作为香肠的原料。生产香肠所用的原料肉必须是健康的，并经兽医检验确认是新鲜卫生的。

肥肉只能用猪的脂肪，瘦肉经修整，剔去碎骨、污物、筋腱及结缔组织膜，使其成为纯精肉，然后按肌肉组织的自然块形分开，并切成长条或肉块备用。

2）腌制：腌制的目的是使原料肉呈现均匀的粉红色，使肉含有一定量的食盐以保证产品具有适宜的咸味，同时提高制品的保水性和风味。根据不同产品的配方将瘦肉加混合盐混合均匀，送入 $2℃±2℃$ 的冷库中腌制 24~72 小时。肥膘只加食盐进行脆制。原料肉腌制结束的标志是瘦猪肉呈现均匀粉红色，结实而富有弹性。

混合盐中通常食盐占原料肉重的 2%~3%，亚硝酸钠占 0.025%~0.05%，抗坏血酸占 0.03%~0.05%。

3）绞碎：将腌制好的原料精肉和肥膘分别通过不同筛孔直径的绞肉机绞碎。绞肉时投料量不宜过大，否则会造成肉温上升，对肉的黏着性产生不良影响。

4）斩拌：为了使肌肉纤维蛋白形成凝胶和溶胶状态，使脂肪均匀分布在蛋白质的水化系统中，提高肉馅的黏度和弹性，通常要用斩拌机对肉进行斩拌。

斩拌操作是乳化肠加工过程中一个非常重要的工序，斩拌操作控制得好与坏，直接影响产品品质。斩拌时，首先将瘦肉放入斩拌机内，并均匀铺开，然后开动斩拌机，继而加入（冰）水（加入量为原料肉的 30%~40%），以利于斩拌。加（冰）水后，最初肉会失去黏性，变成分散的细粒子状，但不久黏着性就会不断增强，最终形成一个整体，然后再添加调料和香辛料，最后添加脂肪。在添加脂肪时，要一点一点地添加，使脂肪均匀分布。斩拌时，斩刀的高速旋转，肉料的升温是不可避免的，但过度升温会使肌肉蛋白质变性，降低其工艺特性，因此斩拌过程中应添加冰屑以降温。以猪肉、牛肉为原料肉时，斩拌的最终温度不应高于 16℃，以鸡肉为原料时斩拌的最终温度不得高于 12℃，整个斩拌操作控制在 6~8 分钟。

原料经过斩拌后，从理论上讲激活了肌原纤维蛋白，使之结构改变，减少表面油脂，使成品具有鲜嫩细腻、极易消化吸收的特点，得率也大大提高。

5）灌制：灌制又称充填，是将斩拌好的肉馅用灌肠机充入肠衣内的操作。灌制时应做到肉馅紧

密而无间隙,防止装得过紧或过松。过松会造成肠馅脱节或不饱满,在成品中有空隙或空洞;过紧则会在蒸煮时使肠衣胀破。如不是真空连续灌肠机灌制,应及时针刺放气。

灌制所用的肠衣多为 PVDC 肠衣、尼龙肠衣、纤维素肠衣等。选用真空定量灌肠系统可提高制品质量和工作效率。灌好后的香肠每隔一定的距离打结(卡)后,悬挂在烘烤架上,用清水冲去表面的油污,然后送入烘烤房进行烘烤。

6)烘烤:烘烤是用动物肠衣灌制香肠的必要加工工序,其目的是使肠衣表面干燥,增加肠衣机械强度和稳定性,使肉馅色泽红润,驱除肠衣的异味。传统的方法是用未完全燃烧的木材的烟火来烤,目前用烟熏炉烘烤是由空气加热器循环的热空气进行烘烤的。

一般烘烤的温度为70℃左右,烘烤时间依香肠的直径而异,约为60分钟左右。烘好的灌肠表面干燥光滑,无油流,肠衣半透明,肉色红润。

7)煮制:目前国内应用的煮制方法有两种:一种是蒸汽煮制,适于大型企业;另一种为水浴煮制,适于中小型企业。无论哪种煮制方法,均要求煮制温度为80~85℃,煮制结束时肠制品的中心温度达到72~75℃。感官鉴定方法是用手轻捏肠体,挺直有弹性,肉馅切面平滑有光泽者表示煮熟,反之则未熟。

8)烟熏、冷却:烟熏主要是赋予制品以特有的烟熏风味,改善制品的色泽,并通过脱水作用和熏烟成分的杀菌作用增强制品的保藏性。

烟熏的温度和时间依产品的种类、产品的直径和消费者的嗜好而定。一般用三用炉烟熏,烟熏温度为50~70℃,时间为2~6小时。

熏制完成后,用冷水喷淋肠体10~20分钟,使肠坯温度快速降至室温,然后送入0~7℃的冷库内,冷却至库温,贴标签再进行包装即为成品。

(4)产品质量指标

1)感官指标:色泽红棕色,肠衣饱满有光泽,结构紧密有弹性,香气浓郁,口味纯正,口感脆嫩。

2)理化指标:食盐≤2%,亚硝酸盐≤30mg/kg(以 $NaNO_2$ 计)。

3)微生物指标:细菌总数(个/g)≤2000;大肠菌群(个/100g)<30;致病菌不得检出。

四、中式香肠加工工艺与关键技术

灌制品的分类方法很多,人们习惯把中国传统方法生产的产品叫中式香肠(也称做腊肠、香肠);而把国外传入的方法生产的产品叫灌肠。

1. 中式香肠的品种及特点 中式香肠俗称腊肠,是指以肉类为主要原料,经切、绞成丁,配以辅料,灌入动物肠衣经发酵、成熟干制而成的肉制品,是我国肉类制品中品种最多的一大类产品。

中式香肠中广东腊肠是其代表。它是以猪肉为主要原料,经切碎或绞碎成丁,用食盐、硝酸盐、白糖、曲酒、酱油等辅料腌制后,充填入天然肠衣中,经晾晒、风干或烘烤等工艺而制成的一类生干肠制品。食用前需熟加工。我国比较著名的中式香肠还有武汉香肠、川味香肠、哈尔滨风干肠等。由于原材料配制和产地不同,风味及命名不尽一致,但生产方法大致相同。

2. 中式香肠加工工艺

（1）工艺流程：详见图8-3。

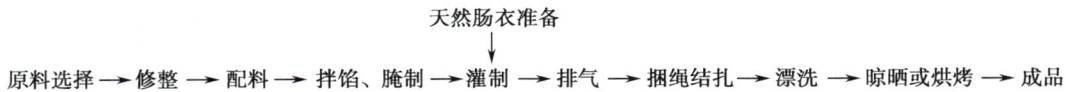

天然肠衣准备

原料选择 → 修整 → 配料 → 拌馅、腌制 → 灌制 → 排气 → 捆绳结扎 → 漂洗 → 晾晒或烘烤 → 成品

图8-3　中式香肠加工工艺流程图

（2）主要加工设备

1）修整设备：切丁机。

2）灌制设备：灌肠机。

3）烘烤设备：烘箱。

（3）操作要点

1）原料选择

①原料肉的选择：腊肠的原料肉以猪肉为主，选择新鲜的，最好是不经过排酸成熟的肉，因为成熟肉或不新鲜的肉黏着力和颜色较差。瘦肉一般以腿臀肉为最好；肥膘以背膘为最好，尽量不用组织松软的肥肉膘。加工其他肉制品切割下来的碎肉亦可作原料。

②肠衣的选择：肠衣分人造肠衣和天然肠衣两大类。天然肠衣是由猪、牛、羊的大肠、小肠和牛的盲肠加工制成的。按照肠衣口径大小，猪肠衣一般分为7路，制作腊肠一般采用2~4路猪肠衣。天然肠衣直径不一，厚薄不均，对灌肠的规格和形状有一定的影响。人造肠衣包括可食性肠衣和非可食性肠衣，可食性肠衣如胶原蛋白肠衣，非可食性肠衣如纤维素肠衣、塑料肠衣。人造肠衣具有卫生、损耗少、价格低、没有尺寸偏差等优点。中式香肠多采用动物肠衣和胶原蛋白肠衣。

2）修整：原料肉经过修整，去掉骨头和皮，剔除筋腱、淋巴以及血肉、碎骨等。瘦肉用绞肉机以0.4~1.0cm的筛板绞碎，肥肉切成0.6~1.0cm³大小的肉丁。若选冻肉，瘦肉解冻至中心温度-2℃左右，用8~12mm孔板绞制，要求刀具锋利，绞制所得瘦肉颗粒成型、均匀。肥肉丁切好后用35℃温水漂洗，以除去浮油及杂质，然后用冷水冲洗、冷却彻底，捞入筛内，沥干水分待用，这样可以防止烘烤时出油和变黄。肥瘦肉要分别存放。

3）配料：各地有所不同，仅介绍如下几种：

广式腊肠（单位：kg）：瘦肉70、肥肉30、精盐2.2、砂糖7.6、白酒（50°）2.5、白酱油5、硝酸钠0.05。

哈尔滨风干肠（单位：kg）：瘦肉75、肥肉25、食盐2.5、酱油1.5、白糖1.5、白酒0.5、硝石0.1、苏砂0.018、大茴香0.01、豆蔻0.017、小茴香0.01、桂皮粉0.018、白芷0.018、丁香0.01。

川味腊肠（单位：kg）：瘦肉80、肥肉20、精盐3.0、白糖1.0、酱油3.0、曲酒1.0、硝酸钠0.005、花椒0.1、混合香料0.15（大茴香0.015、山奈0.015、桂皮0.045、甘草0.03、荜拨0.045）。

4）馅、腌制

①瘦肉拌料、腌制：先加入原料肉，再加入适量水（约10%~20%）搅拌，以使原料肉与辅料混合均匀，肉馅滑润、致密；加入配料中的糖、盐（一大半）、香辛料、味精、曲酒，充分搅拌；最后加入剩余

盐和硝酸盐混合物搅拌 1~2 分钟(硝酸盐不能和香辛料一起加入,防止生成亚硝胺致癌物质)。送入 4~10℃ 的冷却间腌制 1~2 小时。

②瘦肉、肥丁拌料:加入清洗好的肥丁和瘦肉搅拌均匀,约 0.5~1 分钟即可。拌料时不可过分翻拌,防止肉馅成糊状。既要混合均匀,又要缩短混拌时间,保持瘦肉丁和肥膘丁清晰分明。

5)天然肠衣准备:干制肠衣应先用温水浸泡使其变软,再沥干水分;盐渍肠衣应反复清洗,洗去内外污物,最后用温水灌洗,把水挤干后使用。肠衣用量,每 100kg 肉馅约用 200~300m 干肠衣,盐渍用肠衣 1~2kg。

6)灌制:将肠衣套在灌肠机漏斗上,使肉馅均匀地灌入肠衣。灌肠应注意肠体的饱满度,填充程度不能过紧或过松。太紧会破肠,太松不易贮藏,并尽量避免产生气泡。

7)排气:用排气针扎刺湿肠,排出内部空气,也使干燥时肠肉水分易于蒸发。刺孔以每 1~1.5cm 刺一针为宜。刺孔过少达不到目的,而孔过多或过粗易使油脂渗出,甚至肉馅漏出。

8)捆线结扎:按品种、规格要求每隔 10~20cm 用线绳结扎分节。具体长度依品种规格不同而异:生产枣肠时,每隔 2~2.5cm 用线绳捆扎分节,挤出多余的肉馅,使之成枣形;广式香肠每 28cm 用麻线结扎,再从中点用丝草结扎,干后从丝草处剪断,即成对状。

9)漂洗:将湿肠用 35℃ 左右的清水漂洗 1 次,除去表面污物,然后依次分别挂在竹竿上,以便晾晒、烘烤。

如果成品香肠外衣留有白色盐花,是由于肠内容物(肉馅或料液)从肠里漏出来以后没有漂洗干净造成的。

10)晾晒或烘烤:在家庭传统制作中,将悬挂好的湿肠放在日光下暴晒 2~3 天。在日晒过程中,有胀气处应针刺排气。在通风处晾挂 10~15 天即为成品。晾晒时肠与肠之间保持一定距离,以利通风透光。要避免烈日暴晒出油而影响品质。晾挂时间根据天气灵活掌握,冬季 12 天左右,夏季 7~10 天等。

在工业生产中,采用烘烤法。烘烤温度 45~55℃,48 小时左右。烘烤时注意肠与肠之间的距离,以防粘连。前期分步骤分阶段控制好温度、湿度,尤其是要使烘炉环境相对湿度与肠体相对湿度保持比较稳定的湿度差(一般烘房的相对湿度比肠的水分活度值低 4 个百分点),防止因湿差大、温差大而引起腊肠表皮起壳;后期及时降温,防止出油。成品率 60%~70%。

烘烤时应注意烘烤温度和时间,勤于观察,以保证产品质量。温度过高脂肪易熔化,同时瘦肉也会烤熟,这不仅降低了成品率,而且色泽变暗;温度过低又难以干燥,易引起发酵变质。因此必须注意温度的控制。烘烤时间应根据气候和肠的粗细而定。

(4)质量标准

1)感官指标:肠衣干燥且紧贴肉馅,无黏液及霉点,坚实或有弹性,切面肉馅有光泽,肌肉灰红色至玫瑰红色,脂肪白色或微带红色,具有香肠固有的风味。

2)理化指标:水分 ≤25%,食盐 ≤9%,酸价 ≤4mg/kg(以 KOH 计),亚硝酸盐 ≤30mg/kg(以 $NaNO_2$ 计)。

五、西式火腿加工工艺与关键技术

1. 西式火腿的种类及特点　西式火腿一般由猪肉加工而成,因与我国传统中式火腿的形状、加工工艺、风味等有很大不同,习惯上称其为西式火腿。西式火腿包括带骨火腿、去骨火腿、里脊火腿、成型火腿及目前在我国市场上畅销的可在常温下保藏的肉糜火腿肠等。这些火腿虽加工工艺各有不同,但其腌制都是以食盐为主要原料,而其他调味料用量甚少,故又将西式火腿称为盐水火腿。

西式火腿中除带骨火腿为半成品,在食用前需熟制外,其他种类的火腿均为可直接食用的熟制品。其产品色泽鲜艳、肉质细嫩、口味鲜美、出品率高,且适于大规模机械化生产,产品标准化程度高。因此,近几年西式火腿成为肉品加工业中深受欢迎的产品。

2. 带骨火腿加工技术　带骨火腿是将猪前后腿肉经盐腌后加以烟熏以增加其保藏性,同时赋予香味而制成的生肉制品。带骨火腿有长形火腿和短形火腿两种。因其生产周期较长,成品较大,且为半成品,不易机械化生产,生产量及需求量较少。

(1)工艺流程:详见图 8-4。

原料选择 → 整形 → 去血 → 腌制 → 浸水 → 干燥 → 烟熏 → 冷却、包装

图 8-4　西式香肠加工工艺流程图

(2)主要加工设备

1)腌制设备:盐水搅拌机、盐水注射机、滚揉腌制机。

2)干燥、烟熏设备:全自动烟熏炉。

3)包装设备:真空包装机。

(3)工艺操作要点

1)原料选择:长形火腿是自腰椎留 1~2 节将后大腿切下,并自小腿处切断;短形火腿则自趾骨中间并包括荐骨的一部分切开,并自小腿上端切断。

2)整形:带骨火腿整形时要除去多余脂肪,修平切口使其整齐丰满。

3)去血:去血是指在盐腌之前先加适量食盐、硝酸盐,利用其渗透作用进行脱水以除去肌肉中的血水,改善色泽和风味,增加防腐性和肌肉的黏着力。

取肉重 3%~5% 食盐与 0.2%~0.3% 的硝酸盐,混合均匀后涂布在肉的表面,堆叠在略倾斜的操作台上,上部加压,在 2~4℃下放置 1~3 天,使其排除血水。

4)腌制:腌制有干腌、湿腌和盐水注射法。

①干腌法:干腌法是在肉块表面擦以食盐、硝酸盐、亚硝酸盐、蔗糖等的混合腌料,利用肉中所含 50%~80% 的水分使混合盐溶解而发挥作用。按原料肉质量,一般用食盐 3%~6%,硝酸钠 0.2%~0.25%,亚硝酸钠 0.03%,砂糖 1%~3%,调味料 0.3%~1.0%,调味料常用的有月桂叶、胡椒等。盐糖之间的比例不仅影响成品风味,而且对质地、嫩度等都有显著影响。

腌制时将腌料分 1~3 次涂擦于肉上,堆于 5℃ 左右的腌制室内尽量压紧,但高度不应超过 1m。每 3~5 天倒垛 1 次。腌制时间随肉块大小和腌制温度及配料比例不同而异。小型火腿 5~7 天;5kg

以上较大火腿需 20 天左右;10kg 以上需 40 天左右。大块肉最好分 3 次上盐,每 5~7 天涂 1 次盐。腌制温度较低,用盐量较少时可适当延长腌制时间。

②湿腌法:腌制液的配比对风味、质地等影响很大,特别是盐糖比随消费者嗜好不同而异,不同风味的腌制液质量配比见表 8-7。

表 8-7　腌制液的质量配比

辅料	湿腌		注射
	甜味式	咸味式	
水	100	100	100
食盐	15~20	21~25	24
硝石	0.1~0.5	0.1~0.5	0.1
亚硝酸盐	0.05~0.08	0.05~0.08	0.1
砂糖	2~7	0.5~1.0	2.5
香辛料	0.3~1.0	0.3~1.0	0.3~1.0
化学调味品	—	—	0.2~0.5

配制腌制液时,先将香辛料装袋后和亚硝酸盐以外的辅料溶于水中煮沸过滤,待配制液冷却到常温后再加入亚硝酸盐以免分解。为了提高肉的保水性,腌制液中可加入适量的多聚磷酸盐,还可以加入约 0.3% 的抗坏血酸钠以改善成品色泽。有时为制作上等制品,在腌制时可适量加入葡萄酒、白兰地、威士忌等。

腌制方法:将洗净的去血肉块堆叠于腌制槽中,并将预冷至 2~3℃的腌制液,按肉重的 1/2 量加入,使肉全部浸泡在腌制液中,在 2~3℃的腌制间中进行腌制。一般腌制 5 天左右。如腌制时间较长,需 5~7 天翻检 1 次,检查有无异味,保证腌制均匀。

③盐水注射法:无论是干腌法还是湿腌法,所需腌制时间较长,且盐水渗入大块肉的中心较为困难,常导致肉块中心与骨关节周围可能有细菌繁殖,使腌肉中心酸败。湿腌时还会导致肉中盐溶性蛋白等营养成分的损失。注射法是用专用的盐水注射机把已配好的腌制液,通过针头注射到肉中而进行腌制的方法。注射带骨肉时,在针头上装有弹簧装置。与滚揉机配合使用,腌制时间可缩短至 12~24 小时,这种腌制方法不仅能大大缩短腌制时间,且可通过注射前后称重严格控制盐水注射量,保证产品质量的稳定性。

5)浸水:用干腌法或湿腌法腌制的肉块,其表面与内部食盐浓度不一致,需在 10 倍的 5~10℃的清水中浸泡以调整盐度。浸泡时间随水温、盐度及肉块大小而异。一般 1kg 肉浸泡 1~2 小时,若是流水则数十分钟即可。浸泡时间过短,咸味重且成品有盐结晶析出;浸泡时间过长,则成品质量下降,且易腐败变质。采用盐水注射法腌制的肉无需经浸水处理。

6)干燥:干燥的目的是使肉块表面形成多孔状以利于烟熏。经浸水去盐后的原料肉,悬吊于烟熏室中,在 30℃下保持 2~4 小时至表面呈红褐色,且略有收缩时为止。

7)烟熏:带骨火腿一般用冷熏法。烟熏时温度保持在 30~33℃,放置 1~2 昼夜至表面呈淡褐色时则芳香味最好。烟熏过度则色泽变暗,品质变差。

8）冷却、包装：烟熏结束后，自烟熏室取出，冷却至室温后，转入冷库冷却至中心温度5℃左右，擦净表面后，用塑料薄膜或玻璃纸等包装后即可入库。

（4）质量标准：上等成品要求外观匀称、厚薄适度、表面光滑、断面色泽均匀、肉质纹路较细，具有特殊的芳香味。

3. 成型火腿加工技术 猪的前后腿肉及肩部、腰部肉除用于加工高档的带骨、去骨及里脊火腿外，还可添加其他部位的肉或其他畜禽肉，经腌制后加入辅料，装入包装袋或容器中成型、水煮后制成成型火腿（又称压缩火腿）。

成型火腿经机械切割嫩化处理及滚揉过程中的摔打撕拉，使肌纤维彼此之间变得疏松，再加之选料的精良和高的含水量，保证了成型火腿的鲜嫩特点。肌肉中盐溶性蛋白的提取、复合磷酸盐的加入、pH值的改变以及肌纤维间的疏松状都有利于提高成型火腿的保水性，因而提高了出品率。

因此，经过腌制、嫩化、滚揉等工艺处理，再加上适宜的添加剂，从而保证了成型火腿的独特风格和高质量。

（1）工艺流程：详见图8-5。

原料肉选择及处理 → 嫩化 → 盐水注射（切块 →湿腌） → 腌制、滚揉 → 添加辅料 → 绞碎或斩拌 → 装模 → 蒸煮（高压灭菌） → 冷却 → 检验 → 成品

图8-5 成型火腿加工工艺流程图

（2）主要加工设备

1）嫩化设备：嫩化机。

2）腌制设备：盐水搅拌机、盐水注射机。

3）滚揉设备：全自动滚揉机。

4）绞碎或斩拌设备：绞碎机、斩拌机。

5）蒸煮设备：高压灭菌锅。

（3）操作要点

1）原料肉选择：最好选用背肌、腿肉。但在实际生产中也常用生产带骨和去骨火腿时剔下的碎肉以及其他畜禽、鱼肉（如牛、马、兔、鸡、鲔鱼等肉）。适量的牛肉可使成品色泽鲜艳，且牛肉蛋白的黏着力强，特别适宜作成型火腿中的肉糜黏着肉使用。不管采用哪种原料肉，都必须新鲜，否则黏着力下降，影响成品质量。

2）原料肉处理：原料肉经剔骨、剥皮、去脂肪后，还要去除筋腱、肌膜等结缔组织。为了增加制品的香味，可根据原料肉黏着力的强弱，酌加10%～30%的猪脂肪。将肥瘦肉分开，然后用温水短时间浸泡漂洗后，沥干备腌。

成品切片时常发现有筋腱、肌膜及肥膘处最易松散。因筋腱、肌膜属结缔组织，保水性很差，其蛋白在腌制滚揉时难以被提取，表面不易形成胶凝蛋白，故蒸煮时难以凝结成型，切片性更差。因此在原料肉处理时应切除筋腱及肌膜。肥膘在腌制时不易吸收盐水，胶凝蛋白也难以在其表面附着，肉块间难以黏结。因此要控制肥膘的加入量，并在装模时尽可能使肥膘在其外周。

原料处理过程中环境温度不应超过 10℃。

3）嫩化：所谓嫩化，是利用嫩化机在肉的表面切开许多 15mm 左右深的刀痕。肉内部的筋腱组织被切开，肌束、筋腱结构的完整性遭到破坏，使得加热而造成的筋腱组织收缩不致影响产品的黏着性。同时肉的表面积增加，不仅能促进腌制剂发挥作用，还能促使肌肉纤维组织中的蛋白质在滚揉时释放出来，增加肉的黏着性。

4）腌制：肉块较小时一般采用湿腌法，肉块较大时可采用盐水注射法。

①湿腌法：在低于 10℃ 条件下，腌制 48 小时左右，增加产品黏着力。腌制液中的主要成分为水、食盐、硝酸盐、亚硝酸盐、磷酸盐、抗坏血酸、大豆分离蛋白、淀粉等。其中盐与糖在腌制液中的含量取决于消费者的口味，而硝酸盐、亚硝酸盐、磷酸盐、抗坏血酸等添加剂的量取决于食品法的规定。磷酸盐的使用量一般为肉重的 0.1%~0.4%，用量过大会导致产品风味恶化，组织粗糙，呈色不良。大豆分离蛋白的添加量最好控制在 5% 左右。

在西欧，各种成分在最终产品中的含量在下列范围内变化：盐 0.2%~2.5%，糖 1.0%~2.0%，磷酸盐 ≤0.5%。

②盐水配制及注射：盐水要求在注射前 24 小时配制以便于充分溶解。配制好的盐水应保存在 7℃ 以下的冷却间内，以防温度上升。盐水配制时各成分的加入顺序非常重要，先将磷酸盐用 70℃ 左右的热水完全溶解，再加入盐、硝，搅溶后再加香料、糖、维生素 C 等。先溶解磷酸盐，是因为磷酸盐与盐、硝等成分混合，其溶解性降低，溶解后易形成沉淀。

盐水注射量一般用质量分数表示，例如，20% 的注射量则表示每 100kg 原料肉需注射盐水 20g。

5）滚揉：为了加速腌制，改善肉制品的质量，原料肉与腌制液混合后或经盐水注射后，就进入滚揉机。滚揉的目的是通过翻动碰撞使肌肉纤维变得疏松，加速盐水的扩散和均匀分布，缩短腌制时间；促使肉中盐溶性蛋白的提取，改进成品的黏着性和组织状况；使肉块表面破裂，增强肉的吸水能力，因而提高了产品的嫩度和多汁性。

根据滚揉的方式，滚揉可分为连续式滚揉和间歇式滚揉。连续式滚揉是指将注射盐水后的肉块送入滚揉机中连续滚揉 40~100 分钟，然后在冷库中腌制的方法（这种方式通常在灌装前还要进行一次滚揉）；间歇式滚揉是指在整个腌制期内定期定时开机滚揉的方法。现多采用间歇式滚揉。因为在滚揉过程中，由于摩擦作用会导致肉温升高，间歇式滚揉每次有效滚揉时间较短而间歇时间较长，肉温变化较小；同时在间歇期可使提取的蛋白均匀附着，从而避免在肉块表面局部形成泡沫而导致成品结构松散，质地不良。

滚揉是成型火腿生产中最关键的工序之一，滚揉不足或滚揉过度，都会直接影响产品的切片性、出品率、口感和颜色。一般盐水注射量在 25% 的情况下，需要一个 16 小时的滚揉程序：在 1 小时中，滚揉 20 分钟，间歇 40 分钟，即在 16 小时内，滚揉时间为 5 小时左右。在实际生产中，滚揉程序随盐水注射量、原辅料的质量以及温度等因素而适当调整。

滚揉时应将环境温度控制在 6~8℃。温度过高微生物易生长繁殖；温度过低生化反应速度减缓，达不到预期的腌制和滚揉目的。

为增加风味，须加入适量调味料及香辛料。在实际生产中，可将调味料加入腌制液中，也可在腌制滚揉过程中加入。在滚揉过程中还可以添加 3%～5% 的玉米淀粉。

腌制、滚揉结束后原料肉应色泽鲜艳，肉块发黏。若生产肉粒或肉糜火腿，腌制、滚揉结束后还需进行绞碎或斩拌。

6）装模：目前装模的方式有手工装模和机械装模两种。手工装模不易排除空气和压紧，成品中易出现空洞、缺角等缺陷，切片性及外观较差。机械装模分真空和非真空装模，前者是在真空状态下将原料装填入模，肉块黏着紧密，且排除了空气，减少了肉块间的气泡，因此可减少蒸煮损失，延长保存期。

7）烟熏：只有用动物肠衣灌装的火腿才经烟熏。在烟熏室或三用炉内以 50℃ 熏 30～60 分钟。

8）蒸煮：有汽蒸和水煮两种蒸煮方式。水煮时可用高压蒸汽釜或水浴槽。汽蒸多用三用炉。使用高压蒸汽釜蒸煮火腿，121～127℃，30～60 分钟，具体工艺参数取决于火腿大小。用这种方法蒸煮的火腿时间短、色泽好，且可以在常温下保藏。常压蒸煮时一般用水浴槽低温杀菌，将水温控制在 75～80℃，使火腿中心温度达到 65℃ 并保持 30 分钟即可，一般需要 2～5 小时。一般 1kg 火腿约水煮 1.5～2.0 小时，大火腿约煮 5～6 小时。

9）冷却：蒸煮结束后要迅速使中心温度降至 45℃，再放入 2℃ 冷库中冷却 12 小时左右，使火腿中心温度降至 5℃ 左右。

六、中式火腿加工工艺与关键技术

中式火腿是我国著名的传统腌腊制品，因产地、加工方法和调料不同而分为 3 种：南腿，以金华火腿（浙江）为正宗；北腿，以如皋火腿（江苏）为正宗；云腿，以宣威火腿（云南）为正宗。

中式火腿是用猪的前后腿肉经腌制、发酵等工序加工而成的一种腌腊制品。中式火腿皮薄肉嫩、爪细、肉质红白鲜艳、肌肉呈玫瑰红色，具有独特的腌制风味，虽肥瘦兼具，但食而不腻，易于保藏。

金华火腿产于浙江省金华地区诸县。金华火腿皮色黄亮，肉色似火，以色、香、味、形"四绝"为消费者所称誉，其加工技术如下：

（1）工艺流程：详见图 8-6。

原料选择 —→ 截腿坯 —→ 修整 —→ 腌制 —→ 洗晒 —→ 整形 —→ 发酵鲜化 —→ 修整 —→ 保藏 —→ 成品

图 8-6　金华火腿加工工艺流程

（2）主要加工设备

1）切割设备：切割机。

2）发酵设备：发酵箱。

3）包装设备：真空包装机。

（3）操作要点

1）原料选择：选择饲养期短、肉质细嫩、皮薄、瘦肉多、腿心饱满的金华"两头乌"猪的鲜后腿，以腿坯重 5.5～6.0kg 为好。要求宰后 24 小时以内的鲜腿，放血完全，肌肉鲜红，皮色白润，脚爪纤细，小腿细长。

2）截腿坯：从倒数 2~3 腰椎间横劈断椎骨，使刀锋稍向前倾，垂直切断腰部。

3）整：刮净腿皮上和脚趾间的细毛、黑皮、污垢等；用刀削平腿部趾骨、股关节和脊椎骨；用皮刀从臀部起弧形割除过多的皮和皮下脂肪，弧形割去腿前侧过多的皮肉，切割方向应顺着肌纤维的方向进行。修后的腿面应光滑、平整，腿坯形似竹叶，左右对称。用手指挤出股骨前后及盆腔壁 3 个血管中的积血，鲜腿雏形即已形成。

4）腌制：腌制火腿的最适宜温度应是腿温不低于 0℃，室温不高于 8℃。

根据不同气温，恰当地控制时间、加盐数量、翻倒次数是加工火腿技术的关键。在正常气温条件下，金华火腿在腌制过程中共上盐与翻倒 7 次。上盐主要是前 3 次，其余 4 次是根据火腿大小、气温差异和不同部位而控制盐量。根据金华火腿厂的经验，总用盐量约占腿重的 9%~10%。

每次擦盐的数量及时间：第 1 次用盐量占总用盐量的 15%~20%，将鲜腿露出的全部肉面上均匀地撒上一薄层盐，上盐后若气温超过 20℃，表面食盐在 12 小时左右就溶化，必须立即补充擦盐；第 2 次上盐在第 1 次上盐 24 小时后进行，加盐的数量最多，约占总用盐量的 50%~60%；第 3 次上盐在第 2 次上盐 3 天后进行，根据火腿大小及余盐情况控制用盐量，火腿较大、脂肪层较厚、余盐少者可适当增加盐量，一般在 15% 左右；第 4 次上盐在第 3 次上盐 4~5 天后，用盐量少，约占总用盐量的5%；当第 5、6 次上盐时，火腿已腌制 10~15 天，此时火腿大部分已腌透，只是脊椎骨下部肌肉处还要敷盐少许，火腿肌肉颜色由暗红色变成鲜红色，小腿部变得坚硬呈橘黄色；大腿坯可进行第 7 次上盐。在翻倒几次后，约经 30~35 天即可结束腌制，一般质量在 6~10kg 的大火腿需腌制 40 天左右或更长一些时间。

5）洗晒和整形

①浸泡和洗刷：将腌好的火腿放入清水中浸泡一定时间，目的是减少肉表面过多的盐分和污物，使火腿的含盐量适宜。10℃左右浸泡约 10 小时。浸泡后即进行洗刷，肉面的肌纤维由于洗刷而呈绒毛状，可防止晾晒时水分蒸发和内部盐分向外部的扩散，从而防止火腿表面出现盐霜。

②第二次浸泡：水温 5~10℃，时间 4 小时左右。如果火腿浸泡后肌肉颜色发暗，说明火腿含盐量小，浸泡时间需相应缩短；如浸泡后肌肉颜色发白且坚实，说明火腿含盐量大，浸泡时间需相应延长；如用流水浸泡，则应适当缩短时间。

③晾晒和整形：浸泡洗刷后的火腿吊挂晾晒 3~4 小时即可开始整形。整形可分为 3 个工序：一是在大腿部用两手从腿的两侧往腿心部用力挤压，使腿心饱满成橄榄形；二是使小腿部正直，膝踝处无皱纹；三是在脚爪部，用刀将脚爪修成镰刀形。通过整形使火腿外形美观，而且使肌肉经排气后更加紧缩，有利于贮藏发酵。整形之后继续晾晒，并不断修割整形，直到形状基本固定，美观为止。气温在 10℃ 左右时晾晒 3~4 天，使皮晒成红亮出油、内外坚实，这是最好的晾晒程度。

6）发酵鲜化：经过腌制、洗晒和整形等工序的火腿，在外形、颜色、气味、坚实度等方面尚没有达到应有的要求，特别是没有产生火腿特有的芳香味，与一般咸肉相似。发酵鲜化就是将火腿贮藏一定时间，促使肌肉中的蛋白质、脂肪等发酵分解，产生特殊的风味物质，使肉色、肉味和香气更加诱人。将晾晒好的火腿吊挂发酵 3~4 个月，至肉面上逐渐长出绿、白、黑、黄色霉菌时即完成发酵。如毛霉生长较少,则表示时间不够。

7)修整:发酵完成后,腿部肌肉干燥而收缩,腿骨外露。为使腿形美观,要进一步修整,达到腿正直、两旁对称均匀、腿身成竹叶形的要求。

8)保藏:经发酵修整的火腿可落架,用火腿滴下的原油涂抹腿面,使腿表面滋润油亮,即成新腿,然后将腿肉向上,腿皮向下堆叠,一周左右调换1次。如堆叠过夏的火腿就称为陈腿,风味更佳,此时火腿质量约为鲜腿重的70%。火腿可用真空包装,于20℃下可保存3~6个月。

点滴积累 ▽
1. 肠衣分为天然肠衣和人造肠衣。
2. 香肠、火腿加工用原辅料有原料肉、肠衣、调味料、香辛料、食品添加剂、着色剂、发色剂、品质改良剂、抗氧化剂、防腐保鲜剂。
3. 中西式香肠火腿加工工艺与关键技术。

第三节 肉制品干制技术

肉类食品的脱水干制是人类对肉最早的加工和贮藏方法。特别是肉脯、肉干、肉松具有加工方法简单、易于贮藏和运输、食用方便、风味独特等特点,在我国是一种深受消费者喜爱的肉制品。我国干肉制品的加工方法对世界肉制品加工也有很大影响,亚洲许多国家肉制品在干肉制品加工中所用配方和加工方法也起源于我国。随着近年来远红外加热干燥和微波加热干燥设备的发展,使传统干肉制品的加工方法发生了很大变化。营养学、卫生学的发展对传统干肉制品产生了影响,因此干肉制品的加工工艺和配方也得到了丰富和发展,生产出了营养、卫生的新型干肉制品。

▶ **课堂活动**

讨论:市场上干制肉制品有哪些? 为什么干制品可以存放相对久些? 你知道的干制方法有哪些? 干制品生产中的关键控制点是什么?

一、肉制品干制原理

1. 干制的目的 肉制品的干制是将肉中一部分水分排除的过程,因此又称其为脱水。肉制品干制的目的:一是降低肉品的含水量以抑制微生物和酶的活性,提高肉制品的保藏性;二是减轻肉制品的重量,缩小体积,便于运输;三是改善肉制品的风味,适应消费者的嗜好。

2. 干制的基本原理 干制是一种古老的食品贮藏技术,也是最简单的食品加工方法。干制的基本原理可概括为一句话,即通过脱去食品中的水分,抑制了微生物的活动和酶的活力,从而达到加工出新颖产品或进行贮藏的目的。

水分是微生物生长发育所必需的营养物质,但并非所有水分都能被微生物利用,如在添加一定数量糖、盐的水溶液中,大部分水分就不能被微生物利用了。我们把能被微生物、酶、化学反应所触及的水分(一般指游离水)称为有效水分。衡量有效水分的多少用水分活度(A_w)表示。A_w是食品中水分的蒸汽压(P_A)与纯水在该温度时的蒸汽压(P_0)的比值。据此原理,可用多种方法测定A_w。一般鲜肉、煮制后鲜制品的水分活度在0.99左右,香肠类的在0.93~0.97,牛肉干在0.90左右。

每一种微生物的生长,都有所需的最低水分活度值。一般来说,细菌生长所需要的A_w为0.99~0.91,酵母菌为0.88以上,霉菌为0.80以上。而有些耐干旱微生物可在更低的水分活度下生长。总体上来说,肉与肉制品中的大多数微生物,都只有在较高的A_w条件下才能迅速生长,只有少数微生物在低的A_w下可以迅速生长。因此,通过干制,降低A_w,就可以抑制肉制品中大多数微生物的生长。

一般干燥条件下,并不能使制品中的微生物完全致死,只是抑制其活动,若以后环境适宜,微生物仍会继续生长繁殖。如霉菌污染后的肉制品,干燥后仅仅是因为缺少了水分而繁殖受阻,但并不会死亡。当环境恢复到一定水分后,霉菌又会大量繁殖起来。从这一点来看,肉类在干制时,一方面要进行适当的处理,减少制品中微生物的数量;另一方面,干制后要采用合适的包装材料和包装方法,防潮防污染。

干制方法的选择,应根据被干制食品的种类、制品品质的要求及干制成本的合理程度加以综合考虑。总的来说,干制方法可分为自然和人工两种。人工干制就是在常压或减压环境中,以传导、对流和辐射传热方式或在高频电场内加热的人工控制工艺条件下,干制食品的方法。

(1)自然干燥:自然干燥主要包括晒干、风干等。为古老的干制方法,要求设备简单,费用低,但受自然条件的限制,湿度条件很难控制,大规模的生产很难采用,只能成为某些产品的辅助工序,如风干香肠的干制等。

(2)烘炒干制:烘炒干制也称热传导干制,靠间壁的导热将热量传给与壁面接触的物料,由于湿物料与加热的介质(载热体)不是直接接触,又叫间接加热干燥。传热干燥的热源可以是水蒸气、热水、燃料、热空气等,可以在常压下干燥,也可以在真空下进行。加工肉松都采用这种方法。

(3)烘房干燥:烘房干燥也叫对流热风干燥。直接以高温的热空气为热源,借对流把热量传给物料,故又称为直接热干燥。热空气既是热载体又是湿载体,一般对流干燥在常压下进行。因为在真空干燥情况下,由于气相处于低压,热容量很小,不能直接以空气为热源,必须采用其他热源。对流干燥中的气温调节比较方便,物料不至于过热,但热空气离开干燥室时带有相当大的热能,因此对流干燥热能的利用率较低。

(4)低温升华干燥:在低温下,一定真空封闭的容器中,物料中的水分会直接从冰升华为蒸汽,使物料脱水干燥。它较上述3种干燥方法,不仅干燥速度快,而且最能保持产品原来的性质,很少发生蛋白质变性等优点,但该方法所用设备较复杂,投资大。

(5)真空干操:真空干燥主要是要求在较低温度下进行物料干燥。气压越低,水的沸点也越低。因此,只有在较低气压条件下,才有可能用较低的温度干燥物料。前面的冷冻升华干燥就是在高真空条件下,使物料中的水分以冰结晶状态直接升华,是一种特殊的真空干燥方法。真空干燥适用于干燥那些在高温条件下,易氧化或发生化学变化而导致变质的食品。这种方法可获得优良品质,但费用高。

(6)微波加热干燥:微波加热干燥是使湿物料在高频电场中很快被均匀加热而干燥。干燥过程中,由于水的介电常数比固体物料要大得多,物料内部的水分总是比表面高,因此物料内部所吸收的电能或热能多,则物料内部温度比表面高。温度梯度和水分扩散的湿度梯度是同一方向的,所以促使物料内部的水分扩散速率增大,使干燥时间大大缩短。

微波干燥目前已较多地用于肉干的加工中。微波干燥时间的长短对产品口感风味有着重要影响,如干燥时间短,脱水量少,制品中风味物质浓度偏低,不能充分显味;而干燥时间长,制品过于干燥,味较浓,但口感较差。在组织状态方面,微波干燥时间过短,制品中水分含量较高,质地过于柔软,无肉干特色;干燥时间长,则失水量过大,质地干硬,会有"发柴"感。

二、肉干制品加工工艺与关键技术

干肉制品一般是指将肉先经熟加工,再成型干燥或先成型再经热加工制成的干熟类肉制品。这类制品可直接食用,成品呈小的片状、条状、粒状、絮状等。干肉制品主要包括肉干、肉脯和肉松3大类。

肉干是指瘦肉经预煮、切丁(条、片)、调味、浸煮、干燥等工艺制成的干、熟肉制品。由于原辅料、加工工艺、形状、产地等的不同,肉干的种类很多,但按加工工艺不外乎两种:传统工艺和改进工艺。

1. 肉干的传统加工工艺

(1)工艺流程:详见图8-7。

原料预处理 → 初煮 → 切坯 → 复煮 → 收汁 → 脱水 → 冷却 → 包装

图8-7 肉干生产工艺流程图

(2)主要加工设备

1)蒸煮设备:蒸煮桶。

2)脱水设备:烘箱。

3)包装设备:包装机。

(3)操作要点

1)原料预处理:肉干加工一般多用牛肉,但现在也用猪、羊、马等肉,无论选择什么肉,都要求新鲜,一般选用后腿瘦肉为佳,将原料肉剔去皮、骨、筋腱、脂肪及肌膜后,顺着肌纤维切成1kg左右的肉块,用清水浸泡1小时左右除去血水污物,沥干后备用。

2)初煮:将清洗沥干的肉块放在沸水中煮制,煮制时以水盖过肉面为原则。一般初煮时不加任何辅料,但有时为了除异味,可加1%~2%的鲜姜,初煮时水温保持在90℃以上,并及时撇去汤面污物,初煮时间随肉的嫩度及肉块大小而异,以切面呈粉红色、无血水为宜,通常初煮1小时左右,肉块捞出后,汤汁过滤待用。配料按味道分,主要有以下4种:

①五香肉干:以江苏靖江牛肉干为例,每100kg牛肉所用辅料(单位:kg):

食盐2.00,白糖8.25,酱油2.0,味精0.18,生姜0.3,白酒0.625,五香粉0.20

②咖喱肉干:以上海产咖喱牛肉干为例,100kg鲜牛肉所用辅料(单位:kg):

精盐3.0,酱油3.1,白糖12.0,白酒2.0,咖喱粉0.5,味精0.5,葱1,姜1。

③麻辣牛肉干:以四川生产的麻辣猪肉干为例,每100kg鲜肉所用辅料(单位:kg):

精盐 3.5,酱油 4.0,老姜 0.5,混合香料 0.2,白糖 2.0,酒 0.5,胡椒粉 0.2,味精 0.1,海椒粉 1.5,花椒粉 0.8,菜油 5.0。

④果汁肉干配方:以江苏靖江生产的果汁牛肉干为例,每 100kg 鲜肉所用辅料(单位:kg):

食盐 2.50,酱油 0.37,白糖 10.00,姜 0.25,大茴香 0.19,果汁露 0.20,味精 0.30,鸡蛋 10 枚,辣酱 0.38,葡萄糖 1.00。

3)切坯:经初煮后的肉块冷却后,按不同规格要求切成块、片、条、丁,但不管是何种形状,都力求大小均匀一致。常见的规格有:1cm×1cm×0.8cm 的肉丁或者 2cm×2cm×0.3cm 的肉片。

4)复煮:复煮是将切好的内坯放在调味汤中煮制,取肉坯重 20%~40% 的过滤初煮汤,将配方中不溶解的辅料装纱布袋入锅煮沸后,加入其他辅料及肉坯。用大火煮制 30 分钟后,随着剩余汤料的减少,应减小火力以防焦锅,用小火煨 1~2 小时左右,待卤汁收干即可起锅。

5)脱水:肉干常规的脱水方法有 3 种:

①烘烤法:将收汁后的肉坯铺在竹筛或铁丝网上,放置于烘房或远红外烘箱烘烤。烘烤温度前期可控制在 60~70℃,后期可控制在 50℃左右,一般需要 5~6 小时,即可使含水量下降到 20% 以下。在烘烤过程中要注意定时翻动。

②炒干法:收汁结束后,肉坯在原锅中文火加温,并不停搅翻,炒至肉块表面微微出现蓬松茸毛时,即可出锅,冷却后即为成品。

③油炸法:先将肉切条后,用 2/3 的辅料(其中白酒、白糖、味精后放)与肉条拌匀,腌渍 10~20 分钟后,投入 135~150℃ 的菜油锅中油炸,油炸时要控制好肉坯量与油温之间的关系,如油温高,火力大,应多投入肉坯,反之则少投入肉坯,宜选用恒温油炸锅,成品质量易控制,炸到肉块呈微黄色后,捞出并滤净油,再将酒、白糖、味精和剩余的 1/3 辅料混入拌匀即可。

在实际生产中,亦可先烘干再上油衣,例如四川丰都生产的麻辣牛肉干,在烘干后用菜油或麻油炸酥起锅。

6)冷却、包装:冷却以在清洁室内摊晾自然冷却较为常用。必要时可用机械排风,但不宜在冷库中冷却,否则易吸水返潮。包装以复合膜为好,尽量选用阻气阻湿性能好的材料。

2. 肉干成品标准

(1)感官标准:烘干的肉干色泽酱褐泛黄,略带绒毛;炒干的肉干色泽淡黄,略带茸毛;油炸的肉干色泽红亮油润,外酥内韧,肉香浓郁。

(2)理化指标:详见表 8-8。

表 8-8　肉干的理化指标

项目	指标
水分(%)	≤20
盐(%)	4.0~5.0
蔗糖(%)	<20
亚硝酸盐($\times 10^{-6}$mg/kg)	<0.2

三、肉松制品加工工艺与关键技术

肉松是指瘦肉经煮制、调味、炒松、干燥或加入食用植物油炒制而成的肌纤维疏松成絮状或团粒状的干熟肉制品。由于原料、辅料、产地等的不同,我国生产的肉松品种繁多,名称各异。但不外乎太仓式肉松和福建式肉松两大类,其两者生产工艺大致相似。太仓式肉松创始于江苏省太仓县,有一百多年的历史,传统的太仓肉松以猪身为原料,成品呈金黄色,带有光泽,纤维成蓬松的絮状,滋味鲜美。下面着重介绍太仓式肉松的加工工艺与技术。

1. 工艺流程　详见图 8-8。

原料肉的选择与整理 → 配料 → 煮制 → 炒压 → 炒松 → 擦松 → 跳松 → 拣松 → 包装

图 8-8　肉松制品加工工艺流程图

2. 主要加工设备

(1)煮制设备:夹层锅。

(2)炒松设备:拉丝机、炒松机、搓松机、混合调味机。

3. 操作要点

(1)原料肉选择与整理:传统肉松是由猪瘦肉加工而成。现在除猪肉外,牛肉、鸡肉、兔肉等均可用来加工肉松。将原料肉剔除皮、脂肪、腱等结缔组织。结缔组织的剔除一定要彻底,否则加热过程中胶原蛋白水解后,导致成品黏结成团块而不能呈良好的蓬松状。将修整好的原料肉切成 1.0~1.5kg 的肉块。切块时尽可能避免切断肌纤维,以免成品中短绒过多。

(2)配料(单位:kg):猪瘦肉 100,精盐 1.67,酱油 7,白糖 11.50,白酒 1,大茴 0.38,生姜 0.28,味精 0.17。

(3)煮制:将香辛料用纱布包好后和肉一起入锅(夹层锅、电热锅等),加入与肉等量的水加热煮制。煮沸后撇去油沫,这对保证产品质量至关重要。若不撇尽浮油,则肉松不易炒干,成品容易氧化,贮藏性能差而且炒松时易焦锅,成品颜色发黑。煮制的时间和加水量应根据肉质老嫩决定。肉不能煮得过烂,否则成品绒丝短碎。若筷子稍用力夹肉块时,肌肉纤维能分散,肉已煮好。煮肉时间约 3~4 小时。

(4)炒压:肉块煮烂后,改用中火,加入酱油、酒,一边炒一边压碎肉块。然后加入白糖、味精,减小火力,收干肉汤,并用小火炒压至肌纤维松散时即可进行炒松。

(5)炒松:肉松中由于糖较多,容易沾底起焦,要注意掌握炒松时的火力,且勤炒勤翻。炒松有人工炒和机炒两种。在实际生产中可人工炒和机炒结合使用。当汤汁全部收干后,用小火炒至肉略干,转入炒松机内继续炒至水分含量小于 20%,颜色由灰棕色变为金黄色,具有特殊香味时即可结束炒松。

(6)擦松:利用滚筒式擦松机擦松,使肌纤维成绒丝状态即可。

(7)跳松:利用机器跳松,使肉松从跳松机上面跳出,而肉粒则从下面落出,使肉松与肉粒分开。

(8)拣松:跳松后的肉松送入包装车间凉松,肉松凉透后便可拣松,即将肉松中焦块、肉块、粉粒等拣出,提高成品质量。

(9)包装贮藏:肉松吸水性很强,不宜散装。短期贮藏可选用复合膜包装,贮藏期6个月;长期贮藏多选用马口铁罐,可贮藏12个月。

四、肉脯制品加工工艺与关键技术

肉脯是指瘦肉经切片(或绞碎)、调味、摊筛、烘干、烤制等工艺制成的干、熟薄片型的肉制品。成品特点:干爽薄脆,红润透明,瘦不塞牙,入口化渣。与肉干加工方法不同的是肉脯不经水煮,直接烘干而制成。同肉干一样,随着原料、辅料、产地等的不同,肉脯的名称及品种不尽相同,但就其加工工艺,主要有传统的肉脯和新型的肉糜脯两大类。

1. 肉脯的传统加工工艺

(1)工艺流程:详见图8-9。

原料选择整理 → 冷冻 → 切片 → 腌制 → 摊筛 → 烘烤 → 烧烤 → 压平 → 切片 → 成型 → 包装

图8-9 肉脯加工工艺流程图

(2)主要加工设备

1)切割设备:切片机。

2)烘烤设备:隧道式烘烤机、隧道式烧烤机。

3)包装设备:包装机。

(3)操作要点

1)原料选择和整理:传统肉脯一般是由猪、牛肉加工而成,选用新鲜的牛、猪后腿肉,去掉脂肪、结缔组织,顺肌纤维切成1kg大小肉块。要求肉块外形规则,边缘整齐,无碎肉、淤血。

2)冷冻:将修割整齐的肉块装入模内移入速冻冷库中速冻。至肉块深层温度达-2~-4℃出库。

3)切片:将冻结后的肉块放入切片机中切片或手工切片。切片时须顺肌肉纤维方向,以保证成品不易破碎。切片厚度一般控制在1~2mm。国外肉脯有向超薄型发展的趋势,一般在0.2mm左右。超薄肉脯透明度、柔软性、贮藏性都很好,但加工技术难度较大,对原料肉及加工设备要求较高。

4)拌料腌制:将辅料混匀后,与切好的肉片拌匀,在不超过10℃的冷库中腌制2小时左右。腌制的目的一是入味,二是使肉中盐溶性蛋白溶出,有助于摊筛时使肉片之间粘连。肉脯配料各地不尽相同,以下是两种常见肉脯辅料配方。

上海猪肉脯(单位:kg):原料肉100,食盐2.5,硝酸钠0.05,白糖15,高粱酒2.5,味精0.30,白酱油1.0,小苏打0.01。

天津牛肉脯(单位:kg):牛肉片100,酱油4,山梨酸钾0.02,食盐2,味精2,五香粉0.30,白砂糖12,维生素C 0.02。

5)摊筛:在竹筛上涂刷食用植物油,将腌制好的肉片平铺在竹筛上,肉片之间靠彼此溶出的蛋白粘连成片。

6)烘烤:烘烤的主要目的是促进发色和脱水熟化。将摊放肉片的竹筛上架晾干水分后,进入远红外烘箱中或烘房中脱水熟化。其烘烤温度控制在55~70℃,前期烘烤温度可稍高。肉片厚度为

2~3mm 时,烘烤时间约 2~3 小时。

7)烧烤:烧烤是将成品放在高温下进一步熟化并使质地柔软,产生良好的烧烤味和油润的外观。烧烤时可把半成品放在远红外空心烘炉的转动铁丝网上,用 200~220℃左右温度烧烤 1~2 分钟,至表面油润,色泽深红为止。

8)压平、成型:烧烤结束后趁热用压平机压平,按规格要求切成一定的长方形。

9)包装:冷却后及时包装。塑料袋或复合袋须真空包装。马口铁听装加盖后锡焊封口。

2. 肉糜脯的加工工艺　肉糜脯是由健康的畜禽瘦肉经斩拌、腌制、抹片、烘烤成熟的干薄型肉制品。与传统肉脯生产相比,其原料来源更为广泛,可充分利用小块肉和碎肉,且克服了传统工艺生产中存在的切片,手工推筛困难,实现了肉脯的机械化生产,因此在生产实践中广为推广使用。

(1)工艺流程:详见图 8-10。

原料肉处理 → 斩拌 → 腌制 → 抹片 → 烘烤 → 烧烤 → 压平 → 切片 → 包装

图 8-10　肉糜脯加工工艺流程图

(2)主要加工设备

1)切割斩拌设备:切片机、斩拌机。

2)烘烤设备:隧道式烘烤机、隧道式烧烤机。

3)包装设备:包装机。

(3)工艺要点

1)原料肉处理:选用健康畜禽的各部位肌肉,经剔骨、去除肥膘和粗大的结缔组织,切成小块。

2)料:各地配方不一,兹举一例(单位:kg),瘦肉 100,白糖 10~12,鱼露 8,鸡蛋 3,白胡椒粉 0.2,味精 0.2,白酒 1,维生素 C 0.05。

3)斩拌:将经预处理的原料肉和辅料入斩拌机斩成肉糜。斩拌是影响肉糜脯品质的关键工艺。肉糜斩得越细,腌制剂的渗透越快,越充分,盐溶性蛋白也越容易充分延伸,成为高黏度的网状结构,网络各种成分而使成品具有韧性和弹性,在斩拌过程中,需加入适量的冷开水,一方面可增加肉糜的黏着性和调节肉馅的硬度,另一方面可降低肉糜的温度,防止肉糜因高温而发生变质。

4)腌制:10℃以下腌制 1~2 小时为宜,如果在腌制料中添加适量的复合磷酸盐有助于改善肉脯的质地和口感。

5)抹片:竹筛的表面涂油后,将腌制好的肉糜均匀涂抹于竹筛上,厚度 1.5~2mm,要求均匀一致。

6)烘烤和烧烤:同传统工艺。

7)压平、切块、包装:经压平机压平后,按成品规格要求切片、包装。

(4)质量标准:目前国家尚无各种肉脯的质量卫生标准。出口猪肉脯检验规程中规定:呈片状,长方形,长 12cm,宽 8cm,厚 0.15cm 左右,厚薄均匀,呈棕红色,有光泽。其理化指标见表 8-9。

表 8-9　肉糜脯理化指标

项目	指标
水分(%)	≤14
脂肪(%)	≤11
亚硝酸盐(mg/kg 以 $NaNO_2$ 计)	30

五、肉制品干制加工过程中常见质量问题及控制

干制品在贮藏期内最易出现的两大质量缺陷:霉味、霉斑的形成以及脂肪的氧化。这已引起国内研究人员和生产者的十分重视,并采取了相应的防止措施。

1. 霉味和霉斑的形成及控制

(1)霉味和霉斑的形成:干制品产生霉味和霉斑的主要原因是水分活度过高,脂肪含量过高,贮藏时间过长,吸水受潮。另外,肉类干制品中脂肪含量过高,在高温下贮藏很长时间会导致脂肪离析至干制品的表面,甚至渗出包装袋外使各种有机物附着,造成袋外霉菌大量生长繁殖。

(2)霉味和霉斑的控制:肉类干制品生产应严格把好卫生质量关,采用适宜的复合膜包装,或在包装袋内加干燥剂、防霉剂等均能有效地防止霉味和霉斑的产生。据报道采用 PET/AL/PE 复合膜包装的牛肉干制品,当含水量高达 20%时,保存 10 个月无霉变产生。若采用气调包装,则 14 个月无变质。

2. 脂肪氧化及控制

(1)脂肪氧化:肉类干制品加工中原料肉中本身含有一定量的脂肪以及为了使制品获得一定的柔软性,酥脆性和油润的外观,在加工中需加适量的精炼油脂(如台湾风味肉松),在贮藏过程中由于条件适宜如高温和氧气的存在,脂肪极易氧化而使肉类干制品酸价升高,严重时伴有酸败味,并产生一些对人体有害的物质,如氢过氧化物及其分解产物等。

(2)脂肪氧化的控制

1)选用新鲜的原料肉:这是确保干制品质量的首要条件。

2)选择合理的干燥工艺,缩短生产周期:在加工过程中,若温度过高或加工时间过长都将加速脂肪的氧化速度。因此,肉类干制品的干燥工艺要根据肉块的大小、厚薄、形态及辅料的添加量制定出合理的干燥工艺参数,尽可能减少高温烘烤时间。

3)控制添加油脂类型及加量:肉品的氧化是肉中不饱和脂肪酸的氧化所致,所以添加的油脂必须是经过精炼的酸价低的饱和脂肪酸较多的油脂。

4)控制成品的 A_w:脂肪氧化速度随水分活度的增加而增加。当 A_w 在 0.2~0.4 时,脂肪氧化速度最低,而接近于无水状态时,反应速度又增大。肉类干制品的水分含量一般控制在 8%~18%之间。

5)添加脂类氧化抑制剂:干制品加工中选择一些具有抗氧化作用的天然抗氧化剂如胡椒、红辣椒、肉桂、丁香等;合成的抗氧化剂使用如乙二胺四乙酸(EDTA)、儿茶酚、2,6-BHT,BHA 等。

6)适宜包装材料和方式:如使用不透气的包装膜真空包装,气调包装等有利于防止脂肪的氧化。

点滴积累 　∨

1. 干制的基本原理。

2. 干燥的方法有自然干燥、烘炒干燥、烘房干燥、低温升华干燥、真空干燥、微波加热干燥等。

3. 肉制品干制加工品有肉干、肉松、肉脯。

4. 肉制品干制加工过程中常见质量问题有霉味和霉斑形成、脂肪氧化。

第四节　腌腊制品加工技术

腌腊制品是我国传统的肉制品,种类繁多风味各异,它是以鲜肉做原料,配以各种辅料,经过腌制过程以及晾晒或烘烤等方法制成的肉制品。腌腊制品讲究色、香、味、形俱佳,品种多样,著名的有金华火腿、广式腊肠、腊肉、南京板鸭等。目前部分腌腊制品已实现工业化的规模生产,是我国肉制品加工中不可或缺的一部分。

▶ 课堂活动

　　讨论:不同的地方有哪些腌腊制品? 这些腌腊制品有哪些特点? 请列举出来。 将最有特色的腌腊制品加工工艺写出来。

一、腌腊制品特点及分类

1. 腌腊制品的特点　腌腊制品是以鲜、冻肉为主要原料,经过选料修整,配以各种调味品,经腌制、酱制、晾晒或烘焙、保藏成熟加工而成的一类肉制品,不能直接入口,需经烹饪熟制之后才能食用。腌腊肉制品具有肉质细致紧密,色泽红白分明,滋味咸鲜可口,风味独特,便于携带和贮藏等特点,至今犹为广大群众所喜爱。今天,腌腊早已不单是保藏防腐的一种方法,而成了肉制品加工的一种独特工艺。

2. 腌腊制品的分类

（1）咸肉类:咸肉又称腌肉,是指原料肉经腌制加工而成的生肉制品,食用前需加热熟化。此类制品具有独特的腌制风味,味稍咸,瘦肉呈红色或玫瑰红色。市场上常见的有咸猪肉、咸牛肉、咸羊肉、咸鸡、咸水鸭等。

（2）腊肉类:腊肉类是原料肉经预处理（修整或切丁）,用食盐、硝酸盐类、糖和一些调味料腌制后,再经过晾晒、烘烤（烟熏）等工艺处理而成的生肉制品,食用前需加热熟化。此类制品具有腊香,味美可口,成品呈金黄色或棕红色。市场上常见的主要有以下几类:

1）中国腊肉:包括腊肉、板鸭、腊猪头等。

2）腊肠类:是指以肉类为主要原料,经切块、成丁,配以辅料,灌入动物肠衣再晾晒或烘焙而成的肉制品。腊肠在我国俗称香肠,包括广式腊肠、川式腊肠、哈尔滨香肠等。

3）中式火腿：是用猪的前、后腿肉经腌制、洗晒、整形、发酵等加工而成的腌腊制品，因产地、加工方法和调料的不同分3种：南腿（以金华火腿为代表）、北腿（以如皋火腿为代表）、云腿（以云南宣威火腿为代表），南腿、北腿的划分以长江为界。中式火腿皮薄肉嫩、爪细、肉质红白鲜艳，具有独特的腌制风味，虽肥瘦兼具，但食而不腻，易于保藏。

二、典型腌腊制品加工工艺与关键技术

腊肉是我国古老的腌腊肉制品之一，是以鲜肉为原料，经腌制、烘烤而成的肉制品。我国生产腊肉有着悠久的历史，品种繁多，风味各异。选用鲜肉的不同部位都可以制成各种不同品种的腊肉，即使同一品种也因产地不同，其风味、形状等各具特点。以产地可分为广式腊肉（广东）、川味腊肉（四川）和三湘腊肉（湖南）等。广式腊肉的特点是选料严格、色泽美观、香味浓郁、甘甜爽口；四川腊肉的特点是皮肉红黄，肥膘透明或乳白，腊香浓郁、咸度适中；湖南腊肉皮呈酱紫色，肉质透明，肥肉淡黄，瘦肉棕红，味香浓郁，食而不腻。腊肉的品种不同，但生产过程大同小异，原理基本相同。

1. 广式腊肉 广东腊肉亦称广式腊肉。广东腊肉刀工整齐，不带碎骨，无烟熏味及霉斑，每条重150g左右，长33~35cm，宽3~4cm，无骨带皮。色泽金黄、香味浓郁、味鲜甜美、肉质细嫩、肥瘦适中、干爽性脆。以广东腊肉为例，其生产工艺如下：

（1）工艺流程：详见图8-11。

原料选择 → 配料 → 腌制 → 烘烤或熏制 → 包装 → 成品

图8-11 广式腊肉制作工艺流程图

（2）主要加工设备

1）腌制设备：盐水腌制机。

2）烘烤设备：隧道式烘烤机或烘箱。

3）熏制设备：全自动烟熏机。

4）包装设备：包装机。

（3）操作要点

1）原料选择：选择新鲜优质符合卫生标准，无伤疤、肥膘在15cm以上、肥瘦层次分明的去骨五花肉。一般肥瘦比为5∶5或4∶6。修刮净皮上的残毛及污垢，将腰部肉剔去肋骨、椎骨和软骨，修整边缘，按规格切成长38~42cm，宽2~5cm，厚13~18cm，每条重约200~250g的薄肉条，并在肉的上端用尖刀穿一小孔，系15cm长的麻绳，以便悬挂。

2）配料：每100kg去骨肋条肉，所加腌料如表8-10所示。

表8-10 腊肉腌料配方

配料	重量	配料	重量
白糖	4kg	白酒（50°）	25kg
盐	3kg	生抽酱油	3kg
硝酸钠	50g	猪油	15kg

3）腌制：将辅料倒入拌料器内，使固体腌料和液体调料充分混合拌匀，用10%清水溶解配料，待完全溶化后，再把切成条状的肋条肉放在65~75℃的热水中清洗，以去掉脏污和提高肉温，加快配料向肉中渗入的速度。将清洗沥干后的腊肉坯与配料一起放入拌料器中，使已经完全溶化的腌液与腊肉坯均匀混合，使每根肉条均与腌液接触。腌制室温度保持在0~10℃，腌制时每隔1~2小时要上下翻动1次，使腊肉能均匀地腌透。腌制时间视腌制方法、肉条大小、腌制温度不同而有所差别，一般在4~7小时，夏天可适当缩短，冬天可适当延长，以腌透为准。

4）烘烤或熏制：腊肉因肥膘肉较多，烘烤温度不宜过高，烘烤室温度一般控制在45~55℃，烘烤时间根据肉条的大小而定，通常为48~72小时，根据皮、肉颜色可判断终点，此时皮干，瘦肉呈玫瑰红色，肥肉透明或呈乳白色。烘烤温度不能过高，以免烤焦或肥肉出油，瘦肉色泽发黑；也不能太低，以免水分蒸发不足，使腊肉变酸。熏烤常用木炭、锯木粉、糠壳和板栗壳等作为烟熏燃料，在不完全燃烧条件下进行熏制，使肉制品具有独特的香味。烘烤后的腊肉，送入干燥通风的晾挂室中晾挂冷却，等肉温降到室温即可，如果遇雨天应关闭门窗，以免受潮。

5）包装：冷却后的肉条即为腊肉的成品，成品率为70%左右。优质成品应是肉质光洁、肥肉金黄、瘦肉红亮、皮坚硬呈棕红色，咸度适中，气味芳香。传统腊肉用防潮蜡纸包装，现多用抽真空包装。

（4）质量标准：广式腊肉的质量标准见表8-11和表8-12。

表8-11　广式腊肉感官指标

项目	一级鲜度	二级鲜度
色泽	色泽鲜明，肌肉呈现红色，脂肪透明或呈乳白色	色泽稍暗，肌肉呈暗红色或咖啡色，脂肪呈乳白色，表面可以有霉点，但抹擦后无痕迹
组织形态	肉身干爽、结实	肉身稍软
气味	具有广东腊肉固有的风味	风味略减，脂肪有轻度酸败味

表8-12　广式腊肉理化指标

项目	指标	项目	指标
水分（%）	≤25	酸价（脂肪以 KOH 计）/（mg/kg）	≤4
食盐（以 NaCl 计）/%	≤10	亚硝酸盐（以 $NaNO_2$ 计）/（mg/kg）	≤70

2. 南京板鸭

（1）工艺流程：详见图8-12。

原料的选择 → 宰杀、清洗、浸烫褪毛 → 内脏整理 → 腌制 → 滴卤叠坯 → 排坯晾挂 → 成品

图8-12　南京板鸭制作工艺流程图

（2）主要加工设备

1）屠宰设备：输送链、自动水浴电晕机、浸烫设备、脱毛机、去头切爪机等。

2）腌制设备：盐水注射机。

3) 包装设备：真空包装机。

（3）操作要点

1) 原料选择：体长、身宽、胸腿肉发达、两腋下有核桃肉、体重在 15kg 以上的当年生活鸭为原料。宰杀前要用稻谷饲养 15~20 天催肥，使膘肥、肉嫩、皮肤洁白。这种鸭脂肪熔点高，在温度高的情况下也不容易滴油、产生哈喇味。经过稻谷催肥的鸭，叫"白油"板鸭，是板鸭的上品。如果以米糠或玉米为饲料，则板鸭皮肤呈淡黄色，肉质虽嫩但较松散，制成板鸭后，易收缩且易滴油变味。如果以鱼虾为饲料，肉质虽好，但有腥气，影响风味。

2) 宰杀、清洗、浸烫褪毛：对育肥好的鸭子宰前 12~24 小时停止喂食，只给饮水。活鸭宰杀可采取颈部宰杀或口腔宰杀两种。用电击昏（60~70V）后宰杀利于放血。浸烫煺毛必须在宰杀后 5 分钟内进行。浸烫水温 65~68℃ 为宜。烫好立即煺毛。煺毛后在冰水缸内泡洗 3 次：第 1 次约浸泡 10 分钟，第 2 次约 20 分钟，第 3 次约 1 小时。浸洗的目的是洗去皮上残留的污垢，使皮肤洁白，这时残余的小毛在水中游动，便于拔出，从刀口浸出一部分残留的血液，以及降低鸭体温度，达到"四挺"（即头与颈要挺、胸要挺、左右大腿要挺）的要求，使外形美观。

3) 内脏整理

①摘取内脏：取内脏前须去翅去脚。在翅和腿的中间关节处把两翅和两腿切除。然后再在右翅下开一长约 4cm 的直形口子，取出全部内脏并进行检验，合格者方能加工板鸭。

②整理：清膛后将鸭体浸入冷水中浸泡 3 小时左右，以浸除体内余血，使鸭体肌肉洁白。而后把浸过的鸭取出悬挂沥去水分，当沥下来的水点少且透明无色时即可。然后将鸭子背向上，腹朝下，头向里，尾朝外放在案板上，用两只手掌放在鸭的胸骨部使劲向下压，将胸部前面的三叉骨压扁，使鸭体呈扁长方形。经过这样处理后的光鸭，体内外全部漂亮干净，既不影响肉的鲜美品质，又不易腐败变质，与板鸭能长期保存有很大关系。

4) 腌制

①擦盐干腌：将颗粒较大的粗盐放入锅内，按每 100kg 盐，配 300g 八角的比例，在热锅上炒至没有水蒸气为止，碾细。擦盐要遍及体内外，一般 2kg 的光鸭用食盐 125g 左右。先将 90g 盐（3/4 左右）从右翅下开口处装入腔内，将鸭放在桌上，反复翻动，使盐均匀布满腔体，其余的盐用于体外。其中两条大腿，胸部两旁肌肉，颈部刀口、肛门和口腔内都要用盐擦透。在大腿上擦盐时，要将腿肌由上向下推，使肌肉受压，与盐容易接触，然后叠放在缸中。

②抠卤：经过 12 小时的腌制，肌肉内部渗出的血水存留在体内，为使鸭体内的血卤迅速排出，右手提起鸭子的右翅，用左手食指或中指插入肛门内，把腹内血卤放出来，称为抠卤。

③复卤：经过抠卤除去血卤的鸭子要进行复卤，也就是用卤水再腌制 1 次。复卤的方法是将卤水从翼下开口处倒入，将腔内灌满。然后将鸭依次浸入卤缸中，浸入数量不宜太多。以防腌不透。可装 200kg 卤的缸，复卤 70 只鸭左右。复卤时间的长短应当根据复卤季节、鸭子大小以及消费者的口味来确定。卤是用盐水和调料配制而成，因使用次数多少和时间长短的不同而有新卤和老卤之分。

④新卤的配制：用去内脏时浸泡鸭体的血水加盐配制。用量为每 100kg 水加炒盐 35kg，放入锅

内煮沸,使其溶解而成饱和盐溶液。撇去血污与泥污,用纱布滤去杂质,再加配料,每200kg卤水放生姜片150~200g,茴香50g,八角50g,葱150~200g,冷却后即成新卤。

⑤老卤:新卤腌制的板鸭,其质量不及老卤的质量好,因为腌制后,部分营养物质渗进卤水中,每煮沸1次,卤中营养成分就浓厚1次,故卤越老,营养成分越浓厚。每批鸭子在卤中互相渗透,吸收,促使板鸭味道鲜美。卤水每腌1批(约4~5次左右),就必须烧煮1次,卤中盐的浓度以保持22~25°Bé为宜,不足的应即补充。腌板鸭的盐卤以保持澄清为原则,撇去浮面血污,否则卤水会变质发臭。

5)滴卤叠坯:鸭体在卤缸中经过规定时间腌制后即要出缸。将鸭体从缸中取出,用前面抠卤的方法,将鸭体腔内的卤水倒入卤缸中。用手将鸭体压扁,然后依次叠入缸中,称为叠坯。一般叠坯时间约为2~4天,接着进行排坯。

6)排坯晾挂:叠坯后,将鸭体由缸中提出,挂在木架上,用清水洗净,用手把颈部排开,胸部排平,双腿理开,肛门处排成球形,再用清水冲去表面杂质,然后挂在太阳晒不到的通风处晾干称其为排坯。鸭子晾干后要再复排1次。排坯的目的在于使鸭体外形美观,同时使鸭子内部通气。排坯后进行整形,并加盖印章,挂在仓库里保管。晾挂指将经排坯、盖印的鸭子晾在仓库内。仓库四周要通风,不受日晒雨淋。架子中间安装木档,木档之间距离保持50cm,木档两边钉钉,两钉距离15cm。将盖印后的鸭子挂在钉上,每只钉可挂鸭坯2只,在鸭坯中间加上木棍1根(约有中指粗细),从腰部隔开,吊挂时必须选择长短一致的鸭子挂在一起。这样经过2~3周后即为成品。

7)产品贮藏:板鸭在库房中的放置方法有两种:晾挂和盘叠。贮藏时要注意控制库房的温度和湿度,温度过高会使板鸭滴油产生哈喇味,湿度过大容易使板鸭回潮,出现发黏、生霉现象。销售时可采用真空分割小包装或熟化包装,以便于携带、食用。

(4)成品质量:南京板鸭的化学成分:水分30.2%;蛋白质12%;脂肪45.2%;灰分6.4%;盐(以NaCl计)5.8%。成品要求表皮光白,肉红,有香味,全身无毛,无皱纹,人字骨扁平,两腿直立,腿肌发硬,胸骨凸起,禽体呈扁圆形。

点滴积累　∨

1. 腌腊制品的特点及种类。

2. 典型腌腊制品广东腊肉加工和南京板鸭的加工工艺与关键技术。

目标检测

一、单项选择题

1. 以下哪种肉最容易发生腐败变质(　　　)

　　A. 冷鲜肉　　　　　　B. 热鲜肉　　　　　　C. 冷冻肉　　　　　　D. 速冻肉

2. 冷却肉加工过程中,冷却条件(　　　)的选择很重要

　　A. 冷库　　　　　　B. 温度　　　　　　C. 湿度　　　　　　D. 介质

3. 鲜肉的保藏温度是决定贮藏时间的决定因素,一般以(　　　)保藏温度为宜,并保持恒

定为好

    A. -5~5℃；   B. -1~1℃   C. 0~5℃   D. -1~0℃

4. 以下不属于肉制品中常用的发色助剂的是(   )

    A. 抗坏血酸钠   B. 烟酰胺   C. 葡萄糖醛内酯   D. 维生素 E

5. 肉制品加工中,添加三聚磷酸钠的作用是(   )

    A. 提高肉制品的香味   B. 提高肉制品的保水性

    C. 防腐剂   D. 调味剂

6. 加入以下物质,不能增加肉制品保水性的添加剂有(   )

    A. 三聚磷酸钠   B. 大豆蛋白

    C. 卡拉胶   D. 丁基羟基茴香醚

7. 肉干脱水的方法有(   )

    A. 烘烤法、炒干法、油炸法   B. 晾干法、炒干法、烘烤法

    C. 晒干法、炒干法、油炸法   D. 烘烤法、炒干法、冷冻干燥法

8. 太仓式肉松工艺流程对的是(   )

    A. 原料肉的选择与整理→配料→煮制→炒松→炒压→搓松→跳松→拣松→包装

    B. 原料肉的选择与整理→配料→煮制→炒压→炒松→搓松→跳松→拣松→包装

    C. 原料肉的选择与整理→配料→煮制→炒压→炒松→跳松→搓松→拣松→包装

    D. 原料肉的选择与整理→配料→煮制→炒压→搓松→炒松→跳松→拣松→包装

9. 干制品产生霉味和霉斑的主要原因说法不对的是(   )

    A. 水分活度过高   B. 脂肪含量

    C. 吸水受潮   D. 包装袋密封不好

二、简答题

1. 冷鲜肉、热鲜肉、冷冻肉的特点有哪些?

2. 冷鲜肉的加工工艺及操作要点有哪些?

3. 冷鲜肉过程中易出现的质量问题及控制方法有哪些?

4. 中式和西式肠制品的区别有哪些?

5. 腌制的方法有哪些?

6. 试述西式香肠的加工工艺及控制要点。

7. 试述金华火腿的加工工艺及控制要点。

8. 肉干制品干燥的方法有哪些?

9. 肉干制品干制的原理是什么?

10. 试述肉干的加工工艺及控制要点。

11. 肉松脂肪氧化控制的措施有哪些?

12. 腊味制品的种类有哪些?

13. 试述广东腊肉的加工工艺流程及操作要点。

14. 腊味加工过程中常见质量问题及控制有哪些？

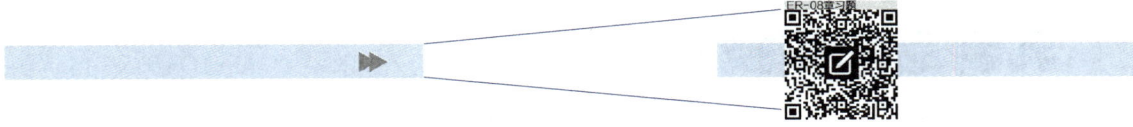

第九章

乳制品加工技术

导学情景

情景描述

经历了 2013 年下半年的"奶荒"之后，鲜奶价格曾一路飙升至 5 元/kg。2014 年下半年，鲜奶价格进入下行通道，鲜奶收购价格一路下跌至 3.3 元/kg。2015 新年伊始，我国多地出现"卖奶难"，多地奶农因为鲜奶滞销不得已"倒奶杀牛"。为了应对本轮"奶剩"，农业部专门发文，称将通过协调乳品企业增加收购、启动奶业生产监测、加大扶持和救助力度等措施，尽快解决"卖奶难"的问题。

学前导语

2017 年，中国人均奶类消费量 36.9kg，平均 100g/d，远未达到《中国居民膳食指南》推荐的 300g/d 标准，只有世界平均水平的三分之一。中国农业农村部副部长于康震认为，中国奶业仍然面临着产品供需结构不平衡、产业竞争力不强、消费培育不足等突出问题。目前，中国牛奶的消费水平还不高，奶业发展潜力和空间巨大。

本章我们将带领同学们学习乳制品基本知识和典型的乳制品生产技术。

在人类众多的动植物食品中，乳占有特殊的地位。它不仅仅是人类（也包括所有哺乳类动物）出生后在生命的最初阶段赖以生存、发育的唯一食品，也是其他人群平衡膳食中的重要组成部分，具有营养、能量、免疫调节等多功能。乳及乳制品被誉为"最接近于完善的食品"，具有极高的营养价值。乳品行业是改善国民营养，增强民族体制的朝阳产业，其发展可带动饲料、机械、包装、运输及商业等相关产业的发展。

第一节　乳制品概述

案例分析

案例

某乳品加工厂在对所收购的原料乳进行热处理时，牛乳出现了凝集结块的现象，导致成吨的牛乳不能加工使用，给工厂造成了巨大的经济损失。

分析

追溯原因，发现是化验员在进行原料乳验收时未进行热稳定性检验所导致的。原料乳的质量控制是 HACCP 体系中重要关键控制点之一，企业在国家标准基础之上，根据 HACCP 体系要求，确定企业更高的原料乳的标准。根据 NY/T 1172-2006《生鲜牛乳质量管理规范》中规定，生鲜牛乳的感官指标、理化指标和微生物指标等应符合 GB 19301-2010 食品安全国家标准《生乳》。

乳是哺乳动物产犊(羔)后由乳腺分泌出的一种均匀的胶体，如牛乳、羊乳、骆驼乳、耗牛乳、水牛乳等。乳色泽呈白色或微黄色，不透明，味微甜并且具备特有的香气。乳是哺乳动物降生后最易吸收的食物。

乳制品是指以生鲜牛(羊)乳及其制品为主要原料，经加工而制成的各种产品。乳制品主要分为 7 大类。

液体乳类：杀菌乳、灭菌乳、酸牛乳、配方乳等。

乳粉类：全脂乳粉、脱脂乳粉、全脂加糖乳粉、调味乳粉、婴幼儿乳粉、其他配方乳粉。

炼乳类：全脂无糖炼乳、全脂加糖炼乳、调味炼乳、配方炼乳等。

乳脂肪类：稀奶油、奶油、无水奶油等。

干酪类：原干酪、再制干酪等。

乳冰激凌类：乳冰淇淋、乳冰等。

其他乳品制类：干酪素、乳糖、乳清粉、浓缩乳清蛋白等。

▶ 课堂活动

讨论：从"牛乳是由哪些成分组成"的提问开始，总结牛乳的化学成分有哪些，推导出牛乳的物理性质，启发归纳出常乳与异常乳如何区分等问题。

一、牛乳的化学成分

鲜牛乳中含有大约87%的水分，在水分中溶解着各种可溶性盐类、碳水化合物、维生素和一小部分蛋白质，同时在水中还分别分散着两个胶体系统。其一是脂肪球，每个脂肪球都由极薄的脂肪球膜包围着，形成了乳状液，此系统对于机械搅拌作用很敏感(如利用搅拌制造奶油的加工过程)；另一个是酪蛋白胶束，由蛋白质分子和不溶性盐(主要是磷酸钙络合物)构成，此系统对于酶的作用很敏感(如利用凝乳酶制造干酪的加工过程)。两种胶体系统在正常情况下是稳定的，从而使乳能够形成均匀的胶体乳状液。

牛乳是多种成分的混合物，有很大的多变性和易变性。这种多变性和易变性不仅受乳牛品种、遗传等因素的影响，而且同一品种的乳牛产的奶也受饲料、饲养条件、季节、泌乳期以及乳牛年龄和健康条件等的影响。牛乳的成分见表9-1。

表 9-1　牛乳的成分

主要成分	范围（%）	平均值（%）
水	85.5~89.5	87.5
总乳固体	10.5~14.5	12.5
脂肪	2.5~5.5	3.8
蛋白质	2.9~4.5	3.4
乳糖	3.6~5.5	4.6
矿物质	0.6~0.9	0.7
非脂乳固体	8.4~9.0	8.7

1. **乳脂肪**　乳脂肪是牛乳的主要成分之一,含量一般为 3%~5%,对牛乳风味起着重要的作用。乳脂肪以脂肪球的形式分散于乳中。

(1)脂肪球的构造:乳脂肪球的大小和乳牛的品种、个体、健康状况、泌乳期、饲料及挤乳情况等因素有关,脂肪球直径通常为 $0.1~10\mu m$,其中以 $0.3\mu m$ 左右较多。每 1ml 牛乳中有 20 亿~40 亿个脂肪球。脂肪球的直径越大,上浮的速度就越快。乳脂肪球在显微镜下观察为圆球形或椭圆球形,表面被一层 5~10nm 厚的膜所覆盖,称为脂肪球膜。脂肪球膜具有保持乳浊液稳定的作用,即使脂肪球上浮分层,仍能保持着分散状态。在机械搅拌或化学物质的作用下,脂肪球膜遭到破坏后,脂肪就会互相聚结在一起。因此,可以利用这一原理生产奶油。

(2)脂肪的化学组成:乳脂肪主要是由甘油三酯(98%~99%),少量的磷脂(0.2%~1.0%)和固醇(0.25%~0.4%)等组成。乳中的脂肪酸可分为 3 类:第 1 类为水溶性挥发性脂肪酸,例如丁酸、乙酸、辛酸和癸酸等;第 2 类是非水溶性挥发性脂肪酸,例如十二碳酸等;第 3 类是非水溶性不挥发性脂肪酸,例如十四碳酸、二十碳酸、十八碳烯酸和十八碳二烯酸等。乳脂肪的脂肪酸组成受饲料、营养、环境、季节等因素的影响。一般夏季放牧期间乳脂肪不饱和脂肪酸的含量会升高,而冬季舍饲期不饱和脂肪酸的含量会降低,所以夏季加工的奶油其熔点比较低。乳脂肪的不饱和脂肪酸主要是油酸,占不饱和脂肪酸总量的 70% 左右。

2. **乳蛋白质**　牛乳中含有 3 种主要的蛋白质,其中酪蛋白的含量最多,约占总蛋白量的 83%,乳白蛋白占 13% 左右,而乳球蛋白和少量的脂肪球膜蛋白约占 4%。乳蛋白质中含有营养所必需的各种氨基酸,是一种全价蛋白质。在乳品加工技术中,乳蛋白质的性质对牛乳的处理、浓缩和乳粉制造等都有很重要的意义。

(1)酪蛋白:酪蛋白在新鲜的牛乳中与钙结合形成酪蛋白酸钙和磷酸钙的复合体,微粒直径为20~200nm,可用弱酸或皱胃酶(凝乳酶)使其凝固。两种凝固的化学本质不同,生成物也不同。酸凝固的变化可以盐酸为例表示如下:

$$酪蛋白酸钙[Ca_3(PO_4)_2]+2HCl \rightarrow 酪蛋白\downarrow +2CaHPO_4+CaCl_2$$

在加酸凝固时,酸只和酪蛋白酸钙、磷酸钙起作用,所以除了酪蛋白外,白蛋白、球蛋白都不起作用。在制造干酪素时,往往用盐酸作酪蛋白的凝固剂。如果加酸不足,则不能完全将酪蛋白和钙分离,在酪蛋白中还包含一部分钙盐,或者酪蛋白不能完全凝固。硫酸也能沉淀乳中的酪蛋白,但由于硫酸钙不能溶解,故使灰分增加。皱胃酶的凝固作用与酸凝固作用不同,可表示如下:

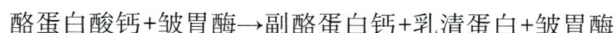

酪蛋白酸钙+皱胃酶→副酪蛋白钙+乳清蛋白+皱胃酶

酪蛋白的凝固特性也就是由溶胶变成凝胶的变化,在加工上有很重要的意义。在干酪、酸乳制品,工业用干酪素和食用干酪素的加工中即根据这种特性进行生产。

酪蛋白不是单一的蛋白质,而是由 α_s、β、γ 和 κ-酪蛋白组成,4 种酪蛋白的区别就在于它们含磷量的多少。α_s-酪蛋白含磷多,故又称磷蛋白。含磷量对皱胃酶的凝乳作用影响很大。γ-酪蛋白含磷量极少,因此,γ-酪蛋白几乎不被皱胃酶凝固。在制造干酪时,有些乳常发生软凝块或不凝固现象,就是由于蛋白质中含磷量过少的缘故,酪蛋白虽是一种两性电解质,但其分子中含有的酸性氨基酸远多于碱性氨基酸,因此其具有明显的酸性。

酪蛋白和其他所有蛋白质一样,在蛋白酶作用下分解成胨、氨基酸等。在干酪成熟时发生这种变化,因此使干酪产生特有的滋味和香味。

(2)乳清蛋白:乳清蛋白是干酪、干酪素制造过程中余下的廉价副产品,占乳总蛋白量的 18%~20%,具有营养价值。乳清蛋白中含有对热不稳定的乳清蛋白和对热稳定的乳清蛋白。

1)对热不稳定的乳清蛋白:当乳清液煮沸 20 分钟,pH 为 4.6~4.7 时,沉淀的蛋白质属于对热不稳定的乳清蛋白,约占乳清蛋白量的 81%。其中含有乳白蛋白(约占乳清蛋白质的 68%)和乳球蛋白(约占乳清蛋白质量的 13%)。

2)对热稳定的乳清蛋白:乳清液在 pH 为 4.6~4.7 时煮沸 20 分钟,不沉淀的蛋白属于对热稳定的乳清蛋白。主要物质为脲和胨,约占乳清蛋白的 19%。

知识链接

乳清蛋白产品的性质及应用

乳清蛋白是从含水 93%的乳清中回收和浓缩得来的,采用超滤技术获得乳清蛋白浓缩物,按乳清蛋白的含量可分为 35%、60%和 80%三个质量等级。乳清蛋白在较宽的 pH 范围内,甚至在等电点时呈现可溶性;用乳清蛋白可加工乳化剂,乳化剂主要取决于乳清蛋白的溶解性,而溶解性又取决于温度;含 8%以上乳清蛋白的溶液,通过适当热处理,可使蛋白质变性而形成凝胶体,而酪蛋白酸盐不能形成凝胶体。

1. 乳清蛋白因其氨基酸含量平衡,所以是一种营养价值较高的食品配料。与其他蛋白相比,其赖氨酸含量较高,而且容易消化。WPC80(80%乳清蛋白浓缩物)可以用于软饮料、色拉调味料、低热量人造奶油、碎肉制品的加工,还可以用于婴儿配方奶粉、婴幼儿食品、老人食品、健康食品、特殊营养食品等的加工,起到提高营养价值、改善组织和风味等作用。

2. 乳清蛋白的胶凝性质在干酪加工中具有广泛的应用性,WPC60 可用于重制干酪的配料中,以改善风味和保持良好的涂布性。

3. WPC35 一般作为脱脂乳粉的廉价代用品,用作饲料或用于冰淇淋等产品的加工中。

4. 全乳清加热 90℃得到的变性部分称为乳白蛋白,它的主要用途是作为汤料、谷物和快餐食品的营养添加剂。

3. 乳糖 乳糖是哺乳动物乳腺分泌的特有产物,在动物的其他器官中不存在。乳糖属双糖,水解后生成葡萄糖和果糖。生乳中乳糖含量约4.5%,占乳干物质的38%~39%。乳的甜味主要来自于乳糖,乳糖在乳中全部呈溶解状态,其甜度是蔗糖的1/5。乳糖在水中的溶解度比蔗糖差,乳糖可分为α-乳糖和β-乳糖两种,其中α-乳糖又可以与一分子水结合成为α-乳糖水合物。所以实际上乳糖可以分为3种异构体,即α-乳糖水合物、α-乳糖无水物和β-乳糖。

(1)α-乳糖水合物:α-乳糖通常含有1分子结晶水,其无水物亦存在。市售乳糖一般为α-乳糖水合物,是在93.5℃以下的水溶液中结晶而制得的。α-乳糖水合物因结晶条件的不同而有各种晶型。

(2)α-乳糖无水物:α-乳糖水合物在真空中缓慢加热到100℃或在120~125℃下迅速加热,均可使结晶水失去而成为α-乳糖无水物。用乙醇使α-乳糖水合物结晶而制得的α-乳糖无水物,其相对密度比加热得到的α-乳糖无水物大,两者性质亦有些不同。α-乳糖无水物在干燥状态下稳定,但在有水分存在时,容易吸水,成为α-乳糖水合物。

(3)β-乳糖:β-乳糖(无水物)是在93.5℃以上的水溶液中结晶而制得的,其在20℃时的比旋光度为+35.0°。β-乳糖比α-乳糖易溶于水,且较甜。

乳糖和其他糖类一样都是人体热能的来源,1g乳糖可生成16.72kJ的热量。牛乳中的总热量的1/4来自乳糖。除供给人体能量外,乳糖还具有与其他糖类所不同的生理意义。

知识链接

乳糖不耐症

乳糖是在人体中不能被直接吸收,需要在乳糖酶的作用下水解成葡萄糖和半乳糖后才能被吸收。缺少乳糖酶的人群在摄入牛乳后,未被水解的乳糖直接进入大肠,会被大肠微生物发酵而产酸、产气,刺激大肠蠕动加快,造成腹鸣、腹泻等症状,称乳糖不耐症或乳糖不耐受。

很多中国人具有乳糖不耐症,影响了这类人群对乳制品的消费,不利于这类消费者通过乳制品获取营养。国内有企业市场需求,通过固定化乳糖酶将牛乳中的乳糖水解成葡萄糖和半乳糖。开发出低乳糖牛乳产品,如营养舒化奶。

4. 乳中的无机物 牛乳中的无机物也称为矿物质,含量为0.35%~1.21%,平均为0.7%左右,主要有磷、钙、镁、氯、钠、硫、钾等,此外还含有一些微量元素。牛乳中无机物的含量随泌乳期及个体健康状态等因素而异。牛乳中的盐类含量虽然很少,但对乳品加工,特别是对乳的热稳定性起着重要作用。牛乳中的盐类平衡,特别是钙、镁等阳离子与磷酸、柠檬酸等阴离子之间的平衡,对于牛乳的稳定性具有非常重要的意义。当受季节、饲料、生理或病理等影响,牛乳发生不正常凝固时,往往是由于钙、镁离子过剩,盐类的平衡被打破的缘故。此时,可向乳中添加磷酸及柠檬酸的钠盐,以维持盐类平衡,保持蛋白质的热稳定性。生产炼乳时常常利用牛乳的这种特性。乳与乳制品的营养价值,在一定程度上受矿物质的影响。以钙而言,由于牛乳中钙的含量较人乳多3~4倍,因此牛乳在婴儿胃内所形成的蛋白凝块相对人乳比较硬,不易消化。牛乳中铁的含量为10~90μg/100ml,较人乳中少,故人工哺育幼儿时应补充铁。

5. 乳中的维生素　牛乳含有几乎所有已知的维生素,包括脂溶性的维生素 A、维生素 D、维生素 E、维生素 K 和水溶性的维生素 B$_1$、维生素 B$_2$、维生素 B$_6$、维生素 B$_{12}$、维生素 C 等两大类。牛乳中的维生素部分来自饲料,如维生素 E;有的要靠乳牛自身合成,如 B 族维生素。

6. 乳中的酶　牛乳中酶有两个来源:一部分是牛乳中固有的,即由乳腺细胞的白细胞崩坏而进入到乳中的酶,其中也包括乳腺正常分泌的酶;另一部分是在挤乳过程中落入乳汁中的微生物代谢而产生的。牛乳中的酶,种类很多,但与乳品加工有密切关系的主要为水解酶类和氧化还原酶类两大类,其中最重要的是脂酶、氧化还原酶、过氧化物酶、乳糖酶等。

(1)脂酶:牛乳中至少有两种脂酶,其一是吸附于脂肪球膜上的膜脂酶,另一种是存在于脱脂乳中的和酪蛋白结合存在的乳浆脂酶。脂酶的分子量为 7000~8000Da,最适温度为 37℃,最适 pH 值为 9.0~9.2,钝化温度至少 80~85℃,钝化温度高低与脂酶来源、种类、所处环境、冷却、搅拌等条件有关,来源于微生物的酶耐热性高,已经钝化的酶尚有复活的可能。乳脂肪对脂酶的热稳定性有保护作用。热处理时,乳的脂肪率增高则脂酶的钝化程度降低。为了抑制脂酶的活力,在奶油加工中一般采用不低于 80~95℃ 的高温短时或 UHT 处理,另外要避免使用末乳、乳房炎乳等异常乳,并尽量减少微生物的污染。

乳脂肪在脂酶作用下将分解产生游离脂肪酸而使脂肪有分解味,脂酶来自乳腺的少,主要来自外来微生物的污染。因此,乳品加工时,应严格控制微生物指标,对提高乳品质量意义很大。

(2)磷酸酶:牛乳中的磷酸酶有两种,一种是酸性磷酸酶,存在于乳清中;另一种为碱性磷酸酶,吸附于脂肪球膜处。碱性磷酸酶在牛乳中较重要,其含量因乳牛的个体、泌乳期以及乳牛疾病等条件不同而异。碱性磷酸酶的最适 pH 为 7.6~7.8,经 62.8℃、30 分钟或 71~75℃、15~30 秒加热后可钝化,故可以利用这种性质来检验低温巴氏杀菌法处理的消毒牛乳的杀菌程度是否完全。这项试验很有效,即使在巴氏杀菌乳中混入 0.5% 的原料乳亦能被检出。这就是 Scharer 磷酸酶试验。

但是,近年来发现,牛乳经 82~100℃ 数秒至数分钟加热,于 4~40℃ 条件下贮藏后,已经钝化的碱性磷酸酶能重新活化。这一现象据利斯特及阿夏芬伯格的解释是:由于牛乳中含有可渗析的对热不稳定的抑制因子,也含有不能渗析的对热稳定的活化因子,牛乳经 62.8℃ 或 72℃ 的温度加热,抑制因子不会被破坏,所以能抑制磷酸酶恢复活力;若经 82~100℃ 加热,抑制因子遭到破坏,对热稳定的活化因子则不受影响,从而使磷酸酶重新被激化。因此高温短时处理的杀菌乳装瓶后,应立即在 4℃ 下冷藏。

(3)蛋白酶:牛乳中的蛋白酶存在于 α-乳酪蛋白中,最适 pH 值为 8.0,80℃、10 分钟可使其钝化,但灭菌乳在贮藏过程中蛋白酶有恢复活性的可能。蛋白酶能分解蛋白质生成氨基酸。灭菌乳中的蛋白酶,在贮藏中复活,对 β-酪蛋白有特异作用。细菌性的蛋白酶使蛋白质水解后形成蛋白胨、多肽及氨基酸,是干酪成熟的主要因素。蛋白酶多属细菌性酶,其中由乳酸菌形成的蛋白酶在乳中,特别是在干酪中具有非常重要的意义。

(4)乳糖酶:乳糖酶可催化乳糖水解为半乳糖和葡萄糖,在乳糖的消化吸收过程中起重要作用。先天性或继发性乳糖酶缺乏者,其乳糖消化吸收不良,在 pH 5.0~7.5 时反应较弱。

（5）过氧化氢酶：牛乳中的过氧化氢酶主要来自白细胞的细胞成分，特别在初乳和乳房炎乳中含量较多。所以，利用对过氧化氢酶的测定可判定牛乳是否为异常乳或乳房炎乳。过氧化氢酶可促使过氧化氢分解为水和氧气，其作用最适 pH 值为 7.0，最适温度为 37℃，经 65℃、30 分钟加热，过氧化氢酶的 95% 钝化；经 75℃、20 分钟加热，则 100% 钝化。

（6）过氧化物酶：过氧化物酶能促使过氧化氢分解产生活泼的新生态氧，从而使乳中的多元酚、芳香胺及某些化合物氧化。过氧化物酶主要来自白细胞的细胞成分，其数量与细菌无关，是乳中原有的酶，其作用的最适温度为 25℃，最适 pH 值为 6.8，钝化温度和时间为 70℃、20 分钟；77~78℃、5 分钟；80℃、10 秒。通过测定过氧化物酶的活性可以判断牛乳是否经过热处理或判断热处理的程度。

（7）还原酶：上述几种酶是牛乳中固有的酶，而还原酶则是挤乳后进入乳中的微生物的代谢产物。还原酶能使甲基蓝还原为无色。乳中的还原酶的量与微生物的污染程度成正比，因此可通过测定还原酶的活力来判断牛乳的新鲜程度。

7. 乳中的其他成分　除上述成分外，乳中尚有少量的有机酸、气体、色素、细胞成分、风味成分及激素等。

（1）有机酸：乳中的有机酸主要是柠檬酸等。在酸败乳及发酵乳中，在乳酸菌的作用下，马尿酸可转化为苯甲酸。乳中柠檬酸的含量为 0.07%~0.40%，平均为 0.18%，以盐类状态存在。除了酪蛋白胶粒成分中的柠檬酸盐外，还存在分子、离子状态的柠檬酸盐，主要为柠檬酸钙。柠檬酸对乳的盐类平衡及乳在加热、冷冻过程中的稳定性均起重要作用，柠檬酸还是乳制品芳香成分丁二酮的前体。

（2）气体：乳中气体主要为二氧化碳、氧气和氮气等，其中以二氧化碳最多，氧最少。在挤乳及牛乳贮存过程中，二氧化碳由于逸出而减少，而氧、氮气则因与大气接触而增多，乳中的气体对乳的相对密度和酸度有影响，因此，在测定乳的相对密度和酸度时，要求将乳样放置一定时间，待气体达到平衡后再测定。

（3）细胞成分：乳中所含的细胞成分主要是白细胞和一些乳房分泌组织的上皮细胞，也有少量红细胞。牛乳中的细胞含量的多少是衡量乳房健康状况及牛乳卫生质量的标志之一。一般正常乳中细胞数不超过 $5×10^5$ 个/ml。

二、牛乳的物理性质

乳的物理性质对于选择正确的工艺条件及鉴定乳的品质具有重要的意义。

1. 乳的色泽　新鲜的牛乳是不透明的乳白色或稍带淡黄色液体。乳白色是乳的基本色调，这是由于牛乳中酪蛋白磷酸钙等的微粒子和微细的脂肪球对光线不规则的反射和折射的结果。白色以外的颜色是牛乳中胡萝卜素、叶黄素和核黄素等所引起的。

2. 滋味与气味　乳中含有挥发性脂肪酸及其他挥发性物质，这些物质是牛乳气味的主要构成成分。这种香味随温度的升高而加强，乳经加热后香味强烈，冷却后减弱。乳中羰基化合物，如乙醛、丙酮、甲醛等均与牛乳风味有关。牛乳除固有的香味之外还很容易吸收外界的各种气味。所以，挤出的牛乳如在牛舍中放置时间太久,带有牛粪味或饲料味,储存器不良时则产生金属味,消毒温度过高则产生焦糖味,所以每一个处理过程都必须保持周围环境的清洁,以避免各因素的影响。纯净的新鲜乳滋味稍甜,是由于乳中含有乳糖。乳中因含有氯离子而稍带咸味。正常乳的咸味因受乳糖、脂肪、蛋白质等所调和而不易觉察,但异常乳如乳房炎乳中氯的含量较高,故有浓厚的咸味。乳中的苦味来自 Mg^{2+}、Ca^{2+},而酸味是由柠檬酸及磷酸所产生的。

3. 相对密度　乳的密度是指一定温度下单位体积的质量。乳的密度受多种因素的影响,如乳的温度、脂肪含量、无脂干物质含量、乳挤出的时间及是否掺假等,也因牛的品种不同而有所差异。乳的相对密度主要有两种表示方法,一是以 15℃ 为标准,指在 15℃ 时一定体积牛乳的质量与同体积、同温度水的质量之比。二是指乳在 20℃ 时的质量与同体积水在 4℃ 时的质量之比。乳的相对密度在挤乳后 1 小时内最低,其后逐渐上升,最后可大约升高 0.001,这是由于气体的逸散、蛋白质的水合作用及脂肪的凝固使容积发生变化的结果,故不宜在挤乳后立即测试相对密度。在乳中掺固形物,往往使乳的相对密度提高,这是一些掺假者的主要目的,而在乳中掺水则乳的相对密度下降。因此,在乳的验收过程中通过测定乳的相对密度判断原料乳是否掺水。

4. 乳的热学性质

(1)冰点:牛乳冰点为 -0.500 ~ -0.560℃(挤出 3 小时后检测)。正常乳中由于乳糖及盐类变化较少,因此冰点比较稳定。牛乳中加水时,冰点即发生变化。

(2)沸点:牛乳的沸点在 101.33kPa(1 个大气压)下为 100.55℃,乳的沸点受其固形物含量影响,因此,浓缩 1 倍时沸点上升 0.5℃,即浓缩到原来体积一半时,沸点约为 101.05℃。

5. 酸度　刚挤出的新鲜乳的酸度为 16 ~ 18°T,固有酸度或自然酸度主要由乳中的蛋白质、柠檬酸盐、磷酸盐及二氧化碳等酸性物质造成,来源于 CO_2 的占 2 ~ 3°T,乳蛋白的占 3 ~ 4°T,柠檬酸盐的占 2°T,磷酸盐的占 10 ~ 12°T。乳在微生物的作用下由乳糖发酵产生乳酸,导致乳的酸度逐渐升高。由于发酵产酸而升高的这部分酸度称为发酵酸度。固有酸度和发酵酸度之和称为总酸度。一般条件下,乳品工业所测定的酸度就是总酸度。乳品工业中的酸度是指以标准碱液用滴定法测定的滴定酸度。滴定酸度有多种测定方法和表示形式。我国滴定酸度常用吉尔涅尔度(°T)或乳酸度(乳酸含量)来表示。

吉尔涅尔度(°T)是指中和 100ml 牛乳所需 0.1mol/L 氢氧化钠的体积(ml)。测定时取 10ml 牛乳,用 20ml 蒸馏水稀释,加入 0.5% 的酚酞指示剂 0.5ml,以 0.1mol 氢氧化钠溶液滴定,将所消耗的 NaOH 的体积(ml)乘以 10,即为乳样的度数(°T)。正常新鲜牛乳的滴定酸度用乳酸度表示时,一般为 0.15% ~ 0.17%(吉尔涅尔度为 16 ~ 18°T)。

三、异常乳

母畜在泌乳期间,由于生理、病理或其他因素的影响,乳的成分与性质发生变化,这种成分与性质发生了变化的乳,称为异常乳。一般情况下,异常乳不宜作为加工乳制品的原料。相对于异常乳来说,成分与性质正常的乳为正常乳。乳牛产犊 7 天以后挤出的乳,其性质与成分基本稳定,从这时开始一直继续到乳牛下一次产犊的泌乳期前所产的乳,就是正常乳。异常乳主要分为生理异常乳、病理异常乳、化学异常乳及微生物污染乳等几大类。

1. 生理异常乳　生理异常乳是由于生理因素的影响,而使乳的成分和性质发生改变。主要有初乳、末乳以及营养不良乳。

(1)初乳:初乳是指分娩后一周之内分泌的乳。其特征是色泽呈明显的黄褐色或红褐色,干物质含量高,质地黏稠(俗称胶乳),有异臭、苦味,脂肪含量高,蛋白质尤其是乳清蛋白质含量很高,乳糖含量低,矿物质特别是钾和钙含量高,维生素 A、维生素 D、维生素 E 及水溶性维生素含量比常乳高。

由于初乳的化学成分和物理性质与常乳差异较大,酸度高,对热稳定性差,遇热易形成凝块,所以初乳不能作为乳制品的加工原料。但初乳具有丰富的营养价值,含有大量的免疫球蛋白,能给予牛犊抵抗疾病的能力。

(2)末乳:末乳是指母畜停乳前一周所分泌的乳。末乳的成分与常乳也有明显的差别。末乳中除脂肪外,其他成分均比常乳高,略带苦而微咸味,酸度降低,因其中脂酶含量增高,所以带有油脂氧化味。一般泌乳期乳的 pH 值达到 7.0 左右,细菌数明显增加,每1ml 乳中可达 250 万,所以,末乳也不能作为加工乳制品的原料。

(3)营养不良乳:饲料不足,营养不良的乳牛所产的乳对皱胃酶几乎不凝固,所以,这种乳不能作为生产干酪的原料。当喂以充足的饲料,加强营养之后,牛乳即可恢复正常,对皱胃酶即可凝固。

2. 化学异常乳　化学异常乳是指由于乳的化学性质发生变化而形成的异常乳。包括酒精阳性乳、低成分乳、风味异常乳和混入杂质乳等。

(1)酒精阳性乳:酒精阳性乳是指用 68% 或 72% 的酒精进行检验时,产生絮状凝块的乳。酒精阳性乳主要包括高酸度酒精阳性乳、低酸度酒精阳性乳和冻结乳。

1)高酸度酒精阳性乳:由于挤乳、收乳等过程中,既不按卫生要求进行操作,又不及时进行冷却,使乳中微生物迅速繁殖,产生乳酸和其他有机酸,导致乳的酸度提高而呈酒精试验阳性。一般酸度达 24°T 以上的乳酒精检验时均呈阳性。

2)低酸度酒精阳性乳:低酸度酒精阳性乳是指乳滴定酸度在 11~18°T,加等量 70% 酒精可产生细小凝块的乳,这种乳加热后不产生凝固,其特征是乳刚挤出后即呈酒精阳性。

低酸度酒精阳性乳在成分上与常乳相比,其酪蛋白、乳糖、无机磷酸等含量比常乳低,乳清蛋白、钠、氯、钙含量高。

酒精阳性乳的酸度低于常乳,在100℃加热时,其表现与常乳基本相似,但在130℃加热时,则比常乳易于凝固。这种乳在用片式杀菌器进行超高温杀菌时,会在加热片上形成乳石,用它加工的乳粉溶解度也较低。

3)冻结乳:冬季因气候和运输的影响,鲜乳产生冻结现象,这时乳中一部分酪蛋白变性。同时,在处理时因温度和时间的影响,酸度相应升高,表现为酒精阳性。但这种酒精阳性乳的耐热性要比由其他原因引起的酒精阳性乳高。

(2)低成分乳:低成分乳是指由于其他因素影响,而使其中营养成分低于常乳的乳。形成低成分乳的影响因素主要是品种、饲养管理、营养配比、环境温度、疾病等。

遗传因素对乳成分的影响较大,选育和改良乳牛品种对提高原料乳的质量尤为重要。有了好的品种,还需考虑其他外在因素对乳成分的影响。首先是季节和环境温度的影响,一般在夏、秋青草丰富的季节,乳的产量提高,非脂乳固体含量高,但乳脂率低,而在冬季舍饲期,乳脂率含量高,非脂乳固体含量低。其原因主要是青草的营养价值高,同时青草中带一定的发情激素对乳分泌也有影响。其次是饲料营养价值的影响,优质的牧草及适当的热能是保证乳量和乳质的必要条件。长期营养不良会使产乳量降低,使非脂乳固体和蛋白质的含量减少。

(3)风味异常乳:风味异常乳是指风味与常乳不同的乳。乳中异常风味来源较广,主要是通过畜体或空气吸收的饲料味;由于乳中酶的作用而使脂肪分解产生的脂肪分解味;盛乳器带来的金属味及畜体的气味,乳脂肪氧化产生的氧化味及阳光照射产生的日光味等,带有这些气味的乳会给乳制品造成风味上的缺陷,要注意畜舍及畜体卫生,防止这些异味的出现。另外,将乳贮存在有农药及其他化学药品的房间,会出现农药等气味。这种异常乳对人体有害,所以,贮存乳时要避免和农药存放,杜绝乳吸收农药味。

(4)混入杂质乳:主要指无意识混进杂质的异常乳。如畜体卫生及畜舍环境卫生差时,在挤乳过程中饲料、粪便、昆虫、尘埃等污物掉入乳中,使乳中细菌数增加,乳的品质下降;另外,用机器挤乳时,不严格按要求进行,使金属、棉纱等混入,也对乳质有较大的影响。所以,在挤乳过程中,无论采取什么方法,均要严格按卫生要求进行,同时要注意畜体及环境卫生,防止各种杂质混入乳中。

3. 微生物污染乳　原料乳被微生物严重污染产生异常变化,而成为微生物污染乳。最常见的微生物污染乳是酸败乳。造成这种乳的主要原因是挤乳时对乳房不认真清洗及挤乳器具盛乳桶未严格清洗消毒、乳不及时冷却及运输过程不卫生等,从而导致乳被细菌严重污染。一般在挤乳卫生情况良好时,刚挤出的鲜乳每1ml中约有细菌300~1000个,这些细菌主要是从乳头进入乳层的。如果挤乳卫生差时,挤出的乳中细菌数可达1万~10万个,这种乳在贮藏运输过程中,细菌数会大幅度增加,以致变质不能作为乳制品原料。

4. 病理异常乳　病理异常乳是指由于病菌污染而形成的异常乳。主要包括乳房炎乳、其他病牛乳。这种乳不仅不能作为加工原料,而且对人体健康有危害。

(1)乳房炎乳:是由于外伤或细菌感染,使乳房发生炎症时所分泌的乳。常见的乳房炎疾病主要是由缺乳链球菌引起的慢性乳房炎和葡萄球菌或大肠埃希菌等引起的急性乳房炎。乳房炎乳中免疫球蛋白、血清白蛋白、氯、钠的含量及细菌数、上皮细胞比常乳中含量高;产乳量、乳干物质、酪蛋白、乳清蛋白中的 α-乳白蛋白、β-乳球蛋白及乳糖、钾、钙的含量比正常乳低。乳房炎乳的 pH 值在6.8 以上,比正常乳高,导电率也有所提高;而比重、酸度均有所下降。乳房炎乳的氯糖值大于3,正常乳为2.0~3.0;酪蛋白值[(酪蛋白氮%/总氮%)×100]低于78%,正常乳为79%。造成乳房炎的原因主要是由于畜体和畜舍环境卫生不符合要求,挤乳方法不妥,特别是用挤乳机挤乳时,对挤乳机不严格清洗消毒以及使用方法不当,则更容易引起乳房发病。

(2)其他病牛乳:是指主要由口蹄疫、布氏菌病等的乳牛所产生的乳,乳的质量变化大致与乳房炎乳相类似。另外,乳牛患酮体过剩、肝机能障碍、繁殖障碍等的乳牛,易分泌酒精阳性乳。

四、原料乳的验收

原料乳送到工厂后,必须根据 GB 19301-2010《生乳》中的规定,及时进行检验,按质论价对原料乳进行处理。

1. 感官检验　鲜乳的感官检验主要是进行嗅觉、味觉、外观、尘埃等的鉴定。正常鲜乳呈乳白色或微带黄色,不得含有肉眼可见的异物,不得有红、绿等异色,不能有苦、涩、咸的滋味和饲料、青贮、霉等异味。

2. 理化检验

(1)酒精检验:酒精检验是为观察鲜乳的抗热性而广泛使用的一种方法。通过酒精的脱水作用,确定酪蛋白的稳定性。新鲜牛乳对酒精的作用表现出相对稳定的状态;而不新鲜的牛乳,其中的蛋白质胶粒已呈不稳定状态,当受到酒精的脱水作用时,则加速其聚沉。此法可验出鲜乳的酸度,以及盐类平衡不良乳、初乳、末乳及细菌作用产生凝乳酶的乳和乳房炎乳等。酒精检验与酒精浓度有关,其方法是 68%、70% 或 72%(体积分数)的中性酒精与原料乳等量相混合摇匀,以无凝块出现为标准。正常牛乳的滴定酸度不高于 18°T,不会出现凝块。但是影响乳中蛋白质稳定性的因素较多,如当乳中钙盐增高时,在酒精试验中会由于酪蛋白胶粒脱水失去溶剂化层,使钙盐容易和酪蛋白结合,形成酪蛋白酸钙沉淀。新鲜牛乳的滴定酸度为 16~18°T。为了合理利用原料乳和保证乳制品的质量,生产淡炼乳和超高温灭菌乳的原料乳用 75% 酒精检验,生产乳粉的原料乳用 68% 酒精检验(酸度不得超过 20°T)。酸度不超过 22°T 的原料乳尚可用于制造乳油,但其风味较差。酸度超过 22°T 的原料乳只能用于生产供制造工业用的干酪素、乳糖等。

(2)热稳定性试验:热稳定性试验(煮沸试验)能有效地检出高酸度乳和混有高酸度乳的牛乳。将牛乳(取 5~10ml 乳于试管中)置于沸水中或酒精灯上加热 5 分钟,如果加热煮沸时有絮状沉淀或凝固现象发生,则表示乳已不新鲜、酸度在 20°T 以上,或混有高酸度乳、初乳等。

(3)滴定酸度:正常牛乳的酸度随奶牛的品种、饲料、挤乳和泌乳期的不同而有所差异,但一般在 16~18°T。如果牛乳挤出后放置时间太长,由于微生物的作用,会使乳的酸度升高。如果乳牛患乳房炎,可使牛乳酸度降低。

(4)相对密度:相对密度常作为评价鲜乳成分是否正常的指标之一,正常鲜乳的 d_4^{20} 在 1.028~1.032 范围之内。但不能只凭这一项来判定,必须再结合脂肪等指标的检验,来判定鲜乳中是否经过脱脂或加水。其检测方法依据 GB 5009.2-2016《食品相对密度的测定》。

(5)脂肪测定:哥特里-罗紫法、盖勃氏法都是测定乳脂肪的标准分析方法,根据对比研究表明,哥特里-罗紫法准确度较高,但测定操作较麻烦,出结果的速度较慢。盖勃氏法的准确度相对低一些,但测定速度较快。一般在原料乳验收过程中,多采用盖勃氏法。

(6)乳成分的测定:近年来随着分析仪器的发展,乳品检测方面出现了很多高效率的检验仪器。如采用光学法来测定乳脂肪、乳蛋白、乳糖及总干物质,并已开发出各种微波仪器;通过 2450MHz 的微波干燥牛乳,并自动称量、记录乳总干物质的质量,测定速度快,测定准确,便于指导生产通过红外线分光光度计,自动测出牛乳中的脂肪、蛋白质、乳糖 3 种成分。红外线通过牛乳后,牛乳中的脂肪、蛋白质、乳糖减弱了红外线的波长,通过红外线波长的减弱率反映出 3 种成分的含量。该法测定速度快,但设备造价较高。

3. 卫生检验

(1)细菌检查

1)美蓝还原试验:此试验是用来判断原料乳新鲜程度的一种色素还原试验。新鲜乳加入亚甲基蓝后染为蓝色,如污染大量微生物会产生还原酶使颜色逐渐变淡,直至无色,通过测定颜色变化速度,间接地推断出鲜乳中的细菌数。该法除可间接迅速地查明细菌数外,对白血球及其他细胞的还原作用也敏感,还可检验异常乳(乳房炎乳及初乳或末乳)。

2)稀释倾注平板法:平板培养计数是取样稀释后,接种于琼脂培养基上,培养 24 小时后计数,测定样品的细菌总数。该法测定样品中的活菌数,需要时间较长。

3)直接镜检法(费里德法):直接镜检法是利用显微镜直接观察确定鲜乳中微生物数量的一种方法。取一定量的乳样,在载玻片涂抹一定的面积,经过干燥、染色、镜检观察细菌数,根据显微镜视野面积,推断出鲜乳中的细菌总数,而非活菌数。

直接镜检法比平板培养法能更迅速地判断出结果,通过观察细菌的形态,推断细菌数增多的原因。

(2)体细胞检验:正常乳中的体细胞,多数来源于上皮组织的单核细胞,如有明显的多核细胞(白细胞)出现,可判断为异常乳。体细胞的检测,常用的方法有直接镜检法(同细菌检验)或加利福尼亚细胞数测定法(GMT 法)。GMT 法是根据细胞表面活性剂的表面张力,细胞在遇到表面活性剂时会收缩凝固的原理进行检验的。细胞越多,凝集状态越强,出现的凝集片越多。

(3)抗生素残留检验:抗生物质残留量检验是验收发酵乳制品原料乳的必检指标。常用的方法有以下两种 TTC 试验和抑菌圈法。

1)TTC 试验:如果鲜乳中有抗生素物质的残留,在被检乳样中,接种细菌进行培养,细菌不能增殖,此时加入的指示剂 TTC 保持原有的无色状态(未经过还原)。反之,如果无抗生素物质残留,试验菌就会增殖,使 TTC 还原,被检样变成红色。可见,被检样保持鲜乳的颜色,即为阳性,如果变成红色,为阴性。

2)抑菌圈法:将指示菌接种到琼脂培养基上,然后将浸过被检乳样的纸片放入培养基中,进行培养。如果被检乳样中有抗生素物质残留,其会向纸片的四周扩散,阻止指示菌的生长,在纸片的周围形成透明的抑菌圈带,根据抑菌圈直径的大小,判断抗生物质的残留量。

点滴积累 ▽

1. 牛乳的化学成分有脂肪、蛋白质、乳糖、无机物、维生素、酶、有机酸、气体等。

2. 牛乳的物理性质包括色泽、滋味与气味、相对密度、乳的热学性质、酸度。

3. 异常乳主要分为生理异常乳、病理异常乳、化学异常乳、微生物污染乳。

4. 原料乳的验收项目包括感官检验、理化检验、卫生检验。

第二节　液态乳加工技术

在乳制品众多细分领域中,液态乳产品是发展较好的领域之一,产销量和市场规模均达到一定的高度,国内几大乳品企业占据了较大的市场份额,而国外品牌主要集中在奶粉领域,液态乳领域涉入不深。与此同时,液态乳的快速发展也带来了诸如产品同质化严重、价格普遍低廉等各种问题,因此发展适合不同消费者需求的特色乳制品和功能性产品,是未来液态乳发展的方向。

▶▶ 课堂活动

讨论:你知道哪些液态乳制品? 巴氏杀菌乳和 UHT 灭菌乳的保质期一般是多少,为什么有如此大的差异? 为什么要进行牛乳的标准化?

一、液态乳概述

1. **液态乳的概念**　液态乳是以生鲜牛乳、乳粉等为原料,经过适当的加工处理,制成可供消费者直接饮用的液态状的商品乳。

2. **种类**

(1)按杀菌方法分类

1)巴氏杀菌乳:仅以生牛乳为原料,经巴氏杀菌等工序制成的液体产品。

2)灭菌乳:包括:①超高温灭菌乳。是以生牛乳为原料,添加或不添加复原乳,在连续流动状态下加热到至少 132℃,并保持很短时间的灭菌,再经无菌灌装等工序制成的液体产品。②保持式灭菌乳。是以生牛乳为原料,添加或不添加复原乳,无论是否经过预热处理,在灌装并密封之后经灭菌等工序制成的液体产品。

3)ESL 乳(extended shelf life milk):即延长货架期的巴氏杀菌乳,目前对该产品还没有相关法律规定。ESL 乳不要求在无菌条件下包装,因此一般在保存、运输和销售过程要处于低温环境中。超巴氏杀菌是目前 ESL 乳生产的一种主要加工方式。物料经高于巴氏杀菌的受热强度处理,经非无菌状态下灌装所得产品。通常采用的温度时间组合是 125~138℃、2~4 秒。

(2)根据脂肪含量分类

1)全脂牛乳:脂肪含量在 3.5%~4.5%。

2)部分脱脂牛乳:脂肪含量在 1.0%~3.5%。

3)脱脂牛乳:脂肪含量低于 0.5%。

(3)根据营养成分或特性分类

1)纯牛乳:以生鲜牛乳为原料,不脱脂、部分脱脂或脱脂,不添加任何辅料,经巴氏杀菌或超高温灭菌制得。

2)调味乳:以生鲜牛乳为原料,不脱脂、部分脱脂或脱脂,添加规定的辅料,如巧克力、咖啡、各种谷物等,经巴氏杀菌或超高温灭菌制成的产品。这类产品一般含有 80%以上的牛乳。

3)乳饮料:是以原料乳或乳粉为原料,加入适量辅料配制而成的具有相应风味的产品。含乳饮料可以分为中性和酸性两大类,其中酸性含乳饮料又可以分为调配型含乳饮料和发酵型含乳饮料。

ER 9-1
从牧场到餐桌——牛奶的成长历程

4)营养强化乳:牛乳的营养强化是在原料乳的基础上,添加其他的营养成分,如氨基酸、维生素、矿物质等对人体健康有益的营养物质而制成的液态乳制品。

知识链接

复 原 乳

复原乳,也称再制乳,是指以全脂乳粉、浓缩乳、脱脂乳粉和无水奶油等为原料,按一定比例混合溶解后,制成与牛乳成分相近的乳。通俗地讲,复原乳就是用乳粉勾兑还原而成的牛乳。它可分为以下两类:

(1)以全脂乳粉或全脂浓缩乳为原料,加水直接复原而成的乳制品。

(2)以脱脂乳粉和无水奶油等为原料按一定比例混合后加水复原而成的乳制品。

复原乳与纯鲜牛乳主要有两方面不同:一是原料不同,"复原乳"的原料属于乳制品的乳粉,纯鲜牛乳的原料为液态生鲜乳;二是营养成分不同,"复原乳"在经过两次超高温处理后,营养成分损失较大,而纯鲜牛乳中的营养成分基本保存完整。

二、巴氏杀菌乳

(一)巴氏杀菌乳的概念与分类

巴氏杀菌乳又称市售乳,是以鲜牛乳为原料,经过离心净化、标准化、均质、杀菌和冷却,以液体状态灌装,供消费者直接食用的商品乳。

根据脂肪含量、营养成分、风味不同可将巴市杀菌乳分为:

1. 按脂肪含量　按脂肪含量不同巴氏杀菌乳分为:全脂乳,高脂乳,低脂乳,脱脂乳。

2. 按营养成分　按营养成分不同巴氏杀菌乳可分为以下几种:

1)普通消毒乳:除脂肪含量标准化调整外,其他成分不变。

2)强化牛乳:根据不同消费群体的日常营养需要,有针对性地强化维生素和矿物质。如早餐奶,学生专用奶等。

3)调制乳:将牛乳的成分进行调整,使其接近母乳的成分和性质,更适合婴幼儿饮用。

3. 按添加风味　按添加风味不同分为:可可乳、巧克力乳、草莓乳、香蕉乳、菠萝乳以及调制酸乳等。

(二)巴氏杀菌乳的加工工艺

1. 工艺流程　详见图9-1。

| 原料乳验收 | → | 净化、标准化和脱气 | → | 均质 | → | 巴氏杀菌 | → | 冷却 | → | 灌装 | → | 包装 | → | 贮藏 | → | 销售 |

图 9-1　巴氏杀菌乳生产工艺流程图

2. 主要加工设备

（1）净化分离设备：过滤器、离心净乳机、蝶式分离机。

（2）杀菌设备：冷热缸、板式换热器等。

（3）均质设备：高压均质机、胶体磨、喷射式均质机、离心式均质机等。

（4）包装设备：制袋式袋装机、直移型给袋式袋装机等。

部分设备结构与示意图见图 9-2~图 9-6。

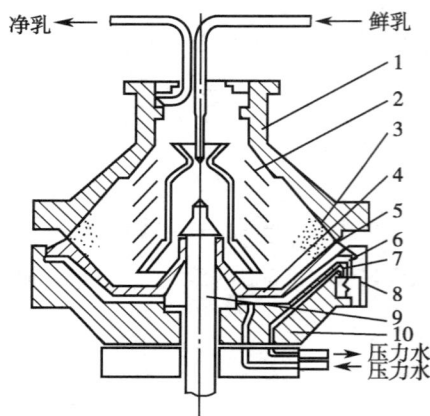

ER-9-2
巴氏杀菌奶

图 9-2　离心净乳机
1. 转鼓　2. 碟片　3. 环形间隙　4. 活动底　5. 密封圈　6. 压力水室　7. 压力水管道　8. 阀门　9. 转轴　10. 转鼓底

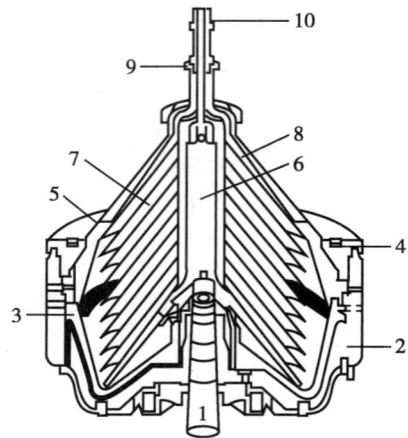

图 9-3　封闭式离心分离机碟片组合示意图
1. 通过空心轴进料　2. 转筒主体　3. 沉积物的空间　4. 锁定环　5. 转筒上罩　6. 分布器　7. 转盘塔　8. 顶部转盘　9. 脱脂牛乳出口　10. 乳油出口

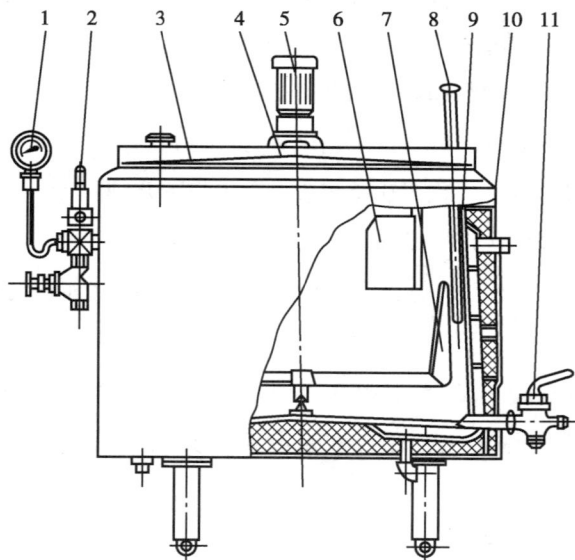

图 9-4　冷热缸
1. 压力表　2. 弹簧安全阀　3. 缸盖　4. 电动机底座　5. 电动机和行星减速器　6. 挡板　7. 锚式搅拌器　8. 温度计　9. 内胆　10. 夹套　11. 放料旋塞

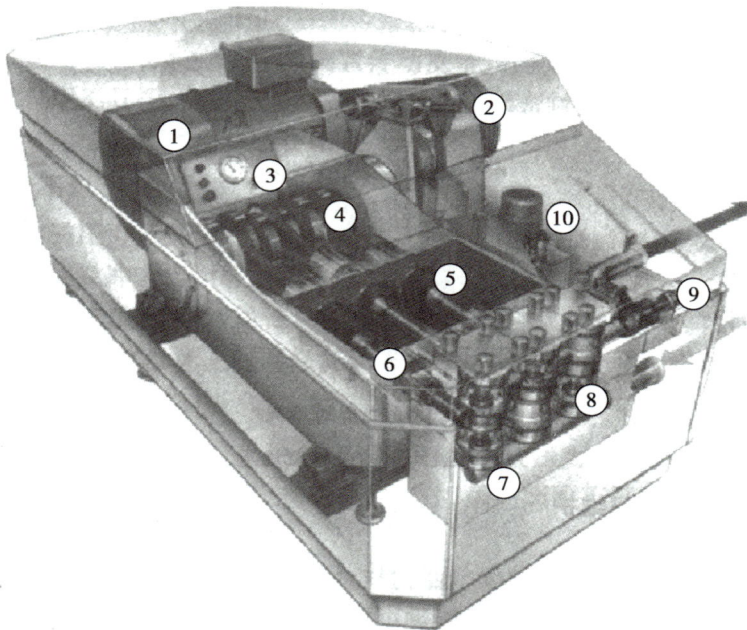

图 9-5 均质机

1. 主驱动转轴 2. V 形传动带 3. 压力显示 4. 曲轴箱 5. 柱塞 6. 柱塞密封圈
7. 固定不锈钢泵体 8. 均质阀 9. 均质装置 10. 液压设置系统

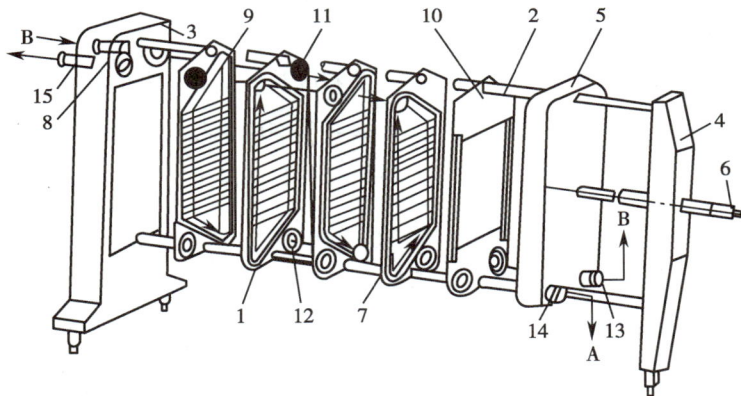

图 9-6 板式换热器组合示意图

1. 传热板 2. 导杆 3. 前支架(固定板) 4. 后支架 5. 压紧板 6. 压紧螺杆 7. 板框橡胶垫圈
8. 连接管 9. 上角孔 10. 分界板 11. 圆环橡胶垫圈 12. 下角孔 13、14、15. 连接管

3. 工艺要点

(1)原料乳验收:只有优质的原料才能生产出高质量的产品,加工液态乳所需的原料乳,须符合国家标准 GB 19301-2010 中规定的各项指标要求。原料乳进入工厂后应立即进行检验,将符合感官、理化、微生物标准的优质牛乳送入下道工序。

(2)分离净化:原料乳经过数次过滤后,虽然除去了大部分的杂质,但是,由于乳中污染了很多极为微小的固体杂质和细菌细胞,难以用一般的过滤方法除去。为了达到最高的纯净度,一般采用离心净乳机净化。

1)牛乳分离的操作要点

①操作要严格控制进料量,进料量不能超过生产能力,否则将影响分离效果。

②采用空载启动,即在分离机达到规定转速后,再开始进料,减少启动负荷。

③牛乳分离前,应预热,并经过净化,避免碟片堵塞,影响分离。

④牛乳分离过程中应注意观察脱脂乳和稀奶油的质量,及时取样测定。一般脱脂乳中残留的脂肪含量应为 0.01%~0.05% 以下。

2)影响牛乳分离效果的因素

①转速:转速越高分离效果越好。但转速的提高受到分离机机械结构和材料强度的限制,一般控制在 7000r/min 以下

②牛乳流量:进入分离机的牛乳流量应低于分离机的生产能力。若流量过大,分离效果差,脱脂不完全,稀奶油的获得率也较低,对生产不利。

③脂肪球大小:脂肪球直径越大分离效果越好。但设计或选用分离机时亦应考虑到需要分离大量的小脂肪球。目前可分离出的最小的脂肪球直径为 1μm 左右。

④牛乳的清洁度:牛乳中的杂质会在分离时沉积在转鼓的四周内壁上,使转鼓的有效容积减少,影响分离效果。因此,应注意分离前的净化和分离中的定时清洗。

⑤牛乳的温度:乳温提高,黏度降低,脂肪球与脱脂乳的密度差增大,有利于提高分离效果。但应注意不要温度过高,以避免引起蛋白质凝固或起泡,一般乳温控制在 35~40℃,封闭式分离机有时可高达 50℃。

⑥碟片的结构:碟片的最大直径与最小直径之差和碟片的仰角,对提高分离效果关系甚大。一般以碟片平均半径与高度之比为 0.45~0.70,仰角以 45°~60° 为佳。

⑦稀奶油含脂率:稀奶油含脂率根据生产质量要求调节。稀奶油含脂率低时,密度大,易分离获得;含脂率高时,密度小,分离难度大些。

(3)标准化:标准化的目的是为了确定巴氏杀菌乳中的脂肪含量,我国国家标准规定全脂巴氏杀菌乳的脂肪含量≥3.1%。因此,凡不符合标准的原料乳,都必须进行标准化以后,才能用于加工。

1)标准化原理:乳脂肪的标准化可通过添加或去除部分稀奶油或脱脂乳进行调整,当原料乳中脂肪含量不足时,可添加稀奶油或除去一部分脱脂乳;当原料乳中脂肪含量过高时,则可添加脱脂乳或提取部分稀奶油。

2)标准化方法:常用的标准化方法有 3 种,即预标准化、后标准化、直接标准化。这 3 种方法的共同点是,标准化之前的第 1 步必须把全脂乳分离成脱脂乳和稀奶油。

①预标准化:预标准化是指在杀菌之前进行标准化。为了调高或降低含脂率,将分离出来的脱脂乳或稀奶油与全脂乳在奶罐中混合,以达到要求的含脂率。如果标准化乳脂率高于原料乳的,则需将稀奶油按计算比例与原料乳混合至达到要求的含脂率;如果标准化乳脂率低于原料乳的,则需将脱脂乳按计算比例与原料乳在罐中混合达到稀释的目的。经分析和调整后,标准化的乳再进行巴氏杀菌。

②后标准化:后标准化是指在巴氏杀菌后进行标准化。而含脂率的调整方法则与预标准化相同。后标准化由于是在杀菌后再对产品进行混合,因此会有多次污染的危险。

上述两种方法都需要使用大型的混合罐,分析和调整都很费工,因此近年来越来越多地使用第3种方法,即直接标准化。

③直接标准化:直接自动标准化是将全脂乳加热至55~65℃,然后,按预先设定好的脂肪含量,分离出脱脂乳和稀奶油,把来自分离机的定量稀奶油立即在管道系统内重新与脱脂乳定量混合,以得到所需含脂率的标准乳。多余的稀奶油会流向稀奶油巴氏杀菌机。直接标准化的特点为:快速、稳定、精确,与分离机联合运作,单位时间处理量大。

(4)脱气:牛乳刚被挤出后含有一些气体,约含5.5%~7%,经过储存、运输、计量、泵送后,一般气体含量约在10%以上。这些气体绝大多数是以非结合的分散存在,对牛乳加工有不利的影响。影响牛乳计量的准确度;影响分离和分离效果;影响标准化的准确度;促使发酵乳中的乳清析出。

在牛乳处理的不同阶段进行脱气是非常必要的,而且带有真空脱气罐的牛乳处理工艺是更合理的。工作时,将牛乳预热至68℃后,泵入真空脱气罐,则牛乳温度立即降到60℃,这时牛乳中的空气和部分水分蒸发到罐顶部,遇到罐冷凝器后,蒸发的水分冷凝回到罐底部,而空气及一些非冷凝气体(异味)由真空泵抽吸排除。脱气后的牛乳在60℃条件下进行分离、标准化、均质,然后进入杀菌工序。

(5)均质

1)均质的作用:未均匀的牛乳中脂肪球大小不均匀,直径为1~10μm,一般在2~5μm。脂肪球直径大,容易聚结成团块上浮。脂肪上浮会影响乳的感官质量,脂肪球的上浮速度与其直径呈正比。均质是对脂肪球进行机械处理,使其成为较小的脂肪球均匀地分散在乳中,牛乳经均质后,脂肪球直径可控制在1μm左右,脂肪球直径减小,浮力降低,脂肪球能在乳体系中稳定存在且易于被人体消化吸收。

2)均质原理:均质是在对脂肪球进行机械处理(图9-7)时,牛乳液体在间隙中加速的同时,静压能下降。均质的作用是由3个因素共同作用的结果:

①剪切作用:牛乳以高速通过均质头中的狭缝会对脂肪球产生巨大的剪切力而使脂肪球变形而破碎。

②空穴作用:牛乳液体在间隙中加速的同时,静压能下降,可能降至脂肪的蒸汽压以下而产生气穴现象,使脂肪球受到非常强的爆破力而破碎。

③撞击作用:当脂肪球以高速冲击均质阀时,使脂肪球破碎。

3)均质条件:较高的温度下均质效果较好,但温度过高会引起乳脂肪、乳蛋白质变性,牛乳的均质温度一般控制在50~70℃。均质包括一级均质和二级均质,一级均质适用于低脂产品和高黏度的产品,二级均质适用于高脂产品、高干物质产品和低黏度产品的生产。一般采用二级均质,二级均质是指让乳连续通过两个均质阀(图9-8),将黏在一起的小脂肪球打开,从而提高均质效果。

(6)巴氏杀菌

1)巴氏杀菌的作用:鲜乳处理过程中,受许多微生物的污染(其中80%为乳酸菌)。巴氏杀菌必须完全杀死致病微生物,同时还应杀死能影响产品味道和保质期的酶类和其他微生物。所以杀菌是为了消灭乳中的病原菌和有害菌,保证消费者身体健康以及提高乳在贮存和运输中的稳定性。

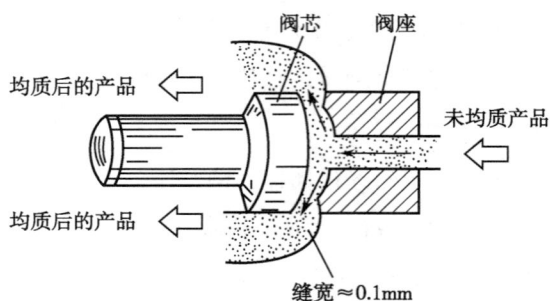

图9-7　均质阀中均质过程示意图

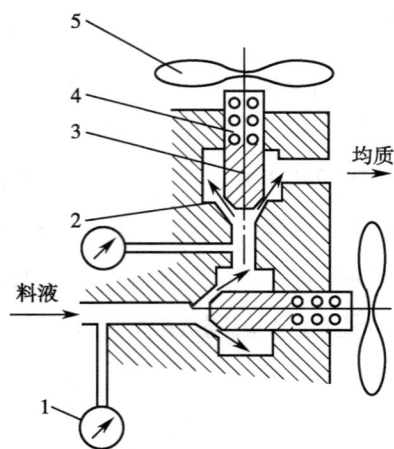

图9-8　双级均质阀工作示意图
1. 压力表　2. 阀门座　3. 调节杆
4. 弹簧　5. 手柄

2)巴氏杀菌的方式:从杀死微生物的观点来看,牛乳的热处理强度是越强越好。但是,强烈的热处理对牛乳的外观、味道和营养价值会产生不良的后果。如牛乳中的蛋白质在高温下变性;强烈的加热使牛乳味道改变,首先是出现"煮熟味",然后是焦味。因此,时间和温度组合的选择必须考虑到微生物和产品质量两方面,以达到最佳效果。

①初次杀菌:初次杀菌的目的主要是杀死嗜冷菌,因为长时间低温储存牛乳会导致嗜冷菌大量繁殖,进而产生大量的耐低温解脂酶和蛋白酶。为了防止热处理后需氧芽孢菌在牛乳中繁殖,初次杀菌后必须将牛乳迅速冷却至4℃或者更低的温度。在许多大的乳品企业中,不可能在收乳后立即进行巴氏杀菌或进入生产线加工。因此有一部分牛乳必须在大储奶罐中储存数小时。在这种情况下,即使是低温冷却也防止不了牛乳的严重变质。因此,许多乳品厂对牛乳进行预巴氏杀菌,这种工艺称为初次杀菌。即把牛乳加热到63~65℃,持续15秒。

②低温长时巴氏杀菌(LTLT):这是一种间歇式巴氏杀菌方法,即牛乳在63℃下保持30分钟达到巴氏杀菌的目的。

③高温短时巴氏杀菌(HTST):具体时间和温度的组合可根据所处理的产品类型而变化。用于鲜乳的高温短时杀菌工艺是把牛乳加热到72~75℃,15~20秒或80~85℃,10~20秒后再冷却。

④超巴氏杀菌:超巴氏杀菌的目的是延长产品的保质期,其采取的主要措施是尽最大可能避免产品在加工和包装过程中再污染,这需要极高的卫生条件和优良的冷链分销系统。超巴氏杀菌的温度为125~138℃,时间2~4秒,然后将产品冷却到7℃以下储存和分销,即可使牛乳保质期延长至40天甚至更长。

但超巴氏杀菌温度再高、时间再长,它仍然与高温灭菌有根本的区别。首先,超巴氏杀菌产品并非无菌灌装。其次,超巴氏杀菌产品不能在常温下储存和分销。第三,超巴氏杀菌产品也不是无菌产品。

(7)冷却:杀菌后的牛乳应尽快冷却至4℃,冷却速度越快越好。采用板式换热器杀菌的牛乳,在换热段,与刚进入的原料乳进行热交换,再用冰水冷却至4℃。

(8)灌装:灌装的目的主要是便于分送和零售,防止外界杂质混入成品中和微生物再污染,保存风味和防止吸收外界气味而产生异味,以及防止维生素等营养成分受损失等。

包装形式:过去我国各乳品厂采用玻璃瓶包装,现在大多采用带有聚乙烯的复合塑料纸、塑料瓶或单层塑料包装。

(9)贮藏、分销:在巴氏杀菌乳的贮藏和分销过程中,必须保持冷链的连续性。冷库温度一般为4~6℃。欧美国家巴氏杀菌乳的贮藏期为1周。巴氏杀菌乳在分销时要注意小心轻放;远离有异味的物质;避光;防尘和避免高温;避免强烈震动。

三、UHT 灭菌乳

超高温(UHT)灭菌乳是指牛乳在密闭系统连续流动中,通过热交换器加热至130~150℃的高温且不少于15秒的灭菌处理,杀死乳中所有的微生物,然后在无菌条件下包装制得的乳制品。灭菌乳无需冷藏,可在常温下长期保存。产品虽然经过很高温度的热处理,但是牛乳中所含细菌的热致死率随着温度的升高大大超过此间牛乳的化学变化的速率,如维生素破坏,蛋白质变性及褐变速率等因素变化都不太大,可有效地保护原料乳的品质,提高灭菌乳的质量。

知识链接

灭菌乳与巴氏杀菌乳的区别

产品的灭菌即是对这一产品进行足够强度的热处理,使产品中所有的微生物和耐热酶类失去活性,达到商业无菌的要求。 商业无菌的含义是在一般的贮存条件下,产品中不存在能够生长的微生物。 灭菌乳较巴氏杀菌乳保质期长,并可在室温下长时间贮存。

1. 工艺流程 详见图 9-9。

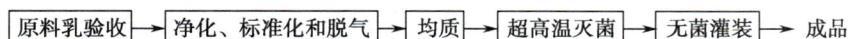

原料乳验收 → 净化、标准化和脱气 → 均质 → 超高温灭菌 → 无菌灌装 → 成品

图 9-9 UHT 灭菌乳生产工艺流程图

2. 主要加工设备

(1)净化分离设备:过滤器、离心净乳机、蝶式分离机。

(2)杀菌设备:板式换热器、中心套管式换热器、壳管式换热器等。

(3)均质设备:高压均质机、胶体磨、喷射式均质机、离心式均质机等。

(4)包装设备:利乐无菌灌装机、无菌袋无菌包装机等。

部分设备结构与示意图见图 9-10~图 9-15。

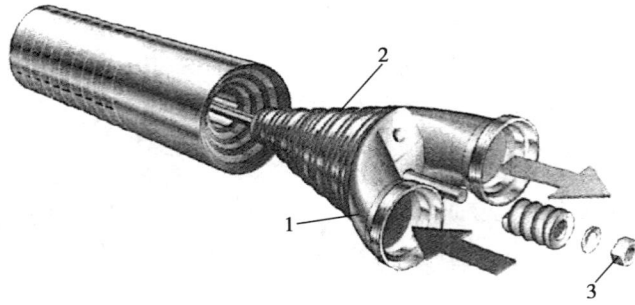

图 9-10　中心套管式换热器
1. 顶盖　2. O 形环　3. 末端螺母

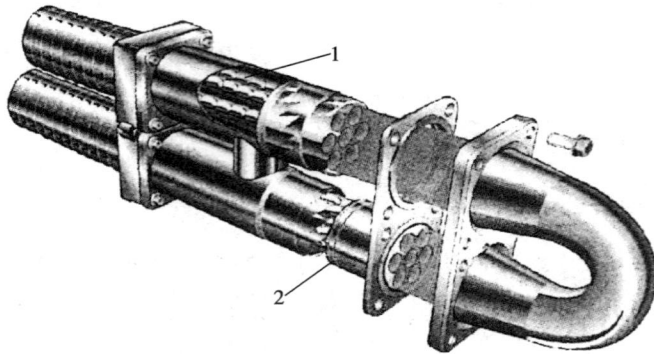

图 9-11　壳管式换热器的末端
1. 被冷却介质包围的产品管束　2. 双 O 形密封

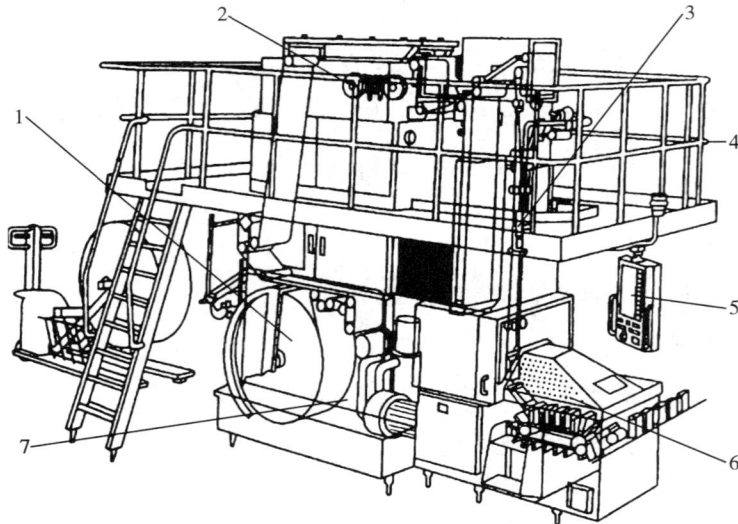

图 9-12　利乐砖 TBA/19 液态乳无菌灌装机结构图
1. 卷轴　2. LS 封条附贴器　3. 填充器　4. 平台　5. 控制台　6. 夹槽　7. 伺服单元

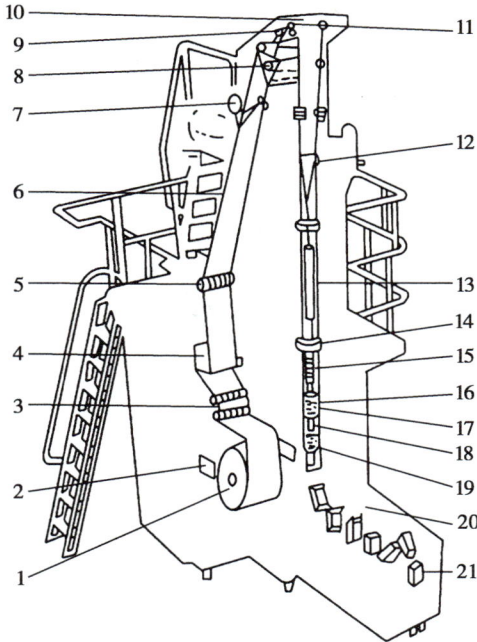

图 9-13　无菌复合纸盒包装机
1. 卷筒纸　2. 光电管　3,5,11. 辊筒　4. 打印装置　6. 记号储存　7. 封条敷贴　8. H$_2$O$_2$浴槽　9. 挤压滚筒　10. 顶盖　12. 进料套管　13. 纵接缝热封器　14. 导轮　15. 电热蛇管　16. 液位　17. 浮球　18. 进料口　19. 横封器　20. 检验　21. 成品

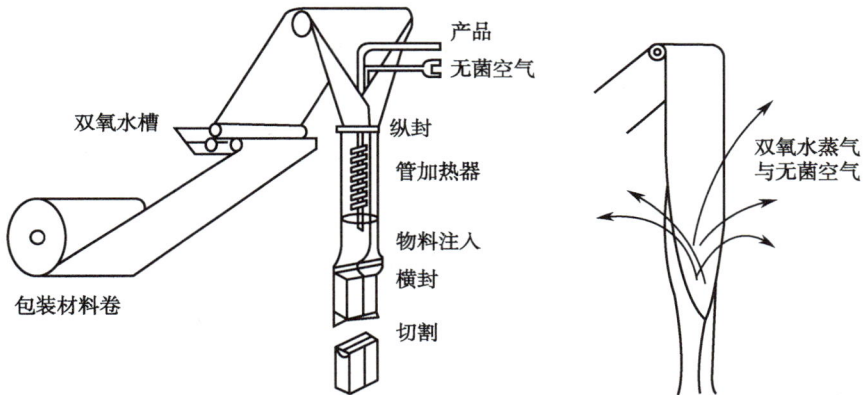

图 9-14　利乐砖无菌灌装机工作原理图

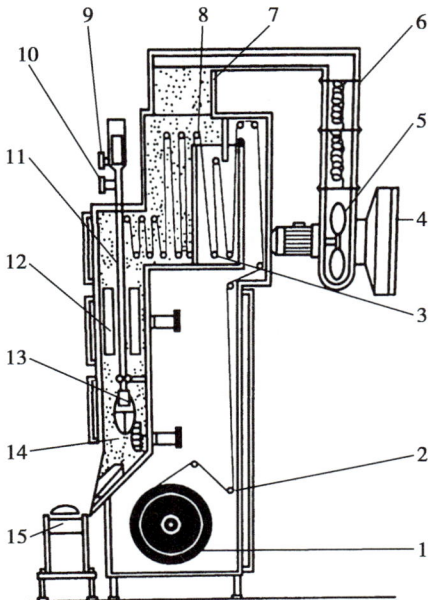

图 9-15　复合塑料袋无菌灌装机工作流程
1. 薄膜卷筒　2. 张紧装置　3. 双氧水浴池　4. 初级空气过滤器　5. 吸风机　6. 电加热器　7. 超微细菌过滤器　8. 刮板　9. 进料　10. 回流管　11. 塑袋成型器　12. 热风纵缝的电热钳　13. 注液罐　14. 横向封口和切断　15. 成品输送带

3. 工艺要点

（1）原料乳验收：用于加工灭菌乳的牛乳必须新鲜，有极低的酸度，正常的盐类平衡及正常的乳清蛋白质含量，不含初乳和抗生素乳。牛乳必须在75%的酒精浓度中保持稳定。

（2）原料乳预处理：原料乳预处理包括净化、标准化、脱气和均质等工序，其过程与巴氏杀菌乳相似。

（3）超高温灭菌：温度超过80℃牛乳会出现结垢现象，为了减少结垢，延长连续生产时间，UHT系统中添加了一段保持管，90℃左右的牛乳在保持管中保温几分钟后，使蛋白钝化再升温灭菌。一般采用135~140℃，2~6秒灭菌。

超高温灭菌具有卫生、安全、快捷等优点。基于各种因素设计出了不同类型的超高温加工系统，这些加工系统虽都能加工出令人满意的产品，但每种系统又各具特点，应用范围有所不同。常用的有以下两种方法。

1）直接蒸汽加热法：即牛乳先经预热后，有蒸汽直接喷入牛乳中或牛乳喷入蒸汽中两种方式，使乳在瞬时被加热到140℃，然后进入真空室，由于蒸发立即冷却，最后在无菌条件下进行均质、冷却。牛乳温度变化大致如图9-16。

原料乳（5℃）→预热至75℃→蒸汽直接加热至140℃（保温4秒）→冷却至76℃→
均质（压力15~25MPa）→冷却至20℃→无菌贮罐→无菌包装

图9-16　UHT乳直接蒸汽加热法生产工艺

2）间接加热法：间接加热系统根据热交换器传热面的不同可分为板式热交换系统和管式热交换系统，某些特殊产品的加工使用刮板式加热系统。即原料乳在（板式或管式）热交换器内被前阶段的高温灭菌乳预热至66℃（同时高温灭菌乳被新进乳冷却），然后经过均质机，在15~25MPa的压力下进行均质。之后进入（板式或管式）热交换器的加热段，被热水系统加热至137℃，进入保温管保温4秒，然后进入无菌冷却，由137℃降到76℃，最后进入回收阶段，被5℃左右的新进乳冷却至20℃，进入无菌贮藏罐。牛乳温度变化大致如图9-17。

原料乳（5℃）→预热至66℃→加热至137℃（保温4秒）→水冷却至76℃→均质（压力15~25MPa）→
被新进乳（5℃）冷却至20℃→无菌贮罐→无菌包装

图9-17　UHT乳间接加热法牛乳温度变化图

产品在加热过程中是不能沸腾的，因为产品沸腾后所产生的蒸汽将占据系统的流道，从而减少了物料的灭菌时间，使灭菌效率降低。在间接加热系统中，沸腾往往产生于灭菌段。为了防止沸腾，产品在最高温度时必须保持一定的背压使其等于该温度下的饱和蒸汽压。由于产品中水分含量很高，因此这一饱和蒸汽压必须等于灭菌温度下的饱和蒸汽压，135℃下需保持0.2MPa的背压以避免料液沸腾，150℃则需0.375MPa的背压。实践可知，加工中背压设置至少要比饱和蒸汽压高0.1MPa。所以，在超高温板式热交换器的灭菌段就需要保持0.4MPa的背压。

（4）无菌灌装：UHT灭菌乳多采用无菌包装。经过超高温灭菌加工出的商业无菌产品，是以整体形式存在的。必须分装于单个的包装中才能进行储存、运输和销售，使产品具有商业价值。因此，无菌灌装系统是加工超高温灭菌乳不可缺少的。所谓的无菌包装是将杀菌后的牛乳,在无菌条件下装入事先杀过菌的容器内,该过程包括包装材料或包装容器的灭菌。由于产品要求在非冷藏条件下具有长货架期,所以包装也必须提供完全防光和隔氧的保护。这样长期保存鲜奶的包装需要有一个薄铝夹层,其夹在聚乙烯塑料层之间。无菌包装的 UHT 灭菌乳在室温下可储藏 6 个月以上。

1)包装容器的灭菌方法:用于灭菌乳包装的材料较多,但加工中常用的有复合硬质塑料包装纸、复合挤出薄膜和聚乙烯(PE)吹塑瓶。

容器灭菌的方法也有很多,包括物理法(紫外线辐射、饱和蒸汽)和化学试剂法(过氧化氢)。紫外线辐射灭菌主要用于空气杀菌,也可对包装材料表面进行杀菌,但结果不理想,常与 H_2O_2 结合使用。饱和蒸汽灭菌是一种比较可靠、安全的灭菌方法。双氧水灭菌主要有两种,一种是将 H_2O_2 加热到一定温度,然后对包装盒或包装材料进行灭菌。另一种是将 H_2O_2 均匀地涂布或喷洒于包装材料表面,然后通过电加热器或辐射或热空气加热蒸发 H_2O_2,从而完成灭菌过程。在实际生产中,H_2O_2 的浓度一般为 30%～35%。

2)无菌灌装系统的类型:无菌灌装系统形式多样,但究其本质不外乎包装容器形状的不同、包装材料的不同和灌装前是否预成型。无菌纸包装系统广泛应用于液态乳制品,纸包装系统主要分为两种类型,即包装过程中的成型和预成型。

包装所用的材料通常是纸板内外都覆以聚乙烯,这样包装材料能有效地阻挡液体的渗透,并能良好地进行内、外表面的封合。为了延长产品的保质期,包装材料中要增加一层氧气屏障,通常要复合一层很薄的铝箔,如聚乙烯/纸/聚乙烯/铝箔/聚乙烯/聚乙烯等复合包装材料。

(5)装箱、贮存、销售:装箱要做到数量准确,摆放整齐,封口严密,正确打印生产日期。超高温灭菌乳因为达到了商业无菌的要求,其贮存、运输和销售可以在常温下进行。

点滴积累 ∨

1. 巴氏杀菌乳的工艺要点包括原料乳验收、原料乳预处理、均质、巴氏杀菌、灌装等。
2. UHT 灭菌乳的工艺要点包括原料乳验收、超高温灭菌、无菌灌装等。

第三节　乳粉加工技术

乳粉也称奶粉,是以新鲜牛乳或以新鲜牛乳为主,添加一定数量的植物蛋白质、植物脂肪、维生素、矿物质等原料,经杀菌、浓缩、干燥等工艺过程而制得的粉末状产品。乳粉的特点是在保持乳原有品质及营养价值的基础上,产品含水量低,体积小、重量轻,储藏期长,食用方便,便于运输和携带,更有利于调节地区间供应的不平衡。品质良好的乳粉加水复原后,可迅速溶解恢复原有鲜乳的性状。因而,乳粉在我国的乳制品结构中仍然占据着重要的地位。

▶ **课堂活动**

讨论:你知道乳粉有哪些种类? 乳粉的保质期一般是多长时间? 乳粉能较长时间保藏的原因是什么? 如何鉴别奶粉的质量?

一、乳粉分类

乳粉的种类很多,但主要以全脂乳粉、脱脂乳粉、速溶乳粉、婴儿配方乳粉、调制乳粉等为主。

1. **全脂乳粉** 全脂乳粉是新鲜牛乳经标准化、杀菌、浓缩、干燥而制得的粉末状产品。根据是否加糖其又分为全脂淡乳粉和全脂甜乳粉。

2. **脱脂乳粉** 脱脂乳粉是用新鲜牛乳经预热、离心分离获得的脱脂乳,然后再经杀菌、浓缩、干燥而制得的粉末状产品。因为脂肪含量少,保藏性较前一种要好。

3. **乳清粉** 将生产干酪排出的乳清经脱盐、杀菌、浓缩、干燥而制成的粉末状产品。

4. **酪乳粉** 将酪乳干制成的粉状物,其含有较多的卵磷脂。

5. **干酪粉** 用干酪制成的粉末状制品。

6. **加糖乳粉** 新鲜牛乳中加入一定量的蔗糖或葡萄糖,经杀菌、浓缩、干燥而制得的粉末状制品。

7. **麦精乳粉** 鲜乳中添加麦芽、可可、蛋类、饴糖等经干燥加工而成。

8. **配方乳粉** 在牛乳中添加目标消费对象所需的各种营养素,经杀菌、浓缩、干燥而制成的粉末状产品,如婴幼儿配方乳粉、中小学生乳粉、中老年乳粉等。

9. **特殊配方乳粉** 将牛乳的成分按照特殊人群营养需求进行调整,然后经杀菌、浓缩、干燥而制成的粉末状产品。如降糖乳粉、降血脂乳粉、降血压乳粉、高钙助长乳粉、早产儿乳粉、孕妇乳粉、免疫乳粉等。

10. **速溶乳粉** 在制造乳粉过程中采取特殊的造粒工艺或喷涂卵磷脂而制成的溶解性、冲调性极好的粉末状产品。

11. **冰激凌粉** 在新鲜乳中添加一定量的稀奶油、蔗糖、蛋粉、稳定剂、香精等,经混合后制成的粉末状制品,复原后可以直接制作冰激凌。

12. **奶油粉** 在稀奶油中添加少量鲜乳经干燥加工而成。

知识链接

如何鉴别奶粉质量

1. 检查外包装,看奶粉是否在保质期内。 根据规定,奶粉保质期,马口铁包装为 1 年,玻璃瓶包装为 9 个月,500g 塑料袋为 4 个月。 如奶粉外包装标注的保质期在此规定期限内,则可购买;若超过规定的期限,该奶粉则可能已经变质,则不要购买。

2. 观察色泽。 质量好的奶粉颜色雪白,略带淡黄,且全部呈一色。 若出现显著黄色或淡白色,则可能是原料乳不新鲜或掺入蔗糖过多;若颜色很深或带焦黄色、灰白色,则说明质量不好。

3. 看组织状态。 正常的质量好的奶粉应为细粉状,松散柔软,流动性强。 若奶粉有结块或流动性差,则是包装密封差受潮变质。 如结块较大、发硬,不易捏碎,则这种奶粉已根本不能食用。

4. 冲调检查。 正常的奶粉冲调后能复原成鲜乳一样的状态,具有鲜乳特有的气味和滋味。 变质的奶粉冲调后往往色泽灰暗,有焦粉状沉淀,或大量蛋白质凝固颗粒及脂肪上浮,或水奶分离不相溶。 这说明奶粉已变质。

二、乳粉的成分

1. 乳糖 全脂乳粉中约含 38%,脱脂乳粉约含 50%。乳糖通常呈非结晶玻璃状态,吸湿性很强,致使乳粉容易吸潮。乳糖会使乳粉颗粒表面产生很多细裂纹,空气容易渗入到乳粉颗粒内部,脂肪也会逐渐渗出到颗粒表面,易引起乳粉氧化变质。

2. 脂肪 全脂乳粉含 26%~27%,脱脂乳粉含 1.0%~1.5%。其中,全脂乳粉有 3%~14% 的脂肪游离凝集在乳粉颗粒的边缘,含量高时,易氧化,不耐贮藏,冲调性差。

3. 蛋白质 全脂乳粉约含 27%,脱脂乳粉约含 37%。酪蛋白的存在状态直接影响乳粉复原性的好坏。除了选择新鲜原料乳外,还要把原料乳的热处理降低到最低程度,以获得高溶解度的乳粉。

4. 水分 乳粉的水分含量在 5.0% 以下。水分含量过高,细菌易繁殖,酸度易上升,蛋白质易变性,使溶解度下降;水分含量过低时,乳粉易氧化变味。

5. 维生素 喷雾干燥对乳粉维生素含量的影响很小,影响最明显的有维生素 B_{12}(损失 20%~30%)、维生素 C(约 20%)和维生素 B_1(约 10%),其余的维生素损失是很小的。

6. 气体 乳粉中的气体指给定质量的颗粒体积与相同质量的颗粒内部无空气时体积之差。每100g 乳粉中通常含有 10~30ml 的气体。影响乳粉中气体量的因素如下:

(1)进料时混入的气体,虽然在蒸发、浓缩时会降低,但在随后输送到干燥塔时会从渗漏的管路中吸取空气。

(2)浓缩液喷入干燥器所选用的喷雾干燥的类型。

(3)雾化前或雾化过程中的搅拌,混入产品中的空气量一部分取决于喷雾搅打的强烈程度。

(4)物料的特性,如物料形成稳定气泡的能力。蛋白质含量与状态显著影响着泡沫的形成,而脂肪具有相反的作用。有脂肪的浓缩物比脱脂乳难以形成泡沫。高脂肪含量的浓缩物料与脱脂的相比不容易形成泡沫。脱脂乳中未变性乳清蛋白具较强起泡趋势可以通过加热使之变性而减弱该现象。低固形物含量比高固形物含量更易起泡,温度升高可减少起泡趋势,即冷浓缩比热浓缩的更容易搅打起泡。

三、乳粉的加工工艺

1. 乳粉加工工艺流程 详见图 9-18。

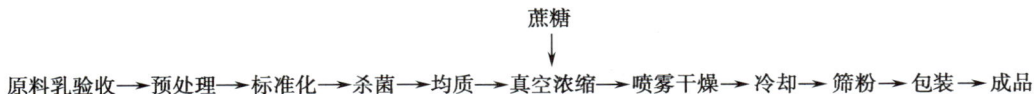

蔗糖

原料乳验收→预处理→标准化→杀菌→均质→真空浓缩→喷雾干燥→冷却→筛粉→包装→成品

图 9-18 乳粉加工工艺流程图

2. 主要加工设备

(1)净化分离设备:过滤器、离心净乳机、蝶式分离机。

(2)杀菌设备:板式换热器、中心套管式换热器、壳管式换热器等。

(3)均质设备:高压均质机、胶体磨、喷射式均质机、离心式均质机等。

(4)浓缩设备:盘管式浓缩设备、升膜式浓缩设备、降膜式浓缩设备、多效真空浓缩设备等。

(5)喷雾干燥设备:压力喷雾干燥设备、离心式喷雾干燥设备等。

部分设备结构与示意图见图 9-19～图 9-22。

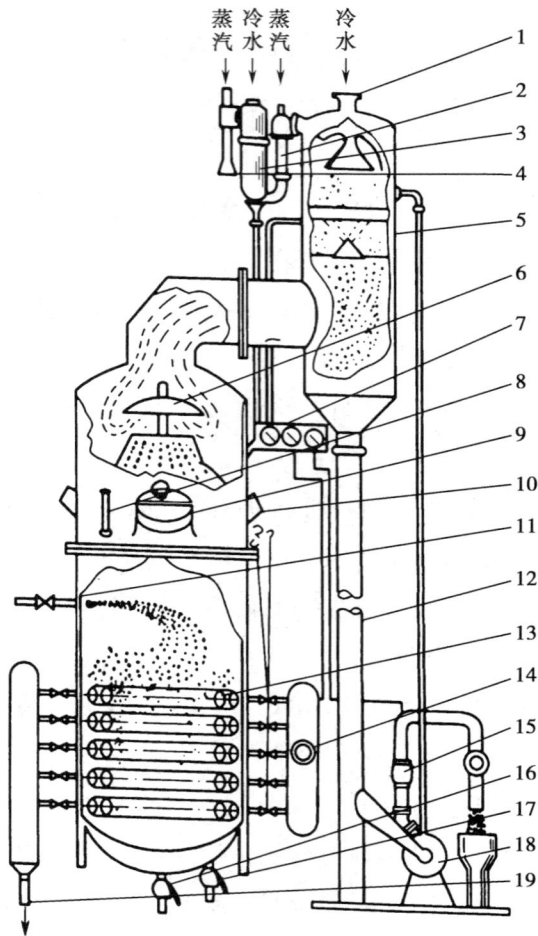

图 9-19　盘管式真空浓缩设备
1. 冷水进口　2. 第一级蒸汽喷射器　3. 中间冷凝器　4. 第二级蒸汽喷射器　5. 冷凝器　6. 除沫装置　7. 仪表盘　8. 温度计　9. 平衡器　10. 窥视孔　11. 进料阀　12. 冷凝水排出口　13. 加热盘管　14. 蒸汽进口　15. 逆止阀　16. 放料阀　17. 取样阀　18. 排水泵　19. 冷凝水

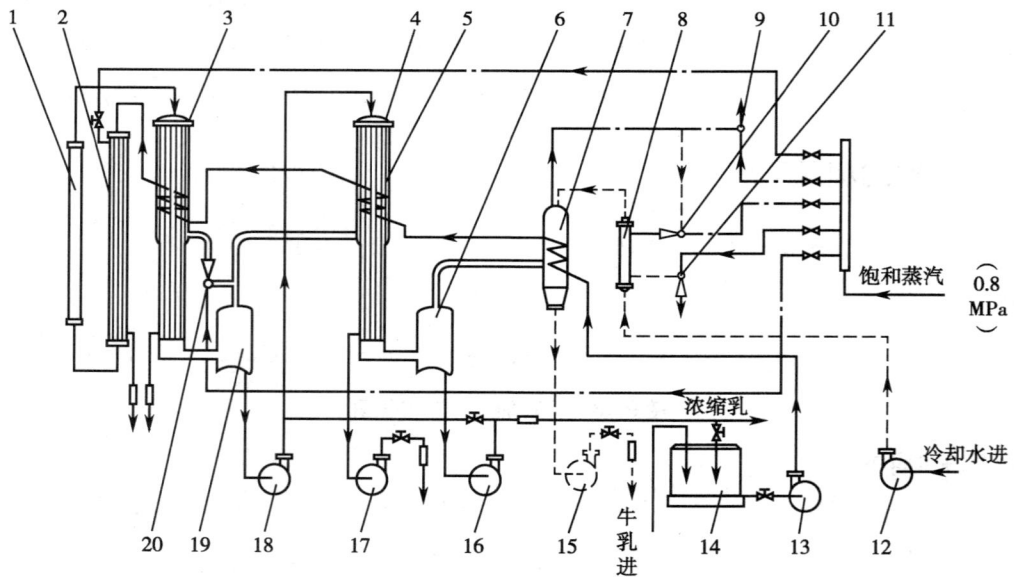

图 9-20　双效降膜式真空浓缩设备
1. 保温管　2. 杀菌器　3. 一效加热器　4. 二效加热器　5. 预热管　6. 二效分离器　7. 混合冷凝器　8. 中间冷凝器　9. 启动蒸汽喷射泵　10. 一级蒸汽喷射泵　11. 二级蒸汽喷射泵　12. 冷却水进入泵　13. 牛乳进料泵　14: 牛乳平衡泵　15. 冷却水、冷凝水排出泵　16. 浓缩乳出料泵　17. 二效加热蒸汽、冷凝水排出泵　18. 物料泵　19. 一效分离器　20. 热泵

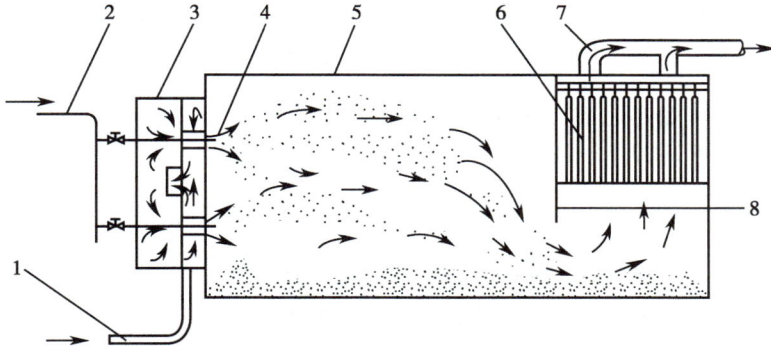

图 9-21 卧式顺流型喷雾干燥设备
1. 热空气进口管 2. 高压管 3. 热风分配箱 4. 喷枪
5. 干燥室 6. 布袋过滤器 7. 废气排出管 8. 挡风装置

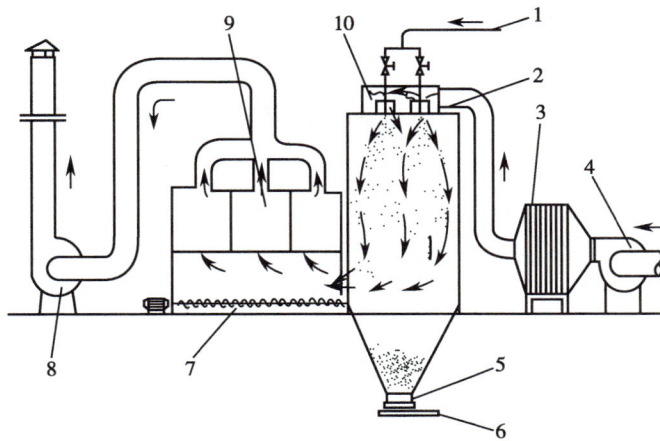

图 9-22 立式顺流型喷雾干燥设备
1. 高压管 2. 喷枪 3. 空气加热器 4. 进风机 5. 星形出料阀
6. 筛子 7. 螺旋输送器 8. 排风机 9. 布袋过滤器 10. 热风分配箱

四、工艺要点

1. 原料乳的验收 只有优质的原料才能生产出高质量的产品,加工乳粉所需的原料乳,必须符合国家标准中规定的各项要求。原料乳进入工厂后应立即进行检验,将符合感官、理化、微生物标准的优质牛乳送入下道工序。

2. 原料乳的预处理

(1)净乳:为了保证原料乳的质量,挤出的牛乳在牧场必须立即进行过滤、冷却等初步处理,其目的是除去机械杂质并减少微生物的污染,原料乳经验收进入乳品厂后,还需进行一系列的净乳措施。

原料乳在加工之前经过多次净化,目的是去除乳中的机械杂质并减少微生物数量,确保产品达到卫生和质量标准的要求。净乳的方法有过滤法及离心净乳法。

(2)冷却:净化后的乳最好直接加工,如果短期储藏时,必须及时进行冷却到5℃以下,以保持乳的新鲜度。一般采用板式换热器进行冷却。

（3）储存：原料乳送到加工厂时，由乳槽车泵入储乳罐。储乳罐的容量一般达几十万升，因此，真空输送是不可能的，一般用离心泵将牛乳泵入罐中，可以使脂肪球的破坏程度降到最低。为了避免搅动和产生泡沫，储乳槽是从底部进料的。为保证连续生产的需要，乳品厂必须有一定的原料储存量。

一般工厂总的储乳量应根据各厂每天牛乳总收纳量、收乳时间、运输时间及能力等因素决定。一般储乳量的总容量应为日收纳总量的 2/3~1。储乳罐使用前应彻底清洗、杀菌，待冷却后注入牛乳。冷却后的乳应尽可能保持低温，以防止温度升高保存性降低。

3. 原料乳的标准化　送入储乳罐的牛乳，待预热杀菌处理。储乳到一定量时要取样测定脂肪含量，依据测定结果进行标准化，以使乳粉的主要成分（脂肪）含量达标并均一。

生产全脂乳粉、加糖乳粉、脱脂乳粉及其他乳制品时，为使产品符合要求、必须对原料乳进行标准化。即必须使标准化乳中的脂肪与非脂乳固体之比等于产品中脂肪与非脂乳固体之比，但原料乳中的这一比例随乳牛品种、地区、季节、饲料及饲养管理等因素的不同而有较大的差别。因此，必须调整原料乳中脂肪和非脂乳固体之间的比例关系，使其符合制品的要求。如果原料乳中脂肪含量不足时，应分离一部分脱脂乳或添加稀奶油；当原料乳中脂肪含量过高时，则可添加脱脂乳或提取一部分稀奶油。在实际工作中，如果奶源相对稳定，也可将各奶站收来的牛乳进行合理搭配便可解决上述标准化问题。如果对奶源质量无把握时，必须通过测定，然后进行调整。标准化在储乳罐的原料乳中进行或在标准化机中连续进行。工厂标准化的方法可采用向牛乳中添加乳脂肪或乳固体的方法进行离线标准化，也可以通过在线标准化。这一步与净化分离连在一起，把分离的稀奶油按比例，直接混合到脱脂乳生产线中，从而达到标准化的目的。

4. 杀菌　经过标准化处理的牛乳必须经过预热杀菌。牛乳中含有脂酶及过氧化物酶等，这些酶对乳粉的保藏性有害，所以必须在预热杀菌过程中将其破坏。此外，如大肠埃希菌、葡萄球菌等有害菌也一定要完全杀死。

（1）杀菌方法：乳粉生产中的预热杀菌，目前几乎全部采用高温短时杀菌法和 UHT 瞬间灭菌法。前者采用管式或板式杀菌器，杀菌条件为 86~94℃，24 秒或 80~85℃，15 秒。后者采用 UHT 灭菌机，杀菌条件为 125~150℃，1~2 秒。目前最常见的是高温短时杀菌法，因为该法可减少蛋白质的热变性，有利于提高乳粉的溶解性能。

（2）影响杀菌效果的因素

1）原料乳污染程度，污染严重的原料乳杀菌效果差。

2）选用的杀菌方法不合适，致使杀菌效果差。

3）杀菌工段的设备、管路、阀门、储罐、滤布等器具清洗消毒不彻底，影响杀菌效果。

4）操作中，未能严格执行工艺条件及操作规程，严重影响杀菌效果。

5）杀菌器的传热效果不良，如板式杀菌器水垢增厚，使传热系数降低，影响杀菌效果。

6）杀菌器本身的故障。保温杀菌罐的大小与搅拌器大小及转速配合不当，使罐的下部形成冷乳层，使杀菌温度不够；牛乳起泡时造成受热温度不匀；杀菌器保温层绝缘不良；自动控制系统发生故障；板式杀菌器的预热段胶垫破损时，造成生乳的混入等等。

乳粉成品不是绝对无菌的。乳粉之所以能长期保持乳的营养成分,主要是因为成品的含水量很低,使残存的微生物细胞和周围环境的渗透压差值增大,从而发生所谓的"生理干燥"现象,使乳粉中残存的微生物不仅不能繁殖,甚至还会死亡。

5. 均质　生产全脂乳粉时,一般不经过均质,但如果添加了稀乳油或其他不易混匀的物料,则应进行均质。均质时压力一般控制在 14～21MPa,温度以 60～65℃ 为宜。经过均质处理的全脂乳粉的质量优于未经过均质处理的乳粉。均质后脂肪球变小,冲调后复原性变得更好,易于消化吸收。

6. 加糖　在生产加糖或某些配方乳粉时,需要向乳中加糖,所使用的蔗糖必须符合国家标准。根据标准化乳中蔗糖的加入量与标准化乳干物质含量的比值,必须等于加糖乳粉中蔗糖含量与该成品中的乳总干物质含量的比值,乳中加糖量的计算公式见式 9-1:

$$牛乳中加糖量(kg) = 牛乳中干物质含量 \times \frac{牛乳中砂糖含量}{乳粉中干物质含量} \times 标准化乳的量(kg) \qquad 式 9\text{-}1$$

常用的加糖方法有 4 种:

(1)将糖投入原料乳中加热溶解后,再同牛乳一起杀菌。

(2)将杀菌过滤的糖浆(含糖约 65%)加入浓缩乳中。

(3)将糖粉碎杀菌后,在包装前与喷雾干燥好的乳粉混合。

(4)预处理时加一部分蔗糖,包装前再加一部分蔗糖细粉。根据产品配方和设备选择加糖方式,当产品中含糖量低于 20% 时,采用(1)或(2)前加糖法;当糖含量高于 20% 时,应采用(3)或(4)后加糖法,原因是蔗糖具有热熔性,在喷雾干燥塔中流动性较差,容易黏壁和形成团块,所以采用后加糖法;带有流化床干燥的设备,采用(3)法为宜。

7. 真空浓缩　为了节约能源和保证产品质量,喷雾干燥前对杀菌乳必须进行浓缩。乳浓缩是利用设备的加热作用,使乳中的水分在沸腾时蒸发汽化,并将汽化产生的二次蒸汽不断排除,从而使制品的浓度不断提高,直至达到要求的浓度的工艺过程。在乳品工业中,目前应用最多的是减压加热浓缩,即所谓的真空浓缩。

(1)真空浓缩的作用

1)原料乳经过真空浓缩,除去 70%～80% 的水分,可以提高干燥设备的生产能力,降低成本。

2)影响乳粉颗粒的物理性状:浓缩乳经喷雾干燥成乳粉后,其颗粒较粗大,具有良好的分散性、冲调性,能够迅速复水溶解。

3)改善乳粉的保藏性:真空浓缩可排除溶解在乳中的空气和氧气,使乳粉颗粒中的气泡含量大大减少。颗粒内存在的氧气容易与全脂乳粉中的脂肪起化学反应,给制品带来不良的影响,降低保藏性能。浓缩乳的浓度越高,制成的乳粉气体含量越低,越有利于保藏。

(2)真空浓缩的特点

1)牛乳的沸点随压力的升高或下降而增高或降低,真空浓缩可降低牛乳的沸点,避免了牛乳高温处理,减少了蛋白质的变性及维生素的损失,对保全牛乳的营养成分,提高乳粉的色、香、味及溶解度有益。

2)真空浓缩可极大地减少牛乳中空气及其他气体的含量,起到一定的脱臭作用,这对改善乳粉的品质及提高乳粉的保质期有利。

3）真空浓缩加大了加热蒸汽与牛乳间的温度差,提过了设备在单位面积单位时间内的传热量,加快了浓缩进程,提高了生产能力。

4）真空浓缩为使用多效浓缩设备及配置热泵创造了条件,可部分地利用二次蒸汽,节省了热能及冷却水的耗量。

5）真空浓缩操作是在低温下进行的,设备与室温间的温差小,设备的热量损失少。

6）牛乳自行吸入浓缩设备中,无需进行料泵。

（3）真空浓缩的技术条件

1）浓缩锅中的真空度应保持在 81~90kPa,乳温 50~60℃；多效蒸发室末效内的真空度应保持在 83.8~85kPa,乳温 40~45℃。

2）加热蒸汽的压力应控制在 $0~1kg/cm^2$。

3）浓缩乳的浓度要求:全脂乳粉浓度为 11.5~13°Bé,干物质含量 38%~48%；加糖全脂乳粉浓度为 15~20°Bé,干物质含量为 40%~50%。

（4）影响真空浓缩效果的因素

1）浓缩设备条件的影响:主要因素有加热总面积、加热蒸汽与乳之间的温差、乳的翻动速度等。加热面积越大,供给乳的热量越多,浓缩速度越快。加热蒸汽与乳之间温差越大,蒸发速度越快。一般用提高真空度降低牛乳沸点、增加蒸汽压力能提高蒸汽温度的方法来加大温差,但压力过大会出现"焦管"现象,影响产品质量,一般压力控制在 $0.5~2kg/cm^2$,翻滚速度越大,乳热交换效果越好。

2）乳的浓度与黏度的影响:乳的浓度与黏度对乳的翻滚速度有影响。浓缩初期,由于乳的浓度低,黏度小,翻滚速度快。随着浓缩的继续,乳的浓度逐渐提高,黏度逐渐增大,翻滚速度也减缓。

3）加糖的影响:加糖可提高乳的黏度,延长浓缩时间。一般把乳浓缩到接近所需浓度时再将糖浆加入。

8. 喷雾干燥 牛乳经浓缩后再过滤,然后进行干燥,除去液态乳中的水分,使乳粉中的水分含量控制在 2.5%~5.0%,以固体状态存在。乳粉干燥常用的方法有加热干燥法和冷冻干燥法。冷冻干燥法是乳中的水分在真空中蒸发,该过程可在较低的温度下进行,蛋白质不会受到任何损害,可用于生产优质乳粉,但因其耗能太高,并没有得到广泛应用。生产乳粉常用的方法是加热干燥法,水分以蒸汽形式被蒸发出去,残留物即为乳粉。加热干燥法有平锅法、滚筒法、喷雾法 3 种,乳品工业使用的基本上是喷雾干燥法。

（1）喷雾干燥的特点

1）喷雾干燥的优点

①干燥迅速快,物料受热时间短,浓缩乳经雾化分散成无数直径 10~100μm 大小的微粒,表面积大大增加。与干热空气接触后水分蒸发速度很快,整个干燥过程仅需 10~30 秒。牛乳营养成分的破坏程度较小,乳粉的溶解度高,冲调性好。

②整个干燥过程中乳粉颗粒表面的温度较低,不会超过干燥介质的湿球温度（50~60℃）,从而可以减少牛乳中一些热敏性物质的损失,且产品具有良好的理化性质。

③工艺参数可以方便地调节,产品质量容易得到控制,同时也可以生产有特殊要求的产品。

④整个干燥过程都是在密闭的状态下进行的,产品不易受到外来的污染,从而最大程度地保证了产品的质量。

⑤操作简单,机械化、自动化程度高,操作人员少,劳动强度低,生产能力大。

2)喷雾干燥的缺点

①喷雾干燥过程中,一般用饱和蒸汽加热干燥介质。加热后干燥介质的温度为 130~170℃。如用电热或燃油炉加热,可使干燥介质的温度提高至 200℃ 以上,但考虑到影响乳粉的质量,干燥介质的温度受到一定的限制,一般不宜超过 200℃。故所需的干燥设备体积较大,占地面积大或需多层建筑,投资大,干燥室的水分蒸发强度一般仅达到 $2.5 \sim 4.0 kg/(m^3 \cdot h)$。

②为了保证乳粉水分含量的要求,必须严格控制各种产品干燥时排风(废气)的相对湿度,一般在乳粉生产上排风的相对湿度为 10%~13%,故需耗用较多的空气量,从而增加了风机的容量及电耗,同时也增加了粉尘回收装置的负荷,在一定程度上影响了粉尘的回收,影响了产品得率。

③由于排风的相对湿度为 10%~13%,故排风的干球温度较高,通常为 75~85℃,于是干燥设备的热效率较低,热能消耗也较大,一般每蒸发 1kg 水需 3.0~3.3kg 饱和蒸汽,干燥设备的热效率仅为 50% 左右。

④喷雾干燥室内壁一般均黏有乳粉,个别设备较为严重,清除困难,清理时劳动强度较大。且黏壁的那一部分乳粉由于受热程度之不同,其溶解度将低于其他部分的乳粉。

(2)喷雾干燥的原理:浓缩乳在机械力(压力或高速离心力)的作用下,在干燥室内通过雾化器将乳分散成极细小的雾状微滴(直径为 10~100μm),使牛乳表面积增大。雾状微滴与通入干燥室的热空气直接接触,从而大大地增加了水分的蒸发速率,在瞬间(0.01~0.04 秒)使微滴中的水分蒸发,乳滴干燥成乳粉,降落在干燥室底部。

雾滴直径 D 与表面积 S 增加的倍数之间的关系不是简单的线性关系。比如说,一般从直径为 1cm 的球体分散为直径 50μm 的微粒时,其表面积增加约 200 倍,如果分散成 1μm 的球体时,其表面积增加 10 000 倍。由于单位质量的物料的表面积越大,则热交换越迅速,水分除去越快,物料受热时间缩短,产品质量提高。因此,雾化液滴的直径对产品质量有较大的影响。

(3)喷雾干燥的过程:喷雾干燥分 2 个阶段进行。第 1 阶段,将预处理后的牛乳蒸发浓缩至 40%~50% 的干物质含量;第 2 阶段,浓缩乳在干燥塔内进行最后的干燥。第 2 阶段又分成 3 个过程进行,将浓缩乳分散成非常细小的乳滴;将分散的细小乳滴与热气流混合,使水分迅速蒸发;将干的牛乳颗粒从干燥空气中分离出来。

喷雾干燥机的主要部分为雾化器。理想的雾化器应能将浓乳稳定地雾化成均匀的乳滴,并能使乳滴散布于干燥塔的有效空间,而不喷到塔壁上,目的是使其能快速干燥。乳滴分散得越微细,其比表面积越大,越能有效地进行干燥。雾化器的形式主要有压力喷雾雾化器和离心喷雾雾化器两种。

9. 冷却

(1)出粉:牛乳经喷雾干燥成乳粉后,应迅速从干燥室中排出并冷却,特别是全脂乳粉。由于干燥室的温度较高,底部一般为 60~65℃,乳粉如在高温下停留时间过长,脂肪容易氧化,会影响乳粉的溶解度和色泽。此外,乳脂肪酸的游离也会影响乳粉的保藏性。因此,迅速连续出粉和及时冷却是工艺的重要环节。

乳品工业常用的出粉机构有螺旋输送器、鼓型阀、涡旋气封阀和电磁振荡出粉装置等,这些出粉机构对于脱脂乳粉和全脂乳粉来说,出粉效果良好。

(2)冷却:不论采用何种出粉形式,出粉之后均需立即进行晾粉和筛粉,使制品及时冷却。若出粉后乳粉不经过充分冷却,仍保持较高温度,易引起蛋白质热变性。在高温下,全脂乳粉的游离脂肪酸增多,在乳粉颗粒表面渗出,暴露于空气中而被氧化,产生氧化臭味。同时乳粉在高温状态下放置还容易吸收大气中的水分。喷雾干燥乳粉要求及时冷却至30℃以下。

使用容量为30~50kg的晾粉箱进行贮放自然晾粉效果较差,因为箱体中心部位的乳粉不易冷却。目前普遍采用流化床出粉冷却装置,可将乳粉冷却至18℃以下,同时还可使制品颗粒大小均匀。

10. 筛粉　筛粉一般采用机械振动筛,网眼为40~60目。过筛后可将粗粉细粉混合均匀,并除去团块和粉渣。新生产的乳粉经过12~24小时的贮藏,其表观密度可提高15%左右,有利于包装。无论使用大型粉仓还是小粉箱,在贮存时都要严防受潮。包装前的乳粉存放场所必须保持干燥和清洁。

11. 包装　全脂乳粉中约有26%的脂肪,与空气接触后容易被氧化,同时乳粉颗粒较为疏松,吸湿性很强,所以要求包装车间要密封,干燥;室内要有空调设备,紫外线灯等。温度一般控制在20℃左右,相对湿度应在60%以下。

科学的包装不仅能增强产品的商品特性,也能延长产品的货架寿命。包装材料有马口铁罐、塑料袋、塑料复合纸带、塑料铝箔复合袋等。规格多为500g、454g,也有250g、150g的。大包装容器有马口铁盒或软桶,1.5kg装塑料袋套牛皮纸袋,25kg装。根据不同客户的特殊需求,可以改变包装重量。包装方式直接影响乳粉的贮存期,如塑料袋包装的贮存期规定为3个月,铝箔复合袋包装的贮存期规定为12个月,真空包装技术和充氮包装技术可使乳粉质量达3~5年。

五、全脂乳粉常见质量问题及控制

1. 乳粉水分含量过高　乳粉水分含量过高的原因如下:

(1)喷雾干燥过程中进料量、进风温度、进风量、排风温度、排风量控制不当。

(2)雾化器因阻塞等原因使雾化效果不好,导致雾化后的乳滴太大而不易干燥。

(3)乳粉包装间的空气相对湿度偏高,乳粉吸湿而使水分含量上升。包装间的空气相对湿度应该控制在50%~60%。

(4)乳粉冷却过程中冷风湿度太大,从而引起乳粉水分含量升高。

(5)乳粉包装封口不严或包装材料本身不密封。

2. 乳粉溶解度下降　乳粉的溶解度是指乳粉与一定量的水混合后能够复原成均一的新鲜牛乳状态的性能。导致乳粉溶解度下降的因素如下:

(1)原料乳的质量差,混入了异常乳或酸度高的牛乳,蛋白质热稳定性差,受热容易变性。

（2）牛乳在杀菌、浓缩或喷雾干燥过程中温度偏高，或受热时间过长，引起牛乳蛋白质受热过度而变性。

（3）喷雾干燥时雾化效果不好，使乳清过大，干燥困难。

（4）牛乳或浓缩乳在较高的温度下长时间放置会导致蛋白质变性。

（5）乳粉的储存条件及时间对其溶解度也会产生影响，若乳粉储存于温度高、湿度大的环境中，其溶解度会有所下降。

（6）不同的干燥方法生产的乳粉溶解度亦有所不同，一般来讲，滚筒干燥法生产的乳粉溶解度较差，仅为 70%～85%，喷雾干燥法生产的乳粉溶解度可达 99.0% 以上。

3. 乳粉结块　乳粉极易吸潮而结块，这主要与乳粉中含有的乳糖及其结构有关。采用一般工艺生产出来的乳粉，其乳糖呈非结晶的玻璃态，其中 α-乳糖与 β-乳糖之比为 1：15，两者保持一定的平衡状态。非结晶状态的乳糖具有很强的吸湿性，吸湿后则生成 1 分子结晶水的结晶乳糖。造成乳粉结块的原因如下：

（1）在乳粉的整个干燥过程中，由于操作不当而造成乳粉水分含量普遍偏高或部分产品水分含量过高，这样就容易产生结块现象。

（2）在包装或储存过程中，乳粉吸收空气中的水分，导致自身水分含量升高而结块。

4. 乳粉颗粒的形状和大小　乳粉颗粒直径大，色泽好，则冲调性能及润湿性能好，便于饮用，反之亦然。如果乳粉颗粒大小不一，而且有少量黄色的焦粒，则乳粉的溶解度就会较差，且杂质度高。影响乳粉颗粒形状及大小的因素如下：

（1）雾化器出现故障，将有可能影响到乳粉颗粒的形状。

（2）干燥方法不同，乳粉颗粒的平均直径及直径的分布状况亦有所不同。

（3）同一干燥方法，不同类型的干燥设备，所生产的乳粉颗粒直径亦有所不同。例如压力喷雾干燥法中，立式干燥塔较卧式干燥塔生产的乳粉颗粒直径大。

（4）浓缩乳的干物质含量对乳粉直径有很大影响，在一定范围内，干物质含量越高，则乳粉颗粒直径就越大，所以，在不影响产品溶解度的前提下，应尽量提高浓缩乳的干物质含量。

（5）压力喷雾干燥中高压泵压力的大小是影响乳粉颗粒直径大小的因素之一，使用压力越低，乳粉颗粒直径就越大，但不能影响干燥效果。

（6）离心喷雾干燥中转盘的转速也会影响乳粉颗粒直径的大小，转速越低，乳粉颗粒的直径就越大。

（7）喷头的孔径大小及内孔表面的光洁度状况也影响乳粉颗粒直径的大小及分布情况。喷头孔径大，内孔光洁度高，则得到的乳粉颗粒直径大，且颗粒大小均一。

5. 乳粉脂肪氧化味

（1）乳粉脂肪氧化味产生的原因

1）乳粉的游离脂肪酸含量高，易引起乳粉的氧化变质而产生氧化味。

2）乳粉中的脂肪在脂酶及过氧化物酶的作用下产生游离的挥发性脂肪酸，使乳粉产生刺激性的臭味。

3）乳粉储存环境温度高、湿度大或暴露于阳光下,易产生氧化味。

（2）防止乳粉产生脂肪氧化味的措施

1）严格控制乳粉生产的各种工艺参数,尤其是牛乳的杀菌温度和保温时间,必须使脂酶和过氧化物酶的活性丧失。

2）严格控制产品的水分含量在 2.0% 左右。

3）保证产品包装的密封性。

4）产品储存在阴凉、干燥的环境中。

6. 乳粉的色泽　正常的乳粉一般呈淡乳黄色。乳粉的色泽受以下因素影响:

（1）如果原料乳酸度过高而加入碱中和,所制得的乳粉色泽较深,呈褐色。

（2）若牛乳中脂肪含量较高,则乳粉颜色较深。

（3）若乳粉颗粒较大,则颜色较黄,乳粉颗粒较小,则颜色呈灰黄。

（4）空气过滤器过滤效果不好或布袋过滤器长期不更换,会导致回收的乳粉呈暗灰色。

（5）乳粉生产过程中物料热处理过度或乳粉在高温下存放时间过长,会使产品色泽加深,乳粉水分含量过高或储存环境的温度和湿度较高,易使乳粉色泽加深,严重的甚至产生褐色。

7. 细菌总数过高　乳粉中细菌总数过高主要原因如下:

（1）原料乳污染严重,细菌总数过高,杀菌后残留量太多。

（2）杀菌温度和时间没有严格按照工艺条件的要求进行。

（3）板式换热器垫圈老化破损,使生乳混入杀菌乳中。

（4）生产过程中受到二次污染。

8. 杂质度过高　杂质度过高的主要原因如下:

（1）原料乳净化不彻底。

（2）生产过程中受到二次污染。

（3）干燥室热风温度过高,导致风筒周围产生焦粉。

（4）分风箱热风调节不当,生产涡流,使乳粉局部受热过度而产生焦粉。

点滴积累

1. 全脂乳粉的工艺要点包括原料乳验收、原料乳预处理、杀菌、真空浓缩、喷雾干燥等。
2. 全脂乳粉常见质量问题有乳粉水分含量过高、乳粉溶解度下降、乳粉结块、乳粉颗粒的形状和大小、乳粉脂肪氧化味、乳粉的色泽、细菌总数过高、杂质度过高。

第四节　酸乳加工技术

通过乳酸菌发酵(如酸奶)或由乳酸菌、酵母菌共同发酵(如开菲尔)制成的乳制品叫发酵乳。发酵乳制品是一个综合名称,包括诸如酸奶、开菲尔、发酵酪乳、酸奶油、乳酒(以马奶为主)等。发酵乳的名称是由于牛奶中添加了发酵剂,使部分乳糖转化成乳酸而来的。在发酵过程中还形成

CO_2、醋酸、丁二酮、乙醛和其他物质。

酸乳又名酸牛乳,最原始的酸乳只是一种利用牛乳或其他动物乳中天然存在的乳酸菌使乳糖转化成乳酸而制作的一种发酵乳。20世纪中叶以来,西欧一些国家开始大量生产发酵乳,其中酸乳已成为国际间广泛食用的发酵乳。如今,随着新的益生菌类和新的生物技术在发酵乳生产中的应用,已使发酵乳的种类不断扩大,并推动了新的研究成果在乳品工业中的应用与发展。

▶▶ 课堂活动

　　讨论:你知道哪些酸乳制品? 如果你患有"乳糖不耐症",还能食用哪些乳制品? 生产酸乳的原料乳中能否含有抗生素,为什么? 酸乳有哪些营养价值?

一、酸乳分类

酸乳,即在添加(或不添加)乳粉(或脱脂乳粉)的乳中(杀菌乳或浓缩乳),由于保加利亚乳杆菌和嗜热链球菌的作用进行乳酸发酵制成的凝乳状产品,成品中必须含有大量的、相应的活性乳酸菌。

通常根据成品的组织状态、口味、原料中乳脂肪含量、加工工艺和菌种的组成等可以将酸乳分成不同类别。

1. 按成品的组织状态分类

(1)凝固型酸乳:其发酵过程在包装容器中进行,从而使成品因发酵而保留其凝固状态。

(2)搅拌型酸乳:发酵后的凝乳在灌装前搅拌成黏稠状组织状态。

2. 按成品的口味分类

(1)纯酸乳:产品只以乳或复原乳为原料,经脱脂、部分脱脂或不脱脂制成的产品,不含任何辅料和添加剂。

(2)加糖酸乳:产品由原料乳中加入糖和菌种发酵而成。在我国市面上常见,糖的添加量较低,一般为6%~8%。

(3)调味酸乳:在天然酸乳或加糖酸乳中加入香料而成。

(4)果料酸乳:成品是由天然酸乳与糖、果料混合而成。

(5)复合型或营养健康型酸乳:通常在酸乳中强化不同的营养素(维生素或纤维素等)或在酸乳中混入不同的辅料(如谷物、干果、菇类、蔬菜汁等)而成。

3. 按原料中脂肪含量分类　据FAO/WHO规定,脂肪含量全脂酸乳为3.0%,部分脱脂酸乳为3.0%~0.5%,脱脂酸乳为0.5%。

4. 按发酵后的加工工艺分类

(1)浓缩酸乳:将正常酸乳中的部分乳清除去而得到的浓缩产品。因其除去乳清的方式与加工干酪方式类似,有人也叫它酸乳干酪。

(2)冷冻酸乳:在酸乳中加入果料、增稠剂或乳化剂,然后将其进行冷冻处理而得到的产品。

(3)充气酸乳:发酵后在酸乳中加入稳定剂和起泡剂(通常是碳酸盐),经过均质处理即得充气酸乳。这类产品通常是以充 CO_2 气的酸乳饮料形式存在。

(4)酸乳粉:通常使用冷冻干燥法或喷雾干燥法将酸乳中约95%的水分除去而制成酸乳粉。

5. 按菌种种类分类

(1)酸乳:通常指仅用保加利亚乳杆菌和嗜热链球菌发酵而成的产品。

(2)双歧杆菌酸乳:酸乳菌种中含有双歧杆菌。

(3)嗜酸乳杆菌酸乳:酸乳菌种中含有嗜酸乳杆菌。

(4)干酪乳杆菌酸乳:酸乳菌种中含有干酪乳杆菌。

知识链接

酸乳的发展史

酸乳起源于近东,后来在东欧和中欧得以普及。 最早的发酵乳可能是放牧人偶然做成的,乳在一些微生物作用下"变酸"并凝结,恰好这些细菌是无害的、产酸型的,而且不产毒素。

公元前2000多年前,在希腊东北部和保加利亚地区的古代色雷斯人也掌握了酸乳的制作技术。 他们最初使用的是羊奶。 后来,酸乳技术被古希腊人传到了欧洲的其他地方。

发酵乳在世界范围内被人们所注意,应归功于诺贝尔奖获得者梅契尼柯夫。 他调查了有多个100岁以上长寿者的保加利亚地方的饮食结构,发现健康与日常饮用的发酵乳有密切关系,因而提出了"发酵乳不老长寿说"。 他还分离发现了酸乳的发酵菌,命名为"保加利亚乳酸杆菌"。 西班牙商人萨克·卡拉索在第一次世界大战后建立酸乳制造厂,把酸乳作为一种具有药物作用的长寿饮料放在药房销售,但销路平平。 第二次世界大战爆发后,卡拉索来到美国又建了一座酸乳厂。 这次他不再在药店销售了,而是打入了咖啡馆、冷饮店,并大做广告,很快酸乳就在美国打开了销路,并迅速风靡了世界。

二、酸乳的营养价值

1. 与原料乳有关的营养价值

(1)蛋白质:酸乳含有易于消化的优质蛋白质,和普通牛乳相比,由于酸乳中乳酸菌的作用,乳蛋白(主要是酪蛋白)变性凝固成为微粒子,并相互连结形成豆腐状的组织结构。这种由乳酸作用产生的酪蛋白粒子小于乳蛋白在胃酸作用下产生的粒子,更易于人体消化吸收。

(2)乳糖和维生素:发酵过程中,乳酸菌将乳糖转化为乳酸,减少了人体乳糖不耐受的风险。和牛乳相比,酸乳中含有更多的维生素 A 和维生素 B,直接饮用发酵乳能使人体更加有效地吸收维生素 A。作为理想食品,牛乳欠缺的是植物纤维及维生素 C。果汁发酵乳,特别是在日本、欧洲风行的大粒果肉发酵乳,含有大量水果纤维及维生素 C,能补足普通牛乳在营养上的欠缺,是营养成分更加完善、合理的食物佳品。

(3)矿物质:牛乳里含有丰富的钙,在发酵乳制造过程中,牛乳中的钙不仅没有受到破坏,还被转化为更易于人体吸收的可溶性乳酸钙。同时在乳酸菌作用下,乳蛋白分解产生的多肽类物质也有帮助钙吸收的功能。

2. 酸乳所特有的营养价值　酸乳中含有活性乳酸菌,它们大多是益生菌,发挥着特殊的营养保健功能。

(1)改善肠内菌群:肠道内菌群按照对人体的作用可分为有益菌群、中性菌群和有害菌群。有害菌产生的肠毒素、细菌毒素及肠内菌群腐败等可引起病原性疾病,所以肠内有益菌群占优势分布对保持人体健康、预防疾病具有十分重要的作用。发酵乳中乳酸菌属于人体有益菌群,经常摄入乳酸菌,能增加体内益生菌数量,使乳酸菌占优势,抑制有害微生物生长,维持肠道健康。

(2)降低血中胆固醇:过多的胆固醇对机体有害,乳酸菌可吸收部分胆固醇并将其转变为胆酸盐从体内排出。有研究表明,嗜热链球菌和保加利亚乳杆菌单独或混合发酵均可使蛋、奶中胆固醇含量下降 10% 左右,嗜热链球菌比保加利业乳酸杆菌降胆固醇的能力稍强。

三、发酵剂

发酵剂是一种能够促进乳的酸化过程,含有高浓度乳酸菌的产品。对于酸乳加工来说,质量优良的发酵剂是不可缺少的。

1. 发酵剂种类

(1)按制备过程分

1)商品发酵剂:从专门的发酵剂公司或研究所购买的原始菌种。

2)母发酵剂:用商品发酵剂制得的发酵剂。

3)中间发酵剂:加工大量发酵剂的中间环节的发酵剂。

4)工作发酵剂:又称加工发酵剂,是直接用于加工酸乳的发酵剂。

(2)按发酵剂类型分

1)混合发酵剂:含有两种或两种以上菌种的发酵剂,如保加利亚乳杆菌和嗜热链球菌按 1∶1 或 1∶2 比例混合的酸乳发酵剂。

2)单一发酵剂:只含有一种菌种的发酵剂,生产时可以将各菌株混合。

3)补充发酵剂:为了增加酸乳的黏稠度、风味或增强产品的保健目的,一般可单独培养或混合培养后加入乳中。

(3)按发酵剂产品形式分

1)液态发酵剂:液态发酵剂中的母发酵剂、中间发酵剂一般由乳品厂化验室制备,而生产用的工作发酵剂由专门的发酵剂室或酸乳车间生产。

2)粉状(或颗粒状)发酵剂:该发酵剂通过冷冻干燥培养得到的最大乳酸菌数的液体发酵剂制得。因冷冻干燥是在真空下进行,故能最大限度地减少高温对乳酸菌的破坏。

3)冷冻发酵剂:通过冷冻浓缩乳酸菌生长活力最高点时的液态发酵剂制成的,包装后放入液氮罐中储存。

2. 发酵剂的作用　发酵剂分解乳糖产生乳酸;产生挥发性的物质,如丁二酮、乙醛等,从而使酸乳具有典型的风味;具有一定的降解脂肪、蛋白质的作用,从而使酸乳更利于消化吸收;酸化过程抑制了致病菌的生长。

3. 发酵剂的选择 菌种选择对发酵剂的质量起着重要作用,在实际生产过程中,应根据所产酸乳的品种、口味及消费者需求来选择合适的发酵剂。选择发酵剂应从以下几方面考虑:

(1)酸生成能力和后酸化:不同的发酵剂其产酸能力会不一样,在同样的条件下可测得发酵酸度随时间的变化关系,从而得出酸生长曲线,从中可以看出哪一种发酵剂产酸能力强。产酸能力强的酸乳发酵剂通常在发酵过程中导致过度酸化和强的后酸化过程(后酸化是指酸乳酸度达到一定值时,终止发酵,进入冷却和冷藏阶段后仍继续缓慢产酸的过程)。在加工中一般选择产酸能力弱或中等的发酵剂。

(2)滋气味和芳香味的产生:优质的酸乳必须具有良好的滋气味和芳香味。为此,选择产生滋气味和芳香味满意的发酵剂是很重要的。一般酸乳发酵剂产生的芳香物质有乙醛、丁二酮和挥发性酸。可通过品尝、测定挥发酸和乙醛的方法来选择发酵剂。

(3)黏性物质的产生:若发酵剂在发酵过程中产黏,将有助于改善酸乳的组织状态和黏稠度,这一点在酸乳干物质含量不太高时更显得重要。在加工中,若正常使用的发酵剂突然产黏,则可能是发酵剂变异所致。也可购买产黏的发酵剂,但一般情况下,产黏发酵剂发酵的产品风味都稍差些。所以在选择时最好将产黏发酵剂作补充发酵剂来用。

(4)蛋白质的水解性:酸乳发酵剂中的嗜热链球菌在乳中表现出很弱的蛋白质水解性,而保加利亚乳杆菌表现出很高的活力,能将蛋白质水解为游离脂肪酸和多肽。酸乳中乳酸菌的蛋白质水解活动可能影响到发酵剂和酸乳的一些特性,如刺激嗜热链球菌的生长,促进酸的生成等。由于部分蛋白质水解增加了酸乳的可消化性,但也带来产品黏度下降等不利影响。所以若酸乳保质期短,蛋白质水解问题可以不予考虑;若酸乳保质期长,应选择蛋白质水解能力弱的菌株。在选择发酵剂时要考虑酸乳的生长类型而定。对于果料型酸乳,应选择产酸温和且后酸化弱的发酵剂;对于天然纯酸乳,除选择产酸温和后酸化弱的发酵剂外,还应考虑发酵剂的产香性能。

4. 发酵剂的质量控制 发酵剂在发酵乳加工中的作用取决于发酵剂的纯度和活力,其质量控制有如下方法:

(1)感官检查:对于液态发酵剂,首先检查其组织状态、色泽及有无乳清分离等;其次检查凝乳的硬度,然后品尝酸味与风味,看其有无苦味和异味等。

(2)理化、微生物学检查

1)检查形态与菌种比例:使用革兰染色或 Newman's 染色方法染色发酵剂涂片,并用高倍光学显微镜观察乳酸菌形态正常与否以及杆菌与球菌的比例等。

2)检查污染程度:纯度可用催化酶试验:乳酸菌催化酶试验应呈阴性,阳性反应是污染所致;阳性大肠菌群试验检测粪便污染情况;乳酸菌发酵剂中不许出现酵母或霉菌;检测噬菌体的污染情况;活力检查:使用前在化验室对发酵剂的活力进行检查,从发酵剂的酸生成状况或色素还原来进行判断。好的酸乳发酵剂活力一般在 0.8% 以上。

(3)定期进行发酵剂设备和容器涂抹检验:定期进行发酵剂加工设备和容器涂抹检验来判定清洗效果和车间的卫生状况。

四、酸乳的加工工艺

1. 酸乳加工工艺

（1）凝固型酸乳工艺流程：详见图 9-23。

蔗糖、乳粉、稳定剂等

原料乳验收 → 预处理 → 标准化 → 配料 → 均质 → 杀菌 → 冷却 → 添加发酵剂 → 灌装 → 发酵 → 冷却、后熟

图 9-23　凝固型酸乳生产工艺流程图

（2）搅拌型酸乳工艺流程：详见图 9-24。

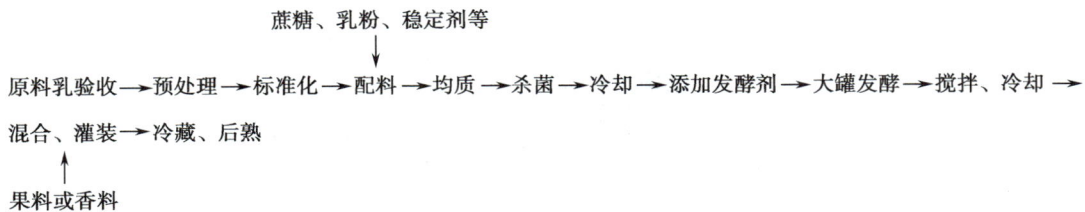

蔗糖、乳粉、稳定剂等

原料乳验收 → 预处理 → 标准化 → 配料 → 均质 → 杀菌 → 冷却 → 添加发酵剂 → 大罐发酵 → 搅拌、冷却 → 混合、灌装 → 冷藏、后熟

果料或香料

图 9-24　搅拌型酸乳生产工艺流程图

2. 主要加工设备

（1）净化分离设备：过滤器、离心净乳机、蝶式分离机。

（2）杀菌、冷却设备：板式换热器、中心套管式换热器、片式冷却器、冷却罐等。

（3）均质设备：高压均质机、胶体磨、喷射式均质机、离心式均质机等。

（4）发酵设备：发酵罐、发酵室等。

部分设备结构与示意图见图 9-25～图 9-27。

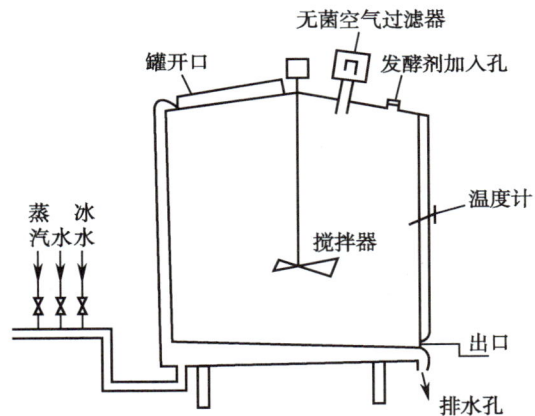

图 9-25　发酵罐结构示意图

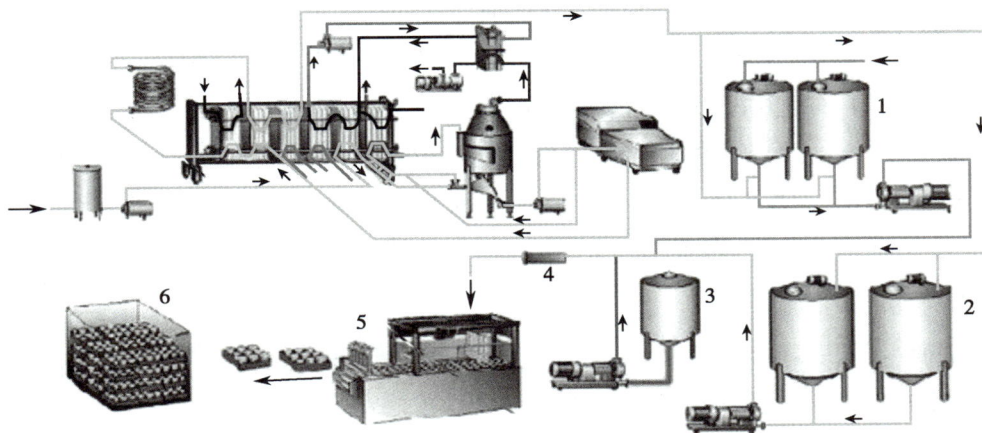

图 9-26　凝固型酸乳生产线
1. 生产发酵剂罐　2. 缓冲罐　3. 香精罐　4. 混合器　5. 灌装机　6. 发酵室

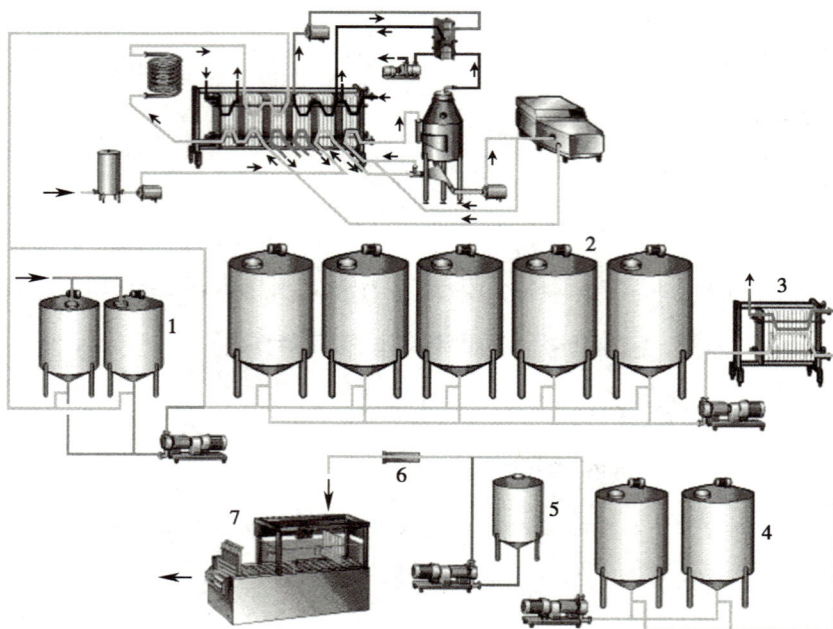

图 9-27　搅拌型酸乳生产线
1. 生产发酵剂罐　2. 发酵罐　3. 片式冷却器　4. 缓冲罐　5. 果料或香料罐　6. 混合器　7. 灌装机

五、工艺要点

（一）凝固型酸乳

1. 原料乳验收　用于酸乳生产的牛乳必须具有最高的卫生质量,细菌含量低,无阻碍酸乳发酵的物质,牛乳中不得含有抗生素、噬菌体、CIP 清洗剂残留物或杀菌剂。因此乳品厂用于制作酸乳的原料乳要经过选择,并对原料乳进行认真的检验,原料乳应符合 GB 19301-2010 规定,要求牛乳酸度在 18°T 以下,杂菌数不高于 $2×10^6$ 个/ml,总固形物不低于 11.5%。

2. 预处理　原料乳预处理见巴氏杀菌乳。

3. 标准化　目前乳品工厂对原料乳进行标准化,一般是通过添加乳制品、浓缩原料乳和重组原料乳 3 种途径。

（1）直接添加乳制品:通过在原料乳中直接加混全脂或脱脂乳粉或强化原料乳中的乳成分(如加入乳清粉、酪蛋白粉、奶油、浓缩乳等)来达到原料乳标准化的目的。

（2）浓缩原料乳:原料乳通常通过蒸发浓缩、反渗透浓缩或超滤浓缩的方法进行浓缩。

（3）复原乳:由于奶源条件的限制,以脱脂乳粉、全脂乳粉、无水奶油等为原料,根据所需原料乳的化学组成,用水来配制成标准原料乳。

4. 配料

（1）加糖:一般用蔗糖或葡萄糖作为甜味剂,其添加量可根据各地口味不同有所差异。加糖的目的是提高酸乳的甜味,同时也可提高黏度,有利于酸乳的凝固性。将原料乳加热到 50℃ 左右,加糖量一般为 5%~8% 的砂糖,继续升温至 65℃。用原料乳将糖溶解后用泵循环通过过滤器进行过滤。

（2）添加乳粉：用作发酵乳的脱脂乳粉质量必须高，无抗生素、防腐剂。脱脂奶粉可提高干物质含量，改善产品组织状态，促进乳酸菌产酸，一般添加量为 1% ~ 1.5%。它们在投料前须经过感官评定和理化指标检验。当不采用鲜乳做原料乳而采用脱脂乳制作脱脂酸乳时，脱脂乳可直接进入标准化罐中，按上所述进行处理。

（3）稳定剂：在酸乳中使用稳定剂主要目的是提高酸乳的黏稠度并改善其质地、状态与口感，一般在凝固型酸乳中不加。常用的稳定剂有阿拉伯胶、明胶、果胶、琼脂等，添加量为 0.1% ~ 0.5%。乳中添加稳定剂时一般与蔗糖、乳粉等预先混合均匀，边搅拌边添加，或将稳定剂先溶于少量水或少量乳中，再于适当搅拌条件下加入。

5. 均质　均质处理可使原料充分混匀，有利于提高酸乳的稳定性和黏稠度，并使酸乳质地细腻，口感良好。均质压力为 20 ~ 25MPa。

6. 杀菌　杀菌的目的在于杀灭原料乳中的杂菌，确保乳酸菌的正常生长和繁殖，钝化原料乳中对发酵菌有抑制作用的天然抑制物，使牛乳中的乳清蛋白变性，以达到改善组织状态，提高黏稠度和防止成品乳清析出。杀菌条件为 90 ~ 95℃，5 分钟。

7. 添加发酵剂　杀菌后的乳应立即降至 45℃ 左右，以便接种发酵剂。菌种的接种量根据菌种活力、发酵方法、生产时间安排和混合菌种配比不同而定。一般生产发酵剂，产酸活力在 0.7% ~ 1.0%，此时接种量应为 2% ~ 4%。加入的发酵剂应事先在无菌操作条件下搅拌成均匀细腻的状态，不应有大凝块，以免影响成品质量。

8. 灌装　可根据市场需要选择玻璃瓶或塑料杯等容器，在灌装前需对容器进行清洗和蒸汽灭菌。对一些灌装容器上残留的洗涤剂（如氢氧化钠）和消毒剂（如氯化物）须清洗干净，以免影响菌种活力，确保酸乳的正常发酵和凝固。

9. 发酵　用保加利亚乳杆菌与嗜热链球菌的混合发酵剂时，温度保持在 41 ~ 42℃，培养时间 3 ~ 4 小时（2% ~ 4% 的接种量）。达到凝固状态时即可终止发酵。发酵终点判定：滴定酸度达到 70°T 以上；pH 低于 4.6；奶变黏稠，凝固。

发酵时应注意避免震动，否则会影响组织状态；发酵温度应恒定，避免温度波动；掌握好发酵时间，防止酸度不够或过度以及乳清析出。

10. 冷却、后熟　发酵好的凝固酸乳，应立即移入 0 ~ 4℃ 的冷库中，迅速抑制乳酸菌的生长，以免继续发酵而造成酸度升高。在冷藏期间，酸度仍会有所上升，同时风味成分双乙酰含量会增加。试验表明冷藏 24 小时，双乙酰含量达到最高，超过 24 小时又会减少。因此，发酵凝固后须在 0 ~ 4℃ 储藏 24 小时后再出售，通常把该冷藏过程称为后熟，一般最大冷藏期为 7 ~ 14 天。

（二）搅拌型酸乳

1. 原料乳的验收、预处理、标准化、配料、均质、杀菌、冷却、添加发酵剂　其工艺同凝固型酸乳。

2. 发酵　搅拌型酸乳的发酵是在发酵罐中进行的，应控制好发酵罐的温度，避免波动。发酵罐上部和下部温差不要超过 1.5℃。

3. 冷却　搅拌型酸乳冷却的目的是快速抑制乳酸菌的生长和酶的活性，以防止发酵过程产酸过度及搅拌时脱水。冷却在酸乳完全凝固（pH 4.6 ~ 4.7）后开始，冷却过程应稳定进行，冷却过快将造成凝块收缩迅速,导致乳清分离;冷却过慢则会造成产品过酸和添加果料的脱色。搅拌型酸乳的冷却可采用片式冷却器、管式冷却器、表面刮板式热交换器、冷却罐等。

4. 搅拌　通过机械力破碎凝胶体,使凝胶体的粒子直径达到 0.01～0.4mm,并使酸乳的硬度和黏度及组织状态发生变化。在搅拌型酸乳的加工中,这是一道重要的工序。

(1)搅拌的方法:机械搅拌使用宽叶片搅拌器,搅拌过程中应注意既不可过于激烈,又不可搅拌过长时间。搅拌时应注意凝胶体的温度、pH 值及固体含量等。通常搅拌开始用低速,以后用较快的速度。

(2)搅拌时的质量控制

1)温度:搅拌的最适温度为 0～7℃,但在实际加工中使 40℃的发酵乳降到 0～7℃不太容易,所以搅拌时的温度以 20～25℃为宜。

2)pH:酸乳的搅拌应在凝胶体的 pH 达 4.7 以下时进行,若在 pH 4.7 以上时搅拌,则因酸乳凝固不完全、黏性不足而影响其质量。

3)干物质:较高的乳干物质含量对搅拌型酸乳防止乳清分离能起到较好的作用。

4)在搅拌过程中可添加果酱或果料而制成相应的果料酸奶,或添加香料而制成调味酸奶。

5. 混合、灌装　果蔬、果酱和各种类型的调香物质等可在酸乳自缓冲罐到包装机的输送过程中加入,这种方法可通过 1 台变速的计量泵连续加入到酸乳中。在果料处理中,杀菌是十分重要的,对带固体颗粒的水果或浆果进行巴氏杀菌,其杀菌温度应控制在能抑制一切有生长能力的细菌,而又不影响果料的风味和质地的范围内。

6. 冷藏、后熟　将灌装好的酸乳于 0～7℃冷库中冷藏 24 小时进行后熟,进一步促使芳香物质的产生和黏稠度的改善。

六、酸乳常见质量问题及控制

1. 凝固性差　酸乳有时会出现凝固性差或不凝固现象,黏性很差,出现乳清分离。

(1)原料乳质量:当乳中含有抗生素、防腐剂时,会抑制乳酸菌的生长,从而导致发酵不力、凝固性差。乳房炎乳由于其白细胞含量较高,对乳酸菌也有不同的噬菌作用。此外,原料乳掺假,特别是掺碱,使发酵所产的酸被中和,而不能积累达到凝乳要求的 pH,从而使乳不凝固或凝固不好。牛乳中掺水,会使乳的总干物质降低,也会影响酸乳的凝固性。

(2)发酵温度和时间:发酵温度根据所用乳酸菌种类而定。若发酵温度低于或高于乳酸菌最适生长温度,则乳酸菌活力下降,凝乳能力降低,使酸乳凝固性降低。发酵时间短,也会造成酸乳凝固性能降低。此外,发酵室的温度波动也是造成酸乳凝固性降低的原因之一。因此,在实际加工中,应尽可能保持发酵室的温度恒定,并控制发酵温度和时间。

(3)噬菌体污染:是造成发酵缓慢、凝固不完全的原因之一。由于噬菌体对菌的选择作用,可采用经常更换发酵剂的方法加以控制。此外,两种以上菌种混合使用也可减少噬菌体危害。

(4)发酵剂活力:发酵剂活力弱或接种量太少会造成酸乳的凝固性下降。对一些灌装容器上残留的洗涤剂(如氢氧化钠)和消毒剂(如氯化物)须清洗干净,以免影响菌种活力,确保酸乳的正常发酵和凝固。

（5）加糖量：加工酸乳时，加入适当的蔗糖可使产品产生良好的风味，凝块细腻光滑，提高黏度，并有利于乳酸菌产酸量的提高。若加量过大，会产生高渗透压，抑制了乳酸菌的生长繁殖，造成乳酸菌脱水死亡，相应活力下降，使牛乳不能很好凝固。试验证明，6.5%的加糖量对产品的口味最佳，也不影响乳酸菌的生长。

2. 乳清析出 乳清析出是加工酸乳时常见的质量问题，其主要原因有以下几种：

（1）原料乳热处理不当：热处理温度偏低或时间不够，就不能使大量乳清蛋白变性，变性乳清蛋白可与酪蛋白形成复合物，能容纳更多的水分，并且具有最小的脱水收缩作用。据研究表明，要保证酸乳吸收大量水分和不发生脱水收缩作用，至少要使75%的乳清蛋白变性，但UHT灭菌不能达到75%的乳清蛋白变性，所以酸乳加工不宜用UHT加热处理。

（2）发酵时间：若发酵时间过长，乳酸菌继续生长繁殖，产酸量不断增加。酸性的过度增强破坏了原来已形成的胶体结构，使其容纳的水分游离出来形成乳清上浮。发酵时间过短，乳蛋白质的胶体结构还未充分形成，不能包裹乳中原有的水分，也会形成乳清析出。因此，应在发酵时抽样检查，发现牛乳已完全凝固，就应立即终止发酵。

（3）其他因素：原料乳中总干物质含量低、酸乳凝胶机械振动、乳中钙盐不足、发酵剂添加量过大等也会造成乳清析出，在加工时应加以注意，乳中添加适量的 $CaCl_2$，既可减少乳清析出，又可赋予酸乳一定的硬度。

3. 风味不良 正常酸乳应有发酵乳纯正的风味，但在加工过程中常出现以下不良风味：

（1）无芳香味：主要出于菌种选择及操作不当所引起。正常的酸乳加工应保证两种以上的菌种混合使用并选择适宜的比例。任何一方占优势均会导致产香不足，风味变劣。高温短时发酵和固体含量不足也是造成芳香味不足的因素。芳香味主要来自发酵剂分解柠檬酸产生的丁二酮等物质，所以原料乳中应保证足够的柠檬酸含量。

（2）酸乳的不洁味：主要由发酵剂或发酵过程中污染杂菌引起。被丁酸菌污染可使产品带刺鼻怪味，被酵母菌污染不仅产生不良风味。还会影响酸乳的组织状态，使酸乳产生气泡。因此，要严格保证卫生条件。

（3）酸乳的酸甜度：酸乳过酸、过甜均会影响风味。发酵过度、冷藏时温度偏高和加糖量较低等会使酸乳偏酸，而发酵不足或加糖过高又会导致酸乳偏甜。因此，应尽量避免发酵过度现象，并应在0~4℃条件下冷藏，防止温度过高，严格控制加糖量。

（4）原料乳的异味：牛体臭味、氧化臭味及由于过度热处理或添加了风味不良的炼乳或乳粉等也是造成其风味不良的原因之一。

4. 表面霉菌生长 酸乳储藏时间过长或温度过高时，往往在表面出现霉菌。白色霉菌不易被注意。这种酸乳被人误食后，轻者有腹胀感觉，重者引起腹痛下泻。因此要严格保证卫生条件并根据市场情况控制好储藏时间和温度。

5. 口感差 优质酸乳柔嫩、细滑，清香可口。采用高酸度的乳或劣质的乳粉加工的酸乳口感粗糙，有沙状感。因此，加工酸乳时，应采用新鲜牛乳或优质乳粉，并采取均质处理，使乳中蛋白质颗粒细微化,从而达到改善口感的目的。

6. 沙状组织 酸乳在组织外观上有许多沙状颗粒存在,不细腻,沙状结构的产生有多种原因,在制做搅拌型酸乳时,应选择适宜的发酵温度,避免原料乳受热过度,减少乳粉用量,避免干物质过多和较高温度下的搅拌。

点滴积累 ╲╱

1. 凝固型酸乳与搅拌型酸乳的工艺要点。
2. 酸乳常见质量问题有凝固性差、乳清析出、风味不良、表面霉菌生长、口感差、沙状组织。

第五节 冰淇淋加工技术

冷冻饮品简称冷饮,又称冷冻固态饮料,是以饮用水、食糖、乳、乳制品、果蔬制品、豆类、食用油脂等其中的几种为主要原料,添加或不添加其他辅料、食品添加剂、食品营养强化剂,经配料、巴氏灭菌或灭菌、凝冻或冷冻等工艺制成的固态或半固态食品,包括冰淇淋、雪糕、雪泥、冰棍、甜味冰和食用冰类。其中冰淇淋以其浓郁的香味、细腻的组织、可口的风味、清凉的口感和诱人的色泽,丰富营养,而备受人们喜爱。

▶▶ 课堂活动

讨论:你知道哪些冰淇淋制品? 冰淇淋是由哪些原料生产出来的,各有何作用? 冰淇淋是如何保藏的? 冰淇淋融化较快是什么原因?

一、冰淇淋的概念和分类

冰淇淋是以饮用水、乳和(或)乳制品、蛋制品、水果制品、豆制品、食糖、食用油脂等的一种或多种为原辅料,添加或不添加食品添加剂和(或)食品营养强化剂,经混合、灭菌、均质、冷却、老化、冻结、硬化等工艺制成的体积膨胀的冷冻饮品。同时也是一种营养食品,且易于消化,因此不仅是夏季的嗜好饮料,即使是冬季也有很多人喜食。

1. 按冰淇淋中脂肪含量分类 可分为全乳脂冰淇淋、半乳脂冰淇淋、植脂冰淇淋。全乳脂冰淇淋指主体部分乳脂质量分数为8%(不含非乳脂)的冰淇淋。半乳脂冰淇淋指主体部分乳脂质量分数大于等于2.2%的冰淇淋。植脂冰淇淋指主体部分乳脂质量分数低于2.2%的冰淇淋。

2. 按冰淇淋加工工艺分类 可分为清型冰淇淋和组合型冰淇淋。清型冰淇淋指不含颗粒或块状辅料的冰淇淋。组合型冰淇淋指以全乳脂冰淇淋或半乳脂冰淇淋或植脂冰淇淋为主体,与其他种类冷冻饮品和(或)巧克力、饼坯等食品组合而成的制品。

3. 按冰淇淋硬度分类 可分为硬质冰淇淋和软质冰淇淋。硬质者系指经硬化置于冰柜内的冰淇淋,而软质者系在制造过程中省去最后硬化操作的冰淇淋。

4. 按外形形状分类　可分为砖状冰淇淋、杯状冰淇淋、锥状冰淇淋、异形冰淇淋、装饰冰淇淋。

知识链接

冰淇淋发展史

　　冰淇淋是一种极具诱惑力的美味冷冻奶制品。将近800年以前，冰淇淋源于中国。在元朝的时候，一位精明的食品店商人突发奇想，他尝试着在冰中添加一些蜜糖、牛奶和珍珠粉，结果，制成了世界上最早的冰淇淋。

　　13世纪，举世闻名的意大利探险家马可·波罗回到意大利，带回了中国的冰淇淋制法。1500年，法国一位国王与意大利皇室的一位成员结婚时，冰淇淋又由意大利传入了法国。法国人在原有做法的基础上，又增加了许多新的配料。1625年，新继位的英国国王查理一世，为能吃到这种消暑食品，曾专门聘请了一位厨师来制作冰淇淋，并要求这位厨师对冰淇淋的配方严加保密。

　　大约在1700年，冰淇淋传入美洲大陆。美国首任总统乔治·华盛顿对这种新工艺痴爱异常。当时，冰淇淋的制作还很不容易。人们要在夏天吃到这种食品，不得不在冬天到河里取冰块，把它们贮放在锯末里。冰淇淋仍然是富贵人家的食品。1846年，美国的一位名叫南希·约翰逊的女士对复杂的工艺进行了改进，制造了一种手动曲柄式冷冻机，使冰淇淋的制作工艺更加简单容易。1851年，美国人扎卡布·费斯赛尔在美国马里兰州的巴尔的摩开办了美国首家冰淇淋制作工厂。

　　1900年，由于电力和制冷学的广泛应用，冰淇淋的制作过程加快，降低了成本，从而使价格大大下降。从那以后，冰淇淋就开始成为一种普及的降暑食品。

二、原辅料的选择

1. 饮用水　冷饮一般含有60%～90%的水，通常含有65%～80%的水，主要由饮用水提供。

2. 脂肪　冰淇淋中油脂含量在6%～12%最为适宜。如使用量低于此范围，不仅影响冰淇淋的风味，而且使冰淇淋的发泡性降低；如高于此范围，就会使冰淇淋成品形体变得过软。乳脂肪的来源有稀奶油、奶油、鲜奶、炼乳、全脂乳粉等，但由于乳脂肪价格昂贵，目前普遍使用相当量的植物脂肪来取代乳脂肪，主要有起酥油、人造奶油、棕榈油、椰子油等，其熔点性质应类似于乳脂肪，为28～32℃。

3. 非脂乳固体　非脂乳固体是牛乳总固形物除去脂肪而所剩余的蛋白质、乳糖及矿物质的总称。非脂乳固体可以由鲜牛乳、脱脂乳、乳酪、炼乳、乳粉、酸乳、乳清粉等提供，冷饮食品中的非脂肪乳固体，以鲜牛乳及炼乳为最佳。其中蛋白质具有水合作用，在均质过程中它与乳化剂一同在生成的小脂肪球表面形成稳定的薄膜，确保油脂在水中的乳化稳定性，同时在凝冻过程中促使空气很好地混入，并能防止乳品冷饮制品中冰结晶的扩大，使其质地润滑。乳糖的柔和甜味及矿物质的隐约盐味，将赋予制品显著风味特征。限制非脂乳固体使用量的主要原因在于防止其中的乳糖呈过饱和状态而渐渐结晶析出砂状沉淀，一般推荐其最大用量不超过制品中水分的16.7%。

4. 甜味料　冷饮一般含有8%～20%的糖分，主要由白砂糖提供。也可用部分果葡糖浆、葡萄糖、果糖、麦芽糖醇、甜蜜素、阿斯巴甜等。

甜味料赋予冰淇淋甜味,使冰点下降,增加混合料的黏性,增加总固体物含量,使口感圆润及组织状态良好。

5. 稳定剂　稳定剂具有亲水性,其作用为与冰棋淋中的自由水结合成为结合水,从而减少混合料里自由水的数量;提高混合料的黏度和冰淇淋膨胀率;防止或抑制冰晶的生长,提高冰淇淋抗融化性和保藏稳定性;改善冰淇淋的形体和组织结构。

稳定剂的种类很多,较为常用的有明胶、琼脂、果胶、CMC、瓜尔豆胶、黄原胶、卡拉胶、海藻胶、藻酸丙二醇酯、魔芋胶、变性淀粉等。稳定剂的添加量依原料的成分组成而变化,尤其以总固形物含量而异,一般在0.1%~0.5%。

6. 乳化剂　乳化剂是一种分子中具有亲水基和亲油基的物质,它可介于油和水的中间,使一方很好地分散于另一方的中间而形成稳定的乳化液。冰淇淋的成分复杂,其混合料中加入乳化剂的作用可归纳为:使脂肪呈微细乳浊状态,并使之稳定化;分散脂肪球以外的粒子并使之稳定化;增加室温下产品的耐热性,也就是增强了其抗融性和抗收缩性;防止或控制粗大冰晶形成,使产品组织细腻。

冰淇淋中常用的乳化剂有甘油-酸酯(单甘酯)、蔗糖脂肪酸酯(蔗糖酯)、聚山梨酸酯、山梨糖醇脂肪酸酯、丙二醇脂肪酸酯(PG酯)、卵磷脂等。乳化剂添加量与混合料中脂肪含量有关,随脂肪量增加而增加,范围在0.1%~0.5%,复合乳化剂的性能优于单一乳化剂。此外,一些其他的食品原料,如鲜鸡蛋与蛋制品,由于其含有大量的软磷脂具有永久性乳化能力,因而也能起到乳化剂的作用。

7. 香精　香精能赋予冷饮品以醇和的香味,增进其食用价值。按其溶解性分为水溶性和脂溶性。要使冷饮品得到清雅醇和的香味,除了注意香精本身的品质优劣以外,用量要适当。一般食用香精的使用量在冷饮品中为0.025%~0.15%,但实际用量尚需根据食用香精的品质及工艺条件而定。香精都有一定的挥发性,在老化后的物料中添加,以减少挥发损失。

8. 着色剂　协调的色泽能改善冷饮品的感官品质,大大增进人们的食欲。调色时,应选择与产品名称相适应的着色剂,在选择使用色素时,应首先考虑符合添加剂卫生标准。调色时以淡薄为佳,常用的着色剂有红曲色素、姜黄色素、焦糖色素、红花黄素、辣椒红、胭脂红、柠檬黄、日落黄、亮蓝等。

三、冰淇淋的加工工艺

1. 工艺流程　详见图9-28。

原辅料验收→预处理→配料混合→均质→杀菌→冷却→老化→凝冻→成型→硬化→包装、储藏

图9-28　冰淇淋生产工艺流程图

2. 主要加工设备

(1)配料设备:普通混料缸、高速混料罐。

(2)均质设备:高压均质机、胶体磨、喷射式均质机、离心式均质机等。

(3)杀菌、冷却设备:板式换热器、中心套管式换热器、片式冷却器、冷却罐等。

（4）凝冻设备：连续式凝冻机、间歇式凝冻机等。

（5）灌装设备：圆缸型浇模设备、圆杯冰淇淋灌装机、多功能冰淇淋灌装机等。

（6）速冻设备：速冻库、隧道速冻机等。

部分设备结构与示意图见图9-29、图9-30。

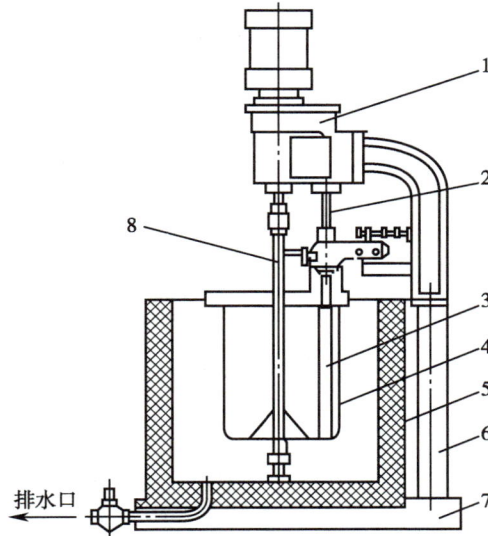

图9-29　简易凝冻机

1.搅拌装置　2.刮刀轴　3.刮刀　4.凝冻桶　5.保温桶　6.机身　7.底座　8.主轴

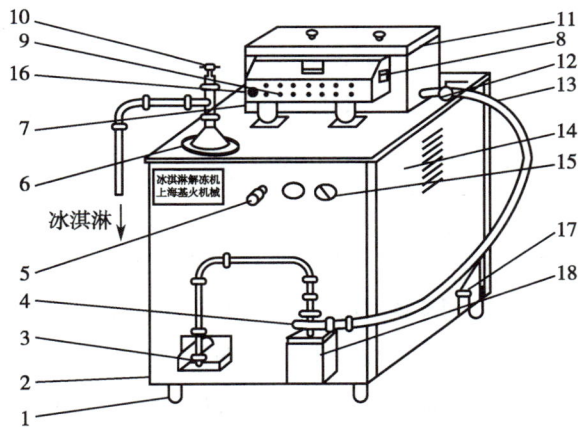

图9-30　连续式凝冻机

1.可调支脚　2.左侧门　3.溢流阀　4.空气调节阀　5.针阀　6.搅拌器　7.电气控制箱　8.总开关　9.控制按钮　10.膨胀阀　11.料箱　12.出料阀　13.料管　14.右侧门　15.压力表　16.变频旋钮　17.制冷系统　18.空气混合器

四、工艺要点

1. 原辅料验收　各种原辅料必须严格按照相关标准进行检验，合格后方可使用。

2. 预处理

（1）鲜牛乳在使用之前，应先经过滤布或金属滤网除去杂质后，再用离心机净乳后再泵入配料缸内。

（2）使用乳粉时，应在混料缸或高速剪切缸内用40℃温水搅拌溶解，并保持2~3小时充分水合，使乳粉分散更加均匀，赋予产品细腻的口感。然后再经过滤、均质后，与其他原料混合。

（3）奶油（包括人造奶油和氢化油）先检查其表面有无杂质，去除杂质后再切成小块，加入杀菌缸。

（4）冰淇淋复合乳化稳定剂在使用前，要与其5倍以上砂糖预先干混，然后用70~75℃的热水在混合缸内高速搅拌15分钟，使其充分溶解和分散，备用。

（5）鲜蛋一般要与鲜乳或水一起混合，鸡蛋的加乳应与水或牛乳以1：4的比例混合后加入，以免蛋白质变性凝成絮状，然后过滤后均质；如使用蛋黄粉，应先与加热至50℃的奶油混合，并搅拌使之均匀分散在油脂中；如使用冰蛋，要加热融化后使用。

（6）淀粉原料使用时，要在配料缸内加入其重量的8~10倍的水，搅拌器开启的状态下加入，并搅拌成淀粉浆，然后通过100目筛过滤，加热糊化后使用。

（7）甜味剂先用5倍左右的水稀释、混匀，再经100目尼龙或金属网过滤后使用。

（8）果汁在静置存放过程中会出现沉淀，在使用前应搅匀或经均质处理才可使用。

3. 配料混合　由于冰淇淋配料种类较多，组织状态差别较大，因此配制时的加料顺序显得尤为重要。一般先加入水分含量高的物料，如鲜牛乳、水、乳粉溶解液、蛋液等黏度小的原料及半量的水和剩余蔗糖；再加入黏度稍高的原料，如淀粉糖浆、乳化稳定剂溶液等，并进行搅拌和加热；同时再加入稀奶油、炼乳、果葡糖浆等黏度高的原料；最后以水或牛乳定容，使料液总固体控制在规定的范围内，混合溶解时的温度通常为65~70℃。同时，要求混合料的酸度以0.18%~0.2%为宜，酸度过高应在杀菌前进行调整，调节时可用NaOH或NaHCO₃进行中和，但不得过度，否则会产生涩味。香料、色素应在冰淇淋混合料老化成熟后添加；水果、果仁、点心在混合料凝冻后添加。

4. 均质　均质的目的在于将混合料中的脂肪球微细化至1μm左右，以防止浮脂层的形成，使各成分完全混合，改善冰淇淋组织，缩短成熟时间，节省乳化剂和增稠剂，有效地预防凝冻过程中形成奶油颗粒等。混合料的均质一般采用两级均质，温度范围为60~70℃，高温均质混合料的脂肪球集结的机会少，有降低稠度、缩短成熟时间的效果，但也有产生加热臭的缺陷。均质压力随混合料的成分、温度、均质机的种类等而不同，一般第1级为14~18MPa，第2级为3~4MPa，这样可使混合料保持较好的热稳定性。

5. 杀菌　通过杀菌可以杀灭料液中的一切病原菌和绝大部分的非病原菌，以保证产品的安全性、卫生指标，延长冰淇淋的保质期。杀菌温度和时间的确定，主要看杀菌的效果，过高的温度与过长的时间不但浪费能源，而且还会使料液中的蛋白质凝固、产生蒸煮味和焦味，使维生素受到破坏而影响产品的风味及营养价值。混合料的杀菌可采用不同的方法，如低温间歇杀菌、高温短时杀菌和超高温瞬时杀菌3种方法。

6. 冷却、老化　混合原料杀菌后，通过片式换热器迅速冷却至老化温度（2~4℃）。将混合料在2~4℃的低温下冷藏一定时间，称为"成熟"或"老化"，其实质在于脂肪、蛋白质和稳定剂的水合作用。稳定剂充分吸收水分,使料液黏度增加,有利于凝冻搅拌时膨胀率的提高。老化时间与料液的温度、原料的组成成分和稳定剂的品种有关,一般在 2~4℃条件下,需 6~24 小时。老化时要注意避免杂菌污染,老化缸必须事先经过严格的消毒杀菌,以确保产品的卫生质量。往老化终了的混合料中添加香精、色素,搅拌混合均匀,然后送到凝冻工序。

7. 凝冻　凝冻是将混合料在强制搅拌下进行冷冻,使空气更易于呈极微小的气泡均匀地分布于混合料中,使冰淇淋的水分在形成冰晶时呈微细的冰结晶,防止粗糙冰屑的形成。

冰淇淋的体积比混合料的体积要大,体积的增加用膨胀率来表示。冰淇淋的膨胀率指冰淇淋混合原料在凝冻时,由于均匀混入许多细小的气泡,使制品体积增加的百分率。计算公式见式 9-2。

$$膨胀率 = \frac{混合料的质量 - 同容积冰淇淋的质量}{同容积冰淇淋的质量} \times 100\% = \frac{制出冰淇淋的容量 - 混合料容量}{混合料容量} \times 100\%$$

式 9-2

在实际加工中,用质量计算较为方便。最适当的膨胀率为 80%~100%,过低则冰淇淋风味过浓、在口中溶解不良、组织也粗硬。反之,过高则变成海绵状组织、气泡大,保形性和保存性不良,在口中溶解很快,风味感觉弱,凉的感觉小。

8. 成型　冰淇淋成型分为浇模成型、挤压成型和灌装成型 3 大类。

(1) 浇模成型:浇模成型的特点是,冰淇淋注入特制的模具成型,随同模具进入低温盐水槽(一般低于 -28℃)进行速冻硬化,载冷剂通常为氯化钙。硬化后的冰淇淋产品从模具中脱模送入下道工序。

(2) 挤压成型:挤压成型是一种较新的冰淇淋成型技术,它必须建立在连续式凝冻的基础上。挤压成型冰淇淋加工线的特点是:连续凝冻,挤压成型,速冻硬化、自动包装。

(3) 灌装类成型:灌装类的冰淇淋产品,典型的如蛋筒、塑杯等,经速冻后随容器一起进行销售。

9. 硬化　速冻硬化的目的是由凝冻机出来的冰淇淋经成型后迅速进行一定时间的低温冷冻,以固定冰淇淋的组织状态,并完成在冰淇淋中形成极细小冰结晶的过程,使其组织保持适当的硬度,保证冰淇淋的质量,以及便于销售与储藏运输。

10. 包装、储藏　硬化后的冰淇淋进行枕式包装或装盒,然后进行装箱。在 -20℃、相对湿度 85%~95% 的低温冷库中冷藏。储藏期间,冷库温度不能忽高忽低,以免影响冰淇淋的品质。

五、冰淇淋常见质量问题及控制

1. 风味缺陷

(1) 过甜或甜味不足:甜味是冰淇淋主要风味特征之一,甜度过度会使口感过腻,甜度不足会使香气、口感不协调。主要原因是配料时加水过多或过少,配料不准确,以及在使用蔗糖代用品时没有按甜度要求计算用量,导致甜度不准。因此,要抽样化验含糖量与总干物质含量,加强配方管理工作。

(2) 香气不正:冰淇淋产品香气不够纯正,主要体现在香气不足、过于刺激或不能体现该类产品应具有的香气。其原因主要为香精未按要求添加,添加过多或过少,本身品质太差或由于冰淇淋的吸附能力较强,吸收外界气味。因此,在生产过程中应严格控制香精的品质和用量,并在贮存时,应使用专用冷库,尤其不能与有强烈气味的物品放在一起。

(3)异味:冰淇淋产品有时还会出现油哈味、烧焦味及蒸煮味、酸败味、咸味等。

1)油哈味:油哈味主要是由脂肪氧化引起。

2)烧焦味:烧焦味是由于对某些原料处理温度过高导致的,如花生冰淇淋或咖啡冰淇淋,由于加入炒焦的花生仁或咖啡而引起焦糊味,因此如在加工中严格控制原料质量,可防止此缺陷的发生;另一方面,在冷冻饮品混合原料加热处理时,如对料液加热杀菌时温度过高、时间过长或使用酸度过高的牛乳也会出现烧焦味。因此,要严格执行杀菌操作规程。

3)酸败味:酸败味主要是由于细菌繁殖所产生。冰淇淋混合料杀菌不彻底,搅拌凝冻前混合原料放置过久或老化温度回升,致使细菌繁殖所产生的代谢产物脂肪酶分解脂肪,产生小分子化合物醛、酮、酸,而使制品具有较刺激的酸臭味。因此严格按照工艺要点操作至关重要。另一方面,使用酸度较高的奶油、鲜乳、炼乳为原料,也可使产品出现酸败味。

4)咸味:混合原辅料中采用含盐分较高的乳清粉或奶油,或浇注模具漏损以及冻结硬化时漏入盐水,均会产生咸味或苦味。

5)金属味:在生产时采用铜制设备,如间歇式冰淇淋凝冻机内凝冻搅拌所用铜质刮刀等,能促使产生金属味。

6)蒸煮味:加工过程中加入经高温处理的含有较高非脂乳固体的乳制品,或者混合原料经过长时间的热处理,均会产生蒸煮味。

2. 组织缺陷

(1)组织粗糙:在制造冰淇淋时,由于冰淇淋组织的总干物质量不足,砂糖与非脂乳固体量比例不当,所用稳定剂的品质较差或用量不足,混合原料所用乳制品溶解度差,均质压力不当,凝冻时混合料进入凝冻机温度过高,机内刮刀的刀刃太钝,空气循环不良,硬化时间过长以及冷藏库温度不稳定等因素,均能造成冰淇淋组织中产生较大的冰结晶体而使组织粗糙。为避免该缺陷的发生,应及时调整配方,提高总干物质含量,尤其是非脂乳干物质与砂糖的比例,同时使用良好的稳定剂,经常抽样检查均质效果,并严格控制凝冻、硬化、贮藏条件。

(2)组织松软:冰淇淋组织强度不够,过于松软,这主要与冰淇淋中含有过多的气泡、干物质不足、均质效果太差、膨胀率过高有关。通过增加总固形物含量、均质效果、控制膨胀率,可改变组织松软缺陷。

(3)组织坚实:冰淇淋组织过于坚硬,是由于所含总干物质过高或膨胀率较低引起的。应适当降低总干物质的含量,降低料液黏性,提高膨胀率。

(4)质地过黏:由于在原料中使用稳定剂过多或质量差,膨胀率过低,总干物质含量过高所致。应控制原料用量及质量、规范工艺操作。

(5)面团状组织:在配制冰淇淋混合料时,稳定剂用量过多或加入时溶解搅拌不均匀、均质压力过高、硬化过缓等均能产生这种组织缺陷。应严格控制稳定剂用量,并充分溶解搅拌均匀,选用合适的均质压力。

（6）奶油状组织：高脂肪的冰淇淋在凝冻中，有时脂肪球不稳定，被搅打成奶油状。这种奶油状组织主要是由于脂肪球的乳化分散不完全形成的。另外，进入凝冻机的混合料温度过高、凝冻机的运转效果不良也会产生这种缺陷。

（7）融化较快或缓慢：冰淇淋融化较快是由于在原料中所含稳定剂和总干物质过低，因此，应适当增加稳定剂和总干物质的含量，或另选用品质好的稳定剂。相反，冰淇淋融化过慢，是由于原料中含脂量过高、稳定剂用量过多以及使用较低的均质压力等因素所造成的。

3. 形体缺陷

（1）有乳酪粗粒：冰淇淋中有乳酪粗粒，由于混合原料中脂肪含量过高、混合原料均质不好、凝冻时温度过低、混合原料酸度较高以及冷却老化不及时或搅拌方法不当而引起。

（2）融化后有细小凝块：冰淇淋融化后有许多细小凝块出现，这主要是混合料中使用的牛乳或乳粉酸度过高或钙盐含量过高，使冰淇淋中的蛋白质凝固造成的。因此要严格控制使用的原料质量。

（3）融化后成泡沫状：由于制造冰淇淋时稳定剂用量不足或稳定剂选用不当，造成混合原料的黏度较低或有较大的空气泡分散在混合原料中，当冰淇淋融化时，会产生泡沫现象。应选用合适稳定剂并融化彻底，降低生产线中机械搅拌的强度。

（4）砂砾现象：在食用冰淇淋时，口腔中感觉到的不易溶解的粗糙颗粒，其有别于冰结晶。通过显微镜的观察是一种小结晶体，这种物质实际上是乳糖结晶体，常将这种乳糖结晶体称为砂砾。这一般是由于冰淇淋长期储藏在冷库中，混合料中存在晶核和适宜的黏度以及适当的乳糖浓度和结晶温度时，乳糖即可在冰淇淋中形成晶体。为防止此现象的发生，可降低硬化室温度，使冰淇淋快速降温。同时要避免冰淇淋从制造到销售的过程中出现温度波动。

（5）冰的分离：冰淇淋会随着其酸度增高，而出现冰分离增加的现象，其主要是由于稳定剂采用不当、混合原料中总干物质不足以及混合料杀菌温度过低。

4. 冰淇淋收缩

（1）影响冰淇淋收缩的主要因素

1）膨胀率过高：膨胀率过高，则相对减少了固体的数量及流体的成分，因此，在适宜的条件下，容易发生收缩。

2）蛋白质不稳定：蛋白质的不稳定，容易形成冰淇淋的收缩。因此，不稳定的蛋白质，其所构成的组织一般缺乏弹性，容易泄出水分。在水分泄出之后，其组织因收缩而变坚硬。

蛋白质不稳定的因素，主要由于乳固体的脱水采用了高温处理，或是由于牛乳及乳脂的酸度过高等。故这种原料在使用前，应先检验并加以适当的控制。如采用新鲜、质量好的牛乳和乳脂，以及混合原料在低温时老化，能增加蛋白质的水解量，则冰淇淋的质量能有一定的提高。

3）糖含量过高：冰淇淋中糖分含量过高，相应地降低了混合料的凝固点。在冰淇淋中，砂糖含量每增加2%，则凝固点一般相应地降低约0.22℃。如果使用淀粉糖浆或蜂蜜等，则将延长混合原料在冰淇淋凝冻机中、搅冻机中搅拌凝冻的时间，其主要是由于相对分子质量低的糖类的凝固点较相对分子质量高者为低。

4）细小的冰结晶体：在冰淇淋中，由于存在极细小的冰结晶体，因而产生细腻的组织，这对冰淇淋的形体和组织来讲，是很适宜的。然而，针状冰结晶使冰淇淋组织冻得较为坚硬，它可抑制空气气泡的溢出。

5）空气气泡：冰淇淋混合原料在冰淇淋凝冻机中进行搅拌凝冻时，由于凝冻机的搅拌器快速搅拌，而使空气在一定压力下被搅拌成许多细小的空气气泡，这些空气气泡被均匀地混合在一个温度较低而黏度较高的混合原料中，扩大了冰淇淋的体积。

在冰淇淋中，由于空气气泡的压力与气泡本身的直径成反比，因此气泡小则其压力反而大，同时，空气气泡周围则较小，故在冰淇淋中，细小空气气泡更容易从冰淇淋组织中逸出。

（2）控制措施

1）采用品质较好，酸度低的鲜乳或乳制品为原料，在配制冰淇淋时用低温老化，这样可以防止蛋白质含量的不稳定。

2）在冰淇淋混合原料中，糖分含量不宜过高，并不宜采用淀粉糖浆，以防凝冻点降低。

3）严格控制冰淇淋凝冻搅拌操作，防止膨胀率过高。

4）严格控制硬化室和冷藏库内的温度，防止温度波动，尤其当冰淇淋膨胀率较高时更需注意，以免使冰淇淋受热变软或融化等。

点滴积累 ▽

1. 冰淇淋的工艺要点有原辅料验收、预处理、配料混合、均质、杀菌、老化、凝冻等。
2. 冰淇淋常见质量问题有风味缺陷、组织缺陷、形体缺陷、冰淇淋收缩。

目标检测

一、多项选择题

1. 牛乳水中溶解的成分包括（　　）

　　A. 乳糖　　　　　　　　B. 酪蛋白　　　　　　　C. 乳清蛋白　　　　　　D. 脂肪

2. 引起酪蛋白沉淀的因素有（　　）

　　A. 盐酸　　　　　　　　B. 乙醇　　　　　　　　C. 水　　　　　　　　　D. 盐

3. 乳中的酶类有（　　）

　　A. 淀粉酶　　　　　　　B. 脂酶　　　　　　　　C. 还原酶　　　　　　　D. 蛋白酶

4. 乳脂肪在乳与乳制品中具有以下（　　）方面的重要作用

　　A. 形体　　　　　　　　B. 风味　　　　　　　　C. 物理性质　　　　　　D. 经济价值

5. 滴定酸度常用于（　　），判定酸乳发酵剂活力等

　　A. 脂肪含量　　　　　　　　　　　　　　　　　B. 评估乳的新鲜度

　　C. 监控发酵中乳酸的生产量　　　　　　　　　　D. 水分

6. 常用的标准化方法有（　　）

A. 预标准化　　　　　B. 后标准化　　　　　C. 直接标准化　　　　　D. 间接标准化

7. 均质的效果,可以用( )等方法来检查

A. 肉眼　　　　　B. 显微镜　　　　　C. 离心　　　　　D. 静置

8. 均质机均质的机制包括( )

A. 剪切作用　　　　　B. 加热　　　　　C. 真空　　　　　D. 撞击作用

9. 巴氏杀菌的灌装容器有( )

A. 马口铁　　　　　　　　　　B. 带有聚乙烯的复合塑料纸

C. 塑料瓶　　　　　　　　　　D. 陶瓷瓶

10. 按营养成分不同巴氏杀菌乳可分为以下几种( )

A. 强化牛乳　　　　　B. 调制乳　　　　　C. 高脂乳　　　　　D. 鲜牛乳

11. 生产灭菌乳的牛乳必须新鲜,具有( )特点

A. 极低的酸度　　　　　　　　B. 盐类平衡

C. 可以储存24小时以上　　　　D. 5%的酒精浓度中保持稳定

12. 按成品的口味分类,酸乳可以分为( )等

A. 高脂酸乳　　　　　B. 冷冻酸乳　　　　　C. 调味酸乳　　　　　D. 果料酸乳

13. 酸乳常用的稳定剂有( )

A. 苯甲酸　　　　　　　　　　B. 明胶

C. 果胶　　　　　　　　　　　D. 羧甲基纤维素钠

14. 酸乳乳清析出的因素包括( )

A. 原料乳热处理不当　B. 发酵时间　　　　C. 钙含量高　　　　D. 脂肪含量高

15. 搅拌型酸乳的冷却可采用( )

A. 均质机　　　　　B. 片式冷却器　　　　C. 管式冷却器　　　　D. 冷却罐

16. 当浓缩终了时,测其相对( )或( )以确定浓缩终点

A. 水分　　　　　B. 干物质　　　　　C. 相对密度　　　　　D. 黏度

17. 乳粉的种类很多,主要有( )

A. 全脂乳粉　　　　　B. 脱脂乳粉　　　　　C. 速溶乳粉　　　　　D. 婴儿配方乳粉

18. 按加工工艺的不同,冰淇淋可分为( )

A. 清型　　　　　B. 组合型　　　　　C. 夹心型　　　　　D. 拼色型

19. 凝冻机有( )形式。

A. 全自动　　　　　B. 浇模成型　　　　　C. 间歇式　　　　　D. 连续式

二、简答题

1. 乳中的酶有哪些来源?

2. 简述巴氏杀菌乳的生产工艺流程。

3. 影响牛乳分离效果有哪些因素?

4. 牛乳脱气的原因是什么?

5. 灭菌乳与巴氏杀菌乳有何区别?

6. 酸乳所特有的营养价值是什么?

7. 发酵剂的作用是什么?

8. 发酵剂的选择从哪几方面考虑?

9. 发酵终点可按什么方法来判断?

10. 从哪几方面鉴别奶粉质量?

11. 影响乳粉中气体含量的因素有哪些?

12. 在乳粉生产中,真空浓缩有何作用?

13. 在乳粉生产中,喷雾干燥有何优点?

14. 在冰淇淋生产中,稳定剂有何作用?

15. 影响冰淇淋收缩的主要有哪几个因素?

三、案例分析

1. 张女士在超市买了某厂家的 1 袋奶粉,她发现奶粉冲调后瓶底有白色的小颗粒,张女士担心质量存在问题,请您给张女士解释下是什么原因造成的?

2. 王先生在超市买了某厂家的冰淇淋,在食用时,很快融化成乳液,请分析原因。

3. 近日,李女士反映,她用自己订制的鲜牛乳做酸乳,发现不凝固,请分析原因。

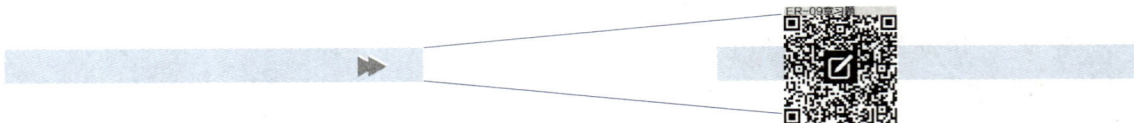

第十章

水产品加工技术

▲

导学情景 ∨

情景描述

　　水产品是人类摄取动物性蛋白的主要食品之一，在人类过去的几千年历史过程中，一直被世界各国公认为营养、美味的放心食品。然而，近几年发生的"福寿螺""大闸蟹""多宝鱼"等事件令水产品的食用安全问题备受关注，水产品质量安全问题越来越受到国内外消费者的关心。

学前导语

　　近年来，随着居民收入水平不断提高，国内水产品消费量大幅增长，市场需求持续提升，给水产品加工行业带来广阔前景。我国水产品加工企业也在不断提高技术，显示出了空前活力和巨大发展潜力。

　　我国是水产品生产、贸易和消费大国，经过多年发展，目前已形成较为完善的水产品加工体系，加工技术有明显提高，质量、卫生意识也在逐步加强，加工品种结构同样趋于多元化。

　　与此同时，一批龙头企业和著名品牌相继涌现，标志着我国水产品加工行业正走向成熟，对进一步发展具有重要意义，也为进军国际市场打下坚实基础。

　　在水产品出口方面，水产加工品逐渐成为主导产品，但整体来看形势不容乐观，主要面临绿色壁垒、水产品质量问题突出、研制能力薄弱等阻碍。

　　总的来说，我国水产品加工行业持续向好。

　　本章我们将带领同学们学习水产品加工基本知识和典型的水产品加工生产技术。

　　水产品加工是指鱼虾贝类原料经加工生产出符合食品营养学和营养生理学要求的，多品种、多花样的方便食品和保健食品。它是渔业生产活动的延伸和拓展，是渔业产业化经营链中的重要一环。它不仅可提高资源的有效利用率，还可直接促进产品的销售，并带动其他相关行业（如贮存、运输、保鲜、包装、物流等）的发展，是提高水产品综合效益和附加值的重要途径。大力发展水产加工业，是我国进行经济结构调整和产业结构升级的需要，对促进农业增效、农民增收和农村经济的发展具有重要意义。目前我国正致力于开发海洋经济、发展海洋经济、建设海洋经济强国，发展水产加工业是关键之处。

第一节　水产品保活、保鲜与干制技术

案例分析

案例

多名网友在某知名电商购物平台在线支付买多春鱼，虽然产品在商家承诺的 24 小时就到货了，但是收到的多春鱼要么冷藏的冰已经全部化了，鱼虽然还能食用，但新鲜度已经大大下降，与商家描述的产品不符；要么收到的多春鱼已经全部发臭变质，不能食用。

分析

水产品电子商务伴随着生鲜农产品电子商务的发展而发展，在日本、美国、澳大利亚、中国台湾等国家和地区非常流行生鲜农产品在线购买并以宅配的方式运送到消费者手中。这说明水产品在线消费是可行的，我国水产品电子商务正处于发展初期，还不够成熟。而水产品保鲜、保活、保质难的特性对水产品电子商务的发展是最大的制约因素。由于保鲜、保活技术和经营成本问题，商家无法保证水产品的储藏和运输过程中的鲜活和优质，这也是出现案例中消费者遇到问题的原因。

一、水产品加工现状与发展趋势

1. 水产品加工现状　我国水产品加工方式多样，历史悠久，可分为传统工艺与现代工艺两种。传统加工主要指腌制、干制、熏制、糟制及天然发酵等。随着我国国民经济的发展、科学技术的进步以及国外先进生产设备和加工技术的引进，我国水产品加工技术、方法和手段已发生了根本性的改变，水产加工品的技术含量与经济附加值均有了较大提高，已形成了一大批包括鱼糜制品加工、紫菜加工、烤鳗加工、罐装和软包装加工、干制品加工、冷冻制品加工和保鲜水产品加工在内的现代化水产品加工企业，成为我国水产行业迅猛发展并与国际市场接轨的主要动力和纽带。目前，我国水产加工业的整体实力明显提高，加工技术水平不断上升，质量卫生意识大大增强，一批"龙头"加工企业与名牌相继涌现，品种结构合理，产品多样，并已成为水产品出口的主导产品。

2. 水产品加工的发展趋势

(1)加工设备自动化，加工技术高新化：国外发达国家十分注重产业设备的研究和更新。随着技术的进步，微胶囊技术、高效浓缩发酵技术、膜分离技术、微波技术、超高压技术、超微粉碎技术、超临界流体萃取技术、膨化与挤压技术、基因工程等高新技术正在不断扩大在水产品加工业中的应用。

(2)加工利用生态化：国外发达国家十分重视从环保和资源循环利用的角度引导产业发展，因此，企业在发展过程中始终考虑如何更有效地利用资源，达到"生态加工"的目的，使水产资源转化成高附加值产品，也是目前水产品加工业发展的主要走势之一。

(3)海洋生物资源利用优先化：海洋药物与保健食品是当前海洋生物技术高科技产品，欧洲、日本、美国等近年十分重视对这一产业的研究开发。美国不断加大对海洋生物资源研究的投入，专门设立了海洋生物工程研究基金,数千种海洋生物进行了各种生物活性物质的筛选,取得了一些重大进展。因此,从海洋(淡水)生物中发现、提取生理活性物质是未来研究开发的热点。

(4)科研经费的投入良性化:在一些技术领先的发达国家,政府和企业十分重视对产业科技研发的投入,企业利润 5%~15% 投入到研发中去(而在国内调查显示,我国只有少数大型企业有 2%~3% 的比例投入,其他企业则几乎无投入),目前已基本形成了科技研发-产业化-利润回报-再投入的良性循环。

▶ 课堂活动

　　讨论:从"水产品保鲜保活有哪些方法"的提问开始,总结水产品的保鲜技术有哪些,保活技术有哪些,启发归纳出水产品保鲜、保活的措施及引出水产品加工的其他方法。

二、水产品保活技术

水产品保活的目的是使其不死亡或少死亡,因此必须维持或者接近其赖以生存的自然环境,或者通过一系列的措施降低其新陈代谢活动。在保活过程中,必须注意水产品的状况、生活温度和湿度、操作方法、氧气的供应、毒性代谢产物的积累和排泄等重要因素的影响。

1. 低温保活　低温保活可分为冷冻麻醉保活和降低温度保活两种。

(1)冷冻麻醉保活:是利用低温将水产品麻醉,在整个运输保藏过程中使水产品处于休眠状态。

(2)降低温度保活:是通过低温将水产品的新陈代谢降到最低水平,使水产品的活动、耗氧、体液分泌均大为减弱,使水质不易变质,从而提高水产品的成活率,保持水产品的活体状态。

2. 药物保活　药物保活技术是在水体中加入一定浓度的化学药品,这些化学药品进入鱼体后能强制改变鱼体的生理状态,使鱼体进入休眠状态,对外界反应迟钝,行动缓慢,活动量减少,体内代谢强度相应降低。从而减少总耗氧量和水体的代谢废弃物总量,使鱼类在有限的存活空间中能存活得更久。之后只要将鱼类放入清水中,就可很快复苏恢复正常活动。

目前常用的活鱼运输药物有乙醚、乙醇、巴比妥钠、碳酸氢钠等。

3. 充氧保活　充氧一般可以延长水产品的存活时间,水产品的装运密度和耗氧量成正比。主要的供氧方法有淋浴法、充气法和化学增氧法。

4. 模拟保活　依据水产品的生态环境和活动情况,在一些装置中模拟自然环境进行保活。在日本,保活装置研究广泛。日本某公司专门研制了一种新的装置,在该装置中设置了一个容量为 $5m^3$ 的回流型水槽,并根据鱼的种类而安装了水流调节装置、水温自动控制装置、供氧系统以及高性能海水生物净化设备,使其尽可能接近于天然的环境条件,从而解决了大批量、长时间和远距离运输活鱼的难题。使用这种装置,即使是最难运输的沙丁鱼,其成活率也可达 100%。

三、水产品保鲜技术

应用于水产品的保鲜技术主要有低温保鲜、化学方法保鲜、辐照保鲜等。

1. 低温保鲜　目前低温保鲜大致有以下几种方式,但不管使用哪种方式,鱼体最好都要进行预处理,如去内脏、去鳃、去鳞等,去除对微生物生长有利的营养、水分丰富的不可食部分。存放时尽量避免堆压、散装或日晒雨淋。一般来说,低温保鲜只能短时间保持鱼体的新鲜度,不能长期贮藏,水产品低温保藏时间见表10-1。

表10-1　水产品低温保藏时间

分类	保藏温度（℃）	保藏时间（天）	分类	保藏温度（℃）	保藏时间（天）
冷却	2以上	1~2	微冻	-3~-5	7~15
冷藏	1~-1	2~4	冷藏	-5~-18	15~30
过冷却	-1~-3	5~7	低温冷藏	-18以下	30以上

（1）冷空气保鲜法:这是最简单的一种低温保鲜法,即在冷却室内创造一定的条件,使鱼货的环境温度保持在0~5℃。这种保鲜法适用陆上水产加工厂,在加工前利用冷风或冷却排管使冷却室温度下降而达到短时间保鲜的目的。

（2）冰鲜法:有些地方海、陆产大批量鱼货捕获后,由于捕获地条件简陋,最常见的是采用加冰方法来保持鱼体的鲜度。这种方法简单易行,短时间保鲜效果较好。基本操作是按照层鱼层冰的方法将鱼堆放在木桶或塑料箱（最好为保温塑料箱）里。冰块体积不能太大,通常使用碎冰或大冰屑,也有用冷冻厂生产的块冰、管冰、片冰和颗粒冰。堆好后在最上面铺上一层较厚的冰层,并盖好桶（箱）盖,迅速运至加工厂。有些地方还用冰加入淡水进行鱼货保鲜,但此法会造成鱼体在水中浸泡膨胀,并使鱼体表褪色。

（3）微冻保鲜法:微冻保鲜是将水产品的温度降至略低于其细胞汁液的冻结点,并在该温度下进行保藏的一种保鲜方法。在低于冰点的-1~-3℃体内的部分水分发生冻结,鱼体细胞组织的浓度增加,这些情况对有害微生物的生长很不利,有些不能适应的细菌开始死亡,而大部分嗜冷菌的活动受到抑制,几乎无法繁殖。因此能使鱼体在较长时间内保持鲜度而不会腐败变质。因此,在该温度的保鲜效果比0℃要增加两倍多,由于保鲜期明显延长,使微冻保鲜法在食品保存中得到了广泛的应用。

（4）气调低温保鲜法:当鱼体在同样低温条件下,如果周围气体不是空气而是某些惰性气体时,其保鲜效果会大大提高。这是由于在惰性气体（如二氧化碳、氮气等）中,水产品中的微生物繁殖受到了抑制,再配合以低温时,其腐败速率可大为降低。这种保鲜方法的优点是鱼体在保持其原有的色泽、形态和质地方面比其他低温保鲜法都好得多。此法在国外已得到推广,我国在水果、蔬菜、粮食、禽蛋等食品上应用较多。近年来,我国水产专家用不同比例的氮气或二氧化碳和空气混合,在2~5℃的温度下保藏淡水鱼,也取得了较好的效果。

2. 化学方法保鲜　化学方法保鲜是借助各种药物的杀菌或抑菌作用,单独或与其他保鲜方法相结合的保鲜方法。从食品安全方面考虑,天然的防腐保鲜剂取代化学合成品是一种必然的趋势。目前常用的天然保鲜剂有甲壳素、多肽化合物Nisin、异抗坏血酸（钠）、发酵法丙酸、芽孢杆菌多肽、溶菌酶等,这些物质均对微生物病原菌有抑制作用。

3. 辐照保鲜　食品辐照保鲜是第二次世界大战后和平利用原子能的标志,是继传统的保鲜贮藏方法之后又一发展较快的新技术和方法。用^{60}Co 的 γ 射线和高能电子束(4MeV)对水产品进行照射杀菌,可延长其贮藏时间。

四、水产品干制方法

主要有两种,一种为天然干燥,另一种为人工干燥。

1. 天然干燥法　天然干燥法是我国渔民自古以来传统的保藏水产品的干燥法。一般选择天然的空旷场地,将水产品平摊在帘席或挂在木、竹架上,利用日光和自然通风来进行干燥。其特点是方法简单、操作简便、生产费用低、能就地加工,但是由于其受天然条件的限制,而且卫生条件较差,干燥效果往往不理想,干制品的质量也会因此而大打折扣。

2. 人工干燥法　随着科学技术的快速发展,对干制品的品质及品种的要求日益提高,依靠天气的天然干燥法显然无法满足人们的需求。因而人们开始采用各种人工干燥法来加工水产干制品。人工干燥法主要有以下几种:

(1)烘干:利用煤、木炭、煤气、电等热源将水产品加热烘烤,使其熟制并干燥。这种方法干燥速度很快,但不适用生干品。

(2)热风、冷风干燥:让水产品在加热到一定温度或不加热甚至冷却的流动空气中进行干燥的方法,称为热风干燥和冷风干燥法。此法是最常见的水产品干制法,在生产中得到广泛地应用。一般使用隧道式干燥、洞道式热风干燥和带式干燥等几种形式。通风干燥法可利用电、煤、煤气等热源加热空气,通过制冷装置冷却空气,再利用鼓风设备使风在水产品表层循环流动,以此来带走水分。

(3)真空干燥:真空干燥法是将水产品放在密闭的容器中,用真空泵将容器内空气抽出,同时在外部缓慢加热。加热的目的是当抽真空时,物料表层水分蒸发,减掉15%的水分后,会因减压发生蒸发冷却而冻结,从而阻止继续蒸发。真空干燥速度很快,产品质量也较好,复水后的组织可接近于原料的原有状态。但其设备的成本很高,除高档产品外,在我国很少使用。

(4)远红外及微波干燥:这是近几年发展的新技术。远红外干燥是利用远红外辐射器发出的远红外光波被加热物体吸收,并直接转变为高热能而达到加热干燥的目的。微波加热干燥的过程,是利用微波、电磁波能和物料中的水分相互作用,水分子发生转动引起共振,吸收而产生热量的过程。由于微波加热是分子加热,因此它可保证物料在同一截面上由内到外的温度同时均匀上升,而达到均匀快速干燥的效果。远红外及微波干燥都具有高效快干、节约能源、烘道占地面积小、制品干燥质量好等优点,所以应用逐步广泛,发展很快。

(5)冷冻干燥:指食品经超低温冷冻后,在低温(通常也是低压)下使冻结的物料中的水分升华为蒸汽而得到的脱水干制品。由于低温状态下封闭在干燥室中的物料中的水冻结成冰,如干燥室迅速抽成真空,压力迅速下降,冰会从固态直接瞬时升华变为水蒸汽并被抽出,食品中的水分快速地减少。这样使食品中原有的营养及活性成分处于最小的破坏分解程度。冷冻干燥的食品复水性很好,复水后的冻干食品可最大限度地保持新鲜食品原有的色、香、味、形。此外,冻干食品体积较小,运输和贮藏均很方便,因此它远远优于其他的干燥方法。但此法的缺点是成本费用较高。

五、干制水产品加工工艺与关键技术

1．墨鱼干

（1）工艺流程：详见图 10-1。

选料 → 剖割、去内脏 → 洗涤 → 出晒 → 发花

图 10-1　墨鱼干加工工艺流程图

（2）操作要点

1）选料：原则上选择新鲜的原料加工，在剖腹前按大小、鲜度将墨鱼分类，以利于干燥与成品分级包装。

2）剖割、去内脏：用刀从墨鱼腹部正中向尾部直切一刀，使左右对称；再由喷水漏斗正中劈向头部，在头部向左右各开一刀使头腕展开，并将眼球翻出，切割时不要将墨囊割破。将墨囊及眼球摘除后从尾部开始完整取出内脏。

3）洗涤：用清洁水将鱼体内外污物及墨汁洗净。

4）出晒：晒场要干燥，最好是水泥地晒场。用竹竿穿插晒或直接摊在竹帘、席子上平晒。先晒背面，后晒腹面，每日翻晒 3~5 次，以多晒背面为好。晒干过程中，注意整形，使墨鱼头脑部及肉腕平展无皱褶。

5）发花：使鱼体内的甜菜碱等氮化物扩散析出到鱼体表层，出现轻微白霜。其方法是将墨鱼晒至七成干时，收入仓库堆积起来，用稻草或竹叶等盖严 4~5 天即可发花。鱼体经发花后，待晴天时再日晒至充分干燥，包装入库。也可不发花直接晒干。

（3）质量标准：墨鱼干呈淡红色半透明，体态平整，肉腕条理完整，表面附有一层白霜，气味清香，干燥均匀，含水量一般在 15% 左右。制品干燥后进行包装，在保藏中注意防潮防虫。

2．鳗鱼鲞

鳗鱼鲞又名海鲞，是将鲜海鳗加工风干而成的淡干品。鳗鱼蛋白质含量丰富，风味佳美。

（1）工艺流程：详见图 10-2。

选料 → 整理 → 脱水干燥 → 成品

图 10-2　鳗鱼鲞加工工艺流程图

（2）操作要点

1）选料：选择新鲜、体型大的海鳗，在清水中刷洗干净，除去表面附着的黏液，用干布拭去表面水分，平放在工作台上。

2）整理：由尾部沿脊骨上面贯通腹腔切到头部，使切口肉面平整光滑，下面部分的脊骨完全露出，不留余肉。然后再从肛门外肠管开始将全部内脏向头的方向揭起，连同鳃片一并剥除。清除脊骨内侧的凝血，用洁净的湿布将腹腔内所有残留污物拭去，防止污染肉面，确保干燥后腹腔内面洁白。

3）干燥：将处理好的鳗鱼用竹片撑开或夹住后，用绳子穿缚头部悬挂通风处干燥，制品不能直接受日光照射。使原料水分缓慢蒸发，不使鱼体脂肪渗出，可以减少肉面发黄油烧。一般冬季利用

低温和较干燥的空气加工,能使制品保持良好质量。

4)成品:含水量控制在30%,过分干燥会损失原有的风味。

(3)标准质量:鳗鱼鲞质量以体呈长扁形,剖面淡黄色,肉厚坚实,形体完整无损,干度足者为上品。制品干燥后进行包装,在保藏中注意防潮防虫。

六、干制水产品的质量问题及控制

保藏中可能发生的品质变化:干制品的吸湿、干制品的发霉、干制品的"油烧"、干制品的虫害。

1. 干制品的吸湿 塑料薄膜或多或少总有一些透过性,因此用塑料薄膜袋密封的干品也会由于所处空气的相对湿度变化而吸湿或干燥。由于一年四季空气的相对湿度变化显著,因而干制品水分的管理特别困难。制品在保藏中干燥,重量减轻不能确保内容物的分量;制品吸湿后使包装袋中的相对湿度达到80%以上,则会引起发霉。

防止的方法和措施:干制品的包装法有惰性气体封藏法和真空包装法。不能完全隔绝干制品与空气接触的包装,在贮藏中,必须尽可能使制品周围的空气与制品水分活度对应的相对湿度接近,避免制品周围空气温度偏高并采用较低的贮藏湿度。对于个体大、比表面积小,吸湿性比较弱的制品与个体小,比表面积大、吸湿性强的制品必须采取不同的包装方法。

2. 干制品的发霉 干制品的发霉一般是由于加工时干燥不够完全或者是干燥完全的干制品在贮藏过程中吸湿而引起的劣变现象。因为在干燥过程中并没有使微生物和酶类完全灭杀,当制品吸湿而水分增加后又使菌类有了繁殖环境和条件,从而引起制品褐变、褪色,产生异味、发霉、发黏和发红等现象,严重地影响制品质量和缩短保藏期。

防止的方法和措施如下:

(1)对干制品的水分含量和水分活度建立严格的规格标准和检验制度,不符合规定的干制品,不包装进库。

(2)干制品仓库应有较好的防潮条件,尽可能保持低而稳定的仓库温度和湿度,定期检查温湿度记录和库存制品质量状况,及时处理和翻晒。

(3)应采用防潮性能较好的包装材料进行包装,必要时放入去湿剂保存。

3. 干制品的"油烧" 干制品的脂肪在空气中氧化,使其外观变为似烧烤后的橙色或赤褐色,此现象称为"油烧"。鱼类脂肪与陆上动物脂肪相比较,因其不饱和程度高,易于氧化,当其暴露在空气中时,既被氧化分解生成各种氧化物、醛类、酮类等复杂化合物,使制品产生特有的苦涩味和不愉快臭味,颜色变成橙黄色或褐色,影响制品外观和食用的质量。脂肪含量高的中上层鱼类干制品在加工与保藏中油烧现象较为普遍,一般鱼类在腹部脂肪多的部位也易油烧而发黄。干制品油烧的基本原因是鱼体脂肪与空气接触所引起,但加工贮藏过程中光和热的作用也可以促进脂肪的氧化,因此脂肪多的鱼类在晒干和烘干过程中容易迅速氧化油烧。

防止的方法和措施如下:

(1)尽可能使干制品避免与空气接触,必要时密封并充惰性气体(N_2、CO_2等)包装,使包装内的含氧量在1%~2%。

（2）添加抗氧化剂或去氧剂一起密封并在低温下保存。

4. 干制品的虫害　鱼贝类的干制品在干燥及贮藏中容易受到苍蝇、蛀虫类的侵害。自然干燥初期，苍蝇可能在水分较多的鱼体上群集，传播腐败细菌和病原菌，而且在肉的缝隙间和鱼鳃等处产卵，较短时间内就能形成蛆，显著地损害商品价值。要防止苍蝇的侵害，必须保持干燥场地及其周围的清洁，以阻止苍蝇的进入，使用杀虫剂时，必须充分注意不能让药剂直接接触到食品。

防止虫害最有效的方法是将干制品放在不适合害虫生活和活动的环境下贮藏。例如，大多数的害虫在环境温度 10～15℃以下几乎停止活动，所以冷藏很有效。此外，害虫在没有氧气的条件下不能生存，故对于干制品采用真空包装及充入惰性气体密封也是有效的。

点滴积累 ╲╱

1. 水产品保活技术包括低温保活、药物保活、充氧保活、模拟保活。
2. 水产品保鲜技术主要有低温保鲜、化学方法保鲜、辐照保鲜。
3. 水产品干燥的方法主要有天然干燥、人工干燥两种。
4. 墨鱼干、鳗鱼鲞的加工工艺。
5. 干制水产品的质量问题主要有吸湿、发霉、油烧、虫害。

第二节　水产调味料和海藻食品加工技术

一、水产调味料

1. 概述　水产调味料是以水产品为原料，采用抽出、分解、加热，有时也采用发酵、浓缩、干燥及造粒等手段来制造的调味料。它含有氨基酸、多肽、糖、有机酸及核酸关联物等，这些物质都是存在于肉类、天然鱼贝类或蔬菜等天然食品中的呈味成分。

近年来，人们对食品的要求由鲜味型向风味型、香味型发展，不仅要求色、香、味俱佳，还要求调味品具有营养、保健、天然和多样等功效。即"人们倾向于喜欢天然原物风味"，对天然调味料的需求量越来越大。伴随着以方便食品为代表的加工食品发展和现代化生活所要求的新食品品种的开发，天然调味料更显示了它的重要性。

用于生产水产调味料的原料很多，例如，软体动物扇贝、牡蛎、蛤仔、乌贼等。其中牡蛎煮汁调制品"蚝油"是我国传统水产天然调味料，名扬海内外。目前，我国水产加工厂的副产品典型的如各种贝类煮汁，已有部分被利用制成调味汁，用于模拟蟹肉等产品的调味。甲壳类也是一种重要的原料，虾、蟹类煮汁经浓缩制成的天然调味料，在家庭、食品加工等方面有着广泛应用。此外，海水硬骨鱼类的加工中，尤其是罐头制品生产中的煮汁，也是一个重要资源。海藻类、棘皮类如海胆及鳖均是生产水产天然调味料的良好来源。

水产调味品分类各异，但按照其制造方法主要可分为以下几类，详见图 10-3。

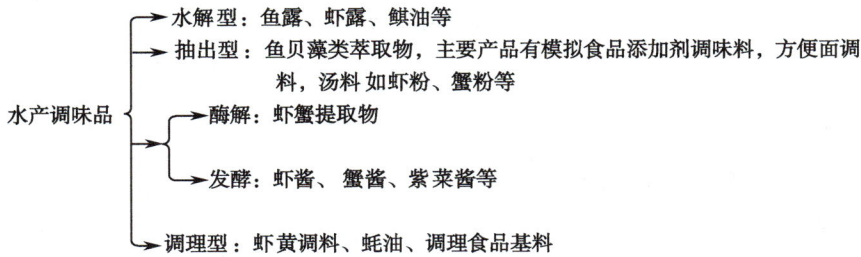

水解型：鱼露、虾露、鲼油等

抽出型：鱼贝藻类萃取物，主要产品有模拟食品添加剂调味料，方便面调料，汤料如虾粉、蟹粉等

水产调味品

酶解：虾蟹提取物

发酵：虾酱、蟹酱、紫菜酱等

调理型：虾黄调料、蚝油、调理食品基料

图 10-3　水产调味品分类

2. 典型水产调味品（鱼露）加工工艺与关键技术

鱼露也称鱼酱油,是以经济低值鱼(如蓝圆鲹、鲼、三角鱼、七星鱼、青鳞鱼等)的下脚料为原料,利用鱼体自身所含的酶,以及原料鱼中各种微生物分泌的酶的作用,对原料鱼中的蛋白质、脂肪等成分进行分解,酿制而成的调味料。生产和食用鱼露的地区主要分布在东南亚、中国东部沿海地带、日本及菲律宾北部。鱼露营养丰富,味道鲜美,它富含氨基酸、有机酸以及钙、铁等微量元素,最近又发现鱼露中还含有生物活性肽。

(1)工艺流程:详见图 10-4。

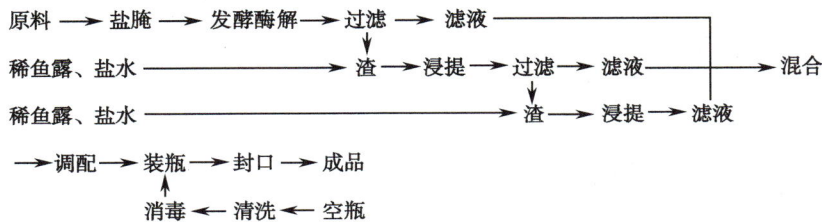

原料 → 盐腌 → 发酵酶解 → 过滤 → 滤液

稀鱼露、盐水 → 渣 → 浸提 → 过滤 → 滤液 → 混合

稀鱼露、盐水 → 渣 → 浸提 → 滤液

→ 调配 → 装瓶 → 封口 → 成品

消毒 ← 清洗 ← 空瓶

图 10-4　典型水产调味品生产工艺流程图

(2)操作要点

1)原料选择:应选择蛋白质含量高、肉嫩、发酵后风味好的鱼类为原料。如鲤鱼、七星鱼、三角鱼等。

2)盐腌:将新捕捞的鲜鱼放入浸泡池内,条形大的鱼需用绞碎机绞碎,加入鱼重 30%~40% 的食盐,搅拌均匀,每层用盐封闭,腌渍半年到 1 年。期间要多次进行翻拌,使腌渍后的鱼体含盐在 24%~26%。

3)发酵酶解:发酵可分为自然发酵和人工发酵。厂家可根据自己的实际情况,采取不同的发酵方法。

①自然发酵:是在常温下,利用鱼体的自身酶和微生物进行发酵。一般将发酵池建在室外,将腌渍好的鱼放入池中,充分利用自然气候和太阳能,靠日晒进行发酵。为使发酵温度均匀,每天早晚各搅拌 1 次,发酵程度视氨基酸的含量而定。当氨基酸的增加量趋于零,发酵液香气浓郁、口味鲜美时,即为发酵终点,一般需几个月的时间。

②人工发酵:是利用夹层保温池进行发酵,水浴保温,温度控制在 50~60℃,经半个月到 1 个月的时间发酵基本完毕。期间用压缩空气搅拌,使原料受热均匀。为了加速发酵进程,可外加蛋白酶加速蛋白分解,可利用的蛋白酶有菠萝蛋白酶、木瓜蛋白酶、膜蛋白酶、复合蛋白酶等,发酵周期可缩短一半。

4)过滤:发酵完毕后,将发酵醪经布袋过捷器进行过滤,使发酵液与渣分离。

5)浸提:过滤后的渣可采用套浸的方式进行,即用第2次的过滤液浸泡第1次滤渣,第3次过滤液浸泡第2次滤渣,以此类推。浸提时将浸提液加到渣中,搅拌均匀,浸泡几小时,尽量使氨基酸溶出,过滤再浸提,反复几次,至氨基酸含量低于0.2g/100ml为止。最后将滤渣与盐水共煮,冷却后过滤,作为浸提液备用。

6)调配:浸提后的鱼露根据不同等级进行混合调配,较稀的可用浓缩锅浓缩,蒸发部分水分,使氨基酸含量及其他指标达到国家标准。

7)装瓶:将调配好的不同等级的鱼露分别灌装于预先经清洗、消毒、干燥的玻璃瓶内,封口、贴标,即为成品。

(3)质量标准

1)感官指标:橙红色或橙黄色;具有鱼露独特的荤鲜香气,不得有腐臭气味;具有鱼露特有的鲜美滋味,不得有其他不良气味;澄清透明,无悬浮物。

2)理化指标:氨基酸态氮0.5~1.0(g/100ml),全氮0.7~1.4(g/ml),食盐不得超过29g/ml,挥发性盐基氮/氨基酸态氮(%)不得超过28,相对密度(20℃)不得低于1.20。

(4)注意事项

1)腌渍鱼的加盐量:根据鱼体本身的性质而定,含脂肪高或鱼体不太新鲜的,加盐量可适当增加,以避免鱼体腐败。

2)外加酶:促进蛋白分解应掌握所用酶的特性及作用条件。菠萝蛋白酶最适pH值为4~6,温度为40~50℃;木瓜蛋白酶或胰蛋白酶最适pH值为7~8,温度为35~50℃;复合蛋白酶最适pH值7,温度45~50℃。生产厂家可根据自己的具体情况,选择适当的酶解方法。

二、海藻食品

1. **概述** 海藻富含蛋白质、矿物质、微量元素,特别是人体必需氨基酸的含量比其他动、植物原料多;而且味道鲜美,属纯天然食品。海藻还有医疗保健功效,含有钙、铁、钠、镁、磷、碘等矿物质,经常食用海藻食物可有效地调节血液的酸碱度;海藻中的海藻多糖、多卤、多萜物质都具有提高人体免疫力、抗癌、抗病毒的活性。所以至今,海藻的人工栽培、加工已成为水产业的重要部分。我国海藻资源丰富,年产量达80多万吨,使海藻食品的加工成为必然。

常见藻类分为褐藻(如海带、昆布、裙带菜、羊栖菜、马尾藻);红藻(紫菜、石花菜、江篱);绿藻(小球藻、浒苔、石莼);蓝藻(螺旋藻、微囊藻)4类。

2. **典型海藻食品加工工艺与关键技术** 紫菜为红藻门,原红藻纲,红毛菜目,红毛菜科,紫菜属。藻体颜色有绿色、棕红色以及其他鲜艳色,含有高达29%~35%的蛋白质以及碘、多种维生素和无机盐类,是一种营养价值较高的食用海藻。紫菜含有叶绿素和胡萝卜素、叶黄素、藻红蛋白、藻蓝蛋白等色素,因其含量比例的差异,致使不同种类的紫菜呈现紫红、蓝绿、棕红、棕绿等颜色,但以紫色居多,因此而得名。紫菜还含有降低胆固醇的成分,被称为健康食品。市场上紫菜产品多为淡干紫菜饼及调味紫菜(即食海苔)。

（1）淡干紫菜饼

1）工艺流程：详见图 10-5。

原料处理 → 切菜 → 浇饼 → 脱水 → 晒菜（烘干）→ 剥菜（片）→ 分级包装

图 10-5　淡紫菜加工工艺流程图

2）操作要点

①原料处理：经海水洗净砂土、杂质的鲜紫菜，为了增加成品光泽和提高质量，应用淡水浸泡脱盐。浸泡时按每 1kg 紫菜用 5kg 水浸泡 10 分钟较好。

②切菜：可用电动或手摇切菜机切碎，大小要均匀，以 0.5~1.0cm² 为宜，老紫菜切成 0.5cm² 左右的块。早期紫菜较鲜嫩，菜块可切成 1.0cm²。菜块大时菜饼光泽好，但易产生洞孔；菜块小时不易产生洞孔，但菜饼光泽稍差。

③浇饼：用紫菜浇饼机将紫菜成型。浇饼帘常用规格有 29mm×25mm 和 100mm×25mm 两种。浇饼时，将饼帘放置平整，根据成品菜饼厚度及其他要求调整紫菜浆的深度，浇饼用水不能用硬水，一定要软化后使用，要符合饮用水标准。

④脱水：为防止在干燥过程中菜饼的变形、卷缩和脆裂，将浇好紫菜的饼帘叠放整齐，放在离心机的特制铁架上，用张力橡皮筋绑紧，然后以 108r/min 左右的速度转动铁架 3~5 分钟，除掉吸附的大量水分。

⑤晒菜：用天然干燥、烘干房或紫菜烘干机进行烘干。天然烘干是将脱水后的菜帘放在晒架上，朝阳保持一定的倾斜度，并在一定时间后上下位置对换，使干燥均匀。烘干房一般采用 50~60℃，风速在 3m/h，回风口湿度在 50% 左右，时间控制在 80~100 分钟。

⑥剥菜：晒干或烘干的菜饼，要稍等回潮后将紫菜饼轻轻剥落下来，以防变形、脆裂和破碎。

⑦包装：包装分级时先进行整理，剔除大小块和残留杂质，理齐整平。按成品要求质量标准，挑选分级。目前一般采用聚乙烯袋包装。可直接食用，烹调前不必洗涤。

（2）即食海苔（调味紫菜）

1）工艺流程：详见图 10-6。

原料挑选 → 烘烤 → 调味 → 二次烘烤 → 切片 → 封束 → 包装

图 10-6　即食海苔生产工艺流程图

2）操作要点

①原料挑选：挑选原料时，注意把含有绿藻、硅藻等杂藻及夹杂物的紫菜饼剔除，选用无空洞、无碎边、较完整的优质原料，尽量不用较薄的超轻量紫菜，过薄紫菜在烘烤中容易破碎，因此原料尽量选用厚薄均匀的紫菜，以免烘烤中造成次品。

②烘烤：烘烤设备大多采用远红外平板式加热器，并以隧道连续式运行干燥。烘烤目的，一是烘烤后的紫菜色泽呈墨绿色，增加光泽；二是通过高温烘烤，增加紫菜香味，经烤干、烤熟，以利下道工序调味液的吸附。此道工序，凭眼目、手感结合，视紫菜厚薄程度，适当调节设备运输带的传送速度，达到干燥、色泽好，又不脆碎。

③调味:大多采用海绵压辊式调液,利用电泵流量均匀喷浇到海绵压辊上,利用转动的压辊,紫菜通过时,在其表面压上液体的调味料,做到喷液均匀,保证紫菜张张上料均匀,并根据产品的销售对象和地区嗜好的口味,合理配制好不同类型的调味液。

④二次烘烤:该工序是烘烤干紫菜上的调味液,通过干燥,使调味液在高温烘烤下入味于紫菜。

⑤切片、封束:用切片封束机完成,加工时注意在上道工序后,把有破张、不合格的半成品剔出,并检查封束中封口是否完好,整洁度如何,确保每一束的质量。

⑥包装:根据系列产品的各种包装规格,严格放好干燥剂,包装好,作为成品入库。

点滴积累　∨

1. 典型水产调味品鱼露的工艺流程及操作要点。

2. 典型海藻食品淡干紫菜饼与调味紫菜的工艺流程及操作要点。

第三节　鱼糜及鱼糜制品加工技术

一、鱼糜概述与分类

当今,随着海洋渔业资源的变化,世界各国的渔业生产大多存在经济鱼类逐年减少,小杂鱼、低值鱼产量逐年增加的问题。如何深加工低值小杂鱼,充分利用其蛋白质资源,已引起世界各国的高度重视。我国淡水鱼产量居世界首位,低值淡水鱼的加工在很大程度上可以借鉴海水鱼加工经验,可根据自身的优势加工出有地方特色的产品。鱼糜制品具有原料来源广泛,不受鱼体形状大小和种类的限制,加工设备比较简单,适合广大渔区加工,蛋白质利用率高,人们食用方便等优点。

冷冻鱼糜也称冷冻生鱼糜,它和传统的鱼糜不同,是将鱼体经采肉、漂洗、脱水等工序加工后,加入糖类、重合磷酸盐等抑制蛋白质冷冻变性的添加物,在低温条件下能够较长时间保藏的一种鱼糜制品生产的新型原料。冷冻鱼糜按其原料的鲜度、生产场地可以分成海上生产和陆上生产的冷冻鱼糜两种,一般海上生产冷冻鱼糜原料的鲜度好,制出的冷冻鱼糜质量也比较好,而陆上生产的冷冻鱼糜在鱼的鲜度上总不如海上的,成品质量比海上鱼糜要差一些。

近年来,湖北鄂州、广东顺德等地利用鲜活鲢鱼、鲮鱼为原料,生产试制淡水鱼冷冻鱼糜及其鱼糜制品,符合冷冻鱼糜的生产原料,鱼肉的凝胶强度、色泽白度等基本符合高级鱼糜制品工艺性能要求。

鱼糜生产分为两个主要阶段:一是生鱼糜的生产,二是各种鱼糜熟食品的生产。过去这两个阶段往往是在同一个场所连续进行。自从冷冻鱼糜试验成功,抑制了鱼肉在冷冻冷藏过程中蛋白质的变性,这就为两个阶段先后在两个不同地区、不同场合生产创造了有利条件。一般情况下是在产地的大型工厂里集中加工生鱼糜,经冷冻后既可以较长期贮藏,并可随时运销外地或出口,然后在小型加工厂或作坊里进行鱼糜熟食品的生产。

鱼糜,即鱼肉泥,将原料鱼洗净,去头、内脏,采鱼肉,加入2%～3%的食盐进行擂溃或者斩拌所得到的非常黏稠状的肉糊。

在鱼肉中加入2%～3%的食盐研磨成肉糊后，添加一定辅料，成型，加热使之凝固，形成富有弹性的具有独特风味的胶状食品称为鱼糜制品。

鱼糜制品的种类：鱼丸、虾饼、鱼糕、鱼香肠、鱼卷、模拟虾蟹肉、鱼面等。

二、鱼糜制品加工原理

鱼糜：鱼肉中加盐研磨（擂溃）而成的肉糊。

鱼糕：鱼糜经过加热，产生弹性加工而成的制品，加热凝胶化，呈网状结构。

凝胶化：将鱼糜置于50℃以下（根据鱼种类的不同或在60℃以下）的温度区间产生弹性的现象，呈凝胶化的形成。

凝胶劣化：将鱼糜置于50～60℃（根据鱼种类的不同或50～70℃）的温度区间网状结构被破坏的现象，使凝胶的破坏。

1. 弹性的形成机制　鱼糕是具有鱼糜制品特性的典型代表。

当鱼类肌肉作为鱼糜加工原料经绞碎后其纤维组织遭到破坏，在鱼肉中添加2%～3%的食盐进行擂溃。由于擂溃的搅拌研磨作用使鱼肉中盐溶性蛋白（蛋白质的肌球蛋白和肌动球蛋白）溶出，重合形成肌动球蛋白而相互缠绕。由于加热的作用形成网状结构，游离水被封闭在网目中而使鱼肉带有弹性。盐溶性蛋白质约占鱼类蛋白质的50%～70%，它与水混合发生水化作用，变成黏性很强的溶胶，黏着力增强，再加入淀粉、蛋清、水及其他调味料，增加鱼糜的可塑性和风味，然后做成一定形状，把成型的鱼糜进行加热，在加热中大部分呈现细长纤维的盐溶性蛋白质粒子发生凝固收缩，这些收缩的纤维状蛋白质分子即相互连结成有弹性的网状结构固定下来，加热后的鱼糜也就失去了黏性和可塑性，形成富有弹性的鱼糜制品。如果鱼糜中加了食盐进行擂溃后，不加热，任其放置也会失去柔软性，产生弹性，以致发硬。在实际生产中经盐擂的鱼糜，一般放置20～30分钟后再行成型为宜，如放置时间过长，就会凝结成块，失去可塑性，无法成型，弹性也会逐步变得脆状，网状结构崩溃。

2. 鱼糜的调配

（1）食盐浓度的影响：使鱼糜产生很强弹性的食盐浓度为2%～12%，但从食品味觉考虑，通常都以2%～3%食盐浓度来调配鱼糜。

（2）pH的影响：肌原纤维蛋白质的盐溶作用（水合）在蛋白质的等电点附近（肌球蛋白、肌动球蛋白pH5.4）最低，在调配鱼糜时，一般的白鱼鱼肉pH为6.0～6.4，故不必调节pH，而红肉鱼鱼肉pH为5.6～5.8，因此必须用碱性盐水漂洗，但当pH值到7以上时，水合强度提高而鱼糕弹性下降。

（3）鱼糜制品加热适宜温度：鱼糜制品的加热最低要达到80～90℃，鱼糜凝胶体需要经过50℃以下和90℃左右两段凝胶化过程，它的凝胶强度与鱼肉糜通过这两段温度带的速度有较大差别：在50℃以下，形成的弹性构造具有较强的网状结构，在80～90℃的高温短时间加热的制品富有弹性，但低温长时间加热却很脆弱，任何一种蛋白质都是热凝固的，这是因为蛋白质溶胶向凝胶转化的缘故。

（4）弹性的分级标准和测定方法：弹性好坏是衡量鱼糜制品品质的重要指标，鱼糜制品的弹性是比较复杂的，它是硬度、伸缩性、黏性等的综合体，不能用简单一句话来表明。

在加工鱼糜制品过程中,掌握原料质量情况是很重要的,除了根据生产中的实际经验进行掌握判断外,日本采用一种折裂试验的质量等级标准和测定方法可供参考。

三、冷冻鱼糜加工工艺与关键技术

冷冻鱼糜的加工工艺,国内重点以海水小杂鱼冷冻鱼糜的采肉、漂洗、脱水、添加冷冻变性防止剂,在低温条件下能长期贮藏的鱼糜制品原料,其优点是把鱼体的不可食部分除去,提高冷库的利用率,方便加工鱼糜制品。

1. 工艺流程 详见图 10-7。

原料冰鲜鱼 → 去头、去内脏、去鳞 → 洗净(2次) → 采肉 → 漂洗 → 脱水 → 精滤 → 加添加剂、拌和 → 称量、装袋 → 冻结 → 冷藏 → 流通

图 10-7 冷冻鱼糜生产工艺流程图

2. 操作要点

(1)原料冰鲜鱼:利用加工冷冻鱼糜的原料较多,如梅童鱼、白姑鱼、海鳗、蛇鲻、鱿鱼、乌贼等白色肉鱼类是生产优质鱼糜的上等原料,但因白色肉鱼类价格较高,要结合渔业资源实际,选用资源丰富、价格低廉的小杂鱼,改进加工工艺,添加弹性增强剂,提高小杂鱼鱼糜凝胶弹性和白度,将小杂鱼类作为冷冻鱼糜生产的重要原料。

(2)去头、去内脏、去鳞,洗净:在冷冻鱼糜加工工序中,原料鱼去头、去内脏(马面鲀去皮),特别注意对原料的洗涤,一般经 2~3 次洗涤,洗除腹腔内的残余内脏、血液、黑膜等,水温控制在 10℃以下,以防影响鱼糜的弹性质量。

(3)采肉:采肉的质量取决于以下两点:

1)采肉机滚筒上多孔孔径的选择:采肉机滚筒上网眼的孔径有从 3~5mm 的几种规格,生产中大多选用大一点的孔径滚筒采肉率较高,小孔径 3mm 会使鱼肉纤维损伤,漂洗中流失多,影响鱼糜得率。生产中可根据鱼糜质量选用合适的孔径。

2)采肉次数:采肉机一般不能一次性采取干净,即在骨肉中仍留下部分鱼肉,可进行第 2 次采肉,叫二道肉,色泽较深,碎骨较多。第 1 次采取的鱼肉生产冷冻鱼糜,第 2 次采的鱼肉不作冷冻鱼糜,一般作为油炸制品原料。

(4)漂洗:漂洗指将刚采下的鱼肉用清水进行洗涤,以除去鱼肉的有色物质、血液、水溶性蛋白质、气味、无机盐等杂质,是生产优质冷冻鱼糜的重要工艺技术,尤其对红色鱼肉及鲜度较差的鱼肉更是不可少的工序,对提高鱼糜质量档次及保藏性能都有很大作用。对含油脂较高的鱼类如带鱼、黄吉鱼等,采取的鱼肉可用 5~10 倍鱼肉重量的清水或稀盐碱水漂洗(0.15%~0.1%)的食盐水,慢慢搅拌 7~8 分钟,静置 10 分钟使鱼肉沉淀,油脂漂浮在上面,倾去表面漂洗液,再按以上比例加清水,搅拌静置、倾析,如此重复漂洗 2~3 次,水温控制在 10℃以下,pH 在 6.8。漂洗用水应该是软水、中性,因水质会影响鱼糜的光泽、色泽及成品得率。

(5)脱水:鱼肉漂洗后含有大量的水分,经螺旋压榨脱水机进行脱水,使鱼肉脱水后的水分含量

在78%~79%的标准,水分过高,影响产品质量,水分过低影响成品率,而且过分脱水易引起鱼肉升温、蛋白质变性。

(6)精滤:精滤是要除去残留在鱼肉中的小骨刺、皮筋等杂质,加工中可以先脱水后精滤,也可以精滤后再脱水,工艺处理的变动并不影响冷冻鱼糜的质量,只在级别上有所区别,即先精滤有利于冷冻鱼糜的分级;先脱水后精滤,就不必分级,因精滤分级机的性能可在鱼肉水分充裕、柔软的条件下,才可鱼糜分级处理、脱水后精滤,仅为一种等级。精滤机在分离杂质过程中鱼肉和机械之间因摩擦发热,引起鱼肉蛋白质变性,因此,精滤机上要配有冰槽,常在冰槽中加冰降低机身温度和鱼肉温度,使鱼肉温度保持在10℃以下。

(7)加添加剂、拌和:生产冷冻鱼糜必须添加冷冻变性防止剂,常用的方法是在脱水鱼糜中添加4%白砂糖、4%山梨醇、0.2%多磷酸盐(焦磷酸钠和三聚磷酸钠的等量混合物),鱼肉要混合均匀。

(8)称量、装袋:混合后的鱼糜按规格要求装入聚乙烯塑料有色袋(厚度≥0.04mm),放入冻结盘内,鱼糜厚度为6~8cm的长方块,包装规格为每袋10kg,有色袋以区别不同鱼种,包装时应尽量排除袋内的空气,包装塑料袋上需标明鱼糜的名称、等级、生产日期、重量批号等。

(9)冻结、冷藏:包装好的鱼糜应尽快送去冻结,通常使用平板冻结机,冻结温度为-35℃,时间为3~4小时,使鱼糜中心温度达到-20℃。平板冻结机具有冻结速度快的特点,能迅速通过-1~-5℃的最大冰晶生成区,以保持冻品的细小冰晶,保证冷冻鱼糜的冻结质量。冷冻鱼糜的冷藏温度要在-25℃以下,并要求冷库温度相对稳定。

(10)流通:冷冻鱼糜从生产厂家到使用厂家的运输过程中,必须注意保持一定的低温,避免冷冻鱼糜由于温度回升,形成重复冷冻。

3. 冷冻鱼糜的质量检验

(1)水分:将原包装冷冻鱼糜切下适当大小,装入另外的聚乙烯袋,至半解冻状态时取样。用烘箱,待品温达到0℃以上后,取5~10g于秤量瓶中,在100~105℃达到恒量后秤重。用红外线水分测定仪时,取解冻鱼糜5~10g弄碎,直接放在试样盘上干燥即可。不论哪种方法,取3个以上试样,取其平均值以百分比(%)表示。

(2)pH:在解冻后的鱼糜5g或10g中加入9倍量的水,用均浆器匀或用研钵研细,用pH或BTB试纸测定,取两个以上平均值。

(3)夹杂物:取解冻鱼糜10g推薄至1mm以下,肉眼观察计数2mm以上算1个,1~2mm算1/2个。不满1mm大小不算,以10分评价法以分数表示(表10-2)。

表10-2 夹杂物评分标准

评分	夹杂物个数	评分	夹杂物个数
10	0	5	12~15
9	1~2	4	16~19
8	3~4	3	20~25
7	5~7	2	26~30
6	8~11	1	31以上

（4）品质评定：取半解冻鱼糜1kg，用微型擂溃机擂5分钟，添加3%食盐，用擂溃机擂30分钟，加入3%马铃薯淀粉，混匀，取出。在直径30mm塑料薄膜肠衣中灌肠，长约16cm，两端结扎，在90℃热水中加热30分钟。加热煮熟后立即放入冷水中冷却，放置室温，样品测定，需在加热48小时以内进行，品温25～30℃。冷冻鱼糜的质量标准见表10-3。

1）凝胶强度：试样切长25mm长度，用凝胶强度测定仪测定，测定压入球直径为7mm，压力为1kg。将试样置于试验台上，其断面中心对准压入球以一定速度升起试验台，压入球顶入试样，测定试样失去抵抗破断强度及凹陷程度。破断强度以W表示，单位为g，凹陷强度以L表示，单位为cm，凝胶强度以$W×L$的数值表示，单位为g·cm。试样需3个以上，取各自测定平均值。

2）白度：试样切成一定长度，用白度计（色差计）测定其断面白度，取3个试样的测定平均值。白度用白度计测定，用一标准色板，规定白度系数，测定样品的白度，类似于比色法。

3）折曲试验：将试验片切成3mm厚度，用5段法评定（表10-4）。

表10-3　冷冻鱼糜质量标准

项目	一级	二级
水分(%)	79	80
破断强度(g)	400	350
凹陷强度(cm)	1.1	1.0
白度	23	19

表10-4　折曲等级评价标准

评分	等级	性状
5	AA	四折不裂
4	A	对折不裂
3	B	对折缓缓裂开
2	C	对折立即裂开
1	D	指压即崩溃

四、典型鱼糜制品加工工艺与关键技术

如前述，冷冻鱼糜是一种半成品，只是作为鱼糜制品的原料，并不能直接食用，而鱼糜制品则以冷冻鱼糜为原料（也可直接用新鲜鱼作为原料），经一系列的加工工序，使之成为能够食用的食品。

鱼糜制品分熟食品和生食品两大类，其中熟食品按其熟制方式可分为蒸制品、煮制品、烤制品、油炸制品等。它有保质期较长的方便食品，也有即制、即食的熟食品。市面上常见的有以下几种：

蒸煮类：水发鱼丸、鱼糕等。

油炸类：油炸鱼丸、天妇罗、炸鱼饼等。

焙烤类：烤鱼卷、烤鱼片等。

灌肠类：鱼肉火腿、鱼肉香肠。

模拟食品:模拟蟹肉、仿大虾仁、仿干贝柱等。

生食品则通常将鱼糜进行调味、整形等加工后进行速冻,以冷藏柜的形式销售。消费者将这些生食品买回后,可直接煮、炸、烧、烤或进微波炉加热熟化即可食用,十分方便。这类代表产品有鱼排、鱼饼、鱼丸、鱼汉堡、串烧等。

1. 工艺流程　详见图10-8。

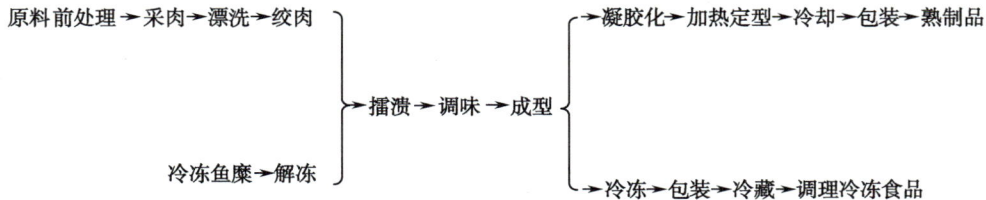

原料前处理→采肉→漂洗→绞肉
冷冻鱼糜→解冻
→擂溃→调味→成型
→凝胶化→加热定型→冷却→包装→熟制品
→冷冻→包装→冷藏→调理冷冻食品

图 10-8　典型鱼糜制品生产工艺流程图

2. 操作要点

(1)原料前处理:原料如为鲜活或冷冻鱼时,从"三去"处理到脱水等工艺,应按前面讲述过的冷冻鱼糜的加工工艺要求进行操作。如原料为冷冻鱼糜时,要先进行半解冻,解冻方法可采用自然解冻、温水解冻、蒸汽解冻和流水解冻等。一般情况下使用自然解冻的方法,在室温下放置一段时间后,用切块机切成小块待用。

(2)擂溃:擂溃就是将鱼糜加上制作所需的各种调味品、添加剂进行搅拌、研磨。这是鱼糜制品生产的一道很关键的工序。要求鱼糜不仅要和添加的辅料充分混合均匀,还要产生较强的黏弹性,这样才能使制成的鱼糜有很好的凝胶强度。擂溃一般分3个步骤进行。

1)空擂:空擂的作用是进一步将鱼肉组织磨碎,如果用的是冷冻鱼糜原料,则还可在空擂阶段使鱼糜解冻完全。将原料鱼糜投入擂溃机中,先擂溃一段时间,空擂时间根据具体情况而定,一般为3~5分钟即可。

2)盐擂:空擂以后,在鱼糜中添加2%~3%的食盐继续擂溃。盐擂的目的是使盐溶性的肌原纤维在盐水中溶解出来,变为黏稠的溶胶体,再通过擂溃的研磨搓揉作用,更好地形成网状结构。盐擂时间应酌情适度控制,一般在20~30分钟,时间过长易引起鱼肉升温,导致蛋白热变性而影响凝胶强度。有条件的工厂常使用带冷却装置的擂溃机。

3)调味擂溃:鱼糜制品为了呈味、成型等需要,在鱼糜中常加入各种调味剂、赋形剂及其他辅料。这些添加物须在盐擂后才能加入,添加时要注意有些不易溶于水的物质如聚合磷酸盐、防腐剂等,需事先制成浓溶液才能加入。此外,添加顺序也需合理掌握,有些辅料如蛋清、凝胶增强剂应在最后加入。

(3)成型:擂溃后的鱼糜混合物呈黏稠胶着的糊状体,需立即通过加工使其成为所需的各种形状,如搁置时间过长,室温过高,会逐渐失去黏性,并形成不可逆的凝结现象,无法继续加工。目前,各种成型机早已代替了过去粗糙缓慢的手工操作,不仅大大节省了劳动力,加快了制作速度,而且还能随需制成多种造型较难的形状。同时,也大大提高了鱼糜制品的质量。目前使用的成型机有鱼丸机、鱼糕机、天妇罗多功能成型机、鱼肉香肠机、鱼卷成型机、模拟蟹腿肉成型机、仿大虾仁成型机等。

（4）凝胶化：鱼糜在成型之后加热之前，一般需在较低温度下放置一段时间，以增加鱼糜制品的弹性和保水性，这一过程叫凝胶化。

凝胶化的温度：低温凝胶化为 5~10℃下 24 小时；目前普遍采用 30~40℃数十分钟加热代替冷处放置一夜的方法。但是高温凝胶化后再加热，往往因鱼种和鲜度差使制品的弹性下降。另外，即使相同的鱼糜，低温凝胶化和高温凝胶化的弹性差别也很大，因此要根据鱼种和鲜度、产品的最终要求等预先做充分的实验来优化凝胶条件。应注意避免成型前的凝胶化。

（5）加热定型：鱼糜制品经过低温凝胶化或高温凝胶化以后，虽然初步产生了凝胶化现象，但触摸仍然易散，需经过加热工序将之最后定型。加热不仅能使产品最终定型，而且可以熟化产品，并起到杀灭细菌、延长保藏期的作用。不同的鱼糜制品，根据其不同的要求加热方法各异，最常见的是水煮、蒸煮、油炸、焙烤等。

（6）冷却：加热完毕的鱼糜制品大部分都需要在冷水中急速冷却，使其吸收加热时失去的水分，防止发生皱皮和褐变等现象，并使制品表面柔软和光滑。

（7）包装和贮藏：一般采用真空包装机，放在冷库 0℃±1℃贮藏。

3. 评价鱼糜制品的优劣

（1）外观：表面的形态、色泽、结构、外包装；

（2）弹性：凝胶强度、质地、口感；

（3）味道：通过调味品和香辛料调制出人们喜爱的风味；

（4）营养：所含成分的营养价值；

（5）安全：产品的安全性。

点滴积累 ∨

1. 鱼糜概述；弹性形成机制；鱼糜的调配。

2. 冷冻鱼糜的工艺流程；操作要点；质量检验。

3. 典型鱼糜制品的工艺流程；操作要点。

目标检测

一、填空题

1. 水产品保活技术常见的有＿＿＿＿＿、＿＿＿＿＿、＿＿＿＿＿和＿＿＿＿＿。

2. 水产品低温保鲜方法有＿＿＿＿＿、＿＿＿＿＿、＿＿＿＿＿和＿＿＿＿＿。

3. 水产品化学保鲜法常用的化学保藏剂主要包括：＿＿＿＿、＿＿＿＿、＿＿＿＿和＿＿＿＿等。

4. 鱼糜的擂溃一般分为 3 次，分别是＿＿＿＿＿、＿＿＿＿＿、＿＿＿＿＿。

5. 同一种鱼肉糜，凝胶化的速度是温度越＿＿＿＿＿，速度越快。

6. 空擂以后，在鱼糜中添加的＿＿＿＿＿食盐继续擂溃。

7. 目前普遍采用＿＿＿＿＿℃数十分钟加热代替冷处放置一夜的方法。

8. 冷冻鱼糜品质评定的指标有＿＿＿＿＿、＿＿＿＿＿、＿＿＿＿＿。

二、简答题

1. 水产品保活技术和保鲜技术有哪些？

2. 水产品人工干燥的方法有哪些？

3. 干制水产品易产生的质量问题及控制措施有哪些？

4. 简述鱼露的生产工艺流程及操作要点。

5. 简述淡干紫菜饼的生产工艺流程及操作要点。

6. 简述即食海苔的生产工艺流程及操作要点。

7. 冷冻鱼糜加工工艺及操作要点有哪些？

8. 鱼糜制品的加工工艺及操作要点有哪些？

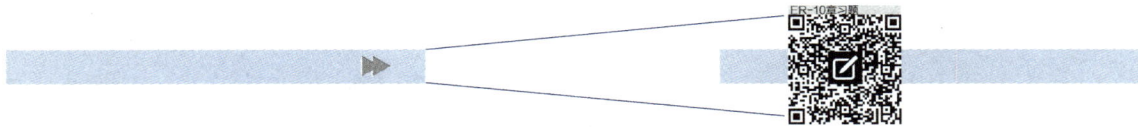

第十一章

功能性食品

导学情景

情景描述

养乐多公司创业于 1935 年，是全球最大的活性乳酸菌饮品制造公司之一。 凭着益生菌益健康的理念，在近 80 年历程中，产品出口全世界 33 个国家和地区。 养乐多（中国）投资有限公司董事总经理平野晋："2002 年是我们在广州开始销售的第一年，当时的平均销售量只有 5.9 万瓶/天，到了 2012 年平均销量已经超过 290 万瓶/天，十余年来，大概每年增长 35%。"——摘自《证券时报网》。

学前导语

自古以来，健康长寿是人类梦寐以求的事。 人的寿命与生产力发展和社会文明进步息息相关。 然而，过去由于生活条件的制约，修身养性只是达官贵人，先贤圣人的专利。 当今的中国，生产力大大提高，人们衣食无忧，开始追求更高层次的生活质量，造就了功能食品市场的广阔天地。

中国的功能食品行业虽比发达国家起步晚，但在短短几十年里，功能食品行业已迅速成为一个独立的产业。

本章内容带领大家学习功能食品及其相应的加工新技术。

人类对食品的要求，首先是吃饱，其次是吃好。当这两个要求得以满足之后，就希望所摄入的食品能促进自身的健康，于是出现了功能食品。功能食品的出现不仅仅是一种饮食时尚，更体现了人们饮食知识和价值观念的提升。另外，着眼于我们这个世界，环境污染严重，各种疾病的发病率快速上升，刺激人们更加关注自身健康，功能性食品必将成为主导食品。

第一节 功能性食品概述

案例分析

案例

由江中集团推出、徐静蕾代言的猴姑饼干广告出现在部分地方卫视。 其广告语"猴姑饼干，猴头菇制成，养胃；上午吃一点，下午吃一点"。 随之而来的是"猴姑饼干是药品还是食品"的争议。 ——摘自《粮油市场报》新浪博客。

分析

　　从以上案例可以看出，好多消费者对食品、保健食品与药品概念模糊，难以正确区分。　本节内容带领大家认识保健食品，正确区分保健食品、普通食品与药品。

一、功能性食品及基本特征

　　功能性食品一词最早于1962年出现在日本厚生省的文件中。1987年日本文部省在《食品功能的系统性解释与展开》报告中最先正式使用了"功能性食品"这一措辞。1989年4月厚生省进一步明确了功能性食品的定义："具有生物防御、生命节律调整、预防疾病、恢复健康等有关的功能因子，经设计加工，对生物体有明显调节功能的食品。"目前,关于"功能性食品"的提法,各国略有差异,如欧美等国的"健康食品"（healthy food）或"营养食品"（nutritional food）、德国所说的"改善食品"（perform food）、我国俗称的"保健食品"以及日本所称的"特定保健用食品"（food for specified health）。这些叫法虽然在定义、称谓、划分范围等方面略有区别,但基本看法是一致的:功能性食品是不同于一般食品又区别于药品的一类特殊食品。功能性食品具备一般食品的共性,又具有其独特的效应。一般食品具备两大功能:营养功能（第一功能）即具有满足人体所需热能和营养成分的功能;感官（感觉）功能（第二功能）即不提供营养,但能通过食品的色、香、味、形刺激机体的感觉器官,形成所谓"好吃"的嗜好特性。保健食品除具备上述两大功能以外,还具有机体防御、生命节律调节、预防疾病、恢复身体健康等保健功能,此功能被称之为食品的第三功能,具有这种功能的食品称之为"功能性食品"（functional foods）。但功能性食品又不同于药品,功能性食品重在调节机体内环境平衡与生理节律,增强机体的防御功能,以达到保健康复的目的。而药品是用来治病的,功能性食品不以治疗为目的,不能取代药物对病人的治疗作用。功能性食品无须医生开处方,没有剂量的限制,可按机体的正常需要自由摄取。

▶ **课堂活动**

　　讨论：猴头菇饼干到底是药品还是食品？

二、功能性食品的类型

功能性食品的类型和分类方式很多,下面介绍几种最常见的分类方式:

1. 根据消费对象的分类

（1）日常功能性食品:通常指保健食品。是根据各种不同的健康消费群（如婴儿、学生和老年人等）的生理特点和营养需求而设计的,主要用来改善生长发育、维持精力和活力,强调其成分能够充分发挥身体防御功能和调节生理节律的工业化食品。

（2）特种功能性食品:通常指特殊医学用途配方食品或特殊膳食食品,又称为特定保健用食品,着眼于心血管病患者、糖尿病患者、肥胖者等特殊人群,针对他们的特殊身体状况,强调食品在预防疾病和促进康复方面的调节功能,以解决所面临的健康与医疗问题。

2. 根据科技含量的分类

(1)第 1 代产品:第 1 代产品主要是强化食品。是根据各类人群的营养需要,主要是为消除营养缺乏病、为满足特殊营养消费群的需要,或为了提高人群的营养水平,有针对性地将营养素添加到食品中去。

这类食品,一般仅是根据食品中的各类营养素和其他有效成分的功能,来推断整个产品的功能,这些功能没有经过任何试验予以证实。目前,欧美各国已将这类产品列入普通食品来管理,我国也不允许这类食品再以保健食品的形式销售。

(2)第 2 代产品:第 2 代产品比起第 1 代产品更加科学,要求经过人体及动物试验,证实该产品具有某种生理功能。

(3)第 3 代产品:此类保健食品不仅需要经过人体及动物试验证明具有某种生理功能,而且需要查清功效成分,以及功效成分的结构、含量、作用机制、在食品中的配伍性和稳定性等。我国市场上这类产品还不多见,大多是从国外引进。

三、功能性食品的功能

目前,我国公布的功能食品的功能主要有以下 27 类:增强免疫力功能、辅助降血脂、辅助降血糖功能、抗氧化、辅助改善记忆功能、缓解视疲劳、促进排铅功能、辅助降血压功能、清咽功能、改善睡眠功能、促进泌乳功能、缓解体力疲劳功能、提高缺氧耐受力功能、对辐射危害有辅助保护功能、减肥功能、增加骨密度功能、改善生长发育功能、改善营养性贫血功能、对化学性肝损伤有辅助保护功能、祛痤疮功能、祛黄褐斑功能、改善皮肤水分功能、改善皮肤油分功能、调节肠道菌群、促进消化功能、通便功能、对胃黏膜损伤有辅助保护功能。

四、功能性食品的功能因子

功能性食品中的功能因子是功能食品真正起生理作用的活性成分,是生产功能性食品的关键。功能性食品必须有明确的天然功效成分即功能因子,并被科学证实具有调节人体生理功能的作用。目前主要有:

1. **活性多糖**　如膳食纤维、昆虫甲壳素、香菇多糖等;

2. **功能性甜味剂**　如功能性单糖、功能性低聚糖、多元糖醇、强力甜味剂等;

3. **肽与蛋白质**　如谷胱甘肽、降压肽等;

4. **功能性油脂**　如多不饱和脂肪酸、磷脂、胆碱、油脂替代品等;

5. **维生素**　维生素 A、B、C、D 族维生素等;

6. **微量活性元素**　如硒、锗、镉、铜、铁、锌等;

7. **益生菌**　如双歧杆菌;

8. **自由基清除剂**　如酶类清除剂、非酶类清除剂;

9. **其他活性成分**　如黄酮类、生物碱、皂苷、植物甾醇、多酚类等。

五、功能性食品相关法律法规

当前功能性食品市场品种繁多、覆盖面广,对其进行规范管理离不开相关的法律法规以及配套技术标准。近几年,我国功能性食品的法律法规不断完善,已初步涵盖申请与审批、原料与辅料、生产经营管理等环节的法规和标准体系。在此介绍与功能性 食品相关的主要法律与法规。

1.《中华人民共和国食品安全法》 《食品安全法》是我国食品领域的指导性法律,对规范食品生产经营活动,防范食品安全事故发生,强化食品安全监管,落实食品安全责任,保障公众身体健康和生命安全都具有重要意义。该法将保健品划归为特殊食品,规定:

(1)国家对保健食品、特殊医学用途配方食品和婴幼儿配方食品等特殊食品实行严格监督管理。

(2)保健食品应当具有科学依据,不得对人体产生急性、亚急性或者慢性危害。

(3)保健食品原料目录和允许保健食品声称的保健功能目录,由国务院食品药品监督管理部门同国务院卫生行政部门、国家中医药管理部门制定、调整并公布。

(4)保健食品原料目录应当包括原料名称、用量及其对应的功效;列入保健食品原料目录的原料只能用于保健食品生产,不得用于其他食品生产。

(5)使用保健食品原料目录以外原料的保健食品和首次进口的保健食品应当经国务院食品药品监督管理部门注册。但是,首次进口的保健食品中属于补充维生素、矿物质等营养物质的,应当报国务院食品药品监督管理部门备案。其他保健食品应当报省、自治区、直辖市人民政府食品药品监督管理部门备案。

(6)进口的保健食品应当是出口国(地区)主管部门准许上市销售的产品。

(7)依法应当注册的保健食品,注册时应当提交保健食品的研发报告、产品配方、生产工艺、安全性和保健功能评价、标签、说明书等材料及样品,并提供相关证明文件。国务院食品药品监督管理部门经组织技术审评,对符合安全和功能声称要求的,准予注册;对不符合要求的,不予注册并书面说明理由。

(8)对使用保健食品原料目录以外原料的保健食品作出准予注册决定的,应当及时将该原料纳入保健食品原料目录。

(9)依法应当备案的保健食品,备案时应当提交产品配方、生产工艺、标签、说明书以及表明产品安全性和保健功能的材料。

(10)保健食品的标签、说明书不得涉及疾病预防、治疗功能,内容应当真实,与注册或者备案的内容相一致,载明适宜人群、不适宜人群、功效成分或者标志性成分及其含量等,并声明"本品不能代替药物"。保健食品的功能和成分应当与标签、说明书相一致。

(11)保健食品广告除应符合食品广告要求外,还应当声明"本品不能代替药物";其内容应当经生产企业所在地省、自治区、直辖市人民政府食品药品监督管理部门审查批准,取得保健食品广告批准文件。省、自治区、直辖市人民政府食品药品监督管理部门应当公布并及时更新已经批准的保健食品广告目录以及批准的广告内容。

（12）特殊医学用途配方食品应当经国务院食品药品监督管理部门注册。注册时,应当提交产品配方、生产工艺、标签、说明书以及表明产品安全性、营养充足性和特殊医学用途临床效果的材料。特殊医学用途配方食品广告适用《中华人民共和国广告法》和其他法律、行政法规关于药品广告管理的规定。

（13）婴幼儿配方食品生产企业应当实施从原料进厂到成品出厂的全过程质量控制,对出厂的婴幼儿配方食品实施逐批检验,保证食品安全。生产婴幼儿配方食品使用的生鲜乳、辅料等食品原料、食品添加剂等,应当符合法律、行政法规的规定和食品安全国家标准,保证婴幼儿生长发育所需的营养成分。婴幼儿配方食品生产企业应当将食品原料、食品添加剂、产品配方及标签等事项向省、自治区、直辖市人民政府食品药品监督管理部门备案。婴幼儿配方乳粉的产品配方应当经国务院食品药品监督管理部门注册。注册时,应当提交配方研发报告和其他表明配方科学性、安全性的材料。不得以分装方式生产婴幼儿配方乳粉,同一企业不得用同一配方生产不同品牌的婴幼儿配方乳粉。

（14）保健食品、特殊医学用途配方食品、婴幼儿配方乳粉的注册人或者备案人应当对其提交材料的真实性负责。省级以上人民政府食品药品监督管理部门应当及时公布注册或者备案的保健食品、特殊医学用途配方食品、婴幼儿配方乳粉目录,并对注册或者备案中获知的企业商业秘密予以保密。保健食品、特殊医学用途配方食品、婴幼儿配方乳粉生产企业应当按照注册或者备案的产品配方、生产工艺等技术要求组织生产。

（15）生产保健食品,特殊医学用途配方食品、婴幼儿配方食品和其他专供特定人群的主辅食品的企业,应当按照良好生产规范的要求建立与所生产食品相适应的生产质量管理体系,定期对该体系的运行情况进行自查,保证其有效运行,并向所在地县级人民政府食品药品监督管理部门提交自查报告。

2. 《中华人民共和国食品安全法实施条例》 《食品安全法实施条例》作为行政法规,对《食品安全法》的有关规定做必要的补充和细化。

3. 《保健食品注册与备案管理办法》 《保健食品注册与备案管理办法》规定保健食品上市产品的管理模式、保健食品注册程序、保健食品注册证书的管理、保健食品的备案要求、命名规定及对保健食品注册和备案违法行为的处罚等。

保健食品注册是指食品药品监督管理部门根据注册申请人申请,依照法定程序、条件和要求,对申请注册的保健食品的安全性、保健功能和质量可控性等相关申请材料进行系统评价和审评,并决定是否准予其注册的审批过程。国产保健食品注册申请人应当是在中国境内登记的法人或者其他组织;进口保健食品注册申请人应当是上市保健食品的境外生产厂商。申请进口保健食品注册的,应当由其常驻中国代表机构或者由其委托中国境内的代理机构办理。

保健食品备案是指保健食品生产企业依照法定程序、条件和要求,将表明产品安全性、保健功能和质量可控性的材料提交食品药品监督管理部门进行存档、公开、备查的过程。国产保健食品的备案人应当是保健食品生产企业,原注册人可以作为备案人;进口保健食品的备案人,应当是上市保健食品境外生产厂商。

4.《保健食品标识规定》 《保健食品标识规定》对保健食品的标识和产品说明书相关内容进行规定。规定申请保健食品注册或者备案的,产品标签、说明书样稿应当包括产品名称、原料、辅料、功效成分或者标志性成分及含量、适宜人群、不适宜人群、保健功能、食用量及食用方法、规格、贮藏方法、保质期、注意事项等内容及相关制定依据和说明等。

知识链接

EPA 和 DHA

EPA（二十碳五稀酸）和 DHA（二十二碳六稀酸）是两种不饱和脂肪酸,是同属于 Ω-3 系列多不饱和脂肪酸,是人体自身不能合成但又不可缺少的重要营养素,因此称为人体必需脂肪酸。

DHA 是大脑细胞发育及运作不可缺少的物质基础,同时也能对活化衰弱的视网膜细胞有帮助,从而起补脑健脑、提高视力,防止近视的作用。

EPA 被称为"血管清道夫",它具有疏导清理心脏血管的作用,从而防止多种心血管疾病。

六、我国保健食品发展历史及趋势

保健食品在我国有着悠久的历史。历代本草及方剂典籍中都有大量的记载,其中就有不少属于保健食品,如枸杞子酒、桑椹蜜膏等。

现代科学意义的保健食品在我国始于 1980 年。1984 年中国保健品协会成立。随着"大健康"理念兴起,保健品的人均支出、消费人群有了显著提升,数据显示我国保健品行业规模从 2002 年 442 亿元增长至 2017 年 2376 亿元,成为全球第二大保健品市场。对比中美保健品消费习惯可发现,美国的保健品渗透率达 50%,而中国仅为 20%;其中,美国有 60% 的保健品消费者属于黏性用户,而中国仅有 10%;就人均消费金额而言,中国也仅为美国的 1/8。因此,未来中国保健品行业前景光明,市场潜力大。

面对我国保健食品的行业现状,有几个方面应予以重视:

1. 科学地继承和发扬中医特色 当前我国的不少保健食品是建立在传统的医药基础上,许多产品没能进一步研究出功能因子及作用机制。

2. 提升保健食品的水平 当前我国多数保健食品属于第 1 代、第 2 代,而第 3 代产品很少。为使我国保健食品的研究和生产达到或超过世界先进水平,要加紧功能因子结构和作用机制的研究,以推动产品升级换代。

3. 加强科学管理和评价体系 我国保健食品市场,一些假冒伪劣产品混杂其中,致使广大消费者深受其害。为此,应加强科学管理,严格控制产品质量,确保产品安全有效。另外,应建立一系列国内外所公认的功能评价体系。

随着人们整体生活水平的提高和对保健食品的了解,消费者对"保健品"的认识越来越客观和理性。今后,消费者将更看重保健食品的"保健"功效,更认可健康、安全的天然成分。保健食品将向全民化、便捷化、天然化发展。

点滴积累　∨

1. 功能性食品的功能有感官、营养和保健。

2. 功能食品按消费者类型分为日常保健食品与特种保健食品。

3. 功能食品按科技含量分为第一代、第二代和第三代。

4. 功能食品是特殊食品，不同于药品。

5. 功能因子是起生理作用的活性成分。

6. 功能因子的类型主要有活性多糖、功能性甜味剂、肽与蛋白质、功能性油脂、维生素、微量活性元素、益生菌、自由基清除剂与其他活性成分。

第二节　功能性食品生产技术

案例分析

案例

功能因子的含量往往是微量的，如米糠中 γ-谷维醇含量仅为 0.3% ~0.5% 左右。有的功能因子不稳定，易分解氧化，如：鱼油中的 DHA 和 EPA 易氧化。因此，传统的食品生产技术已很难满足功能性食品的生产。

分析

从以上案例可以看出，功能因子的分离与制备、功能性食品的生产需要更微型化、更温和的新技术。如采用超临界萃取技术提取虾壳中的虾黄素，与传统有机溶剂提取相比，不仅可大大提高虾黄素的提取率，而且无污染、无有机溶剂残留，食用更安全。采用微胶囊技术制备鱼油，可以有效防止鱼油中 DHA 和 EPA 氧化，提高鱼油稳定性、延长保质期的同时，掩盖不良风味。

功能性食品是具有特定保健功能的食品，其剂型可以是传统食品型（如：保健饮品、保健酒等），也可以是药品剂型（如：胶囊制剂、片剂、口服液、膏剂等）。其生产技术的关键是功能因子的制备。在此介绍几种功能因子或功能食品制备新技术。

▶ 课堂活动

讨论：你知道哪些功能性食品生产新技术？

一、生物工程技术

应用发酵工程、酶工程、基因工程和细胞工程技术制备功能因子，如利用组织培养生产功能性甜味剂甜菊糖、利用发酵技术生产真菌多糖、利用基因重组技术生产氨基酸等。

1. 基因工程　基因工程（genetic engineering）又称基因拼接技术和 DNA 重组技术，是以分子遗传学为理论基础,以分子生物学和微生物学的现代方法为手段,将不同来源的基因按预先设计的蓝图,在体外构建杂种 DNA 分子,然后导入活细胞,以改变生物原有的遗传特性、获得新品种、生产新产品。

2. 酶工程 酶工程就是将酶或者微生物细胞、动植物细胞、细胞器等在一定的生物反应装置中,利用酶所具有的生物催化功能,借助工程手段将相应的原料转化成有用物质。它包括酶制剂的制备、酶的固定化、酶的修饰与改造及酶反应器等方面内容。酶工程的应用,主要集中于食品工业、轻工业以及医药工业中。

3. 发酵工程 发酵工程,是指采用现代工程技术手段,利用微生物的某些特定功能,为人类生产有用的产品,或直接把微生物应用于工业生产过程的一种新技术。发酵工程的内容包括菌种的选育,培养基的配制、灭菌,扩大培养,接种,发酵过程和产品的分离提纯等方面。

4. 细胞工程 细胞工程是应用细胞生物学和分子生物学的理论和方法,按照人们的设计蓝图,进行在细胞水平上的遗传操作及进行大规模的细胞和组织培养。当前细胞工程所涉及的主要技术领域有细胞培养、细胞融合、细胞拆合、染色体操作及基因转移等方面。通过细胞工程可以生产有用的生物产品或培养有价值的植株,并可以产生新的物种或品系。

二、分离纯化技术

采用分离技术可将功能因子从天然原料或各生物工程产物中分离出来。

1. 超临界萃取技术 超临界流体萃取(SFE,简称超临界萃取)是一种将超临界流体作为萃取剂,把一种成分(萃取物)从混合物(基质)中分离出来的技术。二氧化碳是最常用的超临界流体。其原理是超临界流体对脂肪酸、植物碱、酮类、甘油酯等具有特殊溶解作用,利用超临界流体的溶解能力与其密度的关系,即利用压力和温度对超临界流体溶解能力的影响而进行的。在超临界状态下,将超临界流体与待分离的物质接触,使其有选择性地把极性大小、沸点高低和分子量大小的成分依次萃取出来。当然,对应各压力范围所得到的萃取物不可能是单一的,但可以控制条件得到最佳比例的混合成分,然后借助减压、升温的方法使超临界流体变成普通气体,被萃取物质则完全或基本析出,从而达到分离提纯的目的,所以超临界流体萃取过程是由萃取和分离组合而成的。超临界流体兼有气液两重性特点,既有与气体相当的高渗透能力和低黏度,又有与液体相近的密度和溶解能力。该技术具有温度不高、无毒、不易燃、安全、分离效率高、操作简单等优点。该技术可用于从虾壳中提取虾黄素、从甘蔗渣中提取二十八烷醇,从沙棘中提取沙棘油等。

2. 分子蒸馏萃取技术 分子蒸馏萃取技术是一种特殊的液-液分离技术,是在高真空下操作的蒸馏方法,蒸汽分子的平均自由程大于蒸发表面与冷凝表面之间的距离,从而可利用料液中各组分蒸发速率的差异,对液体混合物进行分离。该技术可用于从物料中分离维生素 A 或维生素 E 等。

超临界流体萃取技术简介

3. 膜分离技术 膜分离技术是指在分子水平上不同粒径分子的混合物在通过半透膜时,实现选择性分离的技术,根据孔径大小可以分为:微滤膜(MF)、超滤膜(UF)、纳滤膜(NF)、反渗透膜(RO)等,膜分离都采用错流过滤方式。

(1)微滤(MF):又称微孔过滤,它属于精密过滤,其基本原理是筛孔分离过程。微孔滤膜的应用范围主要是从气相和液相中截留微粒、细菌以及其他污染物,以达到净化、分离、浓缩的目的。对于微滤而言,膜的截留特性是以膜的孔径来表征,通常孔径范围在 $0.1\sim 1\mu m$,故微滤膜能对大直径的菌体、悬浮固体等进行分离。可用于功能因子提取液的过滤、液态功能食品或营养液的除菌等。

(2)超滤(UF):是介于微滤和纳滤之间的一种膜过程,膜孔径在 $0.05\mu m\sim 1nm$ 之间。超滤是一种能够将溶液进行净化、分离、浓缩的膜分离技术,超滤过程通常可以理解成与膜孔径大小相关的筛分过程。以膜两侧的压力差为驱动力,以超滤膜为过滤介质,在一定的压力下,当水流过膜表面时,只允许水及比膜孔径小的小分子物质通过,达到溶液的净化、分离、浓缩的目的。对于超滤而言,膜的截留特性是以对标准有机物的截留分子量来表征,通常截留分子量范围在 $1000\sim 300\,000Da$,故超滤膜能对大分子有机物(如蛋白质、细菌)、胶体、悬浮固体等进行分离,广泛应用于料液的澄清、大分子有机物的分离纯化、除热原。

(3)纳滤(NF):是介于超滤与反渗透之间的一种膜分离技术,其截留分子量在 $80\sim 1000Da$ 的范围内,孔径为几纳米,故纳滤膜能对小分子有机物等与水、无机盐进行分离,实现脱盐与浓缩的同时进行。

(4)反渗透(RO):是利用反渗透膜只能透过溶剂(通常是水)而截留离子物质或小分子物质的选择透过性,以膜两侧静压为推动力,而实现的对液体混合物分离的膜过程。可用于提取液中功能因子及液状食品的低温节能浓缩。

一种功能性食品生产中往往需要多种技术,如采用电渗透脱盐、超滤除菌、反渗透浓缩从海带中提取甘露醇。

4. 层析分离技术 层析法是利用不同物质理化性质的差异而建立起来的技术。所有的层析系统都由两个相组成:一是固定相,另一是流动相。当待分离的混合物随流动相通过固定相时,由于各组分的理化性质存在差异,与两相发生相互作用(吸附、溶解、结合等)的能力不同,在两相中的分配(含量比)不同,且随流动相向前移动,各组分不断地在两相中进行再分配。分部收集流出液,可得到样品中所含的各单一组分,从而达到将各组分分离的目的。如从茶叶中分离茶多酚就可用层析法进行提纯。

三、干燥技术

1. 真空冷冻干燥技术 真空冷冻干燥简称冻干,是将湿物料或溶液在较低的温度($-10℃\sim-50℃$)下冻结成固态,然后在真空下使其中的水分不经液态直接升华成气态,最终使物料脱水的干燥技术。它有利于保存功能性食品中的热敏性成分,可用于保健营养粉的制备,如人参粉、山药粉等的加工制造。

2. 喷雾干燥技术 喷雾干燥是系统化技术应用于物料干燥的一种方法。于干燥室中将稀料经雾化后,在与热空气的接触中,水分迅速气化,即得到干燥产品。该法能直接使溶液、乳浊液干燥成粉状或颗粒状制品,可省去蒸发、粉碎等工序。适用于热敏性成分的干燥,可用于制备微胶囊。

四、超微粉碎技术

超微粉碎,是指利用机械或流体动力的方法克服固体内部凝聚力使之破碎,从而将 3mm 以上的

物料颗粒粉碎至 $10\sim25\mu m$ 的操作技术。超微细粉末是超微粉碎的最终产品,具有一般颗粒所没有的特殊理化性质,如良好的溶解性、分散性、吸附性、化学反应活性等。因此超微细粉末已广泛应用于功能性食品生产中,如可用于生产珍珠粉、超细花粉等。

五、微胶囊技术

微胶囊技术(microencapsulation)是微量物质包裹在聚合物薄膜中的技术,是一种储存固体、液体、气体的微型包装技术。该技术可有效保持食品的色、香、味、营养成分及生理活性。

点滴积累 ╲

1. 用于功能性食品生产的生物工程技术有酶工程;发酵工程;细胞工程;基因工程。

2. 用于功能性食品生产的分离纯化技术有超临界萃取技术;膜分离技术;分子蒸馏萃取技术;层析分离技术。

3. 功能性食品干燥技术有冷冻真空干燥;喷雾干燥。

4. 微胶囊技术;超微粉碎技术。

目标检测

一、名词解释

1. 保健食品注册

2. 功能性食品

3. 功能因子

4. 保健食品备案

二、多项选择题

1. 功能食品具有( )功能。

    A. 营养   B. 感官   C. 保健   D. 治疗疾病

2. 生物工程主要包括( )。

    A. 基因工程   B. 酶工程   C. 细胞工程   D. 发酵工程

3. 膜分离技术根据孔径大小可分为( )。

    A. 微滤膜   B. 超滤膜   C. 纳滤膜   D. 反渗透膜

三、简答题

1. 什么是功能因子?功能因子有哪些?

2. 功能性食品与普通食品、药品的区别?

3. 功能性食品的类型都有哪些?

4. 你还知道哪些废弃物用作功能性食品的生产?

5. 功能性食品的功能有哪些?

6. 什么是保健食品注册？什么是保健食品备案？

7. 保健食品注册证书应当载明哪些内容？

8. 功能食品生产中常用的新技术有哪些？

9. 简述生物工程技术在功能食品生产中的应用。

10. 简述超临界萃取技术的原理及在功能食品生产中的应用。

11. 简述膜分离技术的种类及区别。

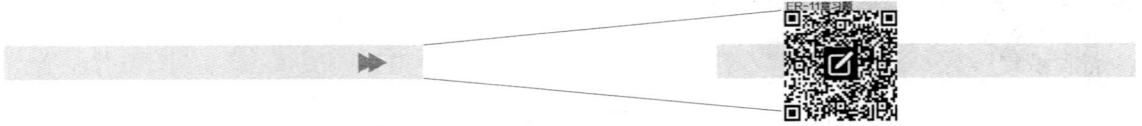

ER-11 复习题

第十二章

创新创业项目计划书训练

"大众创业、万众创新"在社会上掀起了一股浪潮,成为推动经济发展的新动力、新引擎。大学生是最具创新与创造活力的群体。在就业压力巨大、从制造大国向制造强国转变的背景下,激发大学生的创新创业活力,意义重大。

创业计划书是一份全方位的商业计划,其主要用途是递交给投资商,以便于他们能对企业或项目做出评判,从而使企业获得融资。

本章内容为创新创业课程实践,旨在培养学生利用专业知识,开拓创新意识,训练创新思维,完成创新创业项目设计,提升其创新创业能力。

一、项目任务

设计一项创新创业计划项目,选题范围包括:

1. 传统手工家庭食品或传统食品工艺进行技术改进与创新;

2. 具有地区特色的食品原材料资源开发与利用;

3. 传统食品的食品销售与经营模式转型与升级。

二、任务要求

1. 项目要求

(1)选题要充分利用专业优势和本地资源优势;

(2)技术具有一定的创新性,技术先进、可行;

(3)市场前景良好,符合国家政策优惠或倾斜的项目;

(4)项目投资预算合理,盈利能力强。

2. 每小组提供一份创业项目计划书,并准备 PPT 进行 10 分钟演讲。

三、创业计划书内容要求

1. **封面**　封面的设计要有审美观和艺术性,一个好的封面会使阅读者产生最初的好感,形成良好的第一印象。

2. **概要**　一个非常简练的计划及商业模型的摘要,介绍你的商业项目,一般 500 字左右。主要内容包括:公司介绍;主要产品和业务范围;市场概貌;营销策略;销售计划;生产管理计划;管理者及其组织;财务计划;资金需求状况等。

企业还必须要回答下列问题:①企业所处的行业,企业经营的性质和范围;②企业主要产品的内容;③企业的市场在哪里,谁是企业的顾客,他们有哪些需求;④企业的合伙人、投资人是谁;⑤企业的竞争对手是谁,竞争对手对企业的发展有何影响。

3. 企业介绍 这部分的目的不是描述整个计划,也不是提供另外一个概要,而是对你的公司做出介绍,因而重点是介绍公司理念和如何制定公司的战略目标。

4. 行业分析 在行业分析中,应该正确评价所选行业的基本特点、竞争状况以及未来的发展趋势等内容。关于行业分析的典型问题:

(1)该行业发展程度如何?现在的发展动态如何?

(2)创新和技术进步在该行业扮演着一个怎样的角色?

(3)该行业的总销售额有多少?总收入为多少?发展趋势怎样?

(4)价格趋向如何?

(5)经济发展对该行业的影响程度如何?政府是如何影响该行业的?

(6)是什么因素决定着它的发展?

(7)竞争的本质是什么?你将采取什么样的战略?

(8)进入该行业的障碍是什么?你将如何克服?该行业典型的回报率有多少?

5. 产品(服务)介绍 主要内容包括:产品的概念、性能及特性;主要产品介绍;产品的市场竞争力;产品的研究和开发过程;发展新产品的计划和成本分析;产品的市场前景预测;产品的品牌和专利。

一般地,产品介绍必须要回答以下问题:①顾客希望企业的产品能解决什么问题,顾客能从企业的产品中获得什么好处?②企业的产品与竞争对手的产品相比有哪些优缺点,顾客为什么会选择本企业的产品?③企业为自己的产品采取了何种保护措施,企业拥有哪些专利、许可证,或与已申请专利的厂家达成了哪些协议?④为什么企业的产品定价可以使企业产生足够的利润,为什么用户会大批量地购买企业的产品?⑤企业采用何种方式去改进产品的质量、性能,企业对发展新产品有哪些计划等等。

6. 人员及组织结构 包括:公司的组织机构图;各部门的功能与责任;各部门的负责人及主要成员;公司的报酬体系;公司的股东名单,包括认股权、比例和特权;公司的董事会成员;各位董事的背景资料。

7. 市场预测 市场预测应包括以下内容:市场现状综述;竞争厂商概览;目标顾客和目标市场;本企业产品的市场地位;市场区隔和特征等。

8. 营销策略 内容包括:市场机构和营销渠道的选择;营销队伍和管理;促销计划和广告策略;价格决策等。

9. 制造计划 包括:产品制造和技术设备现状;新产品投产计划;技术提升和设备更新的要求;质量控制和质量改进计划。

一般地,生产制造计划应回答以下问题:企业生产制造所需的厂房、设备情况如何;怎样保证新产品在进入规模生产时的稳定性和可行性;设备的引进和安装情况,谁是供应商;生产线的设计与产品组装是怎样的;供货者的前置期和资源的需求量;生产周期标准的制定以及生产作业计划的编制;

物料需求计划及其保证措施;质量控制的方法是怎样的;相关的其他问题。

10. 财务规划 内容包括:创业计划书的条件假设;预计的资产负债表;预计的损益表;现金收支分析;资金的来源和使用。其中重点是现金流量表、资产负债表以及损益表的制备。

流动资金是企业的生命线,因此企业在初创或扩张时,对流动资金需要预先有周详的计划和进行过程中的严格控制;损益表反映的是企业的盈利状况,它是企业在一段时间运作后的经营结果;资产负债表则反映在某一时刻的企业状况,投资者可以用资产负债表中的数据得到的比率指标来衡量企业的经营状况以及可能的投资回报率。

11. 风险与风险管理

(1)你的公司在市场、竞争和技术方面都有哪些基本的风险?

(2)你准备怎样应付这些风险?

(3)就你看来,你的公司还有一些什么样的附加机会?

(4)在你的资本基础上如何进行扩展?

(5)在最好和最坏情形下,你的5年计划表现如何?

如果你的估计不那么准确,应该估计出你的误差范围到底有多大。如果可能的话,对你的关键性参数做最好和最坏的设定。

四、大学生创业计划书参考目录

1. 执行总结

1.1 公司宗旨

1.2 公司简介

1.3 场地与设施

1.4 场地与服务

1.5 公司组织结构

2. 市场分析

2.1 行业背景

2.2 目标市场

2.3 竞争分析

3. 风险分析及对策

3.1 市场风险及对策

3.1.1 市场风险

3.1.2 对策

3.2 财务风险与对策

3.2.1 财务风险

3.2.2 对策

3.3 管理风险与对策

3.3.1　管理风险

3.3.2　对策

3.4　盈利模式风险与对策

3.4.1　盈利模式风险与对策

3.4.2　对策

4. 市场与销售

4.1　市场开拓

4.2　营销策略

4.3　定价策略

4.4　市场联络

5. 财务分析

5.1　投资结构表

5.2　成本计算

5.3　销售额

5.4　利润表

5.5　资产负债表

5.6　现金流量表预测

5.7　收益预测表

5.8　筹资来源

6. 公司发展战略

6.1　公司战略

6.2　未来规划

实训项目

实训一　果脯的制作

【实训目标】

1. 理解果脯制作的基本原理。

2. 熟悉果脯制作的工艺流程,掌握果脯加工技术。

【实训原理】

果脯是以食糖的保藏作用为基础的加工保藏法。利用高糖溶液的高糖渗透压作用,降低水分活度作用、抗氧化作用来抑制微生物生长发育,提高维生素的保存率,改善制品色泽和风味。

【实训材料】

1. **实验材料**　苹果、柠檬酸、白砂糖、$NaHSO_3$、$CaCl_2$ 等。

2. **设备**　手持糖量计、热风干箱、不锈钢锅、电炉、挖核器、不锈钢刀、不锈钢锅、台秤、天平等。

【实训方法】

1. **工艺流程**

原料选择→去皮→切分→去心→硫处理和硬化→糖煮→糖渍→烘干→包装

2. **操作要点**

(1)原料的选择:选用果形圆整,果心小,肉质疏松和成熟度适宜的原料,如倭锦、红玉、国光以及槟子、沙果等。

(2)去皮、切分、去心:手工去皮后,挖去损伤部分,将苹果对半纵切,再用挖核器挖掉果心。

(3)硫处理和硬化:将果块放入 0.1% 的 $CaCl_2$ 和 0.2% ~ 0.3% 的 $NaHSO_3$ 混合液中浸泡 4 ~ 8 小时,进行硬化和硫处理。若肉质较硬则只需进行硫处理。浸泡液以能淹没原料为准。浸泡时上压重物,防止上浮。浸后捞出,用清水漂洗 2 ~ 3 次备用。

(4)糖煮:在锅内配成与果块等重的 40% 的糖液,加热煮糖,倒入果块,以旺火煮沸后,再添加上次浸渍后剩余的糖液 5kg,重新煮沸。如此反复进行 3 次,大约需要 30 ~ 40 分钟,此时果肉软而不烂,并随糖液的沸腾而膨胀,表面出现细小裂纹。此后每隔 5 分钟加蔗糖一次。第 1 次、第 2 次分别加糖 5kg,第 3、4 次分别加糖 5.5kg,第 5 次加糖 6kg,第 6 次加糖 7kg,各煮制 20 分钟。全部糖煮时间约需 1 ~ 1.5 小时,待果块呈现透明时,即可出锅。

(5)糖渍:趁热起锅,将果块连同糖液倒入容器中浸渍 24 ~ 48 小时。

(6)烘干:将果块捞出,沥干糖液,摆放在烘盘上,送入烘房,在 60 ~ 66℃ 的温度下干燥至不黏手为度,大约需要烘烤 24 小时。

（7）整形和包装:烘干后用手捏成扁圆形,剔除黑点、斑疤等,装入食品袋、纸盒,最后装箱。

【实训结果】

产品的质量标准应符合以下要求:

1. 感官指标

色泽:浅黄色至金黄色,具有透明感。

组织与形态:呈碗状或块状,组织饱满,有弹性,不返砂,不流糖。

风味:甜酸适度,具有原果风味,无异味。

2. 理化指标

总糖含量:65%～70%。

水分含量:18%～20%。

3. 微生物指标

细菌总数≤100 个/g。

大肠菌群≤30 个/g。

致病菌不得检出。

【实训讨论】

1. 产品若发生返砂和流糖是何原因? 如何防止?

2. 果脯制作中烘烤温度是否应尽量高一些以提高生产效率?

实训二　四川泡菜的制作

【实训目的】

1. 掌握泡菜制作的基本原理。

2. 学会泡菜制作的方法。

【实训原理】

采用低浓度盐水,对新鲜蔬菜进行泡制,乳酸菌在泡制过程中产生大量乳酸,降低了泡制品的 pH 值,抑制有害微生物的生长;同时,泡制过程中生成芳香物质,形成泡菜特有的风味和质地。

【实训材料】

1. **实验材料**　甘蓝、萝卜、胡萝卜、嫩黄瓜、嫩姜、大蒜、红辣椒等新鲜蔬菜。要求新鲜蔬菜的组织紧密,质地脆嫩,肉质肥厚。

配料为食盐、白酒、白糖、八角、花椒、生姜等。

2. **实验用具与设备**　泡菜坛子、量杯、台秤、不锈钢刀、不锈钢锅、水浴杀菌锅、塑料封口机、台秤、经消毒的小布袋(用于包裹香料)等。

【实训方法】

泡菜制作工艺流程

配制泡水 → 入坛泡制 → 泡坛管理 → 出坛 → 装袋 → 杀菌

入坛泡制 ← 预处理 ← 新鲜蔬菜

杀菌 → 冷却 → 成品

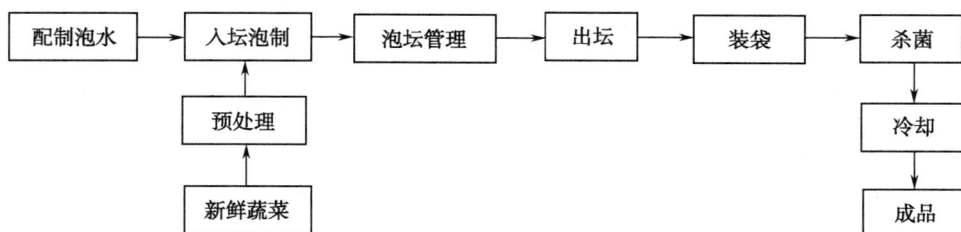

1. **泡水配方（以水的重量计）**　食盐 7%~8%、黄酒 2%、白酒 2%、新鲜或干红辣椒 3%、白糖 2%、草果 0.05%、八角茴香 0.01%、花椒 0.05%、胡椒 0.08%。干红辣椒、草果、八角、花椒等可先磨成细粉，然后用经消毒的白布包裹后，入坛一起泡制。

如果采用硬度较小的自来水进行泡水的配制时，为保证泡菜成品的脆性，可酌加少量的 $CaCl_2$ 等钙盐，使水的硬度达到 9~11mmol/L 后，再进行配料。

2. **新鲜蔬菜的预处理**　新鲜蔬菜经过充分洗涤、去皮或不去皮、切分等整理，剔除不宜食用的部分。

3. **入坛泡制**　泡菜坛子使用前必须清洗、消毒，沥干水分后才可用；将整理好的蔬菜装至半坛时，放入香料包，再装蔬菜至距坛口约 6cm 时为止，并用经消毒的竹片或其他材料将蔬菜等原料卡压住，以免原料浮于泡水之上。然后注入所配制的泡水至将淹没蔬菜为度，加上盖子，在坛口水槽中注入 16%~20% 的盐水，置于常温下发酵。

4. **泡坛管理**

（1）泡制 1~2 天后，由于食盐的渗透作用，泡制品的体积会缩小，泡水水位会下落，应及时添加原料和泡水，保持物料距离泡坛口约 3cm。

（2）必须经常检查泡坛水槽中的水量，保持水槽中的盐水呈水满状态。

（3）泡制终点的确定对泡菜的口感质地有重要影响。泡制终点随所泡制蔬菜的种类和品种以及发酵室温不同而异，通常蔬菜在新配制的泡水中，夏季 5~7 天、秋冬季 12~16 天即为泡制终点。叶菜类比根菜及茎菜类的泡制时间相对长一些。

5. **出坛**　泡制达到终点后，需及时取出泡菜，以免过度发酵影响产品的风味和脆度。

6. **装袋、密封**　取出的泡菜置于经消毒不锈钢锅中，定量装入塑料食品袋，然后热封口。

7. **杀菌、冷却**　将泡菜小袋放入 95~100℃ 水浴中灭菌 15~20 分钟，然后取出投入冷水冷却至常温，将泡菜小袋置于自然或人工通风环境中，除去袋表的水分，入包装盒，即为成品。

【实训结果】

产品的感官质量标准符合下列要求：

1. **色泽**　呈泡制蔬菜的相应颜色。

2. **香气滋味**　酸咸适口，味鲜，具泡菜特有香气及所加香料的香气，无异味。

3. **质地**　脆，嫩。

【实训讨论】

1. 影响泡菜质地和风味的因素有哪些？

2. 如何防止泡菜在泡制过程中发生腐烂变质？

实训三　豆奶的加工实训

【实训目的】

1. 掌握豆奶生产的原理,熟悉豆奶生产的一般工艺过程。

2. 研究豆奶加工的生产工艺与配方条件,掌握影响豆奶稳定性的质量诸因素。

3. 检查所制备的豆奶质量是否达到预期效果,找出造成质量优、劣的主要原因。

4. 掌握有关产品质量评定的主要项目和方法。

【实训原理】

豆奶是由黄豆、鲜奶、蔗糖、水组成的,其制做方法是首先对精选的黄豆用水冲洗浸泡,浸泡后的黄豆进行热磨浆,将过滤的豆浆进行调制、均质,最后进行灌装、高温灭菌,冷却之后均可饮用。该产品营养丰富,含有丰富的蛋白质,既有豆香、又有奶香,口感好。

在豆奶的研制过程中,关键的技术问题是保持乳状液的稳定性,本实训从工艺条件、乳化剂和增稠剂的选择和确定入手,经过对不同的乳化剂和增稠剂进行单因素、复合和正交实验,从而选择和确定一种使豆奶稳定的复合乳化剂和增稠剂作为乳化稳定剂,并且研究各种因素对豆奶稳定性的影响,从而提高显奶的稳定性。

【实训材料】

1. 主要原辅材料* 　大豆、白砂糖、奶粉、稳定剂(CMC、黄原胶)、乳化剂(单甘酯、蔗糖酯)、水。

* 所有原辅材料必须符合我国软饮料原辅材料的要求及有关标准。

2. 主要用具的设备 　台秤、分析天平、电炉、塑料漏斗、2L 计量塑料杯、磨浆机、均质机、手动压盖机、电热蒸汽高压灭菌锅。

【实训方法】

1. 实训工艺流程

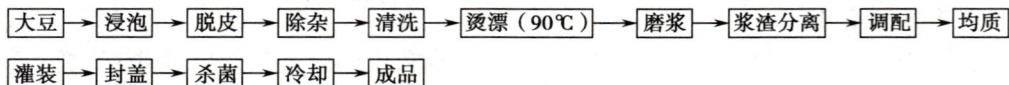

大豆 → 浸泡 → 脱皮 → 除杂 → 清洗 → 烫漂(90℃) → 磨浆 → 浆渣分离 → 调配 → 均质

灌装 → 封盖 → 杀菌 → 冷却 → 成品

2. 豆奶配方(3300ml 计)

原料名称	质量(g)
大豆(干)	200
白砂糖	200~260
奶粉	32~65
复合稳定剂(稳定剂+乳化剂)	3~9

自行设计复合稳定剂配方。

3. 制作步骤

(1)原料处理:选用新鲜黄豆,称量处理。

(2)浸泡:用黄豆重量的 3 倍用水量进行浸泡,室温过夜。

(3)脱皮、清洗:将浸泡好的黄豆进行手工脱皮、除杂处理,然后用清水进行清洗。

(4)烫漂:用 90℃的热水烫漂黄豆 2 分钟,然后沥水,迅速冷水冷却。

(5)磨浆:将烫漂好的黄豆,用 90℃热水进行磨浆,实现浆渣分离,必要时用渣进行二次磨浆。使用热水的目的是使脂肪氧化酶彻底钝化,有效去掉豆奶的豆腥味。

(6)调配:豆奶的调配按照产品配方和标准要求进行配制,稳定剂和乳化剂的配制时要先用少量温水搅拌,然后用匀浆器混合均匀,充分溶解。豆奶调配好后,用热水定容。

(7)定容:将上述配好的豆浆,加热水定容至 3300ml。

(8)过滤:用 4 层纱布进行过滤后均质。

(9)均质:均质压力为 $300 \sim 400 kg/cm^2$,均质 $5 \sim 10$ 分钟。

(10)灌装、封盖:手工方式用漏斗进行灌装,注意不要灌装太满,液面离瓶口要有 $3 \sim 5cm$ 距离。灌装完成后用手动封盖机进行压盖处理。

(11)杀菌:用高压灭菌机进行灭菌,压力达 0.1MPa(121℃)后,保持 20 分钟,然后冷却。注意要按照高压灭菌锅的操作规程进行操作:

1)压力升到 $0.5 kg/cm^3$ 时,打开放气阀放气,让压力释放到 0;

2)关闭放气阀,当压力达 $1 kg/cm^3$(121℃)时,开始计时,保持 20 分钟;

3)杀菌时间结束,断电,自然冷却到 $0.5 kg/cm^3$ 时,缓慢放气,让压力降为 0 后,方可开盖。

【实训结果】

豆奶感官质量考核标准

项目	评分标准	实验结果	得分
色泽	乳白色,20 分		
口感	细腻润滑、可口,20 分		
风味	豆香味浓郁,20 分		
稳定性	7 天内无絮状沉淀,25 分		
脂肪上浮	7 天内无脂肪上浮,15 分		
合　计			

【实训注意】

1. 大豆浸泡中加入 0.5%的小苏打,可缩短浸泡时间,改善豆汁风味。

2. 复合稳定剂应根据具体生产条件进行适当调整,使用时一定要先用少量温热水溶解搅拌,然后用搅拌机打匀后方可投入配料。

3. 对于蛋白饮料所用水,一定要经过软化处理,否则易造成沉淀。

4. 杀菌锅一定要排过汽后才能使用,从恒压后开始计时。

5. 严禁直接将热豆奶瓶放在地上或不锈钢台面上,以防爆瓶。

【实训讨论】

1. 如何消除豆奶的豆腥味?

2. 影响豆奶稳定性的因素有哪些?

实训四　甜面包的制作

【实训目的】

1. 掌握甜面包配方平衡。

2. 了解甜面包制作的基本工艺步骤。

3. 初步掌握基本整型的方式及表面装饰、馅料配制。

【实训原理】

面包是以小麦面粉为主要原料,以酵母、油脂、糖、盐、鸡蛋等为辅料,经调粉、发酵、成型、烘烤、冷却等加工工艺而制成的具有特殊风味的焙烤食品。

面包以其蓬松、柔软、细腻的质地、金黄色的外表以及诱人的烘焙香味赢得人们的喜爱。它是一种营养丰富的方便主食。酵母菌在面包面团发酵阶段产生大量的二氧化碳气体是面包内部形成海绵状的主要原因。而面包的色泽和风味则是由于面包中的糖和蛋白质成分发生焦糖化反应、美拉德反应形成的。因此,发酵和焙烤是面包生产最重要的两个工序。

快速发酵法是制作面包的一种方法,此外还有中种法、液体发酵法、冷藏发酵法等。与其他方法相比较,快速发酵法具有加工时间短,风味较好等特点,是目前大多数工厂所采取的加工方法。

【实训材料】

1. **主要原料和试剂**　面包粉、活性干酵母、盐、固体油脂(奶油、起酥油等)、鲜鸡蛋、糖、面包改良剂、奶粉等。

2. **仪器和设备**　和面机、半自动分割滚圆机、醒发箱、烤炉、电子秤、不锈钢切刀、烤模、烤盘、电炉等。

【实训方法】

1. **配方(甜面包)**

单位:g

高筋粉	白砂糖	盐	奶粉	带壳蛋	奶油	干酵母	改良剂	水
500	100	3	25	1个	50	7.5	3	195

2. **工艺流程**

原辅料预处理(面粉要过筛,盐溶于水中)→ 和面(形成均匀面团) → 松弛(28℃,20min 左右) → 分割(每个 60g) → 搓圆 → 静置(10min) → 整形 → 最后醒发(85%,38℃,1h 左右) → 刷蛋液 → 烘烤(上火 205℃,下火 190℃,15~20min) → 冷却

3. 制作步骤

（1）面团调制（和面）

1）将面粉、酵母、添加剂及奶粉混合均匀，放进调粉缸中，另将白砂糖、盐等用水溶解，活性干酵母要用温水溶解活化后加入调粉缸中，用水量要作记录，不能超过总用水量。

2）先慢速搅拌 3~5 分钟，再中速搅拌 3~4 分钟。

3）加入油脂。

4）中速搅拌 6~8 分钟。

（2）松弛：取出面团静置 20 分钟，并盖上湿纱布或塑料薄膜。

（3）分块整型：用不锈钢刀把面团切成 60g 一块，用手在平板上将其压平后再卷成折叠，再压平，如此反复 5~6 次，再将面团搓成型，放置在烤盘中。

（4）醒发：把盛面包坯的烤盘放进调温调湿箱中，调温度 38~42℃，湿度 80%~90%，发酵 55~65 分钟。

（5）烘烤：烤箱在进料前先预热至 200℃ 左右，10 分钟后降低至 158℃，然后放入生坯，调节上火 205℃，下火 190℃，当面包进入上色阶段时把烘盘取出，迅速在面包上涂上一层蛋液或白糖水或蜂蜜水，适当降低烘烤炉温。面包烤熟后马上取出（约耗时 15 分钟左右）。

（6）冷却包装：面包出炉后静置冷却至 35℃ 左右，再装入塑料袋中用封口机封口。对照样不包装。

（7）成品质量检验：及时对成品品质进行评分检验。

4. 面包品质评分

（1）外观（40 分）

1）积按比容评定（10 分为满分，标准 8 分）：烤熟的面包必须要膨胀至一定的程度。膨胀过大，会影响到内部组织，使面包多孔而过分松软；如膨胀不够，会使组织紧密，颗粒粗糙。在做烘焙试验时，面包体积大小是用"面包面体积测定器"来测量，它的单位为 g/cm³。用测出的面包体积来除此面包的质量所得的商即为此面包的比容（specific volume），根据算出的比容就可以给予体积评分。体积部分及格是 8 分。

$$比容 = \frac{面包体积（ml）}{面包质量（g）}$$

焙烤实验面包体积评分标准

体积比	应得体积评分	体积比	应得体积评分
6.6~7.1	9	4.6~5.0	9
6.1~6.5	9.5	4.0~4.5	8.5
5.6~6.0	10	3.6~3.9	8
5.1~5.5	9.5	–	–

2）面包皮色（10 分满分，标准 8 分）：表面呈有光滑性金黄色或棕黄色，四周底部呈黄色，不焦不浅，不发白。

3）面包皮质（10分满分，标准8分）：表面光滑，不硬皮，无裂缝。

4）外形（10分满分，标准8分）

（2）内部质构（60分）

1）内部组织（10分满分，标准8分）：面包的断面呈细密均匀的海绵状组织，无大孔洞，富有弹性；蜂窝大小一致，蜂窝壁厚薄一致，以壁薄光亮者为好。

2）面包瓤颜色（10分满分，标准8分）：以颜色浅有光泽为好。

3）触感（10分满分，标准8分）：手感柔软，有弹性者为好。

4）口感（10分满分，标准8分）：口感柔软适口，不酸、不黏、无牙掺。

5）口味（15分满分，标准12分）：具有产品的特有风味，鲜美可口无酸味、无异味，有小麦粉原有的味道。

6）气味（5分满分，标准4分）：有正常面包的香味和酵母味，无异味。

【实验结果】

面包品质评分表

部位	指标	标准	满分分数	评分
外部	体积比容	符合"焙烤实验面包体积评分标准"要求	10	
	表皮颜色	表面呈有光滑性金黄色或棕黄色，四周底部呈黄色，不焦不浅，不发白	10	
	面包皮质	表面光滑，不硬皮，无裂缝	10	
	外形	对称，无皱纹，光滑	10	
	小计	40分		
内部	内部组织	面包的断面呈细密均匀的海绵状组织，无大孔洞，富有弹性；蜂窝大小一致，蜂窝壁厚薄一致，以壁薄光亮者为好	10	
	面包瓤颜色	洁白、乳白并有丝样光泽	10	
	触感	面包芯细腻平滑，柔软而富有弹性，得最高分10分；面包芯粗糙紧实，弹性差，按下不复原或难复原，得最低分2分	10	
	口感	口感柔软适口，不酸、不黏、无牙掺	10	
	口味	具有产品的特有风味，鲜美可口无酸味、无异味，有小麦粉原有的味道	15	
	气味	有正常面包的香味和酵母味，无异味	5	
	小计	60分		
总　评			100	

【实训讨论】

1. 为了保证面包质量，你认为在制作过程中需控制哪些条件？为什么？

2. 通过对制作面包的综合分析评定,结合实验讨论面包生产中易出现的问题及如何提高面包品质。

实训五　海绵蛋糕的制作

【实训目的】

1. 掌握乳沫类蛋糕制作工艺流程,熟悉全蛋打法。

2. 了解制作海绵蛋糕原辅料的性质。

【实训材料】

1. 仪器设备

打蛋机、电烤箱、蛋糕烤盘、工具模等。

2. 原料与配方

低筋面粉	鸡蛋	白糖	食盐	水	色拉油
120g	6个	120g	1g	70g	45g

【实训方法】

工艺操作要点如下:

1. 将鸡蛋用分蛋器分离为蛋白和蛋黄,用容器分别存放;

2. 将蛋白液倒入打蛋机,加入白糖和食盐,高速搅打均匀至硬鸡尾状;

3. 加入蛋黄,注意加入速度,按每个3秒逐个加入,打蛋机保持高速搅拌状态,加完停机;

4. 低筋面粉过筛后加入到上述打蛋机中,慢速搅拌均匀后,调整为中速;

5. 将水、色拉油搅匀后,8秒内加入到打蛋机中,保持10秒后停机,卸下搅拌头,手动搅拌蛋糊底部,拌搅均匀;

6. 搅好的蛋糊,装入裱花袋,挤进蛋糕纸杯(7~8分满);

7. 烘烤:上火180℃,下火160℃,约16分钟。

【实训注意】

1. 针对生产的产品进行质量分析。

2. 所有用具必须清洁,不宜染有油脂,也不宜用铝制器具。

【实训结果】

蛋糕的品质评定包括体积、表皮颜色、外表式样、焙烤均匀程度、表皮质地、颗粒、内部颜色、香味、味道、组织结构等几部分。一个标准的蛋糕很难达到95分以上,但最低不可低于85分。现将内外两部分各细则评分的办法说明如下,其各部分评分细则及要求都详细列出,总分100分。

	项目	要求	满分
蛋糕外部评分	体积	烤熟的蛋糕必须要膨胀至一定的程度。膨胀过大,会影响到内部组织,使蛋糕多孔而过分松软;如膨胀不够,会使内部组织紧密,颗粒粗糙	10
	表皮颜色	蛋糕表皮颜色是由于适当的烤炉温度和配方内糖的使用而产生的,正常的表皮颜色应是棕黄色或金黄色	10
	外表形状	蛋糕成品形态要规范,厚薄都一致,无塌陷和隆起,不歪倒	10
	焙烤均匀程度	蛋糕应具有金黄的颜色,顶部稍深而四周及底部稍浅。如果出炉后的蛋糕上部黑而四周及底部呈白色,则这块蛋糕一定没有烤熟;相反,如果底部颜色太深而顶部颜色浅,则表明烘时所用的底火太强,这类蛋糕多数不会膨胀得很大,而且表皮很厚,韧性太强	10
	表皮质地	良好的蛋糕表皮应该薄而柔软	10
蛋糕内部评分	颗粒	蛋糕的颗粒是指断面组织的粗糙程度、面筋所形成的内部网状结构,焙烤后外观近似颗粒的形状。此颗粒不但影响蛋糕的组织,更影响蛋糕的品质。烤好后蛋糕内部的颗粒也较细小,富有弹性和柔软性	20
	内部组织	组织细密,蜂窝均匀,无大气孔,无生粉,无糖粒,无疙瘩等,无生心,富有弹性,膨松柔软	10
	口感	入口绵软甜香,松软可口,有纯正蛋香味,无异味	10
卫生		成品内外无杂质,无污染,无病菌	10

实训六　曲奇饼干的制作

【实训目的】

1. 掌握曲奇饼干加工的基本原理及加工工艺过程。

2. 了解一些食品添加剂的性能及其在饼干生产中的应用。

【实训原理】

饼干是以中低筋面粉为主要原料,加以油脂、糖、盐、奶、蛋、水、膨松剂等辅料,经过和面、压片、成型、烘烤等加工工序,生产出酥脆可口的烘烤食品。

韧性饼干是饼干中非常重要的一类,与别的饼干种类相比,配方中油脂和砂糖的用量较少,在调制面团时,容易形成面筋,工艺上采取较高的加水量,较长时间调粉,调制成的面团具有较高的温度,延伸性强,弹性和可塑性适中。因此韧性饼干具有层次整齐、口感松脆、重量轻等特点。

【实训材料】

1. 仪器和设备　电炉、台秤、喷水器、调粉机、小型压面机、饼干成型模具、烤盘、远红外烤箱。

2. 主要原料和试剂　配方:高筋粉800g、酥油560g、鸡蛋4只、糖粉360g,水100ml。

【实验方法】

1. 工艺流程

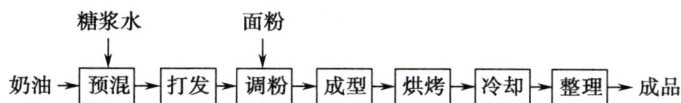

2. 操作要点

（1）打发：将奶油和糖浆水预混，中速搅拌 5 分钟，然后高速搅打，直至体积增加到原体积的 3 倍左右。

（2）调粉：加入过筛的苦荞粉、面粉混合粉，慢速搅拌混均匀，搅拌时间 1 分钟。

（3）成型：手工挤压成直径 3cm 梅花型面坯。

（4）烘烤：在 205℃下烘烤 8 分钟左右。

（5）冷却整理：出炉后在室温下冷却，拣出不规则饼干，然后包装即为成品。

【实训结果】

感官评定符合下列要求：

1. 色泽 呈褐黄色或棕黄色是该产品的色泽，色泽基本均匀，无过焦、过白现象；

2. 滋味和口味 具有香味，无异味，口感松脆；

3. 组织 断面结构呈多孔状，细密无大孔洞。

各指标以 10 分为满分进行评定，最终结果以总分计。

【实训讨论】

1. 烘烤选用的温度如何才合适？

2. 本实验为何需要用糖粉而不用白砂糖？

实训七 月饼的制作

【实训目的】

1. 掌握广式月饼的基本原理及一般加工过程和方法。

2. 了解糖浆类面皮的调制方法。

【实训原理】

在月饼生产中，主要利用转化糖浆来进行面皮的生产。蔗糖在酸的作用下水解成葡萄糖与果糖即为转化糖浆，可代替淀粉糖浆和饴糖使用，它使月饼饼皮在一定时间内保持质地松软，并且由于它的焦化作用和褐色反应，可使产品表面成金黄色；另外，转化糖浆还起着维持饼体骨架及改善组织状态的作用。

【实训材料】

1. 仪器和设备 电炉、台秤、不锈钢锅、月饼模具、小型搅拌机、烤盘、远红外烤箱、电风扇、薄膜封口机。

2. 主要原料和试剂

糖浆配方:水 150g、白砂糖 370g、麦芽糖 4g、柠檬酸 0.4g

皮料配方:枧水 16ml、植物油 320ml、低筋粉 800g

内　　陷:莲蓉或者豆蓉

烤皮刷蛋液:鸡蛋 2 只

【实训方法】

1. 工艺流程

熬制糖浆 → 制面团、制馅 → 分块 → 包馅 → 成型 → 焙烤 → 冷却 → 包装 → 成品

2. 操作步骤

(1)糖浆的制作:先将清水注入锅中,加入白砂糖,加热搅拌至溶解,然后将麦芽糖与柠檬酸溶解液加入其中,煮沸后改用慢火(期间要把浮面上的泡沫杂物去掉,保持糖浆的清澈透明),再煮 60 分钟左右,起锅,储放 15~20 天后使用。

(2)皮料制作:首先将枧水倒入植物油中,边倒入边搅拌,当液面微呈乳白色并变得黏稠时,再加入糖浆继续搅拌,直至看不到表面的油花时,加入面粉,调制成面团。最后在面团表面加盖一块微湿干净的白布,静置 30 分钟。

(3)分块:将面团搓成条状,用刀切分成 55g/个的小块,馅切分 70g/个的小块,分别进行搓圆。

(4)包馅、成型:用手掌把皮压平,将馅料放在中央,饼皮紧贴馅料,不能留有空隙,否则内存空气会胀破饼皮;将饼模中加入少许面粉,把包好的月饼放进饼模中用手压实,再拿起饼模在案边上左右各敲一下,轻力将饼拍出,排列在烤盘中。

(5)焙烤:在远红外烤箱中,设置面火 200℃,底火 180℃,先烤 12 分钟待饼坯面微黄时,用蛋液刷表面,刷完后转盘再烤 15 分钟左右(要视品种而定)出炉。

(6)冷却包装:在凉冻间用电风扇强制吹风冷却,冷却后用薄膜封口机进行包装。如未冷透就封口则会使热气、潮气封闭在包装袋中,易导致月饼表面长霉。

【实训讨论】

1. 简述糖浆在广式月饼生产中的作用。

2. 防止广式月饼腐败、延长其保质期的方法有哪些?

实训八　冰淇淋的制作

【实训目的】

1. 熟悉冰淇淋设备的使用。

2. 熟悉并掌握冰淇淋的制作工艺。

【实训原理】

冰淇淋是以稀奶油(棕榈油)、牛乳、糖类为主要原料,加入蛋品、香料及稳定剂等,经杀菌后冷冻而成的松软的混合物。

【实验材料】

1. **原辅材料**　全脂乳粉,棕榈油、砂糖、稳定剂(瓜胶、明胶、海藻酸钠、黄原胶)、乳化剂(单酸甘油酯、蔗糖酯),香精、色素等。

2. **实验设备**　混料罐、加热锅、搅拌器、均质机、冰淇淋凝冻机、盐水槽子、冰箱、模子、烧杯、台秤、天平等。

【实验方法】

1. **工艺流程**

原料混合 → 加热 → 均质 → 杀菌 → 冷却 → 成熟 → 凝冻 → 装杯或装模 → 硬化 → 成品

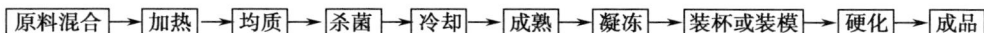

2. **参考配方**　白砂糖 16%,奶粉 5%,奶油 5%,麦精粉 1%,单甘酯 0.2%,甜蜜素 0.05%,黄原胶 0.1%,瓜胶 0.1%,海藻胶 0.1%,香精 0.2%。

3. **操作要点**

(1)将稳定剂先与部分白砂糖干混,加温水溶化后待用。

(2)用 60℃ 水溶解奶粉和砂糖;融化人造奶油或棕榈油,加单甘脂溶化后,加入到奶液中,搅拌均匀。

(3)麦精粉、甜蜜素用水溶化后加入。

(4)加热:温度为 60℃,在 18~20MPa 的压力下均质。

(5)杀菌公式为 20min/75℃。杀菌后,立即用冰水冷却混料至 4℃,并在此温度下保持 4 小时以上,进行老化成熟。

(6)使用冰淇淋凝冻机进行膨化。

(7)将疑冻的冰淇淋装入塑料杯或模子,放入冰箱,进行速冻硬化。

【实训结果】

产品质量标准应符合以下要求:

冰淇淋应具有乳香味,口感滑润,无冰屑之粗糙感,膨胀率约为 80%~100%。

膨胀率的计算公式:$A = 100(B-C)/C$

式中:A—膨胀率,B—混料的重量,C—与混料同容积的冰淇淋的重量

【实训讨论】

1. 各组分在冰淇淋中的作用是什么?

2. 以实验结果说明稳定剂和乳化剂对冰淇淋产品品质和工艺过程的作用。

3. 影响冰淇淋膨胀率的因素是什么,如何进行控制?

参考文献

［1］李秀娟.食品加工技术.北京:化学工业出版社,2016

［2］魏强华.食品加工技术.重庆:重庆大学出版社,2014

［3］王娜.食品加工及保藏技术.北京:中国轻工业出版社,2012

［4］樊振江,李少华.食品加工技术.北京:中国科学技术出版社,2013

［5］张孔海.食品加工技术.北京:中国轻工业出版社,2014

［6］朱丹丹.乳品加工技术.北京:中国农业大学出版社,2013

［7］罗红霞.乳制品加工技术.北京:中国轻工业出版社,2012

［8］陈志.乳品加工技术.北京:化学工业出版社,2006

［9］席会平,田晓玲.食品加工机械与设备.北京:中国农业大学出版社,2010

［10］高海燕.食品加工机械与设备.北京:化学工业出版社,2008

［11］唐丽丽.食品机械与设备.重庆:重庆大学出版社,2013

［12］顾宗珠,付丽,张俐勤.焙烤食品加工技术.北京:化学工业出版社,2009

［13］廖威.食品生物技术概论.北京:化学工业出版社,2008

［14］陈月英,佘远国.食品加工技术.北京:中国农业大学出版社,2009

［15］丁立孝,赵金海.酿造酒技术.北京:化学工业出版社,2008

目标检测参考答案

第一章 绪 论

简答题

1. 略

2. 略

第二章 果蔬加工技术

一、单项选择题

1~10:BDDAA DCBCA;11~17:CDCAD BC

二、多项选择题

1. ABC 2. CD 3. ABC 4. AB 5. AB

三、简答题(略)

第三章 淀粉制糖与糖果加工技术

一、单项选择题

1~3:DAC

二、简答题

1~6:略。

7. 答:淀粉糖工业上常用葡萄糖值(dextrose equivalent,DE)来表示淀粉水解的程度,即糖化液中还原性糖全部当做葡萄糖计算,占干物质的百分率称葡萄糖值,简称 DE 值。

8. 答:酸水解法、酶法。

9. 答:发烊:硬糖暴露在湿度较高的空气中时,吸收水分而发黏或融化。返砂:硬糖在干燥环境中失去水分,表面形成一层细小而坚实的白色晶粒。

第四章　饮料加工技术

一、单项选择题

1～10：BDADB CCADA；11～23：DBADD ACDDB BAD

二、简答题（略）

第五章　焙烤食品加工技术

一、单项选择题

1～10：ABACC ADCCD

二、填空题

1. 小苏打、碳酸氢铵、泡打粉

2. 高筋、中筋、低筋

3. 起泡、乳化

4. 电炉丝将水槽内的水加热蒸发,使面包在一定的恒温和湿度下充分发酵

5. 酵母、面粉

6. 高筋、过筛

7. 有氧、无氧

8. 颜色、香味

9. 面糊、乳沫、戚风

10. 低筋、过筛

11. 油脂

12. 焦糖化、美拉德

13. 冲印、辊印、辊切

14. 胀发、脱水、定型、着色

15. 中式、西式

16. 油脂、面粉

17. 浇浆、拌浆、捞浆

三、简答题

1. 答：①选用可塑性好、易于同面包原料混合,并且在醒发中不易渗出的油脂；②选用风味良好的油脂,特别是用量多时,对烘烤后产品的风味有很大的影响的油脂；③选用起酥性和抗淀粉老化的油脂,这种油脂使面包的蜂窝结构更均匀细密。

2. 答：增加酵母用量；增加面团温度；加酸调 pH。

3. 答：刚出炉的产品中心温度较高,如果立即包装会造成包装内形成冷凝水,焙烤产品容易发

霉;同时在冷却前还没有一定的硬度,如果被包装挤压,成品就会变形甚至破碎,体积很难恢复。

包装可以延缓面包的老化,一般以小包装为主,不用外包装,而使用周转箱装产品运输和销售。

4. 答:乳及乳制品在焙烤食品中的作用:

(1)提高产品的营养价值。

(2)改善制品的组织结构。

(3)延缓制品的老化。

四、实例分析

1. 答:①海绵蛋糕与戚风蛋糕相比,其韧性本身很差;②鸡蛋的用量多少是影响蛋糕韧性的主要因素,蛋量较少,韧性越差,只有提高鸡蛋的用量,蛋糕的韧性才能明显增强;③海绵蛋糕的搅拌方法也是影响蛋糕韧性的主要因素。同一配方、用不同的方法搅拌时,蛋糕的韧性有明显的不同。用直接搅拌其韧性最差;其次是糖蛋拌和法,用分步法搅拌,产生的蛋糕韧性最好。

2. 答:如果月饼不变性,只是花纹模糊,大多数是因为饼皮的配方不合理,或是由于炉温没有掌握好,当饼皮中的油脂含量过高,饼皮柔软过重时,月饼花纹不清晰,则是由于油多。另外,月饼入炉后,应先用较高的面火,小的底火,把饼皮的形状固定,烤至有轻微的金黄色后,再刷蛋液,把炉温调低点后,继续烘烤。如果炉温过高,花纹也会模糊不清。

五仁月饼变性,主要原因有两个方面。首先,可能是由于馅料不合适,糖分含量过高或油脂含量过高。糖、油含量过高时五仁月饼变形的主要原因,总糖量不应大于30%,总油量应小18%。其次,炉温低,表皮形成减慢,表皮未固定之前,馅料中的糖已经开始熔化、油开始泄流,导致月饼变形。月饼入炉后先用210～220℃的温度烘烤,可减少由于炉温失误引起的变形。

第六章　膨化休闲食品加工技术

一、填空题

1. 相变、增压、固化

2. 挤压膨化

3. 高温、热空气

4. 油炸、热风

5. 熟化

6. 袋

二、简答题(略)

第七章　豆制品加工技术

一、单项选择题

1~10:DBBAC CDABD

二、简答题

1. 煮浆是豆腐生产过程中最为重要的环节。因为大豆蛋白质的组分比较复杂,所以蛋白质变性的温度(亦即煮浆时间)和煮沸时间应保证大豆中的主要蛋白质能够发生变性。另外,煮浆还可破坏大豆中的抗生理活性物质和产生豆腥味的物质,同时具有杀菌的作用。

2~5:(略)

第八章 肉制品加工技术

一、单项选择题

1~9:BBBDB DABD

二、简答题(略)

第九章 乳制品加工技术

一、多项选择题

1. AC 2. ABD 3. BCD 4. BCD 5. BC 6. ABC 7. BCD 8. AD 9. BC 10. AB 11. AB 12. CD 13. BCD 14. AB 15. BCD 16. CD 17. ABCD 18. AB 19. CD

二、简答题

1. 牛乳中酶有两个来源:一部分是牛乳中固有的,即由乳腺细胞的白细胞崩坏而移行到乳中的酶,其中也包括乳腺正常分泌的酶;另一部分是在挤乳过程中落入乳汁中的微生物代谢而产生的。

2. 原料乳验收→净化→标准化和脱气→均质→巴氏杀菌→冷却→灌装→包装→贮藏→销售

3. 转速、牛乳流量、脂肪球大小、牛乳的清洁度、牛乳的温度、碟片的结构、稀奶油含脂率。

4. 影响牛乳计量的准确度;影响分离和分离效果;影响标准化的准确度;促使发酵乳中的乳清析出。

5. 产品的灭菌即是对这一产品进行足够强度的热处理,使产品中所有的微生物和耐热酶类失去活性,达到商业无菌的要求。商业无菌的含义是在一般的贮存条件下,产品中不存在能够生长的微生物。灭菌乳较巴氏杀菌乳保质期长,并可在室温下长时间贮存。

6. 改善肠内菌群;降低血中胆固醇;有抗肿瘤效果;预防白内障;预防衰老,延长寿命。

7. 发酵剂分解乳糖产生乳酸;产生挥发性的物质,如丁二酮、乙醛等,从而使酸乳具有典型的风味;具有一定的降解脂肪、蛋白质的作用,从而使酸乳更利于消化吸收;酸化过程抑制了致病菌的生长。

8. 酸生成能力和后酸化;滋气味和芳香味的产生;黏性物质的产生;蛋白质的水解性。

9. 滴定酸度达到 70°T 以上;pH 低于 4.6;奶变黏稠,凝固。

10. 检查外包装,看奶粉是否在保质期内;观察色泽;看组织状态;冲调检查。

11. 进料时混入的气体,虽然在蒸发、浓缩时会降低,但在随后输送到干燥塔时会从渗漏的管路中吸取空气;浓缩液喷入干燥器所选用的喷雾干燥的类型;雾化前或雾化过程中的搅拌,混入产品中的空气量一部分取决于喷雾搅打的强烈程度;物料的特性。

12. 原料乳经过真空浓缩,除去 70%~80% 的水分,可以提高干燥设备的生产能力,降低成本;影响乳粉颗粒的物理性状;改善乳粉的保藏性。

13. ①干燥迅速,物料受热时间短,浓缩乳经雾化分散成无数直径 10~100μm 大小的微粒,表面积大大增加。与干热空气接触后水分蒸发速度很快,整个干燥过程仅需 10~30 秒。牛乳营养成分的破坏程度较小,乳粉的溶解度高,冲调性好。②整个干燥过程中乳粉颗粒表面的温度较低,不会超过干燥介质的湿球温度(50~60℃),从而可以减少牛乳中一些热敏性物质的损失,且产品具有良好的理化性质。③工艺参数可以方便地调节,产品质量容易得到控制,同时也可以生产有特殊要求的产品。④整个干燥过程都是在密闭的状态下进行的,产品不易受到外来的污染,从而最大程度地保证了产品的质量。⑤操作简单,机械化、自动化程度高,操作人员少,劳动强度低,生产能力大。

14. 与冰棋淋中的自由水结合成为结合水,从而减少混合料里自由水的数量;提高混合料的黏度和冰淇淋膨胀率;防止或抑制冰晶的生长,提高冰淇淋抗融化性和保藏稳定性;改善冰淇淋的形体和组织结构。

15. 膨胀率过高、蛋白质不稳定、糖含量过高、细小的冰晶体、空气气泡。

三、案例分析

1. 奶瓶底白色透明的白色小颗粒一般是奶粉中矿物质结晶,有这种情况时可以少量多加些水分或是多搅拌一下,并不是产品本身有什么问题。

2. 造成这种现象的原因除了贮藏温度偏高外,与冰淇淋本身的质量有很大关系:采用的稳定剂质量不好或用量不足,使混和料黏度不够,稳定性差,易于融化;脂肪含量少,特别是硬化油用量偏少,则混和料融点亦偏高;均质压力低,造成混合物料的黏度不足;贮藏温度和运输工具温度偏高;销售时存放时间长等原因均能引起融化速度快。

3. ①原料乳质量。当乳中含有抗生素、防腐剂时,会抑制乳酸菌的生长,从而导致发酵不力、凝固性差。乳房炎乳由于其白细胞含量较高,对乳酸菌也有不同的噬菌作用。此外,原料乳掺假,特别是掺碱,使发酵所产的酸被中和,而不能积累达到凝乳要求的 pH,从而使乳不凝固或凝固不好。牛乳中掺水,会使乳的总干物质降低,也会影响酸乳的凝固性。②发酵温度和时间。发酵温度根据所用乳酸菌种类而定。若发酵温度低于或高于乳酸菌最适生长温度,则乳酸菌活力下降,凝乳能力降低,使酸乳凝固性降低。发酵时间短,也会造成酸乳凝固性能降低。此外,发酵室的温度波动也是造成酸乳凝固性降低的原因之一。因此,在实际加工中,应尽可能保持发酵室的温度恒定,并控制发酵温度和时间。③噬菌体污染。是造成发酵缓慢、凝固不完全的原因之一。由于噬菌体对菌的选择作用,可采用经常更换发酵剂的方法加以控制,此外,两种以上菌种混合使用也可减少噬菌体危害。④发酵剂活力。发酵剂活力弱或接种量太少会造成酸乳的凝固性下降。对一些灌装容器上残留的洗涤剂(如氢氧化钠)和消毒剂(如氯化物)须清洗干净,以免影响菌种活力,确保酸乳的正常发酵和凝固。⑤加糖量。加工酸乳时,加入适当的蔗糖可使产品产生良好的风味,凝块细腻光滑,提高黏度,并有利于乳酸菌产酸量的提高。若加量过大,会产生高渗透压,抑制了乳酸菌的生长繁殖,造成乳酸菌脱水死亡,相应活力下降,使牛乳不能很好凝固。试验证明,6.5%的加糖量对产品的口味最佳,也不影响乳酸菌的生长。

第十章　水产品加工技术

一、填空题

1. 低温保活、药物保活、充氧保活、模拟保活

2. 冷空气保鲜法、冰鲜法、微冻保鲜法、气调低温保鲜法

3. 甲壳素、多肽化合物 Nisin、异抗坏血酸(钠)、芽孢杆菌多肽

4. 空擂、盐擂、调味擂溃

5. 高

6. 2%～3%

7. 30～40

8. 凝胶强度、白度、折曲试验

二、简答题(略)

第十一章　功能性食品

一、名词解释

1. 保健食品注册　是指食品药品监督管理部门根据注册申请人申请,依照法定程序、条件和要求,对申请注册的保健食品的安全性、保健功能和质量可控性等相关申请材料进行系统评价和审评,并决定是否准予其注册的审批过程。

2. 功能性食品　具有生物防御、生命节律调整、预防疾病、恢复健康等有关的功能因子,经设计加工,对生物体有明显调节功能的食品。

3. 功能因子　功能食品真正起生理作用的活性成分。

4. 功能食品备案　是指保健食品生产企业依照法定程序、条件和要求,将表明产品安全性、保健功能和质量可控性的材料提交食品药品监督管理部门进行存档、公开、备查的过程。

二、多项选择题

1. ABC　2. ABCD　3. ABCD

三、简答题

1. 答:功能因子目前主要有:活性多糖、功能性甜味剂、肽与蛋白质、功能性油脂、维生素、微量活性元素、益生菌、自由基清除剂、其他活性成分等。

2. 答:一般食品具备两大功能:营养功能(第一功能)即具有满足人体所需热能和营养成分的功能;感官(感觉)功能(第二功能)感官(感觉)功能不提供营养,但能通过食品的色、香、味、形刺激机体的感觉器官,形成所谓"好吃"的嗜好特性。保健食品除具备上述两大功能以外,还具有机体防

御、生命节律调节、预防疾病、恢复身体健康等保健功能。此功能被称之为食品的第三功能,具有这种功能的食品称之为"功能性食品"(functional foods)。但功能性食品又不同于药品,功能性食品重在调节机体内环境平衡与生理节律,增强机体的防御功能,以达到保健康复的目的。而药品是用来治病的,功能性食品不以治疗为目的,不能取代药物对病人的治疗作用。功能性食品无须医生开处方,没有剂量的限制,可按机体的正常需要自由摄取。

3~11:(略)

食品加工技术课程标准

（供食品营养与检测、食品质量与安全专业用）

ER-课程标准